高等院校安全工程类特色专业系列教材

安全系统工程

主　编　沈斐敏
副主编　房曰荣　陈伯辉　陈明仙
参　编　潘　瑜　范自盛　许贵贤
王　超　赵存明　林其彪

机 械 工 业 出 版 社

安全系统工程是安全科学与工程类专业的核心专业基础课程。本书内容是在充分满足安全科学与工程类本科专业教学质量国家标准要求的基础上，考虑了不同层次本科院校课程体系的差异和具体教学需求编写的。全书以事先辨识系统中的危险因素，评价其可能导致事故发生的可能性及大小，再根据其危害程度采取相应的措施将其控制或消除，最终实现系统安全为主线，分别介绍了安全系统工程的概念、事故致因理论、系统安全分析、系统安全评价和系统安全控制五大方面的内容。

本书主要作为高等院校安全科学与工程类专业、消防工程专业及其他相关专业的本科生教材，也可作为安全技术与管理专业类高职高专教材，也可供安全研究和安全工程技术人员及从事安全生产与应急管理工作的专业人员学习参考，以及可作为生产经营单位的安全教育培训教材。

图书在版编目（CIP）数据

安全系统工程/沈斐敏主编. —北京：机械工业出版社，2022.4
（2024.8 重印）
高等院校安全工程类特色专业系列教材
ISBN 978-7-111-70605-2

Ⅰ.①安… Ⅱ.①沈… Ⅲ.①安全系统工程-高等学校-教材
Ⅳ.①X913.4

中国版本图书馆 CIP 数据核字（2022）第 065931 号

机械工业出版社（北京市百万庄大街 22 号 邮政编码 100037）
策划编辑：冷 彬　　　　责任编辑：冷 彬 舒 宜
责任校对：张 征 王明欣　封面设计：张 静
责任印制：邓 博
北京盛通数码印刷有限公司印刷
2024 年 8 月第 1 版第 4 次印刷
184mm×260mm · 20.5 印张 · 467 千字
标准书号：ISBN 978-7-111-70605-2
定价：59.80 元

电话服务　　　　　　　　　网络服务
客服电话：010-88361066　机 工 官 网：www.cmpbook.com
　　　　　010-88379833　机 工 官 博：weibo.com/cmp1952
　　　　　010-68326294　金 书 网：www.golden-book.com
封底无防伪标均为盗版　机工教育服务网：www.cmpedu.com

前　言

随着人类社会的进步与科学技术的发展，安全防护技术和管理方法也不断创新发展。在长期的事故预防与安全控制的实践中，人们逐渐意识到，实现系统安全的核心就是事先辨识出系统中的危险因素，评价其可能导致事故发生的可能性及大小，再根据其危害程度采取相应的措施将其控制或消除，最终达到系统安全的目的。为此，人们一直在研究寻找最优的危险辨识、系统安全评价及事故控制的方法，安全系统工程就是在这种背景下应运而生的一门新兴学科。

20世纪70年代以来，安全系统工程已广泛地应用于我国安全工作的各个方面，诸如安全评价、安全标准化建设、事故应急预案的编制、风险分级管控与隐患排查治理、职业健康安全体系建设等。安全系统工程已成为现代各行业安全控制与应急管理工作的重要知识和技术支撑，所以，它是高校安全科学与工程类专业学生和广大从事安全生产与应急管理工作的专业人员必须了解和掌握的一门重要课程。

本书编者自20世纪80年代就开始从事安全系统工程的应用研究及教学工作，出版过《安全系统工程基础与应用》和《安全系统工程理论与实践》两部著作，并在本科与研究生教学中使用。随着现代科学技术的飞速发展，新理论、新方法、新技术、新工艺不断出现，这也极大地促进了安全系统工程研究的进步与发展。因此，编写一本能较好反映学科前沿知识的教材，以适应安全事业发展对专门人才的需求，具有十分重要的意义。为此，编者在多年来的研究工作、应用实践及教学体会的基础上，加入了安全系统工程方面的新近研究成果，编写了这本《安全系统工程》。

党的二十大报告指出“必须坚持系统观念”“为前瞻性思考、全局性谋划、整体性推进党和国家各项事业提供科学思想方法”，并对“推进国家安全体系和能力现代化、坚决维护国家安全和社会稳定”做出论述，对“提高公共安全治理水平”做出部署，同时指出：“坚持安全第一、预防为主，建立大安全大应急框架，完善公共安全体系，推动公共安全治理模式向事前预防转型。”为更好地贯彻党的二十大报告精神，本书编者结合本课程的具体内容，在重印时融入体现党的二十大报告强调的坚持系统观念和提高公共安全治理水平等的相关课程思政元素，有助于教师开展课程思政应用，同时培养学生科学系统观的形成，并增强学生民族自豪感和传承爱国情怀。

根据安全系统工程的理论和应用体系，本书共分13章，主要阐述了安全系统工程的概念、事故致因理论、系统安全分析、系统安全评价、系统安全控制五大方面内容。由于在系统安全分析、系统安全评价、系统安全控制三大部分内容中，已经包含了所谓的预测和决策的内涵实质，所以本书并未将系统安全预测和决策单列成章，但在相关章节中介绍了一些预测和决策相关的新知识点，以保证教材内容的系统性。

事故致因理论是系统安全分析的基础与重要支撑。运用事故致因理论指导开展系统事故致因分析是安全系统工程的重要内容之一。本书将事故致因理论划分为“点”“线”“系统”三个阶段进行介绍，使读者能更清晰地理解事故致因理论的发展过程和基本思想，同时加入了基于大数据的事故致因理论，以反映新技术在安全系统工程中的应用。

在系统安全分析中，主要介绍了实践中常用的系统安全分析方法，其中包括事件树分析法、事故树分析法（增加了耦合事故树分析法、模糊事故树分析法、动态事故树分析法）、因果分析图法、安全检查表法、预先危险性分析法、故障类型影响和致命度分析法、危险与可操作性研究分析法、统计图表分析法，还增加了情景分析法。

在系统安全评价中，主要介绍了安全评价的定义，评价的目的与意义，安全评价的分类，安全评价的原理和原则，安全评价的内容、指标、要素及程序，风险等级的划分，安全评价方法的分类，安全评价方法选择的原则及常用的安全评价方法等。

在系统安全控制中，除介绍一般系统安全控制原理和措施外，增加阐述了体系化的系统安全控制的内容，侧重介绍健康、安全和环境三位一体的管理体系、安全生产标准化、安全风险分级管控和隐患排查治理双重预防机制及基于大数据的安全控制等。

本书内容的选择力图反映安全系统工程理论的系统性、先进性和实用性，在充分满足安全工程专业本科教学质量国家标准的同时，还考虑了安全工程类专业不同层次的课程体系的差异和需要。另外，在各章节中力求深刻阐述方法的本质原理，同时通过实例使读者能较好掌握方法的应用。

本书由福州大学沈斐敏担任主编并负责统稿，由沈斐敏、房曰荣、陈伯辉、陈明仙、潘瑜、范自盛、许贵贤、王超、赵存明、林其彪撰写。在书稿的形成过程中，潘瑜做了大量的编辑工作。

本书在编写过程中参考了相关文献资料，在此，谨对这些文献资料的原作者表示最诚挚的谢意。

由于编者水平有限，书中疏漏和错误在所难免，敬请广大读者不吝指正。

编　者

目 录

第1章 安全系统工程概论

从古至今，安全这一概念总与人类的生存密切相关。原始人懂得在其居住的部落周围挖掘出沟壕以防止野兽的袭击；奴隶社会里人们从狩猎和农业实践中认识到生产工具和自然现象对人类的危害，发明了一些简单的防护办法；其后，由青铜器到铁器时代，防护器械随着生产工具的进步而发生了质的飞跃。我们的祖先在防瓦斯、防毒气、防冒顶等安全防护方面积累了许多经验，历史上屡有记载。如明代宋应星编著的《天工开物》一书中，就记载了有关处理矿内瓦斯和顶板的防护措施："初见煤端时，毒气灼人，有将巨竹凿去中节，尖锐其末，插入炭中，其毒烟从竹透上。"采煤时"其上支板，以防压崩耳"，比较明确地指出了采煤作业的劳动保护措施等。随着生产的发展和技术的进步，人们对安全技术的要求也越来越高。特别是18世纪60年代工业革命以来，由于使用了蒸汽机，每年锅炉爆炸致使成千上万人死亡。19世纪末期和20世纪初期，西方世界进入资本主义的发展时期，工业生产规模不断扩大，煤矿、化工、水运、堤坝、土木等工程往往一次发生数百人甚至上千人的重大伤亡事故。生产条件恶化，工伤事故和职业病日益严重，引起了人们的不安和广泛的关注。为加强管理，各国政府纷纷制定了有关安全的法令，用法律来促使企业对安全的重视，并加强了对安全技术的研究，从而使安全逐步形成一个综合性的学科。

21世纪的今天，工业技术进步所带来的对人类的威胁和损害引起人们对安全更为广泛的重视。当前是我国历史上最重视安全生产的时期，为提高安全生产水平所形成的新方针、新体制和新法规不断推出，安全防护技术和管理方法也不断创新。为避免事故的发生，人们在长期的实践中，创造和总结了预防事故的办法。归结而言，可以把这些办法分成"问题出发型"和"问题发现型"两大类。

"问题出发型"指的是建立在事故发生后，为吸取其经验教训而确立的，进行事故预防的安全工作法，是一种凭经验孤立被动的安全工作方法。它的特点是纵向分科界线明显，各学科间相互独立、自我封闭；只能实现单项工作安全，即只能针对已经出现失误或事故的某项具体工作提出安全对策；事后处理仅局限于对在过去时间里已发事故的经验教训的总结，不具备对事故进行预测的手段和模型，对事故难以防患于未然，安全工作落后于生产发展。"问题出发型"就是通常所说的传统安全工作方法。

传统安全工作方法的产生和发展基于特定的社会生产力发展阶段，虽然为防止事故做出了并正在做出贡献，但仍存在不少的缺点。这类工作方法凭经验处理生产系统中的安全问题多，由表及里地深入分析，发现潜在的事故隐患少，难于彻底改善安全面貌；定性的概念多，而定量的概念少；解决安全问题时总是片断地和零碎地进行，以致形成“头痛医头，脚痛医脚，到处堵塞漏洞”的被动局面。

“问题发现型”工作方法是从系统内部出发，研究各构成要素之间存在的安全上的联系，系统地分析系统存在的各种危险，查出可能导致事故发生的各种潜在因素及其发生途径，通过优化系统设计、改造或重建原有系统来降低或消除系统的危险性，把系统发生事故的可能性降低到最小限度。这是利用安全系统工程控制事故发生的方法，即安全系统工程工作方法。

科学技术的进步和生产的发展引起了从生产工具到劳动对象、生产组织和管理的一系列变革，同时给安全工作带来了许多新的问题，使人们深深地感觉到传统安全工作方法已不能适应生产的迅速发展。因此，人们特别是安全工作者总想找出一个方法，能够事先预测事故发生的可能性，掌握事故发生的规律，做出定性和定量的评价，以便能在设计、施工、运行和管理等各环节中对事故实现预警、控制及降低后果等功能，以达到控制事故的目的。安全系统工程就是为了达到这一目的而产生和发展起来的。

1.1 安全系统工程的产生和发展

安全系统工程作为正式论著出现在公众面前是在 1947 年 9 月美军航空科学院的一篇题为“安全工程”的论文中。随后的 20 多年里，多项标准规范相继出台，逐渐建立了安全系统工程的概念、设计、分析、综合等原则，使人们对系统安全认识不断深化。

另外，英国以原子能公司为中心，从 20 世纪 60 年代中期开始收集有关核电站故障的数据，采用概率的方法对系统的安全性和可靠性进行评价，后来进一步推动了定量评价的工作，并设立了系统可靠性服务所和可靠性数据库。

1974 年，美国原子能委员会发表了原子能电站事故评价有关报告（WASH-1400）。该项研究是在原子能委员会的支援下，由麻省理工学院的拉斯姆逊教授组织了十几个人，用时 2 年，花费 300 万美元完成的，报告中收集了原子能电站各个部位历年发生的事故，分析了发生的概率，采用了事故树和事件树分析方法，做出核电站的安全性评价。这个报告的发表引起了世界各国同行的关注。

日本引进安全系统工程的方法虽为时稍晚，但发展很快。自从 1971 年日本科学技术联盟召开了“可靠性安全学术讨论会”以来，他们在电子、宇航、航空、铁路、公路、原子能、化工、冶金、煤炭等领域的研究工作十分活跃。日本于 1976 年公布的化工联合企业 6 段安全评价方法就包含了安全系统工程的内容。他们还推广事故树定性分析法，甚至要求每个工人都能熟练应用。

在我国，安全系统工程的研究、开发是从 20 世纪 70 代中期开始的。最早始于事故树（FTA）的研究和应用，其后安全系统工程的各类方法在各领域逐步得到了使用。到 20 世纪 80 年代中后期，人们研究的注意力逐渐转移到系统安全评价的理论和方法，开发了多种系统安全评价方法，特别是企业安全评价方法，重点解决了对企业危险程度的评价和企业安全管理水平的评价。自 20 世纪 80 年代，我国已将事故树分析（FTA）、事件树分析（ETA）、故障类型及影响分析（FMEA）等先后列入国家标准，有力地推动了安全系统工程的应用。

21 世纪以来，系统安全分析和评价仍然是安全系统工程学的主要内容，同时关于系统安全分析、评价、预测的方法越来越多，已经超出了早期安全系统工程课本上介绍的范围，各种关于分析和评价方法改进的论文也层出不穷。例如，在评价方法上出现了动态安全评价的概念；有学者提出应用 PHA-Pro 软件指导 HAZOP 方法分析；还出现了一些事故树分析软件。模糊数学和层次分析法两种方法是十多年间安全评价的主要方法，其次有神经网络、灰色系统理论、火灾爆炸指数评价法、GIS 技术、遗传算法等，还有些研究人员将上述两种或者多种方法结合起来，形成了一些综合评价法，对于完善评价技术起到了积极作用。此外，还有递推算法、混沌理论、突变理论以及计算机辅助安全评价方法等，这些技术方法的使用，丰富了安全预测与安全评价的内容，也推动了学科发展。

由于恶性事故常造成严重的人员伤亡和巨大的财产损失，促使多国政府、立法机关立法或颁布法令，规定工程项目、技术开发项目都必须进行安全评价，并对安全设计提出明确的要求。日本《劳动安全卫生法》规定，由该国劳动基准监督署对建设项目实行事先审查和许可证制度；美国对重要工程项目的竣工、投产都要求进行安全评价；英国政府规定，凡未进行安全评价的新建生产经营单位不准开工；欧共体 1982 年颁发《关于工业活动中重大危险源的指令（Seveso Ⅰ）》，1996 年，欧盟颁布《重大事故风险防范指令（Seveso Ⅱ）》，欧盟成员国陆续制定了相应的法律；国际劳工组织（ILO）也先后公布了《重大事故控制指南》（1988 年）、《重大工业事故预防实用规程》（1990 年）和《工作中安全使用化学品实用规程》（1992 年），对安全评价提出了要求。2002 年，欧盟在未来化学品白皮书中，明确危险化学品的登记注册及风险评价，作为政府的强制性的指令。2012 年，欧盟又颁布《重大事件与危险物质风险防控（Seveso Ⅲ）》，明确了危害设施与居民区、公共活动区和特殊敏感或重要区域之间的安全距离，各成员国也相继制定了相应法律法规，确保土地使用安全评估与公共安全的适应性。

我国从 20 世纪 80 年代开始，对于工业企业的安全评价、安全标准化建设、安全生产应急预案的编制、风险分级管控和事故隐患排查治理双重预防机制以相关法律、法规和标准的形式予以确立，如《中华人民共和国安全生产法》《中华人民共和国矿山安全法》《危险化学品安全管理条例》《安全评价通则》《安全预评价导则》《安全验收评价导则》《非煤矿山安全评价导则》《危险化学品经营单位安全评价导则（试行）》《关于加强建设项目安全设施“三同时”工作的通知》《煤矿安全评价导则》《企业安全生产标准化基本规范》《关于实施遏制重特大事故工作指南构建双重预防机制的意见》等。在上述的法律法规应用中都渗透了安全系统工程的思想与算法，如危险源辨识与风险评价等。

综上所述，安全系统工程的发展大致经历了以下四个阶段：

1）军事产品的可靠性和安全性问题研究。安全系统工程的产生与应用来自于人类长期的生活及生产积累。但正式以文献形式提出是始于 20 世纪 40 年代末期美国的军事工业，在此阶段产生了可靠性工程和用系统的方法来处理安全性问题。

2）工业安全管理开始应用安全系统工程方法。如20世纪60年代初核工业、化工工业开始应用事故树分析法（FTA）和故障类型影响分析法（FMEA）等系统安全分析法和概率风险评价技术，逐步形成安全系统工程学科。

3）20世纪70年代以后，工业安全管理和工程广泛使用安全系统工程方法，形成了较为完整的安全系统工程学科并不断完善。安全系统工程不仅在各领域生产现场运用管理方法来预测预防事故，而且是从机器设备的设计、制造和研究操作方法阶段就采取预防措施，并着眼于人-机系统运行的稳定性，保障系统的安全。

4）进入21世纪后，安全系统工程理论研究与应用不断发展，新的理论与方法不断创新，应用范围不断扩大。其内容包括辨识、预测、评价、控制、安全大数据和安全管理程序等。

1.2 安全系统工程的概念

“安全系统工程”是“安全科学与技术”一级学科下的二级学科。几十年来，许多经典的应用范例始终激励人们进行不懈的探索，不断充实和发展其自身的理论体系，以期实现更好的应用效果。为了使更多的人了解安全系统工程，提高其普及性和实用性，有必要进一步明确安全系统工程的相关思想和概念。

1. 系统

系统在辞海中的解释为：两个或两个以上相互有关联的单元，为达成共同任务时所构成的完整体。钱学森描述系统（System）的概念时说，极其复杂的研究对象称为系统。系统一般是指由具有特定功能的、相互间具有有机联系的许多要素所构成的一个整体。系统观念是马克思主义基本原理的重要内容，实践表明，坚持系统观念可为重大工程、重大事业提供科学思想方法。我国的探月工程、北斗卫星导航系统等重大工程就是坚持系统观念、运用系统方法的成功案例。

中国探月工程（一）

中国探月工程（二）

中国探月工程（三）

北斗：想象无限

北斗：北斗之路

北斗：时空文明

任何一个系统应符合以下几个条件：必须由两个以上的要素所组成；要素间互有联系和作用；要素有着共同的目的和特定的功能；要素受外界环境和条件的影响。所谓要素，指的是内部相互作用的基本组成部分，是完成某种功能无须再细分的最小单元。由此可见，系统具有整体性、相关性、目的性、层次性、环境适应性和动态性等特征。为方便理解，对系统的主要特征解释如下：

（1）整体性

“系统是由具有特定功能的、相互间具有有机联系的许多要素所构成的一个整体”这一定义充分表达了系统具有整体性的含义。一个系统的完善与否主要取决于系统中各要素能否良好地组合，即是否能构成一个良好的实现某种功能的整体。换言之，即使每个要素并不都很完善，但它们可以综合、统一成为一个具有良好功能的系统，这就是一个较为完善的系统；反之，即使每个要素是良好的，但构成整体后却不具备某种良好的功能，这不能称之为完善的系统。

（2）相关性

系统内各要素之间是有机联系和相互作用的，要素之间具有相互依赖的特定关系，是互为相关的。如电子计算机系统是由运算、储存、控制、输入、输出等硬件装置和操作系统软件（要素或子系统）通过特定的关系，有机地结合在一起而构成的。计算机系统的各要素都呈相关关系，否则就无法实现某一特定功能。

（3）目的性

所有系统都为了实现某一特定的目标。没有目标就不能称之为系统。不仅如此，设计、制造和使用系统，最后总是希望完成特定的功能，而且要效果最好。这就是所谓最优计划、最优设计、最优控制和最优管理和使用等。

（4）层次性

一个复杂的系统由许多子系统组成，子系统可能又分成许多子系统，而这个系统本身又是一个更大系统的组成部分。系统是有层次的，如一个制造企业通常有厂部、车间、班组、个人等几个层次。系统的结构、功能都是指的相应层次上的结构与功能，而不能代表高层次和低层次上的结构与功能。一般来说，层次越多，系统越复杂。

（5）环境适应性

任何一个系统都处于一定的物质环境之中，系统必须适应外部环境条件的变化，而且在研究和使用系统时，必须重视环境对系统的作用。

（6）动态性

首先，系统的活动是动态的，系统的一定功能和目的，是通过与环境进行物质、能量、信息的交流实现的。因此，物质、能量、信息的有组织运动，构成了系统活动动态循环。其次，系统过程也是动态的，系统本身也处在孕育、产生、发展、衰退、消灭的变化过程中。

2. 工程

传统的“工程”概念指的是生产技术的实践。它往往以“硬件”作为其目标和对象，如采矿工程、桥梁工程、电气工程等。它所研究的对象主要是人力、材料、价格等。系统工程的“工程”目标和对象既包括“硬件”，也包括“软件”，如人类工程、生态工程等，它泛指一切由人参加的，以改变系统某一特征为目标的工作过程，其含义较传统概念中的“工程”更为广泛。

3. 系统工程

系统工程是组织管理“系统”的规划、研究、设计、制造、试验和使用的科学方法，是一种对所有“系统”都具有普遍意义的科学方法。这个概念有以下几个内涵：①系统工程的研究对象是“系统”；②系统工程的目的是实现“系统”的最优目标；③系统工程应用的方法是工程技术，主要是组织管理工程技术；④系统工程实施途径是解决系统整体及其全过程优化问题。

系统工程不仅涉及诸如采矿工程、机械制造工程、电气工程等科学技术领域，而且还涉及信息论、控制论、运筹学、概率论、数理统计、最优化方法、系统模拟以及社会学、经济学等多种学科。系统工程的任务就是从横向方面把纵向科学组织起来的一种科学技术。其目的是应用系统的理论和方法去分析、规划、设计新的系统或改造已有的系统，使之达到最优化的目标，并按此目标进行控制和运行。

系统工程的开发和应用并不排斥或替代传统工程，而是以系统的观点和方法为基础，运用先进的科学技术和手段，从全面、整体、长远出发去考察问题，拟订目标和功能，并在规划、开发、组织、协调各关键时刻，进行分析、综合、评价，求得优化方案，然后用行之有效的方法去进行工程设计、生产、安装，建造新的系统或改造旧的系统。

总之，系统工程是一门特殊工程，它不仅是一门应用科学管理技术，而且还是一门跨越各学科领域的新兴科学。

4. 安全系统工程

安全系统工程是指运用系统工程的原理和方法，识别、分析、评价系统中的危险性，根据其结果采取工艺、设备、操作、管理等综合性安全措施，并协调系统中各要素之间的关系，使事故发生的可能性减少到最低限度，从而达到最佳的安全状态。

对安全系统工程的定义可以从以下几个方面理解：

1）安全系统工程的理论基础是安全科学和系统科学，是系统工程理论与方法在安全领域的应用。

2）安全系统工程追求的是整个系统的安全和系统全过程的安全。

3）安全系统工程的重点是系统危险因素的辨识分析、系统风险评估和系统安全决策与事故控制。

4）安全系统工程要达到的预期安全目标是系统风险控制在人们能够容忍的限度以内，也就是在现有经济技术条件下，最经济、最有效地控制事故，使系统风险在安全指标以下，即最优化的安全状态是根本目的。

5. 安全

“安全”是人们频繁使用的词汇。“安”字是指不受威胁，没有危险，即所谓“无危则安”；“全”字是指完满、完整、齐备或是指没有伤害、无残缺、无损坏、无损失等，可谓“无损则全”。“安全”通常是指人和物在社会生产生活实践中没有或不受或免除了侵害、损伤和威胁的状态。对安全的理解主要有以下几点：

1）无伤害、无损伤、无事故灾害发生，这些只是安全的表征，不是安全的本质。安全的本质在于能够预测、分析系统存在的危险，并控制、消除危险。不能预测、控制或消除危险的暂时的“平安无事”不是真正的安全。仅凭人们自我感觉的安全是不可靠的安全。

2）安全的本质在于能够预测、分析，并控制、消除系统的危险，然而，人类对危险的认识与控制受到许多自然、社会及自身条件的限制。因此，安全是一个相对的概念，其内涵与标准随着人类社会的发展而不断进化。

3）从系统的观点来看，安全包括三个不可或缺的要素：人——安全行为；物——安全条件；人与物的关系——安全状态。此三者有机结合，构成一个动态的安全系统。人和物是安全系统中的直接要素，人与物的关系是安全系统的核心。安全的三要素相互制约，并在一定条件下相互转化。安全取决于人、物、人与物的关系协调，所以“安全”的状态也是动态变化的。

6. 危险

危险（Hazard，有时也写成 Danger）在不同的资料中有不同的阐述。如美国军用标准的《系统安全规划要求》对危险的定义是：可能导致意外事故的现有或潜在状况。我国军用标准《装备安全性工作通用要求》(GJB 900A—2012）将危险定义为“可能导致事故的状态”。

按照一般的认识和理解，所谓危险是指存在着导致人身伤害、物资损失与环境破坏的可能性。若当这种可能性因某种（或某些）因素的激发而变成现实时，就是事故。

7. 安全和危险

（1）安全是相对的，危险是绝对的

1）安全的相对性：①绝对安全是不存在的，系统的安全是相对于危险而言的；②安全标准是相对于人的认识和社会经济的承受能力而言的；③人的认识是无限发展的，即安全对于人的认识而言具有相对性。

2）危险的绝对性：①事物一诞生，危险就存在，中间过程中危险势可能变大或变小，但不会消失，危险存在于一切系统的任何时间和空间中；②不管人们的认识多么深刻，技术多么先进，设施多么完善，危险始终不会消失。

（2）安全与危险是一对矛盾，具有矛盾的所有特性

1）安全与危险两种状态互相依存，共同处于同一个系统中。

2）双方互相排斥、互相否定，危险势越小则安全度越高，反之亦然。

安全科学就是讨论安全与危险这一对矛盾运动变化发展规律的科学。

8. 风险

广义的风险是指生产目的与劳动成果之间的不确定性，狭义的风险表现为损失的不确定性。在安全生产领域，风险一般是指事故发生的可能性及其损失的组合。

风险通常运用在人类对系统安全性的主观评估上，一般认为：

$$风险值=事故可能性或概率\times后果严重度$$

其中，事故可能性或概率是指产生某种危险事件或显现为事故的总的可能性；后果严重度是可信最严重事故后果的估计。

9. 危险源

危险源在《职业健康安全管理体系　要求及使用指南》(GB/T 45001—2020）中的定义为：可能导致伤害和健康损害的来源。一般来说，危险源是指可能导致人员伤害或疾病、物质财产损失、工作环境破坏或这些情况组合的根源或状态因素。

危险源实质是具有潜在危险的源点或部位，是爆发事故的源头，是能量、危险物质集中的核心，是能量传出来或爆发的地方。一般来说，危险源可能存在事故隐患，也可能不存在事故隐患，对于存在事故隐患的危险源一定要及时加以整改，否则随时都可能导致事故。

10. 事故

事故这一基本概念在人类的日常生产、生活的各个领域内使用较为广泛，事故一般是指

人们在实现其有目的的行动过程中，突然发生了与人的意志相违背的、迫使其有目的的行动暂时或永久停止的事件。这个概念是广义上的，安全系统工程研究的事故通常有以下几个特征：①事故会造成人身伤害或物质损失；②事故具有突发性；③事故具有偶然性；④事故的发生是违背人类意愿的；⑤事故后果有随机性，并符合统计规律；⑥事故发生是必然性的结果，有可追溯的原因；⑦事故具有平稳性，即相似性等。根据我国安全生产法律法规立法精神及事故特征，将事故的概念定义为：在生产经营活动或社会生活中，因违反安全生产法律法规或意外突然发生的造成人身伤亡或者财产损失的事件。

安全与事故是两个不同的概念。安全是系统存在发展的状态描述量，而事故是系统朝目标发展过程中的某一个结果，是结果量；系统事故的发生只能是其不安全的必要条件，而非充分条件，即未发生事故的系统不一定是安全的，而发生了事故的系统未必是不安全的，而相对安全的系统对人类所造成的威胁比不安全的系统要小。

11. 隐患

“隐”字是指潜藏、隐蔽，而“患”字则体现了祸患、不好的状况。根据海因里希（Heinrich）的理论，隐患是导致事故发生的潜在危险。张景林等学者认为，隐患是指有可能导致事故的，但通过一定的办法或采取措施能够排除或抑制的、潜在的不安全因素。根据我国的安全生产法律法规，隐患通常是指违反安全生产法律、法规、规章、标准、规程和安全生产管理制度的规定，或者因其他因素在生产经营活动中存在可能导致事故发生的物的危险状态、人的不安全行为和管理上的缺陷。

从上述的定义可以看出，隐患是事故的基本组成因子，是事故发生的必要条件，是事故发生的源头，是潜在的因素。事故发生之前必然蕴涵有隐患，但是隐患不一定会发生事故。

按照安全系统工程的观点，事故的发生必定是一系列隐患在时间、空间序列上的相互交叉、逐步增强造成的结果。从隐患到事故要经历一段时期而不是瞬间。若在这一段时间，迅速、有效地辨识隐患并消除隐患，则可以从根本上消除和抑制事故的发生。这是安全系统工程的一个重大哲学命题。

1.3 安全系统工程的内容

安全系统工程是一种综合性的技术方法。在安全系统工程使用中，不仅要应用系统工程的原理和方法，而且还要熟悉所要研究的系统或生产过程及所应采取的安全技术等，即安全系统工程所包括的内容是广泛的。根据目前国内外的资料可见，安全系统工程的内容主要包括事故致因理论、系统安全分析、安全评价（系统安全评价）和安全措施四个方面。

1.3.1 事故致因理论

为防止事故的发生，人们在生产实践中不断总结经验和教训，研究探索事故的发生规律，以了解事故为什么会发生，事故是怎样发生的，以及如何采取措施予以防范，并以模式和理论的形式给以阐述。由于这些模式和理论着重解释事故发生的原因以及针对事故成因因素如何采取措施防止事故，所以把这些模式和理论称为事故致因理论或事故成因理论。事故致因理论就是从事故的角度研究事故的定义、性质、分类和事故的构成要素与原因体系，分析事故成因模型及其静态过程和动态发展规律，阐明事故的预防原则。事故致因理论是指导事故预防工作的基本理论。

事故致因理论中的事故模式是人们对事故机理所做的逻辑抽象或数学抽象，用于描述事故成因、经过和后果，是研究人、物、环境和管理及事故处理这些因素如何作用而形成事故和造成损失的。事故模式有很多种，目前世界上较为流行的有十几种，它们是系统理论、事故因果连锁论、流行病学论、能量交换模式、不安全行为论、寿命单元改变论、屡次失误模式、人的因素论、人机理论、动机论、同时发生论、决策模式、生物节律论等，这对于系统安全分析及事故的预测、预防、处理均具有十分重要的作用。

1.3.2 系统安全分析

系统安全分析是安全系统工程的核心内容，它不仅是常用于对特定系统危险因素的分析、辨识和预测的方法，更是安全评价的基础。通过系统安全分析的应用，人们可以对系统进行深入、细致的分析，充分了解、查明系统存在的危险性，估计事故发生的概率和可能产生伤害及损失的严重程度，为确定出哪种危险能够通过修改系统设计或改变控制系统运行程序来进行预防提供依据。所以，分析结果的正确与否关系整个工作的成败。

系统安全分析法目前国内外提出的已有数十种之多。综合这些方法，可将其归为文字表格法、逻辑分析法、统计图表分析法、调查实验法和数学解析法五大类共近 20 种基本方法。这些基本方法除了它们各自具有的特点（特定的运用范围）外，还存在不少相同或重复之处。因而，在使用时应设法了解系统，并选用合适的、具有特色的分析法。

在进行系统安全分析时，可根据需要把分析进行到不同的深度，可以是初步的或详细的，定性的或定量的。每种深度都可以得出相应的答案，以满足不同项目和不同情况的要求。

1.3.3 安全评价（系统安全评价）

安全评价是对系统存在的危险性进行定性或定量的分析，得出系统存在的危险因素与发生危险可能性及其危害程度，以预测出被评价系统的安全状况。

安全评价是预测预防事故的高级阶段，它往往是建立在系统安全分析的基础上，结合其他理论进行的。不同的评价方法有不同的安全评价结果。定性评价的结果只能用大概的度量信息表现，只能让人们知道系统中危险性的大致情况；定量评价的结果则能用较为精确的量值表现，可以以较为直观的数量形式反映安全状况。

安全评价是一种预测安全状况的手段，并非防止、控制事故发生的实际措施。安全评价是安全系统工程的重要组成部分与实用性较强的内容。正确的安全评价必须有科学的安全理论做指导，使之能真正揭示安全状况变化的规律并予以准确描述，并以一种可辨识、度量的信息显示出来。

安全评价方法可依据评价的目的或采用的基本理论进行分类。目前较常见的方法有定性和定量评价、预先评价、日常评价、事后评价、全面评价、局部评价等。目前，我国法律法规规定的安全评价根据工程、系统生命周期和评价的目的分为安全预评价、安全验收评价、安全现状评价和专项安全评价四类。现代安全评价是以系统科学原理、耗散结构理论、现代数学和控制理论等作为其理论基础的。

1.3.4 安全措施（系统安全控制）

当对一个系统进行评价后，根据评价结果，针对系统中的薄弱环节或潜在危险，提出调整、修正的措施，以消除事故的发生或使发生的事故得到最大限度的控制。

安全措施主要包括宏观控制措施、微观控制措施和安全目标管理。

（1）宏观控制措施

宏观控制措施是以整个系统作为控制对象，根据系统的安全状况进行决策选定控制措施。通常采用的控制措施主要有法制手段（政策、法律法规、规章制度）、工程技术手段和教育手段。

（2）微观控制措施

微观控制措施是以具体的危险源作为控制对象，人们对系统中固有的危险源和人的不安全行为进行控制。对于固有危险源，具体的控制措施可采用控制、保护、隔离、消除、保留和转移等方法。对人的不安全行为，主要依据行为科学原理，采用人的安全化与操作安全化的方法进行控制。

（3）安全目标管理

安全目标管理就是把一定时期内所要完成的安全指标分解到各具体部门或个人。各接受安全指标的部门或个人，根据自身系统的安全状况，在管理人员的指导下，采取具体控制措施，对系统中的不安全因素进行控制，以达到预期的安全效果。安全目标的实施分为目标制定阶段、目标执行阶段和目标成果评价阶段。安全目标管理主要采用法律、行政、经济、教育及技术工程的手段。

1.4 安全系统工程的应用

1.4.1 安全系统工程的任务

1）进行危险源辨识，得出系统存在的风险因素。

2）分析、预测危险源由触发因素作用而引发事故的类型及后果。

3）评估系统的风险性。

4）设计和选用安全措施和对策，并付诸实施。

5）对措施效果做出总体评价。

6）不断持续改进，以求最佳措施效果，使系统达到最佳安全状态。

1.4.2 安全系统工程的应用特点

（1）系统性

无论是系统安全分析、系统安全评价的理论，还是系统安全管理模式和方法的应用都表现了系统性的特点，它从系统整体出发，综合考虑系统的相关性、环境适应性等特性，始终追求系统总体目标的满意解或可接受解。

（2）预测性

安全系统工程的分析技术与评价技术的应用，无论是定性的，还是定量的，都是为了预测系统存在的危险因素和风险性。它是通过这些预测来掌握系统安全状况如何、风险能否接受，以便决定是否应当采取措施，控制系统风险。所以，安全系统工程也可称作是系统的事故预测技术。

（3）层序性

安全系统工程的应用是按照系统的时间和空间两个跨度有序展开，管理规范的执行一般是按照系统生命过程有序进行，而且贯彻到系统的方方面面。因此，安全系统工程具有明显的“动态过程”研究特点。

（4）择优性

择优性的应用特点主要体现在系统风险控制方案的综合与比较，从各种备选方案中选取最优方案。在选取控制风险的安全措施方面，一般按下列优先顺序选取方案：设计上消除→设计上降低→提供安全装置→提供报警装置→提出专门规程。因此，冗余设计、安全连锁、有一定可靠度保证的安全系数，是安全系统工程经常采用的设计思想。

（5）技术与管理的融合性

前面述及安全系统工程是自然（技术）科学与管理科学的交叉学科。随着科技与经济的发展，人们对安全的追求目标（特别是生产领域）是本质安全。但是，一方面由于新技术的不断涌现，另一方面由于经济条件的制约，对于一时做不到本质安全的技术系统，则必须用安全管理来补偿。所以，在相当长的时间内，解决安全问题还必须把技术与管理通过系统工程的方法有机地结合起来。

1.4.3 安全系统工程的应用步骤

1）收集资料，掌握情况。

2）建立系统模型（结构、数学、逻辑模型）。

3）危险源辨识与分析。

4）风险评价。

5）选取控制方案与方案比较。

6）最优化决策。

7）决策计划的执行与检查。

1.4.4 应用安全系统工程可有效解决安全问题

大量实践表明，安全系统工程确实是一种有效辨识、预测、评估和控制事故发生的好方法，究其原因如下：

1）应用安全系统工程可以识别出存在于各个要素本身、要素之间的危险性。

众所周知，危险性存在于生产过程的各个环节，例如原材料、设备、工艺、操作、管理之中。这些危险性是产生事故的根源。安全工作的目的就是要识别、分析、控制和消除这些危险性，使之不致发展成为事故。利用系统可分割的属性，可以充分地、不遗漏地揭示存在于系统各要素（元件和子系统）中存在的所有危险性，然后就可以对危险性加以消除，对不协调的部分加以调整，这就有可能消除事故的根源并使安全状态达到最优化。

2）使用安全系统工程可以了解各要素间的相互关系，消除各要素由于互相依存、互相结合而产生的危险性。

要素本身可能并不具有危险性，但当进行有机的结合构成系统时，便产生了危险性。这个情况往往发生在子系统的交接面或相互作用时。

人机交界面是事故的多发场所，突出的例子如人和压力机、传送设备等的交接面。对交接面的控制，在很大限度上可以减少伤亡事故。

危险物的质量和能量储积是构成重大恶性事故的物质根源。适当地调整加工量和处理速度时，可以降低事故的严重性。例如，炸药研磨由吨位级改为公斤级，这样做能使事故严重性大大降低。

3）变静态安全管理为动态管理。

一个灵敏、准确的安全信息反馈体系是安全管理有效的关键，也是安全管理计划、决策的依据。在企业的生产过程中，有两种东西在流动，一种是物质流，一种是信息流，两者伴随在一起。要保证安全生产，就要掌握物质流的流动规律，信息流的交换要及时、准确。信息流对物质起着控制作用，安全管理中的大系统、分系统和子系统都是安全信息把它们有机地联系起来的。通过安全信息反馈，使企业对安全生产计划、目标、措施进行对比，发现偏差，从而及时进行调节和纠正。因此，安全信息反馈体系是对安全生产动态进行有效控制的工具，它对帮助企业领导者正确判断、预测生产过程的安全状态，保证安全目标的实现，起着很大的作用，而这些都是安全系统工程的使用可以实现的。

4）系统工程能用于解决安全问题。

系统工程的方法几乎都适用于解决安全问题。例如，使用决策论，在安全方面可以预测发生事故可能性的大小；利用排队论，可以减少能量的储积危险；使用线性规划和动态规划，可以采取合理的防止事故的手段。至于数理统计、概率论和可靠性，则更可广泛地用于预测风险、分析事故。因此，可以说使用系统工程方法可以使系统的安全达到最佳状态。

1.4.5 安全系统工程的优越性

如上几节所述，安全系统工程是在传统安全的基础上发展起来的，由多门现代学科综合形成的一门技术，使用起来有许多优越性，其优点可简述如下：

1）可以打破传统安全中单一的、凭经验的相互独立、自我封闭的界限。

2）该方法逻辑性强、明白、直观，能定性、定量地进行安全分析和评价，能全面、系统、合理地解决安全问题。

3）可以避免传统安全中对事故的“浅层”分析，从人机关系、人和环境、人和物的关系中寻找真正的事故原因和查出未想到的原因。

4）通过分析，可以了解系统存在的薄弱环节及可能发生危险性的尺度，有利于有的放矢采取相应措施预防事故的发生。

5）通过评价和优化技术，可以找出适当的方法使各分系统之间达到最佳配合，用最少的投资达到最佳的安全效果和大幅度地减少伤亡事故。

6）安全系统工程的方法不仅适用于工程，而且适用于管理，并且能用来指导产品的设计、制造、使用、维修和检验。

7）可以促进各项标准的制定和有关可靠性数据的收集。安全系统工程既然需要评价，就需要各种标准，如安全设计标准、人机工程标准等。同时，为了实现定量计算，还可促进积累有关可靠性（包括人和物）的数据。

8）可以迅速提高安全工作人员的水平。安全系统工程是一门实践性很强的科学，真正做好安全系统工程必须熟悉生产，学会各种分析和评价方法，这对提高安全工作人员的素质是大有好处的。

当然，安全系统工程方法的最大优点是预防和减少事故发生，这已在实践中得到证明。

1.5 安全系统工程的研究对象和方法论

1.5.1 安全系统工程的研究对象

任何一个生产系统都包括三个部分，即从事生产活动的操作人员和管理人员，生产必需的机器设备、厂房等物质条件，以及生产活动所处的环境。这三个部分构成一个“人-机-环境”系统（图 1-1），每一部分就是该系统的一个子系统，分别称为人子系统、机器子系统和环境子系统。

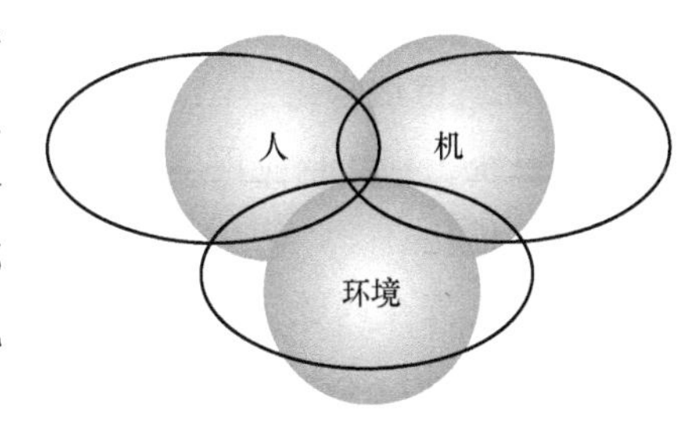

图 1-1 “人-机-环境”系统

1）人子系统：该子系统的安全与否涉及人的生理和心理因素，以及规章制度、规程标准、管理手段、方法等是否适合人的特性，是否易于被人们接受的问题。

2）机器子系统：对于该子系统，不仅要从工件的形状、大小、材料、强度、工艺、设备的可靠性等方面考虑其安全性，而且要考虑仪表、操作部件对人提出的要求，以及从人体测量学、生理学、心理与生理过程有关参数对仪表和操作部件设计提出的要求。

3）环境子系统：对于该子系统，主要应考虑环境的理化因素和社会因素。理化因素主要有噪声、振动、粉尘、有毒气体、射线、光、温度、湿度、压力、热、化学有害物质等；社会因素有管理制度、工时定额、班组结构、人际关系等。

4）人-机子系统：人和机器通过人机接口发生联系，操作者将“控制信息”输入机器子系统，以控制机器按预定功能运行。如果操作失误输入错误信息，或者由于机器可靠性差丧失预定功能，就有可能导致事故，造成损害。所以应该从人的因素、机器的因素及其相互的影响来考虑人-机子系统的安全性。

5）人-环子系统：主要从环境对人直接影响以及人对环境的干扰方面分析人-环子系统的安全性。

6）机-环子系统：主要从环境因素对机器性能的影响、机器对环境的影响等方面，分析机-环子系统安全性。

7）人-机-环境系统：人-机-环境系统的安全性取决于各子系统的特性和子系统之间的交互作用，以及系统与外部环境的相互影响。研究人-机-环境系统有哪些因素会危及系统的安全性及外部环境，外部环境有哪些因素会影响所研究的人-机-环境系统的安全性等。

1.5.2 安全系统工程的方法论

1. 研究方法整体化

安全系统工程的研究方法是从整体观念出发的，它不仅把研究对象视为一个整体，还可以把系统分解为若干个子系统，对每个子系统的安全性要求要与实现整个系统的安全性指标相符合。对于评价过程中子系统之间或者系统与系统之间的矛盾，都要从总体协调的需求来选择解决方案。因此，系统安全要贯穿到规划、设计、制造、使用、维护等各个阶段。

在系统概念上，系统除了材料、能量、信息三大要素以外，在系统的各要素中，应格外重视人这个要素。我国和日本的有关事故统计资料表明，包含人的不安全行为造成灾害的次数，一般占事故总数的90%以上。因此在研究、分析、评价系统安全时，不能忽视人在系统中所起的作用，而是必须从整体出发，全面考虑系统中的各种因素。

2. 技术应用综合化

安全系统工程综合应用多种学科、技术，使之相互配合，使系统实现安全化，即系统工程所谓的最优化。

人们在“安全问题”上所研究、遇到的“系统”往往是复杂的。对系统各要素间的关系揭示得越清晰、深刻、精确，就越能得到最佳应用多种技术的成就。因而，在研究综合运用各学科和各项技术过程中，人们从全面的系统观点出发，采用逻辑、概率论、数理统计、模型和模拟技术、最优化技术等数学方法，并用计算机进行处理和分析计算，把系统内部的要素间的关系和不安全状态，用简明的语言、数据、曲线、图表清楚地描述出来，或把所研究的问题在定性的基础上数量化表示，显示出那些不易直观觉察的各种要素间的相互关系，使人们能深刻、全面地了解和掌握所研究的对象，做出最优决策，保证整个系统能按预定计划达到安全目标。

3. 安全管理科学化

安全工作中的规划、组织、控制和决策等统称为安全管理。安全管理工作对实现系统安全、经济效益等方面具有重要意义。所以，科学化的管理对实现系统安全至关重要。从安全系统工程的主要六个任务（即寻找、发现系统中的危险因素；预测由危险因素可能引起的危险；选择、制定和调整安全措施方案和安全决策；组织安全措施和对策的实施；对措施的效果进行全面的评价；不断采取改善措施，以求得最佳效果）可以体现出安全管理科学化的主要特征。

(1) 从系统整体出发的研究方法

安全系统工程的研究方法必须从系统的整体性观点出发，从系统的整体考虑解决安全问题的方法、过程和要达到的目标。

(2) 本质安全方法

由于安全系统把安全问题中的人-机（物）-环境统一为一个“系统”来考虑，因此不管是从研究内容来考虑还是从系统目标来考虑，核心问题就是本质安全化，就是研究实现系统本质安全的方法和途径。

(3) 人机匹配法

在影响系统安全的各种因素中，至关重要的是人-机匹配。从安全的目标出发，考虑人-机匹配，以及采用人-机匹配的理论和方法是安全系统工程方法的重要支撑点。

(4) 安全经济方法

由于安全经济的特殊性（安全性投入与生产性投入的渗透性、安全投入的超前性与安全效益的滞后性、安全效益评价指标的多目标性、安全经济投入与效用的有效性等），在应用安全系统工程方法考虑系统目标时，要有超前的意识和方法，要有指标（目标）的多元化的表示方法和测算方法。

(5) 系统安全管理方法

从学科的角度讲安全系统工程是技术与管理相交叉的横断学科；从系统科学原理的角度讲，它是解决安全问题的一种科学方法。所以，安全系统工程是理论与实践紧密结合的专业技术基础，系统安全管理方法则贯穿到安全的规划、设计、检查与控制的全过程。所以，系统安全管理方法是安全系统工程方法的重要组成部分。

复　习　题

1. 什么是安全系统工程？
2. 为什么安全系统工程能有效解决安全问题？
3. 试述安全系统工程的内容。
4. 总结归纳安全系统工程的发展方向。

第2章 事故致因理论

事故致因理论是探索事故发生及预防规律、阐明事故发生机理、防止事故发生的理论。运用事故致因理论开展系统事故致因分析是安全系统工程的重要内容之一。在事故致因理论中，常通过建立事故模式来分析问题。所谓事故的模式是指用于阐明事故的成因、始末过程和后果的系统模型。事故模式对于人们认识事故的本质，指导事故调查、事故分析和事故预防有着重要的作用。随着科学技术发展和生产方式的转变，安全科学需要面对的系统日趋复杂，人们对事故致因的认识也在不断深入，事故致因理论和事故模型也在不断发展。

2.1 事故致因理论的发展历程

事故致因理论的发展经历了单因素理论、人为失误论、因果连锁理论、系统理论等发展过程，折射出了人们对事故致因分析的认识，从割裂的点、简单的线再到系统的历程。

2.1.1 以“点”分析的阶段

自20世纪初提出事故致因理论以来的近50年时间里，以事故倾向性理论、心理动力理论、社会环境理论等为代表的“单因素理论”占据了主流思想。这个阶段的事故致因还只以单个因素或两个因素（即“点”）来简单分析事故。

1. 事故倾向性理论

1919年，英国的格林伍德（Greenwood）和伍兹（Woods）对许多工厂伤亡事故发生的次数和有关数据，按不同的统计分布进行统计检验，发现工人中的某些人较其他工人更容易发生事故。后经1926年纽贝尔德、1938年法默等人研究，逐渐演化成事故倾向性（Accident Proneness）理论。这种理论认为，少数工人具有事故频发倾向，是事故频发倾向者，这些人的存在是大部分工业事故发生的原因。减少工人中的事故频发倾向者，就可以减少事故。1964年海顿等人进一步证明易出事故的个人事故倾向性是一种持久的、稳定的个性特征。

由于当时西方差别心理学盛行，因此这一理论曾在安全管理界产生重大影响并持续半个世纪之久。期间该理论被许多西方工业界作为招聘、安排职业、进行安全管理的理论依据。

这一理论从一开始就引起了争论，其最大的弱点是过分强调了人的个性特征在事故中的影响，无视教育与培训在安全管理中的作用，不能解释同等危险暴露的情况下，人们受伤害的概率并非都不相等的实际现象。

2. 心理动力理论

这种理论来源于弗洛伊德的个性动力理论，认为工人受到伤害主要是刺激所致。其假设是，事故本身是一种无意识的愿望或希望的结果，这种愿望或希望通过事故来象征性地得到满足。要避免事故，就得更改愿望满足的方式，或通过心理分析消除那种破坏性的愿望。这种理论是不完善的，因为无法证实某个特定的机会会引起某个特定的事故。这里之所以提到这一理论，是因为它与事故倾向性论者相反，不认为个别人的个性特征缺陷是固有而稳定的，而认为无意识的动机是可以改变的。由此可得到推论：一个人可能具有事故倾向性，但通过教育培训可以降低其事故率，而不必从工作中将他们排除出去。

3. 社会环境理论

这种理论又称“目标-灵活性-机警”理论，即一个人在其工作环境内可以设置一个可达到的合理目标，并可具有选择、判断、决定等灵活性，而工作中的机警会避免事故。

1957 年科尔提出了这一理论。他认为，工人来自社会和环境的压力会分散注意力而导致事故，这种压力包括工作变更、换了领班、婚姻、死亡、生育、分离、疾病、噪声、照明不良、高温、过冷、时间紧迫、上下催促等。但科尔既没有说明每个因素与事故的发生有什么关系，也没定义“机警”，这种理论只不过是一种经验性描述，对事故原因能增进理解而已。

2.1.2 以“线”分析的阶段

到 20 世纪中叶及以后，以威格里斯沃思模型、以管理失误为主因的模型、劳伦斯模型和瑟利模型等为代表的“人为失误论”陆续出现，认为事故的发生是由人为失误所导致的，而人为失误的发生是由于人对外界刺激（信息）的反应失误造成的。这个阶段的事故致因开始以简单“刺激-反应-失误”（即“线”）方式来分析事故。

1. 威格里斯沃思模型

威格里斯沃思模型如图 2-1 所示。

该模型是威格里斯沃思在 1972 年提出的，他认为人为失误是构成所有类型事故的基础。他把人为失误定义为“错误或不恰当地响应了一个外界刺激”。他认为：在生产操作过程中，各种各样的信息不断地作用于操作者的感官，给操作者以“刺激”。若操作者能对刺激做出正确的响应，事故就不会发生；反之，如果错误或不恰当地响应了一个刺激（人为失误），就有可能出现危险。危险是否会带来伤害事故，则取决于一些随机因素。

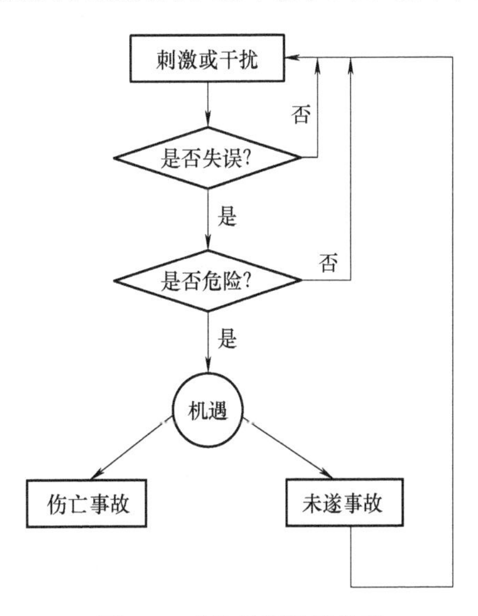

图 2-1 威格里斯沃思模型

该模型可解释为，在生产过程中，某种刺激干扰出现，工人判断响应，若此时动作不出现失误，则事故不发生，接着重新接受新的刺激干扰，周而复始。若响应动作失误，但无危险，则事故不发生；若响应动作失误，且有危险，则要看运气（机遇）。机遇好，为未遂事故，否则，为伤亡事故。该模型认为，只要出现人为失误，就可能导致事故发生，或者伤亡事故都是人为失误造成的。

由以上分析可知，这一模型有其局限性。在生产过程中，客观上存在着许多非人为因素，如工作面的压力、地质条件、设备新旧问题等。而这些非人为因素在事故模型中均未体现出来。另外，虽然该模型突出了人的失误可能造成的危害性，但却无法解释人为何会出现失误。一般而言，该事故模型较适用于机械制造行业。

2. 以管理失误为主因的模型

该模型认为，事故之所以发生，是因为客观上存在着不安全因素及众多的社会因素和不利的环境条件，但是“人的不安全行为”和“物的不安全状态”往往是由“管理上的失误”造成的，从这一基点出发，认为“管理失误”是发生事故的本质原因。

从图 2-2 可见，人的不安全行为可以造成物的不安全状态，而物的不安全状态又会客观上造成人发生不安全行为。“隐患”往往是由物的不安全状态和管理上的缺陷耦合而成的。显然，“隐患”形成并且有“人的不安全行为”，则会导致事故的发生。

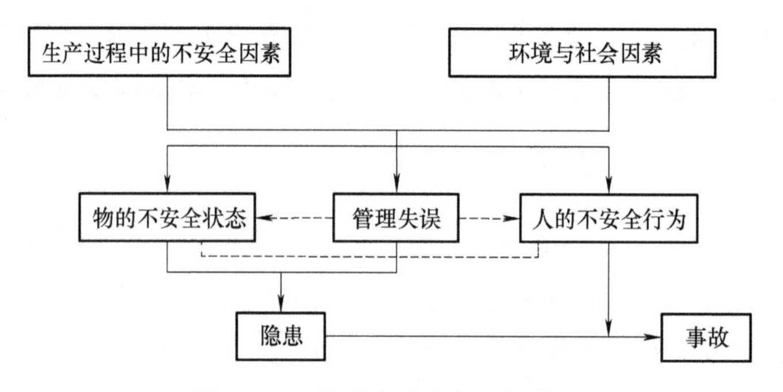

图 2-2　以管理失误为主因的模型

例如，绞车提升钢丝绳由于使用年限超限而已发生断股，若正常操作时尚不至于马上断裂。按要求及时更换，则可避免了事故隐患的存在，但由于管理不善，未按章及时更换，则客观上埋下了“隐患”。这样的钢丝绳，若在运行过程中紧急制动，很可能马上断裂导致事故。

对大多数事故而言，“人的不安全行为”虽是自由性的和随机的，但行动较容易被发现，而物的不安全状态往往较难发现。人们常将“人的失误”作为最主要因素。有时，这种判定是正确的，但有时却是不对的。因为“物质”在事故中是第一性的，所以人们在事故的分析与预防时，“物的不安全状态”也必须慎重考虑。

例如，在煤矿工作面的开口处，原有的巷道与新掘出的巷道交叉，造成暴露面积加大，那么这一区域顶板所受压力增大，造成了物的不安全状态。此时，若作业规程无明确规定应加强支护，工人继续在没有足够支护的巷道内作业，则形成管理上的缺陷。这就埋下了事故隐患，倘若没有进行及时处理，就会酿成事故。

这一模型给人们的启示如下，若要事故不发生，则应杜绝“不安全状态”“管理失误”和“人的不安全行为”三个方面，不可偏废。其次，在该模型中特别强调应该重视管理的作用。假定“物的不安全状态”已经存在，但若管理有力而不失误，则可及时消除或控制物的不安全状态，从而可减少事故发生的概率。

3. 劳伦斯模型

劳伦斯在通过对南非金矿中发生事故的研究，于 1974 年提出了针对金矿企业以人为失误为主因的事故模型，如图 2-3 所示。该模型对一般矿山企业和其他企业中比较复杂的事故情况也普遍适用。

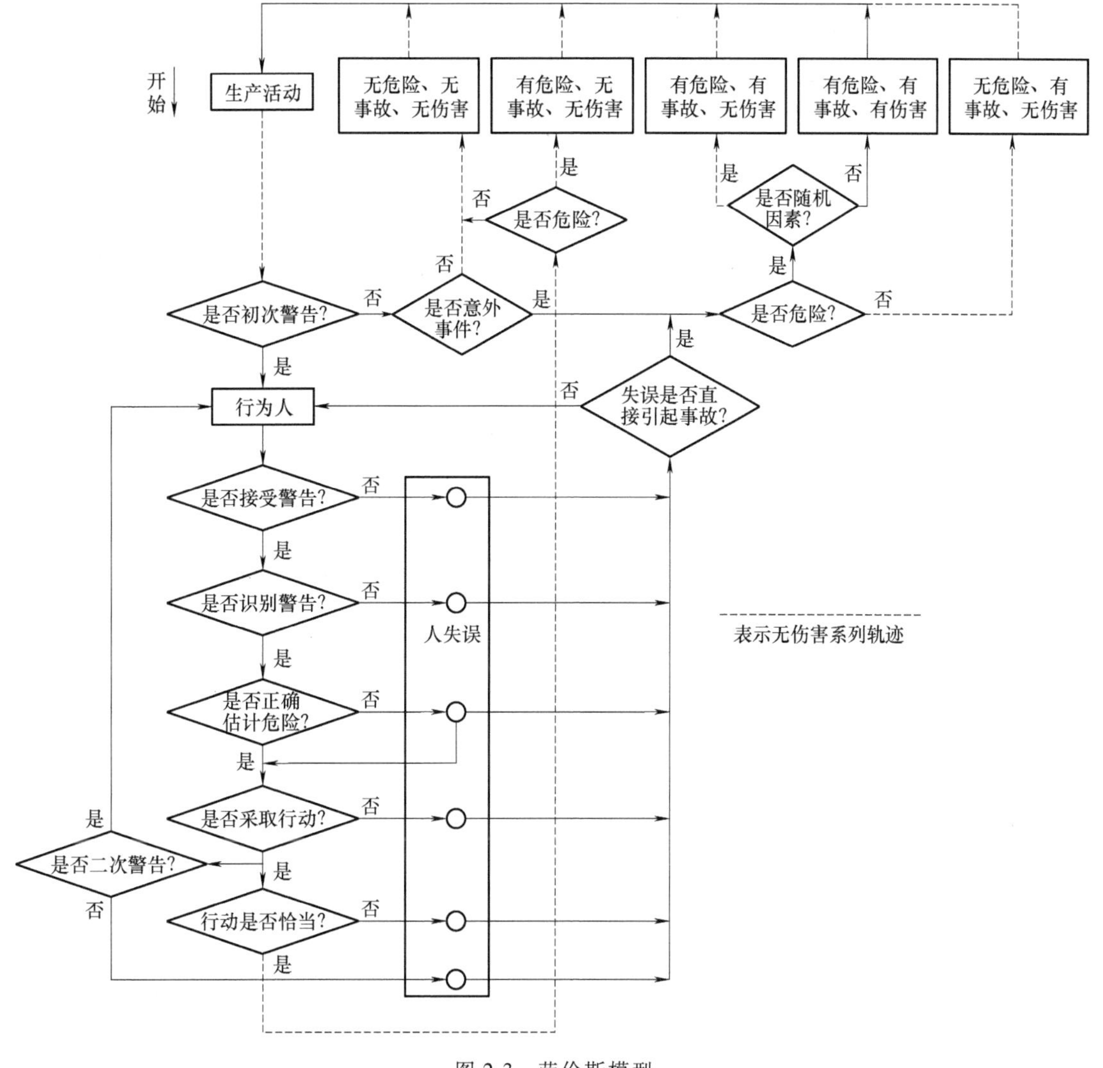

图 2-3 劳伦斯模型

该模型认为，在生产过程中，当危险出现时，往往会产生某种形式的信息，向人们发出警告，如突然出现或不断扩大的裂缝、异常的声响、刺激性的烟气等。这种警告信息叫作初期警告。初期警告还包括各种安全监测设施发出的报警信号。如果没有初期警告就发生了事故，则往往是由于缺乏有效的监测手段，或者是管理人员事先没有提醒人们存在着危险因素，作业者在不知道危险存在的情况下发生的事故，属于管理失误造成的。

在发出了初期警告的情况下，作业者在接受、识别警告，或对警告做出反应等方面的失误都可能导致事故。

劳伦斯模型适用于类似矿山生产的多人作业生产方式。在这种生产方式下，危险主要来自于自然环境，而人的控制能力相对有限，在许多情况下，人们唯一的对策是迅速撤离危险区域。因此，为了避免发生伤害事故，人们必须及时发现、正确评估危险，并采取恰当的行动。

4. 瑟利模型

瑟利把事故的发生过程分为危险出现和危险释放两个阶段，这两个阶段各自包括一组类似人的信息处理过程，即知觉、认识和行为响应过程。在危险出现阶段，如果人的信息处理的每个环节都正确，危险就能被消除或得到控制；反之，只要任何一个环节出现问题，就会使操作者直接面临危险。在危险释放阶段，如果人的信息处理过程的各个环节都是正确的，则虽然面临着已经显现出来的危险，但仍然可以避免危险释放出来，不会带来伤害或损害；反之，只要任何一个环节出错，危险就会转化成伤害或损害。

由图 2-4 可以看出，两个阶段具有相类似的信息处理过程，即三个部分。六个问题则分别是对这三个部分的进一步阐述。

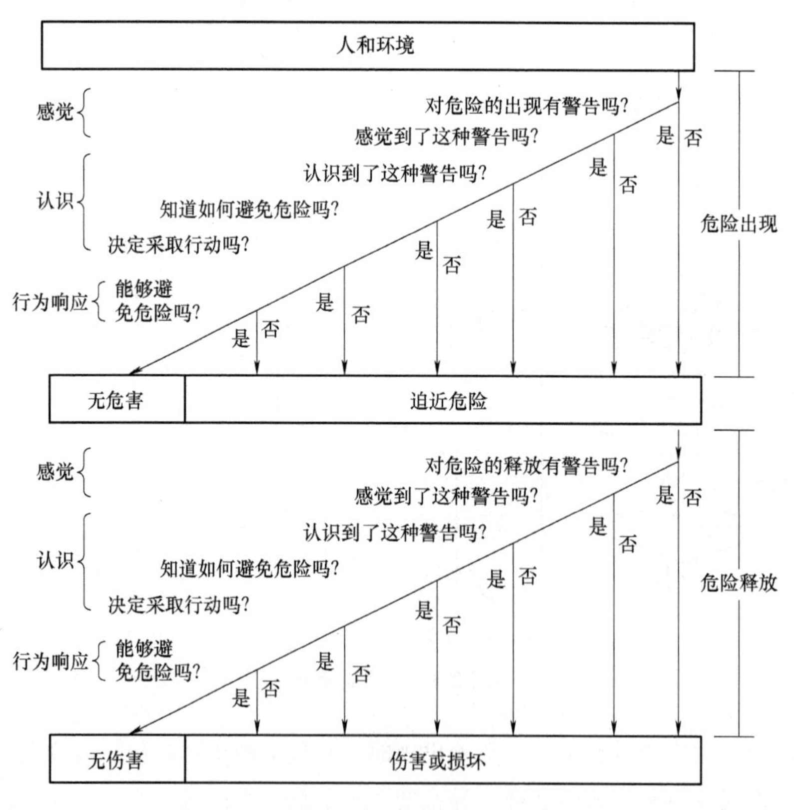

图 2-4　瑟利模型

六个问题中，前两个问题都是与人对信息的感觉有关的，第 3~5 个问题是与人的认识有关的，最后一个问题与人的行为响应有关。这六个问题涵盖了人的信息处理全过程，并且反映了在此过程中有很多发生失误进而导致事故的机会。

瑟利模型不仅分析了危险出现、释放直至导致事故的原因，而且还为事故预防提供了一个良好的思路，即要想预防和控制事故，首先应采用技术手段使危险状态充分地显现出来，使操作者能够更好地感觉到危险的出现或释放，这样才有预防或控制事故的条件和可能；其次应通过培训和教育的手段提高人感觉危险信号的敏感性，包括抗干扰能力等，同时应采用相应的技术手段帮助操作者正确地感觉危险状态信息，如采用能避开干扰的警告方式或加大警告信号的强度等；再次应通过教育和培训的手段使操作者在感觉到警告之后能准确地理解其含义，知道应采取何种措施避免危险发生或控制其后果，同时，能结合各方面的因素做出正确的决策；最后，应通过系统及其辅助设施的设计使人在做出正确的决策后有足够的时间和条件做出迅速、敏捷、正确的行为响应。这样，事故就会在相当大的程度上得到控制，取得良好的预防效果。

5. 瑟利模型扩展

1978 年，安德森等人在分析 60 起工伤事故中应用了瑟利模型，发现其存在一定的缺陷。他们认为，瑟利模型虽然清楚地处理了操作者的问题，但未涉及机械及其周围环境的运行过程。于是，他们对瑟利模型做了扩展，如图 2-5 所示。

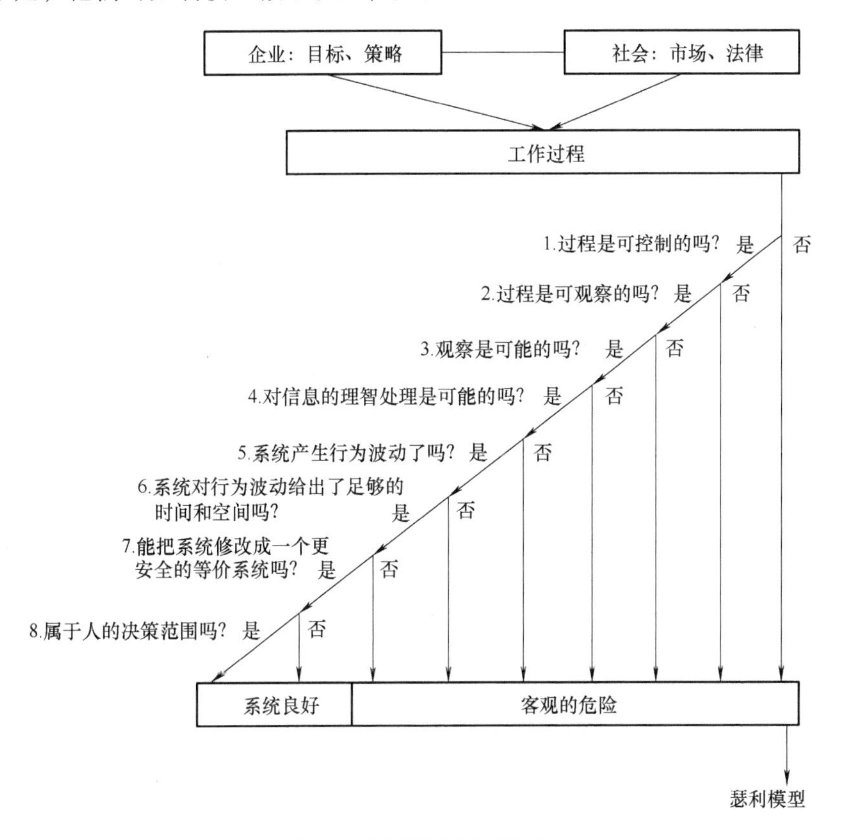

图 2-5 瑟利模型的扩展图

在瑟利模型之上增加一组前提步骤，即有关危险线索的来源及可考察性、运行系统内的波动（变异性），以及控制和减少这些波动与人的操作的行为波动一致。这一扩展使瑟利模型变得更为有用和协调，在一定程度上提高了瑟利模型的理论性和实用性。

2.1.3 以“系统”分析的阶段

“因果连锁理论”“轨迹交叉论”“能量意外释放论”“多因素理论”等具备系统安全特征的事故致因理论的提出、发展和应用，有力推动了系统安全分析的发展。

进入 21 世纪后，特别是近 10 年，随着信息化技术的快速发展，大数据、人工智能开始进入事故致因分析领域，形成基于大系统、大数据、智能化的事故致因分析理论。

2.2 事故因果连锁理论

2.2.1 骨牌论

海因里希按事故发生顺序，将影响因素编排成五个人们易懂的骨牌，即所谓的多米诺骨牌论（图 2-6）。图 2-6c 表示若去掉“C”使系列中断，伤亡事故则可避免。图 2-6 中各个骨牌的含义如下：

1）A（模块）：代表社会环境和管理欠缺，如遗传及生活环境差、家庭生活不幸福、人际关系不好、无事业心、经济困难、工作担子太重、领导不重视安全、教育培训不够、领导无方、作业方法未标准化、工作纪律差等。

2）B（模块）：代表个人的欠缺（人为过失），即个人的身体及精神状态欠佳，如个性粗暴无情、轻浮、幼稚、傲慢、自暴自弃、过分兴奋、误解、烦闷、担心、不满、喝酒成瘾、睡眠不足、过度疲劳、身体状况不好、无视安全规章、知识与技术缺乏等。

3）C（模块）：代表人的不安全行为和物的不安全状态。不安全行为是指造成事故的人为错误，主要表现在冒险作业，高速操作，未经许可就进行操作，错误地运行设备，人为地使安全装置失效，向同事发出错误的警告或进行错误的防护，不适当地使用个人防护设备，不正确地装载、放置设备或物体，作业姿势不良，作业位置不当，不正确地进行运输、提升，对运转中的设备进行检修，投掷工具，赤脚作业等方面。

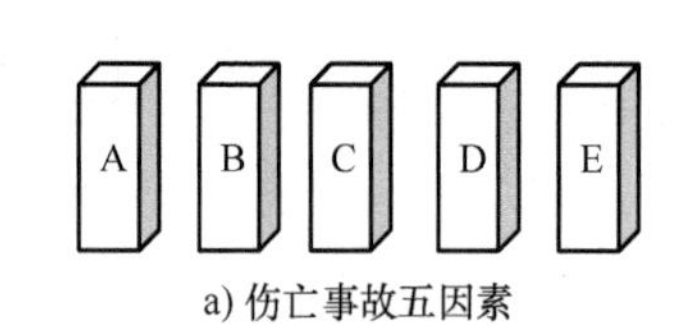

a) 伤亡事故五因素

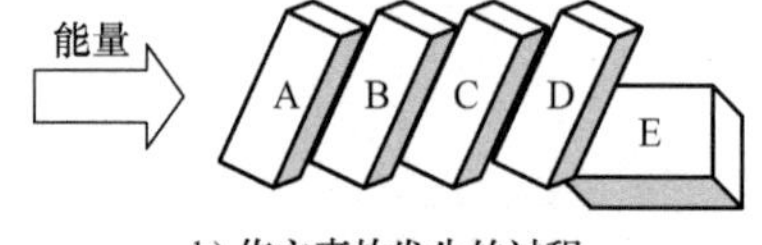

b) 伤亡事故发生的过程

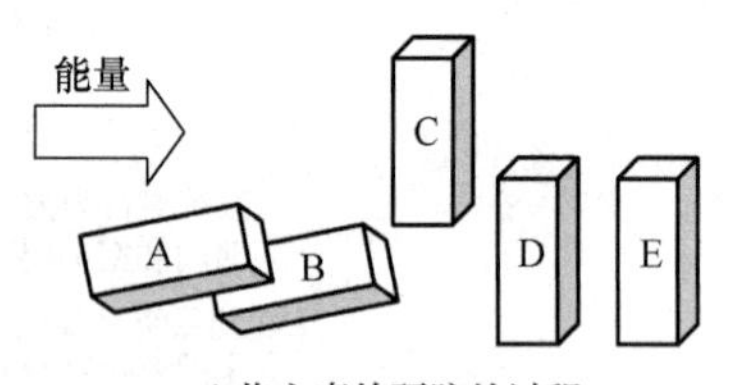

c) 伤亡事故预防的过程

图 2-6 骨牌论模型示意图

物的不安全状态是指能导致事故发生的物质条件，主要表现在没有充分地支撑或防护，使用不良的工具、设备或物资，工作场所过分狭小或条件恶劣，没有良好的预警系统，存在火灾和爆炸危险，工作面顶板破碎，地质水文条件复杂，存在着危险的大气条件（气体、粉尘、烟雾、水蒸气），噪声过大，照明不好，通风不良，工艺过程不合理，作业方法不当，作业场所整理整顿差等方面。

4）D（模块）：代表事故，即发生了与人的意志相违背的事情。它是指前三种因素经连锁反应，使潜在的危险暴露出来，暂时或永久地迫使生产停止。

5）E（模块）：代表人身伤亡，即由于事故发生而导致的人体伤害。图 2-6a 表明：若按因果顺序，伤亡事故由五个因素构成：A 的发生促使 B 发生，而 B 的发生又造成 C 发生。C 的出现促成了 D 发生，由于 D 的发生，由此产生了 E 结果。

显然，如果紧紧挨在一起的五个骨牌的前三个中的任意一个倒下，则后边的骨牌也就会接连地倒下（图 2-6b）。这就表明，事故和伤亡之所以产生是由于前三个因素的作用。图 2-6a、b 表现了事故的组成要素及其连锁反应。事故是在时间的过程中显现出来的，它是组成要素的一种连锁反应的结果。诚然，若能采取措施，防止或避免第一、第二个骨牌倒下，则不会导致下一步的倾倒，就可避免事故和伤亡的发生。然而，由于第一、第二个骨牌所包含的是社会环境、管理和个人欠缺因素，所以在实际工作中要做到防止“倾倒”是件难事。从图 2-6c 可见，若抽掉中心的“C”骨牌，那么，即使第一、第二张牌倒下，也不至于发生事故。从预防事故和伤亡的着眼点出发，在事故预防中，应集中精力，设法消除骨牌 C，使系列中断，则可避免事故和伤亡的发生。由此可见，安全工作的中心应放在排除人的不安全行为和物的不安全状态上，以此清除事故隐患。

这个模型强烈地表现出：伤害总是事故的结果（多米诺模型定义为事故），事故（意外事件）总是一种不安全行动或一种机械危害的结果，不安全行动和机械危害又是人为失误的结果等。伤亡事故五因素的多米诺模型的吸引力在于它的假设，即只要移去一张骨牌，就等于砍断事故链，着眼于中间的骨牌（不安全行动或机械危险）。该模型有利于事故调查过程中查明因果关系，也有利于加强安全管理，但它对于事故致因的全面理解显然过于简单化了。后来又出现了几种对此模型的修正，以便于让安全管理人员使用。1980 年，海因里希·拜特森又提出了模型的修正，但也都只是罗列一些导致不安全行动或危险的因素，而未确定因素间的关系。

2.2.2 博德事故因果连锁理论

博德（Bird）在海因里希事故因果连锁理论的基础上，提出了与现代安全观点更加吻合的事故因果连锁理论。

博德事故因果连锁过程同样为五个因素（图 2-7），但每个因素的含义与海因里希的都有所不同。博德事故因果连锁理论认为：事故的直接原因是人的不安全行为、物的不安全状态；间接原因包括个人因素及与工作有关的因素；根本原因是管理的缺陷，即管理上存在的问题或缺陷是导致基本原因存在的原因，基本原因的存在又导致直接原因存在，最终导致事故发生。

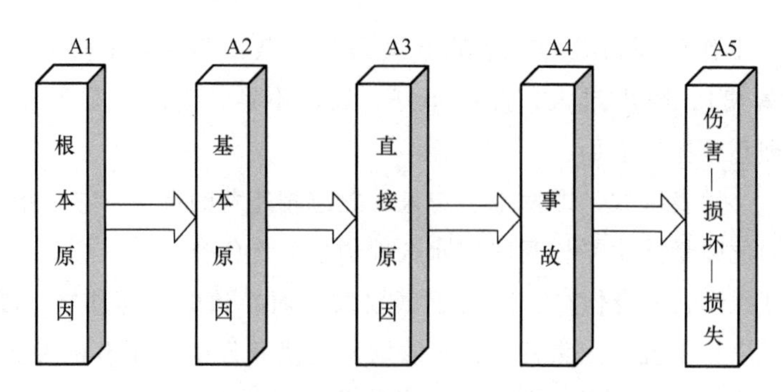

图 2-7　博德事故因果连锁论

A1—控制不足、管理缺陷　A2—起源论（工作方面原因、个人原因）

A3—征兆（人的不安全行为，物的不安全状态）　A4—接触　A5—结果

（1）根本原因：控制不足、管理缺陷

根本原因是指未能避免基本原因事件产生或对基本原因事件控制不力的管理失误或缺陷。因此，在生产活动中，人们应该通过正确管理辨识可能导致基本原因事件产生的危险因素，及时纠正管理失误和控制不力的现象。

（2）基本原因：起源论

基本原因就是导致直接原因发生的事件，是直接原因（人的不安全行为和物的不安全状态）的起源。它包括个人原因及与工作有关的原因。个人原因包括缺乏安全知识或技能、行为动机不正确、生理或心理有问题等；与工作有关的原因主要包括安全操作规程不健全，设备、材料不合适，以及存在有害作业环境因素。只有找出并控制这些由管理失误或缺陷导致的基本原因，才能有效地防止直接原因的发生，从而防止事故发生。

（3）直接原因：征兆

人的不安全行为或物的不安全状态是事故的直接原因。这种原因是安全管理中必须重点加以追究的原因。但是，直接原因只是一种表面现象，是深层次原因的表征，要追究其背后隐藏的管理上的缺陷原因，并采取有效的控制措施。安全管理人员应该能够及时发现这些管理缺陷征兆的直接原因，采取适当的改善措施；同时，为了在经济上、实际上可能的情况下采取长期的控制对策，必须找出基本原因。

（4）事故：接触

从能量的观点把事故看作人的身体、构筑物、设备与超过其阈值的能量的接触，或人体与妨碍正常生理活动的物质的接触。因此，防止事故就是防止接触。为了防止接触，可以通过改进装置、材料及设施来防止能量释放，通过培训提高工人识别危险的能力、佩戴个人防护用品来实现。

（5）伤害—损坏—损失：结果

人员伤害及财物损坏统称为损失。人员伤害包括工伤、职业病和精神创伤等。博德模型的伤害包括工伤、职业病，也包括人员精神方面、神经方面或全身型的不利影响。

在许多情况下，可以采取恰当的措施使事故造成的损失最大限度地减小。例如，对受伤人员进行迅速正确的抢救，对设备进行抢修以及平时对有关人员进行应急训练等。

博德事故因果连锁论的理论核心是对现场失误的背后原因进行了深入研究，这个理论是在海因里希事故因果连锁论的基础上提出了反映现代安全观点的事故因果连锁论，是海因里希事故因果连锁论的发展和完善。

2.2.3 亚当斯事故因果连锁理论

英国伦敦大学约翰·亚当斯（John Adams）教授提出了一种与博德事故因果连锁理论类似的亚当斯事故因果连锁模型，该模型术语以表格的形式给出（表 2-1）。在该理论中，事故和损失因素与博德理论相似。亚当斯将人的不安全行为和物的不安全状态称作现场失误，其目的在于提醒人们注意不安全行为和不安全状态的性质。

亚当斯理论的核心在于对造成现场失误的管理原因进行了深入研究，认为操作者的现场失误是由企业领导者及安全工作人员的管理失误造成的。管理人员在管理工作中的差错或疏忽、企业领导人决策错误或没有做出决策等失误对企业经营管理及安全工作具有决定性的影响。管理失误反映企业管理系统中的问题。此外，管理失误涉及管理体制方面的问题。

表 2-1 亚当斯事故因果连锁模型术语

管理体系	管理失误		现场失误	事故	损失
目标 组织 机能	领导者在下述方面决策错误或没有做出决策： 方针政策 规范 责任 职级 考核 权限授予	安全技术在下述方面管理失误或疏忽： 行为 责任 权限范围 规则 指导 主动性 积极性 业务活动	不安全行为 不安全状态	伤亡事故 损坏事故 无伤害事故	对人 对物

海因里希的事故因果连锁理论较单因素理论而言，对事故致因的研究有了新的认识。著名的海因里希理论不仅确立了事故致因的事件链概念，开创性地用骨牌形象、直观地描述了事故发生的因果关系，而且提出了抽除一张骨牌，即可破除事故链而达到防止事故发生的思路。尽管这一理论依然没有摆脱将事故归因于人的遗传因素的历史局限，但其指出的分析事故应从事故现象入手，逐步深入到各层次中去的简明道理，十分具有吸引力，使这一理论成为事故研究科学化的先导，具有重要的历史地位，并在实践中得到广泛应用。随后的几种事故致因理论在不同程度上对海因里希的事故因果连锁理论的缺陷和不足进行了补充。海因里希认为事故的根本原因是人的遗传因素，博德认为事故的根本原因是管理失误，即管理方面的控制不足。亚当斯则进一步研究了管理失误的个人因素和组织因素。这使事故的归因研究从追究个人原因和责任转向对组织中管理缺陷的探索，使这一因果链模型得到进一步发展。

2.3 轨迹交叉论

轨迹交叉论认为伤害事故是许多相互联系的事件顺序发展的结果。这些事件概括起来不外乎人和物（包括环境）两大发展系列。当人的不安全行为和物的不安全状态在各自发展过程中（轨迹），在一定时间、空间发生了接触（交叉），能量转移于人体时，伤害事故就会发生。而人的不安全行为和物的不安全状态之所以产生和发展，又是受多种因素作用的结果。

图 2-8 为轨迹交叉理论的示意图。图中，起因物与致害物可能是不同的物体，也可能是同一个物体；同样，肇事者和受害者可能是不同的人，也可能是同一个人。

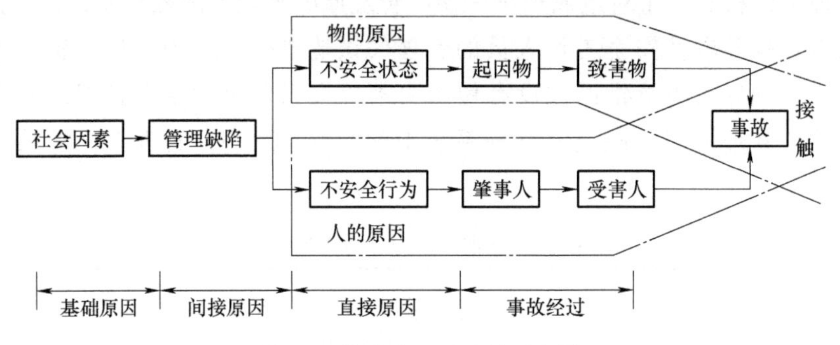

图 2-8　轨迹交叉理论的示意图

在人和物两大系列的运动中，二者往往是相互关联，互为因果，相互转化的。有时人的不安全行为促进了物的不安全状态的发展，或导致新的不安全状态的出现；而物的不安全状态可以诱发人的不安全行为。所以，有时候事故的发生不像图 2-8 所示那样简单地按照人、物两条轨迹独立地运行，而是呈现较为复杂的因果关系。

轨迹交叉理论作为一种事故致因理论，强调人的因素和物的因素在事故致因中占有同样重要的地位。按照该理论，可以通过避免人与物两种因素运动轨迹交叉，来预防事故的发生。同时，该理论对于调查事故发生的原因，也是一种较好的工具。

2.4 能量意外释放论事故模型

第二次世界大战以后，科学技术有了飞跃的进步，新技术、新工艺、新能源、新材料、新产品不断出现，与日俱增。这些新技术、新工艺、新能源、新材料、新产品在使工业生产和人们生活面貌发生巨大变化的同时，给人类带来了更多的危险。面对生产、生活中出现的越来越多的新危险，人们必须研究、采取更有效的安全防护措施。先进的科学技术和发达的经济为此提供了技术手段和物质基础。

为了有效地采取安全技术措施控制危险源，人们对事故发生的物理本质进行了深入的探讨。1961 年吉布森提出了解释事故发生机理的能量意外释放论（图 2-9），认为事故是一种不正常的或不希望的能量释放。1966 年哈登等人对这一理论进行了完善。生产、生活中经常遇到各种形式的能量，如机械能、热能、电能、化学能等，它们的意外释放都会威胁安全。

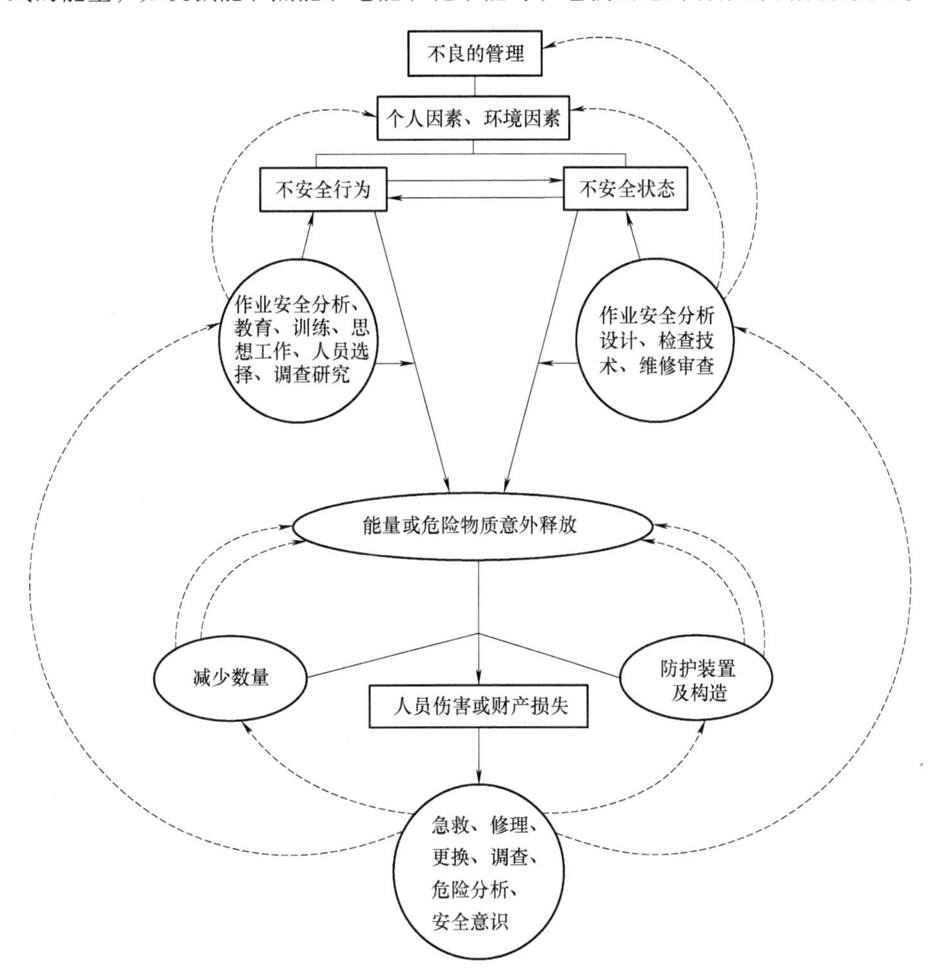

图 2-9 能量意外释放论的事故模型示意图

意外释放的机械能是导致事故时人员伤害或财物损坏的主要类型的能量。机械能包括势能和动能。处于高处的人体、物体、岩体或结构的一部分具有较高的势能。当人体具有的势能意外释放时，发生坠落或跌落事故；物体具有的势能意外释放时，发生物体打击事故；岩体或结构的一部分具有的势能意外释放时，发生冒顶、坍塌等事故。运动着的物体都具有动能，各种运动中的车辆、设备或机械的运动部件、被抛掷的物料等具有较大的动能。意外释放的动能作用于人体或物体，则可能发生车辆伤害、机械伤害、物体打击等事故，或财物损坏事故。意外释放的电能会造成各种电气事故。意外释放的电能可能使电器设备的金属外壳等导体带电而发生所谓的“漏电”现象，当人与带电体接触时会遭受电击；火花放电会引燃易燃易爆物质而发生火灾、爆炸事故；强烈的电弧可能灼伤人体等。

现代生产、生活中到处利用热能，失去控制的热能可能灼伤人体、损坏财物、引起火灾。火灾是热能意外释放造成的最典型的事故。应该注意，在利用机械能、电能、化学能等其他形式能量时可能产生热能。

（1）直接原因

由图 2-9 可见，造成事故发生的直接原因是能量或危险物质意外释放。譬如冒顶事故造成伤害，就是石块原有势能释放造成的；又如触电是电能往外释放作用人体造成的；又如气体中毒或窒息是由有毒物质物理化学能量释放造成的。因此，该理论认为事故的直接原因是能量或有害物质的意外释放。

除了极个别的情况之外，如果没有上一级原因的触发，直接原因是难于发生的。例如，若支护得很好，一般不会发生冒顶；如果不会漏电，电能就无法意外释放；如果通风情况很好，CO、CO_2 就不会积聚而造成意外释放等。

从能量意外释放论出发，预防事故就是控制、约束能量或危险物质，防止其意外释放；防止伤害或损坏，就是在一旦发生事故、能量或危险物质意外释放的情况下，防止人体与之接触，或者一旦接触时，作用于人体或财物的能量或危险物质的量尽可能减小，使其不超过人或物的承受能力。

（2）间接原因

人们把触发直接原因发生的原因称为间接原因，由图 2-9 可见，间接原因主要由不安全行为和不安全状态两部分组成。

1）不安全行为：造成直接原因发生的人为错误。

2）不安全状态：造成直接原因发生的物质和环境条件。

值得提出的是，人与物因素可互为因果，如有时设备的不安全状态导致人的不安全行为；而人的不安全行为又会促进设备出现不安全状态。譬如，人接近转动机器部位进行作业，有被机器夹住的危险，这属于不安全行为；又如在冲压作业中，如果违章拆除安全装置（不安全行为），那么设备就要处于不安全状态中，就有压断手指的危险。

该理论认为在间接原因的两大因素中，人的不安全行为占主要的地位，纵然工伤事故中的直接原因是能量的释放，但除了天灾之外，一般的能量范畴都是由人来控制的，所以了解人的不安全行为对预防事故是重要的。

（3）基本原因

导致间接原因发生的事件称为基本原因事件。由图 2-9 可见，基本原因事件包括不良的管理、个人因素、环境因素。

纵观上述事故模型，可以看出人的不安全行为、物的不安全状态、管理问题、环境等是造成或激发事故发生的主要原因，即“4M”因素。事故则是上述众多因素的多元函数。

2.5 多因素理论

2.5.1 流行病事故致因理论

流行病学理论是一门研究流行病的传染源、传播途径及预防的科学。它的研究内容与范围包括研究传染病在人群中的分布，阐明传染病在特定时间、地点、条件下的流行规律，探讨病因与性质并估计患病的危险性，探索影响疾病的流行因素，拟定防疫措施等。

1949 年，葛登（Gorger）提出流行病事故致因理论。该理论认为，工伤事故与流行病的发生相似，与人员、设施及环境条件相关，有一定分布规律，往往集中在一定时间和一定地点发生。葛登主张用流行病学方法研究事故原因，即研究当事人的特征（包括年龄、性别、生理、心理状况）、环境特征（如工作的地理环境、社会状况、气候季节等）和媒介特征。他把“媒介”定义为促成事故的能量，即构成事故伤害的来源，如机械能、热能、电能和辐射能等。能量与流行病中媒介（病毒、细菌、毒物）一样都是事故或疾病的瞬间原因。其区别在于，疾病的媒介总是有害的，而能量在大多数情况下是有益的，是输出效能的动力，仅当能量逆流于人体的偶然情况下，才是事故发生的源点和媒介。

因此，流行病事故致因理论认为，事故的发生类似于流行病传播的过程。一个安全隐患成为终态事故的传播起点，通过一连串触发事件，将可能的危害在某一范围内传播、发展，最终爆发事故。该理论根据隐患向事故发展的特性、危害传播发展的规律，以及与之相关的人、机、环境、管理等因素，建立能反映事故发展特征的数学模型，揭示某种事故频发的规律，分析事故发生的原因和关键因素，寻求预防该类事故的控制措施。

与传统的统计方法相比较，流行病事故致因理论能从事故传播机理方面反映事故发生规律，能使人们了解事故发展过程中的一些全局性态。该理论与事故统计学以及计算机仿真等方法相互结合、相辅相成，能使人们对事故发生规律的认识更加全面。

流行病事故致因理论具有一定的先进性，是多因素致因理论的代表。它突破了对事故原因的单一因素的认识，以及简单的因果认识，明确地承认原因因素间的关系特征，认为事故是由当事人群、环境及媒介三类变量中某些因素相互作用的结果，由此推动这三类因素的调查、统计与研究，从而也使事故致因理论向多因素方面发展。该理论不足之处在于上述三类因素必须占有大量的内容，必须拥有足量的样本进行统计与评价。

2.5.2 两类危险源理论

在系统安全研究中，认为危险源的存在是事故发生的根本原因，防止事故就是消除、控制系统中的危险源。危险源为可能导致人员伤害或财物损失事故的潜在的不安全因素。按此定义，生产、生活中的许多不安全因素都是危险源。我国学者陈宝智在 1995 年提出的两类危险源理论，将系统中存在的、可能发生意外释放的能量或危险物质称作第一类危险源。在生产、生活中，为了利用能量，让能量按照人们的意图在生产过程中流动、转换和做功，就必须采取屏蔽措施约束、限制能量，这里导致屏蔽措施失效或破坏的各种不安全因素称作第二类危险源。

该理论认为，一起伤亡事故的发生往往是两类危险源共同作用的结果。第一类危险源是伤亡事故发生的能量主体，是第二类危险源出现的前提，并决定事故后果的严重程度；第二类危险源是第一类危险源造成事故的必要条件，决定事故发生的可能性。两类危险源相互关联、相互依存。

两类危险源理论从系统安全的观点来考察能量或危险物质的约束或限制措施破坏的原

因，认为第二类危险源包括人、物、环境三个方面的问题，主要包括人失误、物的故障和环境因素。

人失误（Human Error）即人的行为结果偏离了预定的标准。人的不安全行为是人失误的特例，人失误可能直接破坏第一类危险源的控制措施，造成能量或危险物质的意外释放。

物的不安全状态也是一种故障状态，包含于物的故障之中。物的故障可能直接破坏对能量及危险物质的约束或限制措施。有时一种物的故障导致另一种物的故障，最终造成能量或危险物质的意外释放。

环境因素主要是指系统的运行环境，包括温度、湿度、照明、粉尘、通风换气、噪声等物理因素。不良的环境会引起物的故障或人失误。

人失误、物的故障等第二类危险源是第一类危险源失控的原因。第二类危险源出现得越频繁，发生事故的可能性越高，故第二类危险源出现情况决定事故发生的可能性。

根据两类危险源理论，第一类危险源是一些物理实体，第二类危险源是围绕第一类危险源而出现的一些异常现象或状态。

2.6 基于大数据的事故致因理论

随着大数据时代的到来，政府安全监管部门、企业或者其他机构通过对生产经营活动中海量、无序的数据进行分析处理，总结数据的规律，发现数据的价值，安全生产逐渐步入大数据时代，为系统的事故致因分析提供了全新的理论和方法。

2.6.1 基于大数据的事故致因分析原理

基于安全大数据的事故致因理论研究是以安全大数据为基础，综合信息技术、人工智能、统计学等多种理论学科，通过安全大数据采集、数据挖掘、典型特征提取、信息分析等多种技术手段，发现并总结出事故规律，分析事故致因，实现安全大数据的安全价值。

与传统事故致因理论相比，大数据并不强调理论设置在前，不依赖于信息的高质量要求，不注意变量之间的因果关系；其内部逻辑是“数据驱动的理论”“数据是事实”“数据决策”，开启了事故致因分析的新一轮革新。基于大数据的事故致因分析不仅可以实现大范围、确定性的目标事故致因分析，而且可以实现个性化、多样化的事故致因分析需求。

2.6.2 基于大数据的事故致因分析应用

1. 具有大数据致因分析特征的“三角形法则”

“三角形法则”是美国一位安全工程师于 1973 年统计分析 55 万起事故以后发现的一个统计规律：涉及同一工人的 330 件的相似意外事件中，有 300 起未产生伤害，29 件产生轻微伤，1 次产生死亡，因此也称“300：29：1 法则”。这一法则受到了安全界的普遍承认。这一法则常用如图 2-10 所示的三角形表示，称为事故三角形。

事故法则是基于 55 万起事故的大量数据分析而生，并不确指事故因果，而在于阐述分析得出的“数据事实”，具备了大数据致因分析的特征。

“300∶29∶1 法则”表明，1 次的死亡和 29 次的轻微伤包含于 330 次意外事件之中，这是个统计数据。事实上，也许死亡就是一连串事件的第一次，或许是最后的一次，也或许是发生在 330 次当中的任何一次。下面通过一个例子说明这个比例关系。

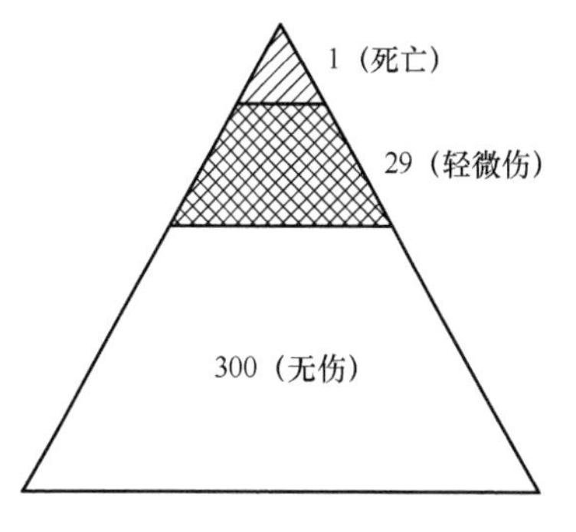

图 2-10　事故三角形示意图

如某矿厂一工人，每次上下班都违章走轨道上山，从走轨道上山之日起，到他死亡之日止，共计 275 天（275 天=11 月×25 天/月）。他在 275 天中共行走 550 次，其中为躲避车辆，曾摔倒受轻微伤 18 次（病历卡记录），最后，因下放煤时驾驶员紧急制动，引发钢丝绳上跳击中该工人致其死亡。此实例统计伤亡比例是 531∶18∶1。

由事故法则及简单的例子揭示出这样一个问题，尽管严重伤害是个偶然事件，但人在受伤害以前曾多次暴露于不安全因素之中，是有多次的无伤和轻微伤作为前面事件的。

在上面所举的例子中，他走了 550 次，实际上其受伤害的隐患早已存在，并已发生了 18 起的轻微伤，最后直至被打死亡。如果这个工人按规定不走轨道上山，那么他就可以避免死亡。

所以此事故法则在防止事故发生上具有重要的意义。明确来说，只有 300 次无伤事故都不发生，才有可能清除 1∶29 的伤亡事故。所以在进行事故预防时，对于未遂事故切不可掉以轻心，而应引起足够的重视。

2. 我国基于大数据的事故致因分析

我国已部分建成应急管理信息化体系并在全面加速完善，该体系包括覆盖重点风险领域的感知网络、多手段融合的国家应急通信网络和北京主数据中心，计算、存储等基础设计全面云化；正加速建设先进强大的大数据支撑体系、智慧协同的业务应用体系、安全可靠的运行保障体系、严谨全面的标准规范体系；建设了骨干网、云平台、数据中心等关键基础设施体系，形成了应急管理信息化的核心枢纽；建设应急管理大数据应用平台，打造全国应急管理的“智慧大脑”。应急管理数据平台的建设为基于大数据的事故致因分析提供了基础。

2018 年，北京师范大学发布《中国 20 年特大事故大数据分析报告》。该报告从数据角度客观分析相关事故，利用大数据与人工智能等新技术提高事故致因的深度、广度和维度，提升准确度，为数据时代背景下开展精准的事故分析、事故调查和事故预防提供科技支撑，是我国基于大数据的事故分析的有益探索。

当前，虽然基于大数据的事故致因分析理论还没有形成成熟的理论体系，但在第三次信息化大潮的背景下，其必将在系统安全分析中发挥越来越重要的作用。

复　习　题

1. 什么是事故致因理论？事故致因理论与事故模式有何不同？
2. 事故致因理论的发展经历了几个阶段？

3. 事故致因理论的作用是什么？
4. 事故因果连锁理论的实质是什么？
5. 能量意外释放论模型的实质表述是什么？
6. 在利用能量意外释放论进行事故预防时，最根本的措施是什么？
7. 试述瑟利模型的实质。
8. 试绘出三种理论的“模型”示意图。
9. 基于大数据的事故致因分析的原理是什么？

第3章 事件树分析法

事件树分析（Event Tree Analysis，ETA）是建立在运筹学与概率论基础上的一种分析方法。其实质是系统工程决策论中的“决策树”被延伸应用到安全领域的事故分析与识别中，从而产生了“事件树”分析法。

3.1 事件树分析的概念

3.1.1 决策树

决策树是用二叉树形图表示处理逻辑的一种工具，它提供了一种展示在某种条件下会得到某种结果现象的方法。决策树一般由决策节点、分支和概率支构成。方块节点称为决策节点，由节点引出两条细支，每条细支代表一个方案，称为方案支；圆形节点称为状态节点，由状态节点引出细支，表示不同的自然状态，称为状态分支（概率支）。每条状态分支（概率支）代表一种自然状态。在每条细支上标明客观状态的内容及其出现概率。在状态分支（概率支）的最末梢标明该方案在该自然状态下所达到的结果（收益值或损失值）。这样由左向右，由简到繁展开，每个决策或事件（即自然状态）都可能引出两个或多个事件，导致不同的结果所组成的树状图称为决策树图（图3-1）。

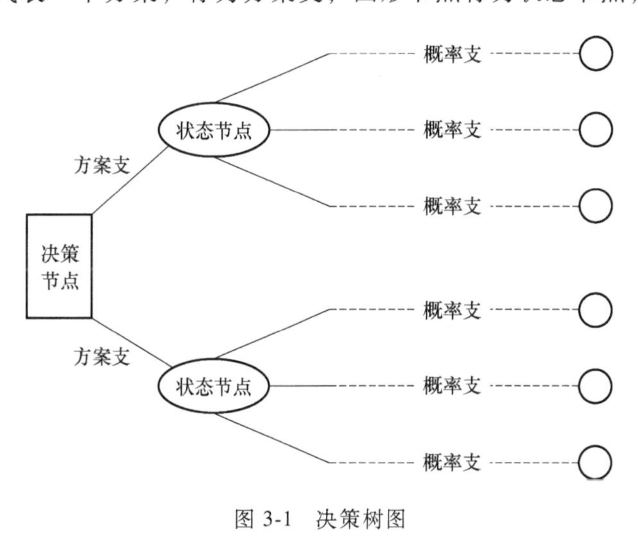

图3-1 决策树图

由图3-1可知决策树的常用符号：

1）矩形：表示决策节点，为决策的起始点。

2）椭圆形：表示状态节点，采用某一方案时，其上方数字表示该方案的期望值。

3）虚线：在矩形后，表示方案分支。分支数反映可能行动的方案数，其在椭圆形后，表示状态分支或称为概率分支，分支数表示可能状态的数目。

4）○或△：结果节点。旁边数字表示每一方案在相应状态下的损益值。

3.1.2　事件树分析

一起事故的发生是许多事件按时间顺序相继出现、发展的结果。其中，一些事件的出现是以另一些事件发生为条件的。事故发展的过程中出现的事件可能有两种情况，即发生或不发生，人们习惯于把这种发生或不发生称为成功或失败。这样，每一事件的发展有两条可能途径，事件究竟按哪条途径发展，具有一定随机性，但最终总以事故发生或不发生为结果。

事件树分析法（ETA）是从一个起始事件开始，根据事故发展顺序，分阶段一步步地分析，每一个环节事件都从成功和失败两种状态进行考虑，用树枝的上支表示成功事件，用下支表示失败事件，最后直至用水平树状图表示其所有可能结果，所构成的水平树状图就称为事件树。

通过事件树分析可以分析出复杂系统中可能出现的各种事故模式及其后果，定性地了解整个事件的动态变化过程，并能根据起始事件及环节事件的概率计算各种结果的概率。

通过事件树分析，可掌握可能导致事故发生的事件链的时序与发展结果，有利于事故的分析、预测和预防。

3.2　事件树分析法步骤

3.2.1　确定系统的构成因素

事件树分析是一种系统地研究初始事件如何与后续事件形成时序逻辑关系而最终导致事故的方法。ETA 的第一步就是要确定系统的构成因素，明确所要分析的对象和范围，找出系统的组成要素，以便展开分析。

系统中包含许多安全功能的要素，这些安全功能要素直接影响和维持整个系统的安全运行。所以，在进行系统构成因素分析时，要特别注意对系统中的安全功能要素进行分析。

常见的安全功能要素如下：

1）对初始事件自动采取控制措施的系统，如自动停车系统等。

2）提醒操作者初始事件发生了的报警系统。

3）根据报警或工作程序要求操作者采取的措施。

4）缓冲装置，如减振、压力泄放系统或排放系统等。

5）限制或屏蔽措施等。

3.2.2　确定系统的初始事件

初始事件是系统的起始状态或故障（事故）诱发事件，它是具有一定危险性但是未发生事故的系统状态，如在爆炸危险区域进行动火作业、在富水区进行煤矿巷道掘进、在拥挤的人群中上下楼梯等。

这些系统的起始状态或故障诱发事件有两个特征：首先都是危险的，如果控制措施做得好，可能不发生事故；一旦在某个环节出现失误，就会最终导致事故的发生；其次，此时系统还未发生事故，未造成人、财、物等方面的损失。

3.2.3　编制事件树

从初始事件开始，按事件发展过程自左向右绘制事件树，用树枝代表事件发展途径。按照系统构成要素的排列次序，对事件进行分析。从系统的起始状态或故障诱发事件开始，按照事件发生的过程，根据各要素的因果关系及各事件发生的成功与失败两种状态，从左往右画。将结果好的（成功的）情况画为上支（可用 1 或 A、B……标记），将结果坏的（失败、故障的）情况画为下支（可用 0 或$\overline{A}$、$\overline{B}$……标记），层层分解，直至得出最后结果（图 3-2）。

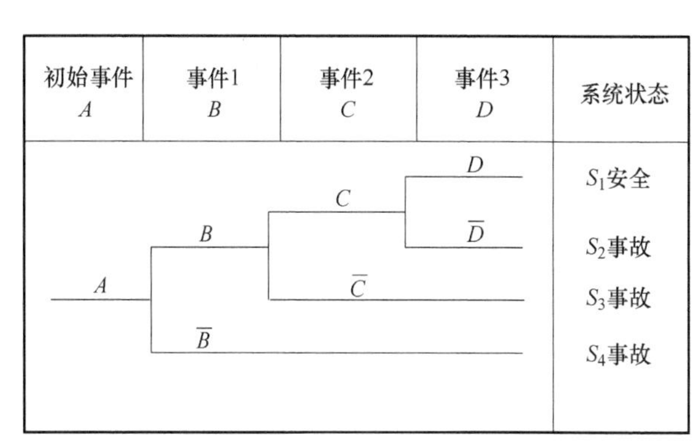

图 3-2　事件树分析示例

图形的绘制及分析实质上就是利用逻辑思维的初步规律和逻辑思维的形式分析事故的过程。

3.2.4　定性分析

事件树画好之后的工作就是对每种分析结果进行定性分析，找出发生事故的途径和类型。事件树定性分析示意图如图 3-3 所示。

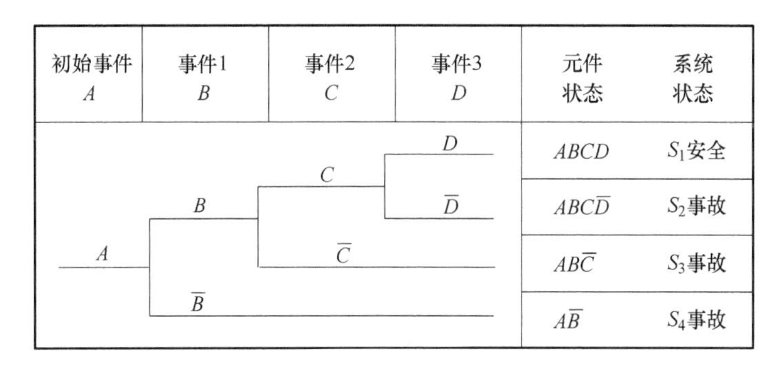

图 3-3　事件树定性分析示意图

从图 3-3 的事件树可见，当元件状态组合为 $ABCD$ 时，系统处于正常（安全）状态，而其他的三种元件状态则表明系统处于失效（事故）状态。这样就完成了对每一个事件树分支结果的定性评价，找到了事故发生的途径。

通过对系统初始状态进行事件树定性分析，我们能得到以下结论：

1）找出事故连锁：事件树的各分支代表初始事件一旦发生其可能的发展途径。其中，最终导致事故的途径即为事故连锁。事故连锁中包含的初始事件和安全功能故障的后续事件之间具有“逻辑与”的关系。显然，事故连锁越多，系统越危险。

2）找出预防事故的途径：事件树中最终达到安全的分支，即为从初始事件开始达到安全的途径，它用来指导如何采取措施预防事故。在达到安全状态的途径中，发挥安全功能的事件构成事件树的成功连锁。如果能保证这些安全功能发挥作用，则可以防止事故。成功连锁越多，系统越安全。

由于事件树反映了事件之间的时间顺序，所以应该尽可能地从最先发挥作用的安全功能着手。

3.2.5 定量分析

事件树定量分析是指根据每一事件的发生概率，计算各种途径的事故发生概率，比较各个途径概率值的大小，得出事故发生可能性序列，确定最易发生事故的途径。若已知各事件（状态）发生的概率，则可通过事件树分析计算出系统事故或故障发生的概率。一般当各事件之间相互统计独立时，其定量分析比较简单。当事件之间相互统计不独立时（如共同原因故障，顺序运行等），则定量分析变得非常复杂。这里仅讨论前一种情况。

【例 3-1】 系统事件树分析如图 3-2 所示，起始事件的 A 状态发生概率为 0.95；事件 1 的 B 状态发生概率为 0.9；事件 2 的 C 状态发生概率为 0.9；事件 3 的 D 状态发生概率为 0.95，求系统发生事故的概率。

解：（1）求各状态概率

各状态概率等于自初始事件开始的各事件发生概率的乘积。如图 3-3 所示，事件树中各状态概率分别为：

$$P(S_1)=P(A)P(B)P(C)P(D)=0.95\times0.9\times0.9\times0.95=0.731$$

$$P(S_2)=P(A)P(B)P(C)P(\overline{D})=0.95\times0.9\times0.9\times0.05=0.038$$

$$P(S_3)=P(A)P(B)P(\overline{C})=0.95\times0.9\times0.1=0.085$$

$$P(S_4)=P(A)P(\overline{B})=0.95\times0.1=0.095$$

（2）事故发生概率

事件树定量分析中，由各事件发生的概率计算系统事故或故障发生的概率，事故发生概率等于导致事故的各发展途径的概率和。这里就各事件间相互独立时的定量分析做简要介绍。对于图 3-2 所示的事件树，其事故发生概率为：

$$P=P(S_2)+P(S_3)+P(S_4)=0.038+0.085+0.095=0.218$$

【例 3-2】 有一水泵 A 与阀门 B 串联，如图 3-4 所示，且知 A、B 可靠度分别为 0.98 和 0.95，试对该系统进行事件树分析。

解：（1）定性分析

从图 3-4 可见，水泵 A 启动后，水经阀门 B 排出。假定管道无故障，则能否顺利地运行将取决于 A 与 B 的状态。A 有两种状态，即正常能抽水，故障不能抽水。如果 A 正常，则看 B 的情况，B 也有两种状态，即存在故障或没有故障，存在故障，水无法流过，没有故障则水顺利流过。从分析可知，该系统的起因事件应该是水泵 A 启动。通过上述分析，可画出事件树图，如图 3-5 所示。

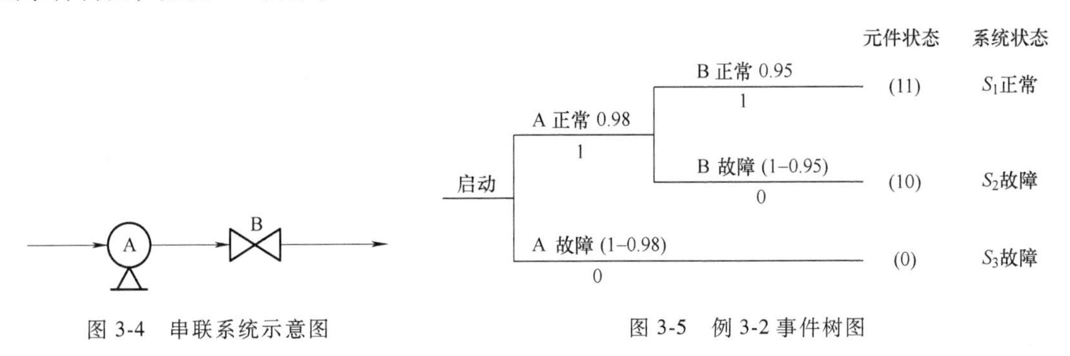

图 3-4　串联系统示意图

图 3-5　例 3-2 事件树图

（2）定量分析

从题目条件知 A、B 可靠度分别为 0.98 和 0.95，则可得：

$P(S_1)=0.98\times0.95=0.931$

$\overline{P}(S)=1-0.931=0.069$

或 $\overline{P}(S)=P(S_2)+P(S_3)=0.98\times(1-0.95)+(1-0.98)=0.069$

由计算结果可知，该系统的可靠度为 0.931，不可靠度为 0.069。

3.3 事件树分析法的特点和使用注意事项

1. 特点

1）ETA 可以事前预测事故及不安全因素，估计事故的可能后果，寻求最经济的预防手段和方法。当积累了大量事故资料时，可采用计算机模拟，使 ETA 对事故的预测更为有效，有助于推测类似事故的预防对策。

2）事后用 ETA 分析事故原因，既可定性分析，又可定量分析，十分方便、明确。逻辑严密，判断准确，能找出事故的发展规律，能直观指出消除事故的根本点，方便预防措施的制定。

3）ETA 的分析资料可作为直观的安全教育资料，简单易懂，启发性强，能够指出如何不发生事故，便于安全教育。

4）ETA 可以用来分析系统故障、设备失效、工艺异常、人的失误等，应用比较广泛。

2. 使用注意事项

1）应适当地选定起因事件，在选择时，重点应放在对系统的安全影响最大、发生频率最高的事件上。

2）对于某些含有两种以上状态的系统，应尽量归纳为两种状态，以符合事件树分析的规律。

3）为了详细分析事故的规律，要考虑事件的多种可能。将每种可能分为互相排斥的两种状态，分析每种可能分支的结果。

4）逻辑思维要有层次、首尾一贯、无矛盾、有根据。

3.4 事件树分析法应用实例

事件树在实际事故分析应用中具有一定难度，为帮助学习者掌握好“方法”应用，本节介绍几个事件树分析法的应用实例。

【例 3-3】 如图 3-6 所示为一台泵和两个阀门并联组成的简单系统。试给出事件树图并求其成功及失败概率（A、B、C 三个元件的成功概率分别为 0.95、0.9、0.9）。

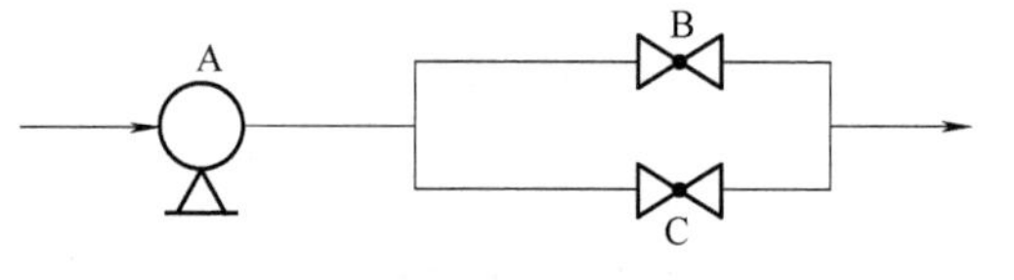

图 3-6 并联组成物料输送系统示意图

解：由题目分析可做出该系统概率事件树图，如图 3-7 所示。

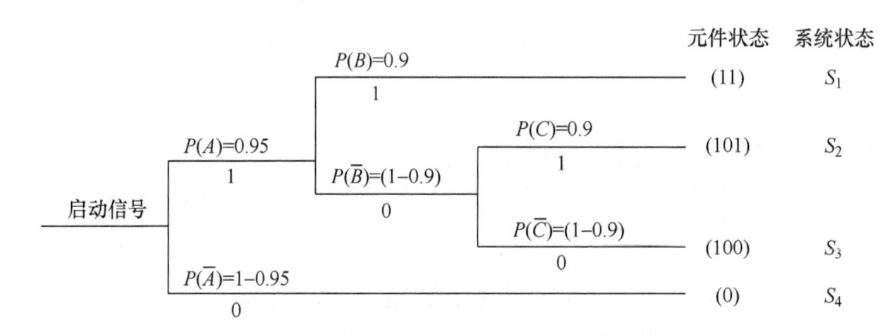

图 3-7 并联组成物料输送系统概率事件树图

可以计算出 $P(S)=P(S_1)+P(S_2)=0.855+0.0855=0.9405$

所以 $P(S)=P(S_3)+P(S_4)=0.0095+0.05=0.0595$

【例 3-4】 某矿淹井事故的事件树分析。

某矿井水文地质条件复杂，当开拓位于富水区内的区段石门时，发生突水而使矿井被淹，试用事件树分析淹井事故。

解：在富水区掘进，按规定应事先进行探水。若探水成功，则应根据所探水文条件进行疏干，如果疏干工作成功，则突水不会出现。反之，若疏干失败，就可能出现出现突水，也可能不突水。如果不突水，就不存在矿井被淹，否则，将取决于突水发生后的堵水。如果堵水成功，则不会淹井，否则，将取决于排水。若排水成功，则不发生淹井，否则淹井。经分析，可得淹井事件树图，如图 3-8 所示。

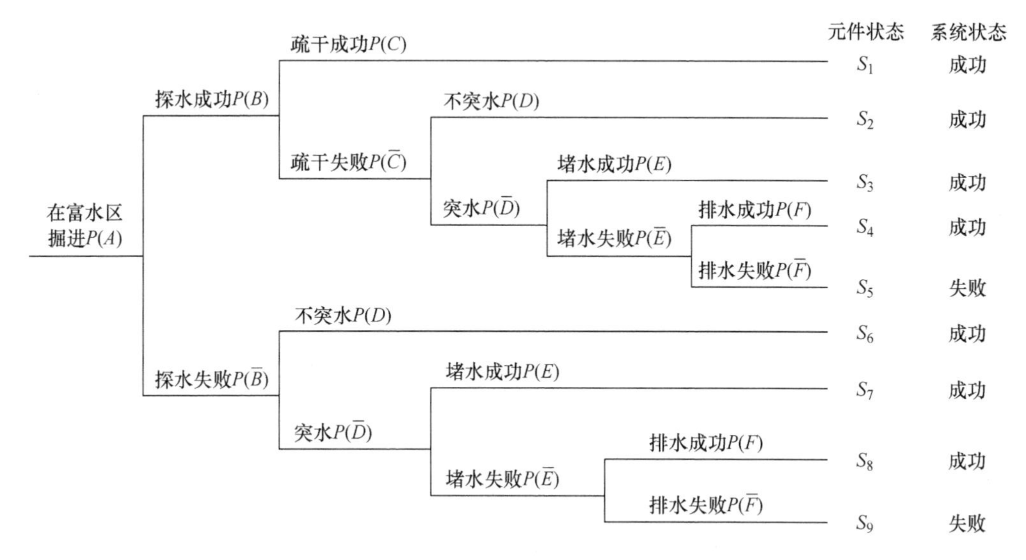

图 3-8 淹井事件树图

由事件树可得各状态概率：

$S_1=P(A)P(B)P(C)$

$S_2=P(A)P(B)P(\bar{C})P(D)$

$S_3=P(A)P(B)P(\bar{C})P(\bar{D})P(E)$

$S_4=P(A)P(B)P(\bar{C})P(\bar{D})P(\bar{E})P(F)$

$S_5=P(A)P(B)P(\bar{C})P(\bar{D})P(\bar{E})P(\bar{F})$

$S_6=P(A)P(\bar{B})P(D)$

$S_7=P(A)P(\bar{B})P(\bar{D})P(E)$

$S_8=P(A)P(\bar{B})P(\bar{D})P(\bar{E})P(F)$

$S_9=P(A)P(\bar{B})P(\bar{D})P(\bar{E})P(\bar{F})$

【例 3-5】 行人过马路的事件树分析：行人王某在一处十字路口虽然已经看到不远处有车辆正在靠近，但却抱着侥幸心理，未等车辆通过就穿过马路。机动车驾驶员发现时已经来不及刹车，撞上正在过马路的王某。请根据事故过程，进行行人过马路事件分析。

解： 经分析可得行人过马路事件树图，如图 3-9 所示。

从该事件树图可直观看出，在前三种情况下，行人均能顺利通过马路：即在无车辆来往时通过、车辆过后通过、留有充足时间通过。但能够保证安全通过的只有前两种情况，因为第三种情况虽然留有充足的估计时间，但万一在穿越时出现意外，如绊倒或摔倒事件发生，则可能出现事故。第四种情况虽能冒险通过，但由于此情况取决于驾驶员的行为，过马路者无法掌控驾驶员的行为，所以很不安全。

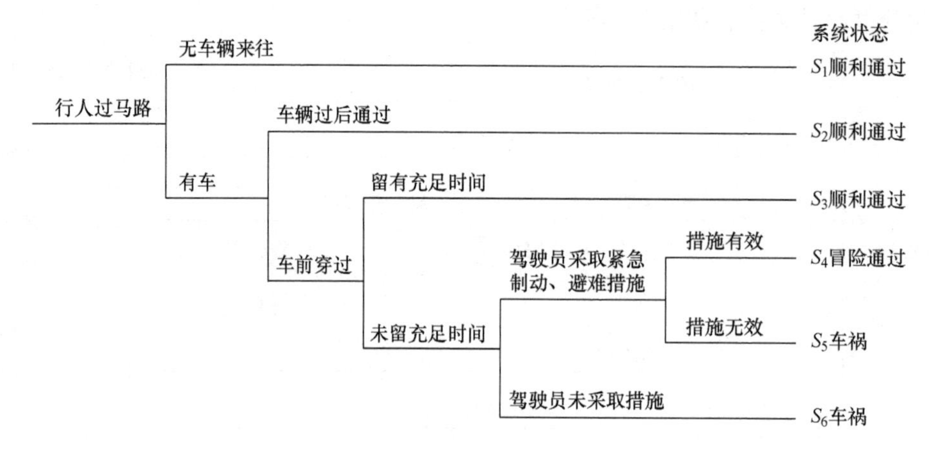

图 3-9　行人过马路事件树图

通过上述的分析可见，最可靠的是第一种和第二种情况。人们可根据这一提示采取适当的技术措施，保证能满足第一、二种情况的要求。譬如，在城市主要拥挤的交通要道处，可设立立交桥，使人与车辆在空间上避免交叉。对于第二种情况，对无条件设立立交桥的繁华十字路口，可设置交通指挥灯，以避免行人与车辆的时间交叉。这样，就可从根本上消除事故的发生。

【例 3-6】 某工厂工人甲等 2 人欲从仓库乘升降机上至二楼，因不懂开机，请教在场的生产股长乙。乙指导甲开机时，仓管员丙随机上楼。升降机开至二楼时发生操纵开关失灵，继续上升过五楼，由于升降机未安装限位开关，吊钩到极限位置不能停止，甲从吊篮跳出，甲的身体被坠落吊篮与栏杆剪切致死。试以事件树分析该事件。

解： 首先找出起因事件。由整个事故过程可以知，如果升降机设有限位开关，就不至于到最高极限还不能停止。若能停止，则可避免这场事故。所以起因事件可为无限位开关。

根据其发展过程画出事件树图，如图 3-10 所示。

【例 3-7】 某企业建造工厂大门，工人林某与其他 3 名工人在现场编制钢筋笼。6m 高钢筋笼制作完成后，在移动到门柱基坑位置过程中，触碰上方 10kV 高压输电线路，林某当场触电身亡。请对该事故进行事件树分析。

解： 做出高压线下布钢筋笼触电死亡事件树图，如图 3-11 所示。

【例 3-8】 液化气储罐爆炸事件树分析。

事故经过：某市煤气公司液化气管理所的 11 号液化气球罐因阀门损坏发生严重泄漏，大量的高压液化气喷涌而出，情况十分危急。11 号球的储量为 400m^3，当日存有液化气 170t，11 个储罐内共储存液化气 1170t。听到巡线员的报告后，几十名职工冲进罐区尝试关掉阀门，但作为“双保险”的两个阀门都已失灵，而后他们又采取用棉被、衣物包扎的方法封堵，也没有堵住。该市消防队接警赶到后，首先划定了警戒线，疏散了群众和无关人

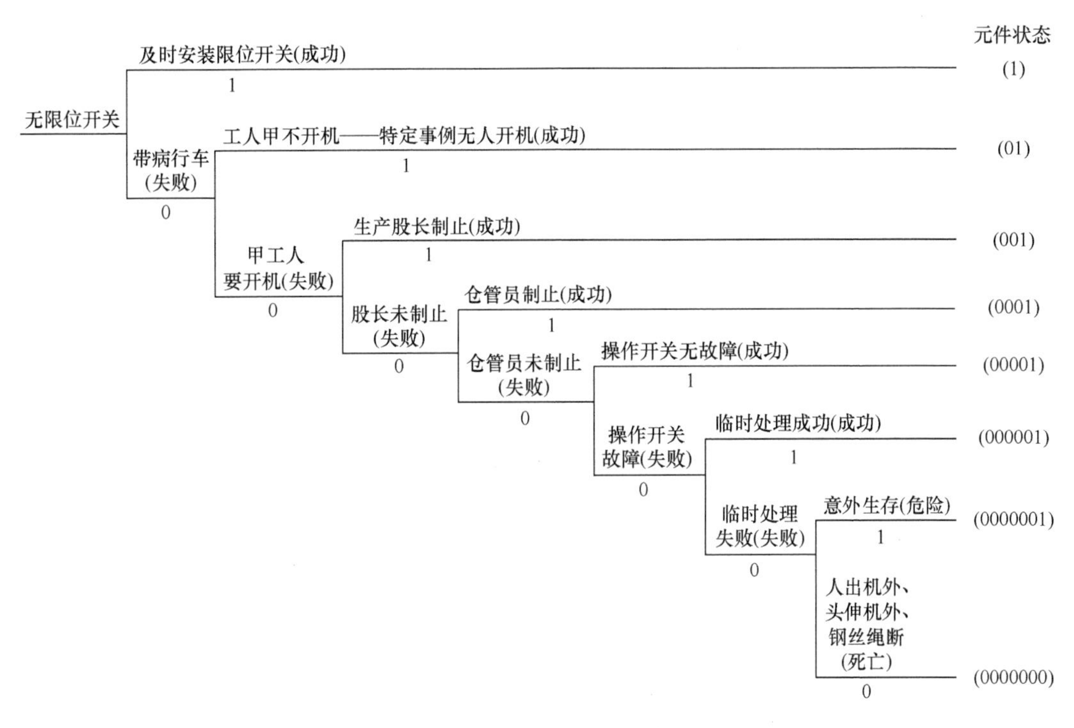

图 3-10 升降机乘人致伤害事件树图

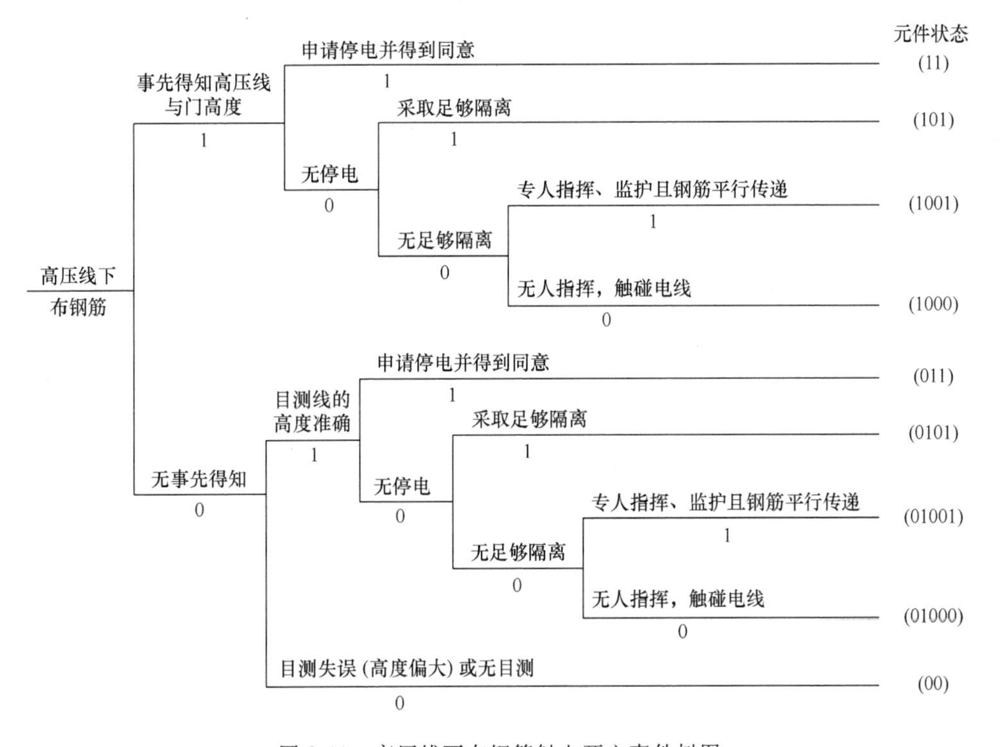

图 3-11 高压线下布钢筋触电死亡事件树图

员，禁绝了一切火源和电源，关掉了一切通信设备，所有车辆都撤到了安全区域。消防员们一边用水枪稀释清扫泄漏气体，一边用棉被对泄漏处进行捆扎包裹，注水冷却。湿透了的棉被遇极低温度的液化气立即结冰，大量泄漏被逐渐制止，局面得到了控制。消防队在爆炸发生后，对爆炸罐及邻近的未爆炸罐实施不间断的冷却降温，经过 37 小时的奋战，成功将大火扑灭，保住了罐区内未爆炸的 10 只液化气储罐。

分析事故经过，绘制事件树图，如 3-12 所示。

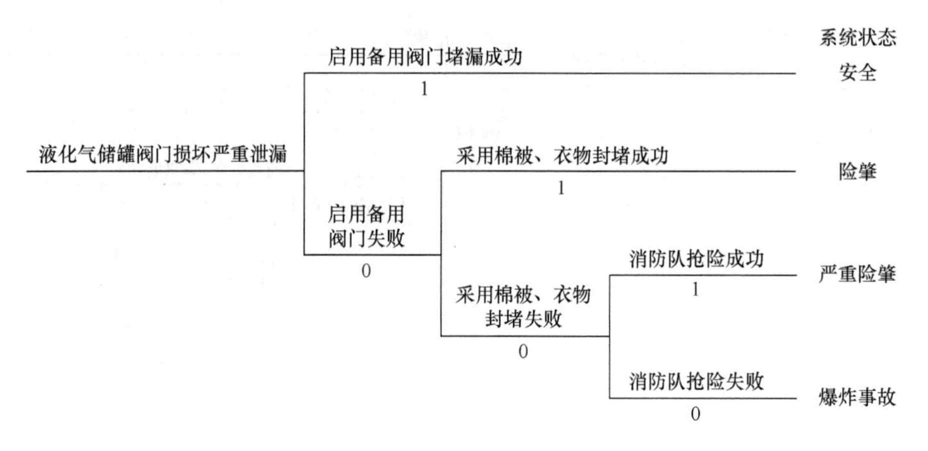

图 3-12　液化石油气储罐爆炸事件树图

【例 3-9】　船舶搁浅事故一旦发生，对于船东、船员和整个社会而言，都意味着巨大的风险，可能的损失包括巨大的经济损失、海洋环境的严重污染、人员伤亡等。运用事件树分析法做出船舶搁浅事件树图，如图 3-13 所示。

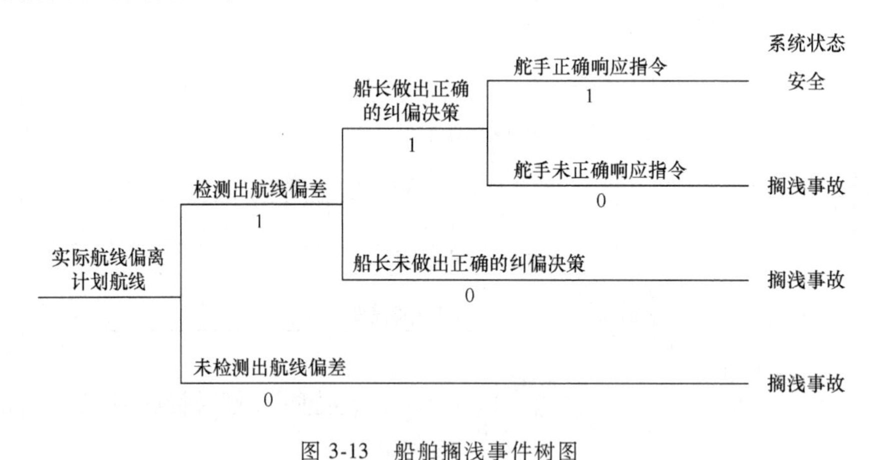

图 3-13　船舶搁浅事件树图

复　习　题

1. 什么是事件树分析？

2. 简述事件树分析步骤。

3. 任选你熟悉的一个系统，构造一棵事件树并进行分析计算。

4. 某工厂的氯磺酸罐发生爆炸，致使 3 人死亡。该厂有 4 台氯磺酸储罐，因其中两台的紧急切断阀失灵而准备检修。一般按如下程序准备：将罐内的氯磺酸移至其他罐；将水徐徐注入，使残留的浆状氯磺酸分解；氯磺酸全部分解且烟雾消失以后，往罐内注水至满罐为止；静置一段时间后，将水排出；打开人孔盖，进入罐内检修。可是在这次检修时，负责人为了争取时间，在上述第三项工作未完成的情况下，连水也没排净就命令维修工人打开人孔盖。由于人孔盖螺栓生锈，检修工采用气割切断螺栓时，突然发生爆炸，负责人和两名检修工当场死亡。

请用事件树分析法分析上述案例，画出该事故的事件树图，找出事故原因，并提出相应的预防措施。

第4章 事故树分析法

4.1 事故树分析法概述

事故是人们所不希望发生的事件，但在生产过程中却隐藏着许多可能导致事故发生的危险因素。在安全生产相关的职业行动过程中，如何全面了解与控制这些危险因素是必要且关键的。准确、无遗漏地找出导致事故发生的危险因素（导致事故发生的原因），是促进安全生产，避免类似事故的重要前提。

事故树分析（Fault Tree Analysis，FTA）也称故障树分析，它对某一特定的不希望事件（事故）进行演绎分析，寻找所有导致事故发生的原因事件及其相互间的逻辑关系，进而找出可能导致顶上事件发生的各基本事件的组合，为事故预测、预防提供依据。

FTA 是 20 世纪 60 年代初由美国贝尔电话实验室在研究导弹发射控制系统的安全性时开发出来的，后相继被应用于航空航天及核动力工业的危险性识别和定量安全评价。1974 年，美国原子能委员会发表了关于核电站的危险性评价报告——拉斯姆报告，其运用 FTA 做了大量有效的应用，引起了全世界广泛关注，并相继应用到其他工业。从 1978 年起，我国开始了 FTA 的研究和运用工作。目前事故树分析法已从宇航、核工业进入一般电子、电力、化工、机械、交通等领域，它可以进行故障诊断，分析系统薄弱环节，指导系统安全运行和维修，实现系统的优化设计。

4.1.1 事故树的定义

事故树（FT）是由图论理论发展而来的。图论所研究的图既不是工程图，也不是通常几何学中的图。它所研究的图是由一些节点及边构成的图，通常称为线图。或者说，所谓的线图是指由无比例关系的点、线所构成的图。线图示意图如图 4-1 所示。

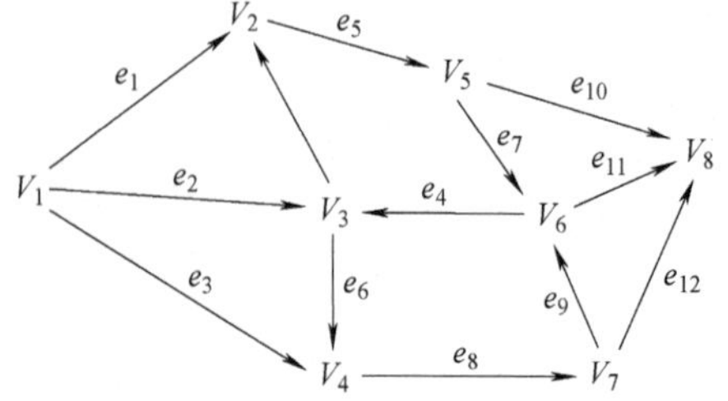

图 4-1 某线图示意图

在图论中，线图常用 G 来表示，记为

$$G=\{V,E\}$$

其中，V 是由有限个点组成的集合，即

$$V=\{V_1,V_2,\cdots,V_n\}$$

E 是由有限条线所组成的集合，即

$$E=\{e_1,e_2,\cdots,e_m\}$$

图中的线也称为边或弧。集合 E 中的元素都是由节点偶对组成的，即当节点偶对 $(V_i,V_j)\in E$时，节点 V_i、V_j 间可画一条线。图 4-1 即为由点集合 $V=\{V_1,V_2,V_3,V_4,V_5,V_6,V_7,V_8\}$ 和线集合 $E=\{e_1,e_2,\cdots,e_{12}\}$ 所构成的图。

若给图 G 的每一条边都赋予一个方向，则该图称为有向图；若无赋予方向，则称为无向图。

在一幅图中，若任意两个节点都是连通的，则这种图称作连通图（如 V_1 与 V_8 连通，V_3 与 V_8 连通，V_4 与 V_6 也连通）。

若图中某一点、边顺序连接序列中，始点与终点重合，则称为回路或圈。如图 4-1 中的 V_2，V_5，V_6，V_3，V_2 和 V_3，V_4，V_7，V_6，V_3 均构成回路。

如图 4-2 所示，图中包含所有节点，但不构成回路的子图就称为树（即一个没有回路的连通图）。因此该图为图 4-1 的一棵树，树中的边也称为树枝。

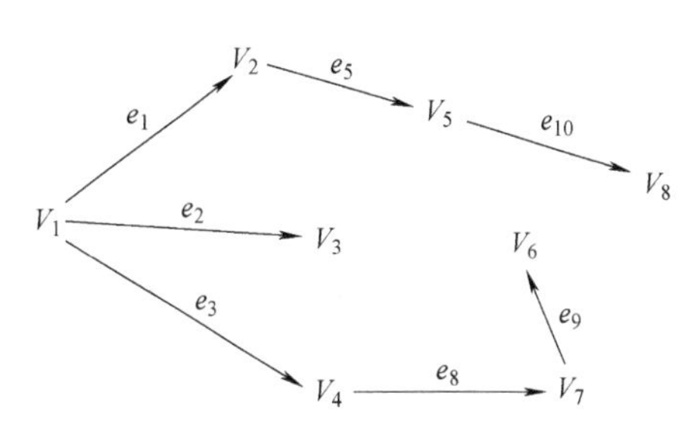

图 4-2 线图中的一棵树

图 4-2 所示的树是一棵有向树。对有向树而言，微观上任一节点都是前一个节点的终点又是后一个节点的起点；从宏观上（在整个有向树中），又可根据节点上所有树枝的流向分为源点、中间点或收点。

源点：对一特定节点而言，若所有树枝的流向都背离此节点，则这个点就称为源点。V_1 是源点。

中间点：对一特定节点而言，存在着树枝流向对着和背离它时，则这个点就称为中间点，如 V_2、V_4、V_5、V_7 等。

收点：每个树枝最终都流向某一个节点，该节点则为收点，如 V_8。

如果将图 4-2 树中的节点用“事件”代替，各节点之间的边用“逻辑门”来联系，则构成了一棵如图 4-3 所示的特殊树形图。该图是起源于源点，自下而上，经中间点，收敛于收点的逆向树。

结合图论知识可知，对图 4-3 中的 V_3、V_5、V_6 点而言，树枝的流向背离节点，则 V_3、V_5、V_6 为源点，它在事故树中对应基本原因事件。对 V_2、V_4 点而言，存在着树枝流向对着和背离它，则 V_2、V_4 为中间点，它在事故树中对应中间事件。每个树枝的流向最终都朝向 V_1 点，该节点则

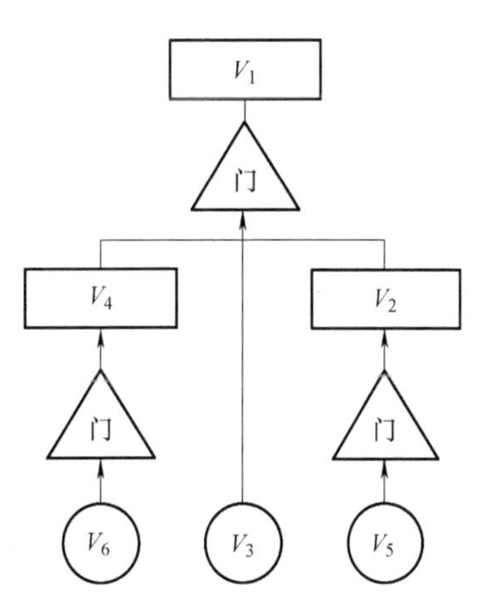

图 4-3 逆向树示意图

为收点，它在事故树中对应顶上事件。

若由事件与逻辑门构成的树图反映了事故的因果关系，则这样的逆向树就称为事故树，也称事故树分析图。由此可见，事故树是用逻辑门将事件的因果关系直观表示的一种逆向树，也属于图论的范畴。

4.1.2 事故树的常用符号

构成事故树的两个基本要素是“事件”与“逻辑门”。

1. 事故树的事件符号

事故树是由各种事件、逻辑门连接构造而成的。所以，熟练掌握常用的事件符号与逻辑门是进行事故树分析的基础（图 4-4）。

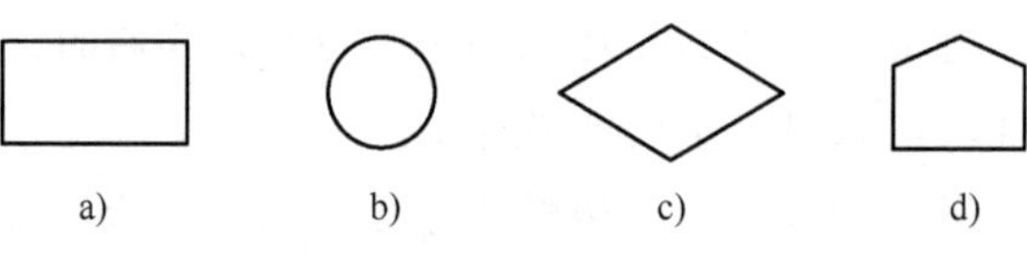

图 4-4 事故树事件符号示意图

（1）矩形

矩形符号如图 4-4a 所示，用到矩形符号表示的事件即为需要往下分析的事件。使用时，应将事件内容扼要地填入框内。矩形符号主要用在以下两种情况：

1）表示顶上事件。

所谓顶上事件即为人们所要分析的对象事件，一般是指人们不希望发生的事件。如“冲床冲手”“高处坠落死亡”等。它只能是逻辑门的输出，而不能是输入。

2）表示中间事件。

中间事件是指系统中可能造成顶上事件发生的某些事件。或者说，除了基本事件与顶上事件外的事件统称为中间事件。

（2）圆形

圆形符号如图 4-4b 所示，表示基本事件。它是指系统中的一个故障，是导致发生事故的原因，如人为失误、环境因素等。它表示无法再往下分析的事件。

（3）菱形

菱形符号如图 4-4c 所示，表示省略事件，是无须进行仔细分析的必要事件。

（4）房形

房形符号如图 4-4d 所示，表示正常事件，是指系统在正常工作条件下必定发生的情况，如“车床旋转”“飞机飞行”等。

2. 逻辑门符号及意义

逻辑门是用于描述事件之间的逻辑因果关系的符号。

（1）与门

与门符号如图 4-5a 所示，表示只有输入的 x_1，x_2，…，x_n同时发生时，输出事件 T 才发生（积事件）。布尔代数表示：$T=x_1 \cdot x_2 \cdot \cdots \cdot x_n$，如图 4-6 所示事故树。

$$T=x_1 \cdot x_2 \cdot x_3 \tag{4-1}$$

代表 x_1，x_2，x_3 三个事件同时发生，T 才发生。

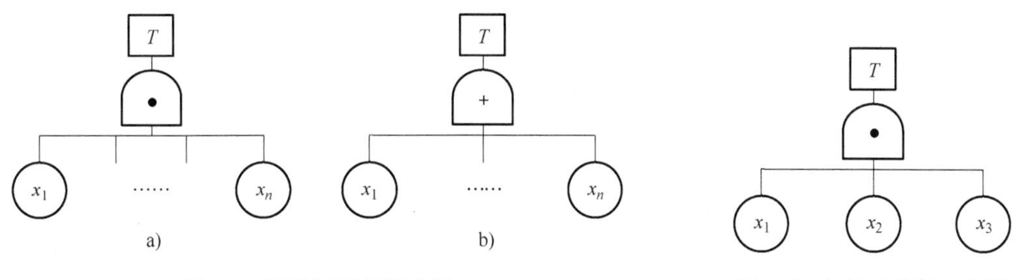

图 4-5　逻辑门符号示意图　　图 4-6　与门事故树示意图

（2）或门

或门如图 4-5b 所示，表示输入事件 x_i 中，只要一个发生，T 就发生。

$$T=x_1+x_2+x_3+\cdots+x_n$$

1）可用于连接造成输出事件的直接原因，如图 4-7a 所示。

2）可用于罗列输入事件形式，如图 4-7b 所示。这三种爆炸是锅炉爆炸的三种形式，并列在一起，便于分析。

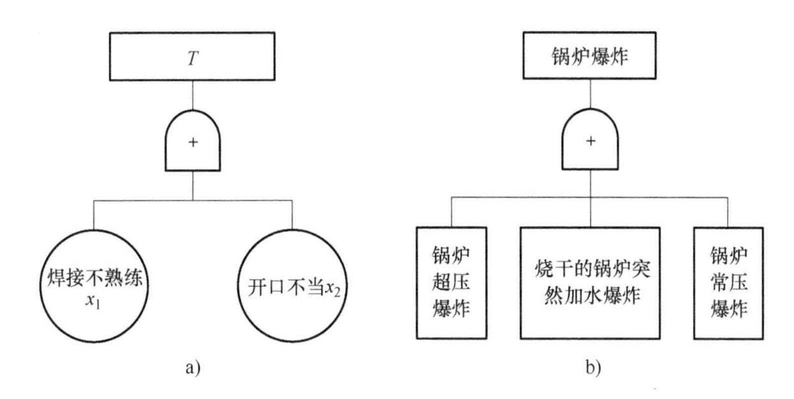

图 4-7　或门事故树示意图

（3）条件与门

条件与门符号如图 4-8a 所示，表示 $x_1 \rightarrow x_n$ 各事件同时发生，且满足条件 α 时，则 T 发生。布尔代数解算式为

$$T=x_1 \cdot x_2 \cdot \cdots \cdot x_n \cdot \alpha \tag{4-2}$$

式中　α——T 发生的条件，不是事件。

（4）条件或门

条件或门符号如图 4-8b 所示，表示输入事件 x_i 中任一个发生，且满足条件 β 时，则 T 发生。条件或门事故树如图 4-9 所示，当 x_1 和 β 同时发生，T 事件发生；当 x_2 和 β 同时发生，T 事件发生；当 x_3 和 β 同时发生，T 事件发生。

布尔代数解算式为

$$T=x_1 \cdot \beta+x_2 \cdot \beta+\cdots+x_n \cdot \beta \tag{4-3}$$

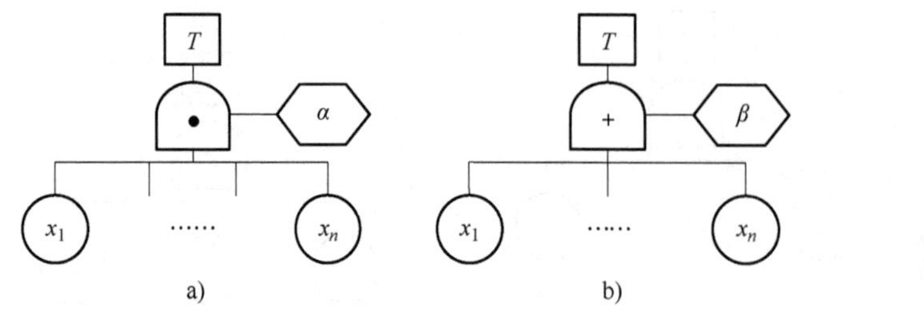

图 4-8　事故树逻辑门示意图

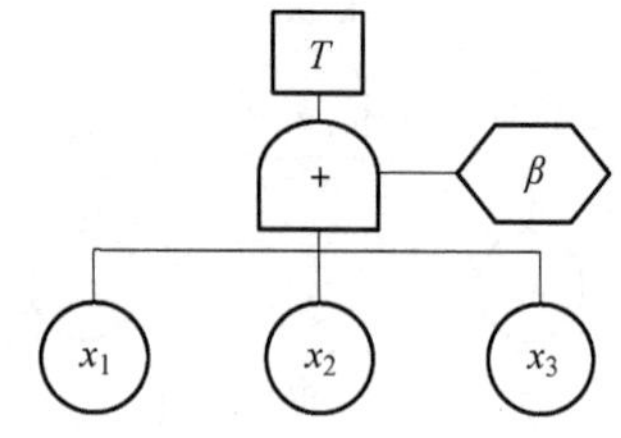

图 4-9　条件或门事故树示意图

（5）限制门

限制门符号如图 4-10a 所示，表示事件 A_1发生，且满足 α'条件，则 T 发生。限制门只有一个输入，其布尔代数解析式为

$$T=A_1 \cdot \alpha' \tag{4-4}$$

限制门事故树如图 4-10b 所示，顶上事件“高处坠落死亡”（T）事件必须满足“高度和地面状况”（α'）这一条件才能发生，其布尔代数解析式为

$$T=A_1 \cdot \alpha' \tag{4-5}$$

（6）排斥或门

排斥或门符号（图 4-11），表示输入 A_1、A_2中任意一个发生，T 输出就发生。注意：在使用时，A_1与 A_2是互斥的，在布尔计算时，它相当于一个或门，但意义上是不同的。

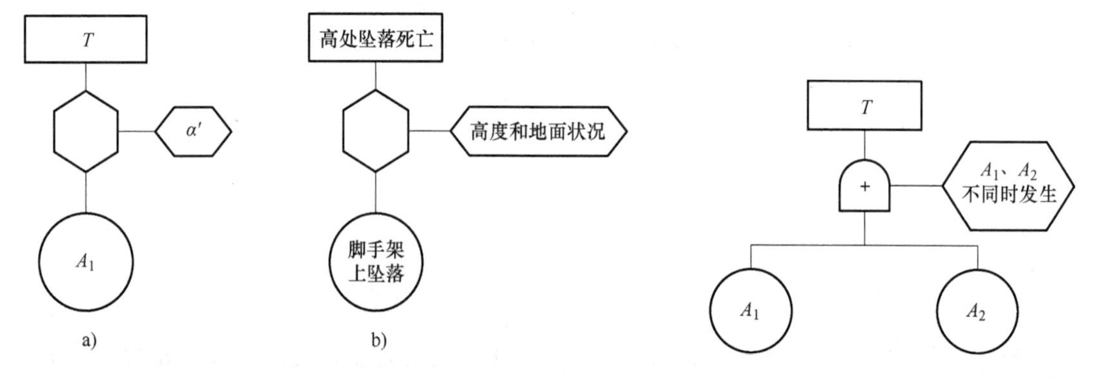

图 4-10　限制门事故树逻辑门示意图

图 4-11　排斥或门事故树逻辑门示意图

（7）优先与门

1）顺序优先与门。顺序优先与门符号如图 4-12a 所示，表示当输入事件 A_1和 A_2都发生时，且满足 A_1发生于 A_2之前，输出事件 T 才发生。

如在房屋火灾中，人员撤离不及时而发生的受伤事件时有发生。它的直接原因是“烟雾报警装置失灵”和“发生火灾”，而且只有在“发生火灾”之前，烟雾报警装置就失灵的情况下，才会发生。所以，应该用顺序优先与门的事故树结构绘制，如图 4-12b 所示。

2）组合优先与门。组合优先与门符号如图 4-13a 所示，表示在三个以上输入事件的与门中，当两个事件同时发生时，输出事件 T 才会发生。

在火灾中，人员跑入避难地点，避难地点的空气供应非常重要。“避难地点空气是否充

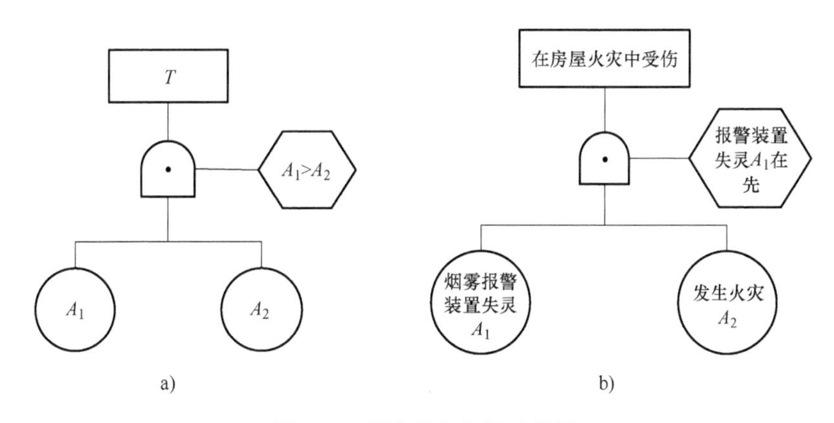

图 4-12 顺序优先与门示意图

足供应”主要取决于三个因素，分别是：“有无压气供应”“避难地点的大小”“避难地点的密闭情况”。在三个因素中，只要有任意两个因素出现不良状况，“避难地点空气不足”的现象就发生。所以，应该用条件与门绘制事故树。该顶上事件发生的事故树如图 4-13b 所示。

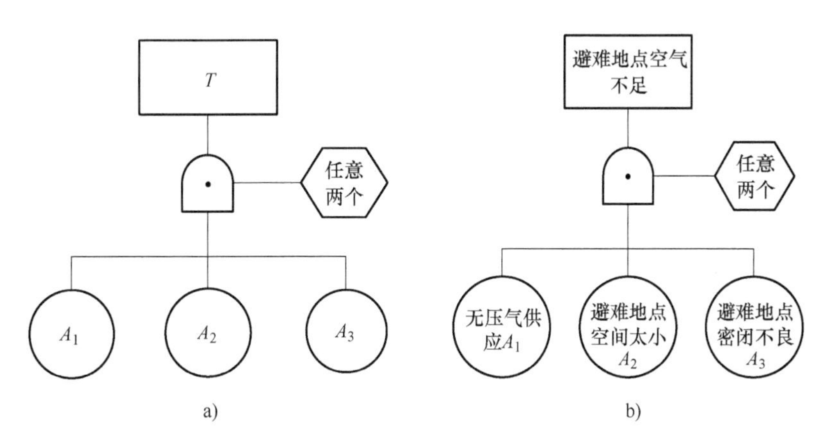

图 4-13 组合优先与门的事故树结构示例

3. 转移符号

当事故树规模很大时，受纸幅所限，无法在一张纸面表现完整，此时就要用到转移符号（图 4-14）。

图 4-14 事故树转移符号示意图

（1）转出

转出符号如图 4-14a 及图 4-15a 所示，连接的部分是总树的一部分。表示事故树在转向符号处有一子树，这棵子树将在有相同字母数字标记处展开。

（2）转入

转入符号如图 4-14b 及图 4-15b 所示，表示转出标记处转来的子树在此处展开。

事故树的常用符号主要有事件符号、逻辑门符号和转移符号，汇总列入表 4-1。

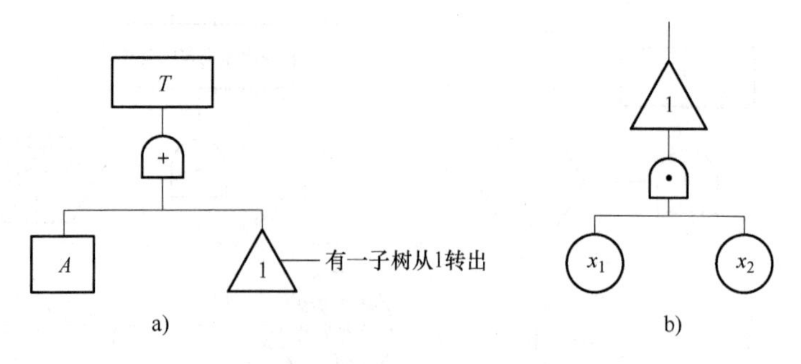

图 4-15　事故树转移符号示例

表 4-1　事故树的常用符号

种类	符号	名称	意义
事件符号	（矩形）	顶上事件或中间事件	顶上事件即人们所要分析的对象事件，一般是指人们不希望发生的事件；中间事件指的是系统中可能造成顶上事件发生的某些事件。使用矩形符号表示的事件是需要继续往下分析的事件
	（圆形）	基本原因事件	是系统中的一个故障，是最基本的、不能再往下分析的事件
	（菱形）	省略事件	表示事前不能分析，或者没有再分析下去的必要的事件
	（房形）	正常事件	是指系统在正常工作条件下必定发生的情况，即不认为是需要修正的故障
逻辑门符号	T · A_1 A_n	与门	表示只有当输入事件 A_1、A_2、…、A_n 同时发生时，输出事件 T 才发生
	T + A_1 A_n	或门	表示当输入事件 A_1、A_2、…、A_n 任何一个事件发生，输出事件 T 就可以发生
	T · α A_1 A_n	条件与门	表示输入事件 A_1、A_2、…、A_n 同时发生，且满足条件 α 时，输出事件 T 才发生
	T + β A_1 A_n	条件或门	表示当输入事件 A_1、A_2、…、A_n 中任何一个事件发生，且满足条件 β 时，输出事件 T 就可以发生

（续）

种类	符号	名称		意义
逻辑门符号	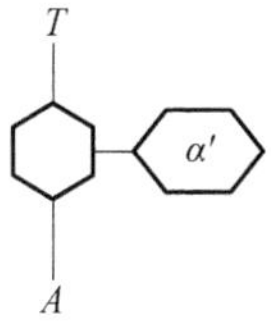 T, α', A	限制门		表示输入事件 A 满足发生事件 α' 时，输出事件 T 才发生
	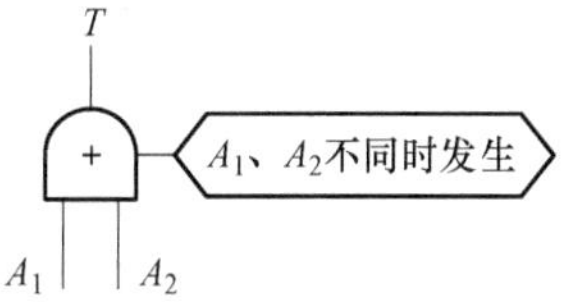 T, +, A_1、A_2不同时发生, A_1, A_2	排斥或门（异或门）		表示当输入事件 A_1、A_2 中任意一个事件发生，而其他都不发生，输出事件 T 才发生
	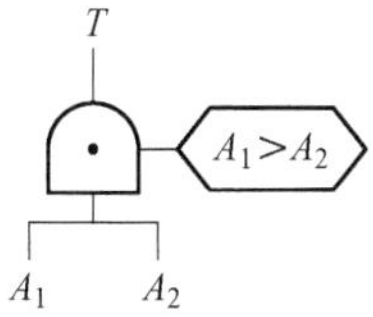 T, •, $A_1>A_2$, A_1, A_2	优先与门	顺序优先与门	表示当输入事件 A_1、A_2 都发生时，且满足 A_1 发生于 A_2 之前，输出事件 T 才发生
	T, •, 任意两个, A_1, A_2, A_3		组合优先与门	表示在三个以上输入事件的与门中，如果两个事件同时发生，输出事件 T 才会发生
转移符号	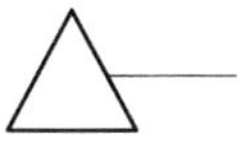 △—	转出符号		表示事故树在转向符号处有一子树，这棵子树将在有相同字母或数字标记处展开
	 | △	转入符号		表示转出标记处转来的子树在此处展开

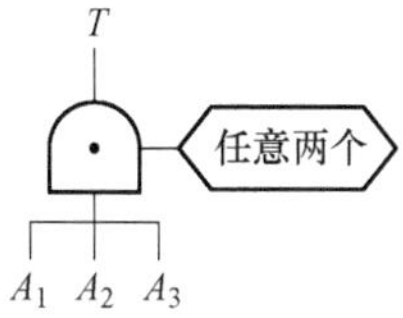

4.2 事故树分析程序及实例

4.2.1 事故树分析程序

事故树分析程序如图 4-16 所示，包括以下几个步骤。

1. 确定顶上事件

顶上事件是人们所不期望发生的事件，也是所要分析的对象事件。顶上事件的确定可依据分析目的直接确定或在调查事故的基础上提出。事件选取均应调查和整理过去的事故。除此，也可事先进行事件树分析（ETA）或故障类型和影响分析，从中确定顶上事件。

2. 理解系统

理解系统是事故树分析的基础，要充分理解系统的工作程序、各种重要参数、作业情况及环境状况等，必要时应画出工艺流程图和布置图等。

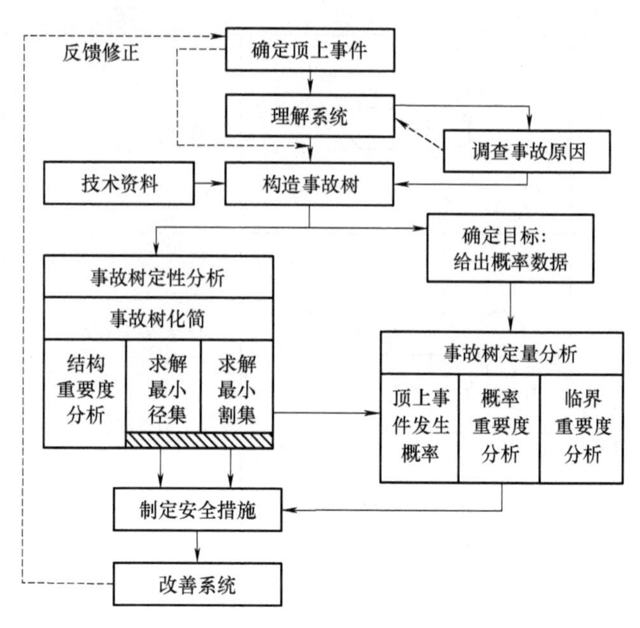

图 4-16　事故树分析程序图

3. 调查事故原因

应尽量广泛地了解所有事故。不仅要包括过去已发生的事故，也要包括未来可能发生的事故；不仅包括本系统发生的事故，也要包括同类系统发生的事故。查明能造成事故的各种原因，包括机械故障、设备损坏、操作失误、管理和指挥错误、环境不良等因素，梳理原因事件的逻辑关系，为事故树绘制奠定逻辑事件基础。

4. 构造事故树

首先广泛分析造成顶上事件发生的中间事件及基本事件间的关系，并加以整理，而后从顶上事件起，按照演绎分析的方法，一级一级地把所有直接原因事件按其逻辑关系用逻辑门连接，构成事故树。

5. 事故树定性分析

依据构造出的事故树列出布尔表达式，化简事故树，求出最小割集、最小径集（根据成功树），确定出各基本事件的结构重要度。

6. 事故树定量分析

根据各基本事件发生概率求出顶上事件的发生概率。在求解出顶上事件概率的基础上，进一步求出各基本事件的概率重要系数和临界重要系数。

7. 制定安全措施

在定性或定量分析的基础上，根据各可能导致事故发生的基本事件组合（最小割集或最小径集）的可预防的难易程度和重要度，结合本企业的实际能力，制定出具体、切实可行的安全措施，并付诸实行。

8. 改善系统

落实已制定的系统预防措施，对原系统进行修正和完善，消除系统中存在的安全漏洞，并定期检查。

事故树分析的程序按人们的目的、要求和场所的不同，可进行定性分析，或对灾害的直接原因进行粗略分析；也可进行详细的定量分析。实践表明，在缺乏设备的故障率和人的失误率的实际资料时，只做定性分析也能取得好的效果。

4.2.2　事故树的编制

1. 事先定出顶上事件（第一层次）

顶上事件即所要分析的事故（人们所不期望的事件）。在确定时，按照上节所述确定顶上事件的方法与原则进行，用一矩形表示，且放置于最上层，并把内容扼要记入方框内。

2. 写出造成顶上事件的直接原因事件（第二层次）

在顶上事件（即第一层）之下（即第二层），列出造成顶上事件的所有直接原因事件，然后依据上下层各事件的逻辑关系，用“逻辑门”把它们连接起来。当只有下层事件必须全部发生顶上事件才发生时，就用“与门”连接，当只要下层任一事件发生顶上事件就发生时，则用“或门”连接。应该指出的是，选用连接的“门”是否正确，将直接影响到分析结果的正确性，故必须十分认真。

对于造成顶上事件的直接原因，主要可从环境不良因素、机械设备故障或损坏、人的差错（操作、管理、指挥）三方面加以考虑。

3. 写出往下其他层次

第二层确定出来后，接下去把第二层各事件的直接原因写在对应事件的下面（第三层次），用适当的逻辑门把二、三层事件连接起来。这样层层往下，直至最基本的原因事件，或根据需要分析到必要的事件为止，就构成了一株完整的事故树。

4.2.3　事故树分析注意事项

1）只有充分理解系统，才能确定出合理的被分析系统。

2）确定顶上事件时，优先考虑风险大的事故事件、易于发生且后果严重的事件、发生频率不高但后果很严重，以及后果虽不严重但发生非常频繁的事故等，还可选取公众特别关注的事故为分析对象。

3）确切描述顶上事件，明确地给出顶上事件的定义，不能含糊笼统。应找出其中的主要危险以便分析。例如，不能把“某矿发生事故”这类题目作为顶上事件，因为这样无法分析，应选择具体的事故作为顶上事件，例如“矿井瓦斯爆炸”等。

4）合理确定边界条件。在确定了顶上事件后，为了不致使事故树过于烦琐、庞大，应明确规定被分析系统与其他系统的界面，并进行一些必要的合理的假设。

5）在进行原因调查时，应尽可能全面，不要漏掉重要的原因事件。可从人、机、环、管四个方面找出系统内固有或动态的危险因素，如设计上的缺陷、操作及人的不安全行为、环境的不良因素、设备的隐患等。

6）事故树构造过程，注意保持门的完整性，不允许门与门直接相连。事故树编制时应逐级进行，不允许跳跃；任何一个逻辑门的输出都必须有一个结果事件，不允许不经过结果事件而将门与门直接相连。

7）在构造事故树过程中，应注意弄清事件间的逻辑关系，反复推敲。在构造时，要尽可能不遗漏各种原因事件，及时进行合理的简化。

8）在定量分析过程中，注意把求出的概率与通过统计分析得出的概率进行比较，重新审视已构造出的事故树是否正确完整，各基本原因事件的故障率是否估计过高或过低等。

下面用乙烯球形储罐系统超压爆炸事故为例，说明事故树编制过程。

【例 4-1】 图 4-17 为某乙烯球形储罐系统图。该系统是为了储存乙烯和为需求方提供乙烯原料的。系统中包含乙烯球罐这一基本危险源。为了防止系统超压，设置了安全阀和液位超高（过低）报警联锁系统。当球罐受到外界因素（温度、压力）影响，球罐内乙烯气体压力达到安全阀启跳压力时，安全阀自启泄压，释放出的乙烯被火炬烧掉。当球罐内压力降到安全阀的回座压力时，安全阀自动关闭，泄压结束。

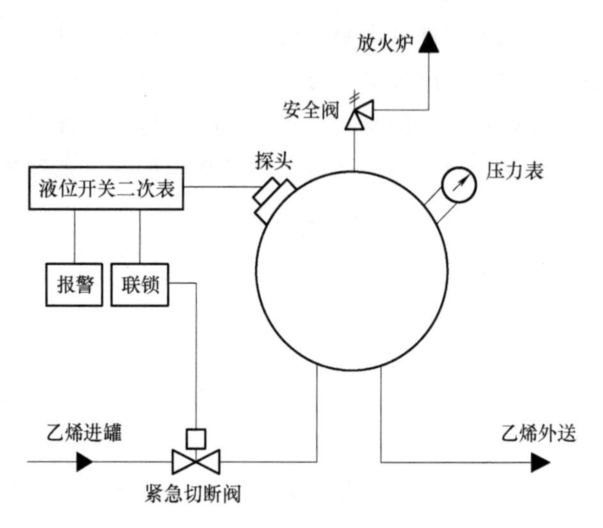

图 4-17　某乙烯球形储罐系统示意图

液位超高报警联锁系统是由探头、液位开关二次表和继电器组成。探头表面紧贴在球罐壁外侧需要限位的相应位置，利用超声技术，在液位到达极限位置时，产生模拟信号，再由电缆将此信号传送到液位开关二次表（一般安装在控制室内）。二次表收到模拟信号后，报警并将其转换成数字信号传递给继电器控制装置，从而使正常状态下通电的继电器失电断开，紧急切断阀关闭，切断乙烯进入球罐。乙烯因生产系统消耗自动降低液位。当液位过低时，继电器加电闭合，紧急切断阀开启，乙烯重新进入球罐。试就该系统发生乙烯球罐超压爆炸事故进行事故树分析。

事故树编制前要先做分析，如下：

（1）确定顶上事件 T。顶上事件为球罐超压爆炸，即可能发生的事故为球罐超压爆炸。

（2）分析事故系统，找出顶上事件的各级原因事件及其相互关系。

1）通过系统分析可知，引起球罐超压爆炸的充分条件为罐内液位超高，同时安全阀处于闭合状态；而正常的安全阀在系统超压时会开启泄压。所以，可确定引起超压爆炸的两个限制条件为液位超高和安全阀失效闭合，且二者须同时满足，用与门相连。

2）分析引起液位超高的原因。通过系统的分析可知在液位超高的情况下，紧急切断阀可自动切断乙烯进入球罐或工作人员可手动关闭开关切断供应，从而降低液位。因此，只有在紧急切断阀联锁不动作和操作人员未动作的两个限制条件同时的满足的情况下才会出现液位超高事件，用与门连接。

3）分析导致紧急切断阀联锁不动作事件产生的原因。通过对系统原理的分析，我们知道继电器只有在加电闭合下，紧急切断阀才能开启，乙烯进入球罐。因此，紧急切断阀联锁不动作的限制条件为继电器闭合和电源接通，且两者须同时满足，两个事件用与门连接。

4）分析继电器闭合事件产生的原因。通过分析可知，在继电器失效闭合、液位开关输出错误和环境因素影响下，继电器都可能发生闭合，将三个事件用或门连接。

5）分析液位开关输出错误事件产生的原因。只有在液位开关电源接通且探头失效的情况下，液位开关才能输出错误的信息，因此为与门连接。

6）再来分析操作人员未动作的原因。正常的动作过程为，报警装置发出报警信号，操作人员采取动作。因此，操作人员未动作的原因有两个：报警装置未报警或报警但操作人员脱岗，二者中发生一个即可发生操作人员未动作事件，用或门连接。

7）分析报警装置未报警的原因。在报警器损坏或探头失效的情况下报警装置均不会发出警报，将二者用或门连接。

（3）将整个事故的事件按照从顶上事件到基本原因事件的顺序把事故树绘制成图，就形成了如图 4-18 所示的事故树。

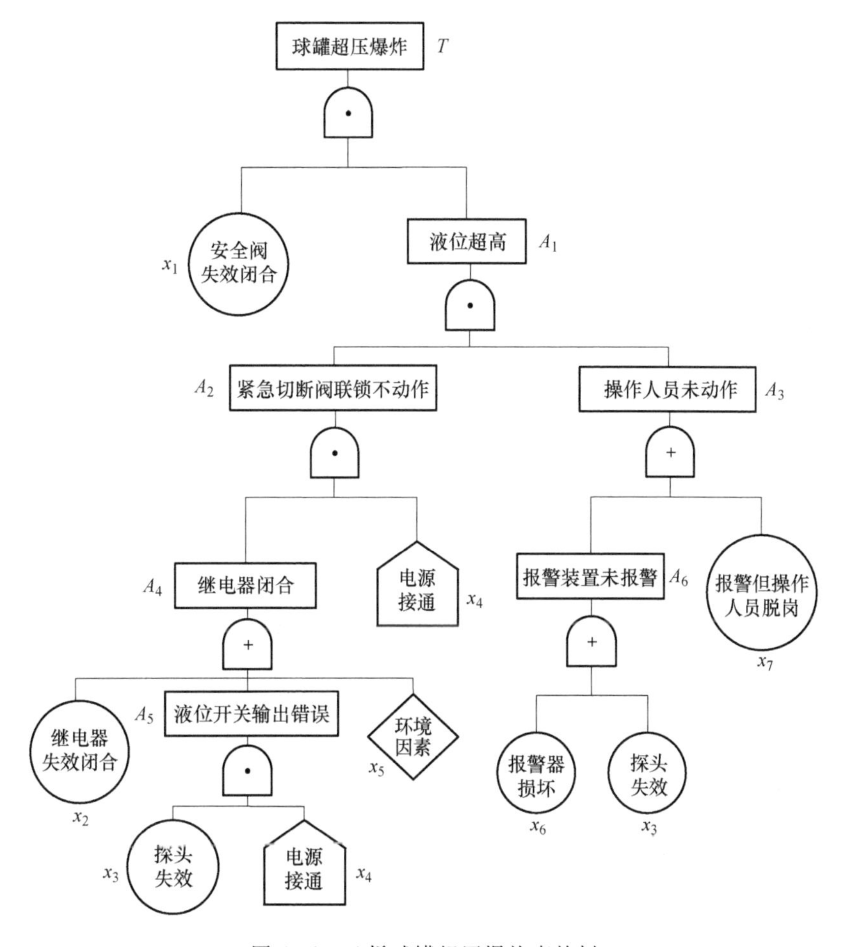

图 4-18　乙烯球罐超压爆炸事故树

4.3 事故树定性分析

事故树定性分析是根据构造出的事故树，运用数学逻辑运算方法，求出最小割集或最小径集，确定出各基本事件的结构重要度，目的在于寻找导致顶上事件发生的原因事件或原因事件的组合，即识别导致顶上事件发生的所有故障模式，发现潜在的危险因素。

4.3.1 事故树分析数学基础

事故树分析过程中的变量代表现实中的事件，对事件关系的运算将涉及数学集合、概率和逻辑运算等知识。为能顺利求解事故树，理解事故树基本运算，本节介绍在事故树定性分析中将会用到的数学知识。

1. 集合的基本概念

集合的理论是近代数学中最重要的理论之一，它有助于用严谨、系统的方法，将许多数学概念融合到它们的逻辑基础上。此外，它不仅影响和丰富了几乎每一个数学分支，而且也有助于弄清数学与哲学的关系。本书所讨论的事故分析与安全问题都要涉及集合问题。

集合是一种原始概念，它是大量具体事物的概括。要给其下个精确的定义，至今仍是个难题。但一般可理解为：满足某种条件或具有某种共同属性的事物的集体称为集合，集合也简称为“集”。在叙述一个集合时，应明确集体是由哪些个体组成的，通常组成某个集体的个体就是某个集合的元素。对于一个集合，它包含哪些元素应叙述清楚，切勿含糊不清。

例如，某一机器在特定时间内所发生的事故可构成一个故障集合。造成某类事故发生的各种原因也可构成一个事件集合。

（1）集合的表示

集合一般采用三种方法表示。

1）列举法。列举法是把集合中的元素一一列举出来，它多用于表示有穷个元素的集合。例如，集合 A 表示“所有小于 4 的正整数”，则可记为

$$A=\{1,2,3\} \tag{4-6}$$

2）描述法。描述法就是用描述集合中元素的共同属性的方法表示集合，多用于元素是无穷多个的。例如，集合 B 表示“大于 7 的所有整数”，则可记为

$$B=\{x \mid x>7,\text{整数}\} \tag{4-7}$$

3）通过特征函数来描述一个集合。

特征函数定义为：

对所有 A 中的元素 x，

若 $x\in A$，则 $\mu A(x)=1$。

若 $x\notin A$，则 $\mu A(x)=0$。

（2）从属关系

从属关系讨论的是集合与元素之间的关系。任一元素，要么是某个集合的元素，要么不是这个集合的元素，两者必居其一。用记号“$\in$”表示属于关系，用“/”表示来表示否定陈述，则符号$\notin$表示不属于。

（3）包含关系

包含关系讨论的是集合与集合之间的一种关系。

1）子集：设N和M是两个集合，若集合N中所有的元素都是集合M的元素，也就是说N是M的一部分，则称N为M的子集合，M也叫作N的包含集，记为$M \supseteq N$，或$N \subseteq M$。

2）真子集：设N和M是两个集合，若N是M的子集，且至少有M的一个元素不是N的元素，则称N是M的真子集，M叫作N的真包含集，记为$N \subsetneqq M$或$M \supsetneqq N$。

3）集合相等：当且仅当$N \subseteq M$且$M \supseteq N$，称两个集合N和M相等，记为$N=M$。也即：集合N是集合M的子集合；集合M又是集合N的子集合，即集合N与集合M所包含的元素完全相等时，集合N等于集合M。

4）全集：在研究具有某种共同特征性质的事物所组成的集合时，把具有这种共同特征性质的一切事物所组成的集合，称为全集合，简称全集，用U表示（有的记为I）。在不同的场合中，全集所包含的元素是不同的。在有理数集合内，讨论它的一些元素组成的集合，有理数集合就是全集。在实数集合内，讨论它的一些元素组成的集合，实数集合就是全集。在集合$M=\{a,b,c,d\}$内，讨论它的一些元素组成的集合，M就是全集。

5）空集：不包含任何元素的集合称为空集，用$\varnothing$表示。

例如，满足$x+1=0$的所有正数的集合是空集，其解集可记为

$$\varnothing=\{x \mid x+1=0, x \text{ 全是正整数}\} \tag{4-8}$$

（4）集合的运算

在集合运算中，主要有并（$\cup$），交（$\cap$），补（$-$）三种运算。在这些运算中，常用的有如下几个定律：

1）等幂律：$A \cup A=A$，$A \cap A=A$。

2）交换律：$A \cup B=B \cup A$，$A \cap B=B \cap A$。

3）结合律：$(A \cup B) \cup C=A \cup (B \cup C)$，$(A \cap B) \cap C=A \cap (B \cap C)$。

4）分配律：$A \cup (B \cap C)=(A \cup B) \cap (A \cup C)$；

$A \cap (B \cup C)=(A \cap B) \cup (A \cap C)$。

5）吸收律：$A \cup (A \cap B)=A$，$A \cap (A \cup B)=A$。

6）双重否定律：$\overline{\overline{A}}=A$。

7）德摩根定律：$\overline{A \cup B}=\overline{A} \cap \overline{B}$，$\overline{A \cap B}=\overline{A} \cup \overline{B}$。

8）互补律：$A \cup \overline{A}=I$；$A \cup I=I$；$A \cup \varnothing=A$；$A \cap I=A$；$A \cap \varnothing=\varnothing$。

2. 布尔代数及运算

布尔代数起源于数学，是一个用于集合运算和逻辑运算的方法，契合事故树计算分析的

本质，可以用于事故树的逻辑计算。下面介绍布尔代数的几种运算法则。

（1）逻辑加

给定两个命题 A、B，对它们进行逻辑运算后构成的新命题为 S，若 A、B 两者有一个成立或同时成立，S 就成立；否则 S 不成立，则这种 A、B 间的逻辑运算叫作逻辑加，也称“或”运算。

$A \cup B=S$ 或记作 $A+B=S$　　$x_1 \cup x_1=x_1$ 或记作 $x_1+x_1=x_1$

（2）逻辑乘

给定两个命题 A、B，对它们进行逻辑运算后构成新的命题 P。若 A、B 同时成立，P 就成立，否则 P 不成立，则这种 A、B 间的逻辑运算，叫作逻辑乘，也称“与”运算。

记作 $A \cap B=P$，或记作 $A \times B=P$，也可记作 $A \cdot B=P$

根据逻辑乘的定义可知：

$$1\times1=1;\ 1\times0=0;\ 0\times1=0;\ 0\times0=0;\ x_1\times x_1=x_1$$

（3）逻辑非

给定一个命题 A，对它进行逻辑运算后，构成新的命题为 F，若 A 成立，F 就不成立；若 A 不成立，F 就成立。

A 的逻辑非记作“$\overline{A}$”。

根据逻辑非的定义，可知：

$$\overline{1}=0;\quad \overline{0}=1;\quad \overline{\overline{1}}=1;\quad \overline{\overline{0}}=0$$

（4）结合律

$$(A+B)+C=A+(B+C),\quad (A\cdot B)\cdot C=A\cdot(B\cdot C)$$

（5）交换律

$$A+B=B+A,\quad A\cdot B=B\cdot A$$

（6）分配律

$$A\cdot(B+C)=(A\cdot B)+(A\cdot C),\quad A\cdot(B\cdot C)=A\cdot B\cdot C$$

（7）等幂律

$$A+A=A,\quad A\cdot A=A$$

（8）吸收律

$$A+A\cdot B=A,\quad A\cdot(A+B)=A$$

（9）互补律

$$A+A'=1,\quad A\cdot A'=0$$

4.3.2 事故树的简化

1. 事故树简化的必要性

在同一事故中包含有 2 个或 2 个以上的相同基本事件时，若无简化，则会产生错误的运算结果。

【例 4-2】 某事故树分析图如图 4-19 所示。已知各基本原因事件 x_i 的发生概率为 $q_1=q_2=q_3=0.1$，且 x_1、x_2、x_3 相互独立。

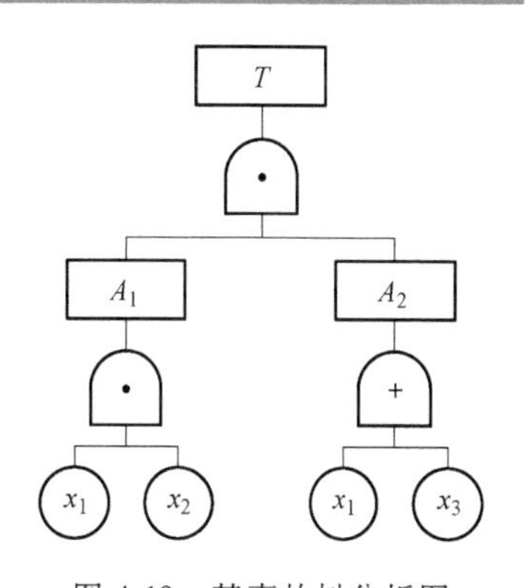

图 4-19　某事故树分析图

解：（1）简化前 T 发生的概率。

$$T=A_1\cdot A_2=x_1\cdot x_2\cdot(x_1+x_3)$$
$$=0.1\times0.1\times[1-(1-0.1)\times(1-0.1)]=0.0019$$

（2）简化后概率。

$$T=A_1\cdot A_2=x_1\cdot x_2\cdot(x_1+x_3)=x_1\cdot x_2+x_1\cdot x_2\cdot x_3$$
$$=x_1\cdot x_2=0.1\times0.1=0.01$$

由【例 4-2】的计算可见，两种算法得出的结果不同，其原因是在同一事故树结构中存在着多余的事件 x_3。所谓多余事件，指的是它的发生与顶上事件的发生无关。从化简后的式子可见，只要 x_1 和 x_2 同时发生，则不管 x_3 是否发生，顶上事件必然发生。而当 x_3 发生时，要使顶上事件发生，仍需要 x_1 和 x_2 同时发生。因此，可以说 x_3 是多余的。T 的发生仅取决于 x_1 和 x_2。

由于 x_3 是多余的事件，所以在计算时若没有事先进行简化，则会得到错误的结果。

事实上，顶上事件发生与否，可以用其事故树的等效图来表示。

2. 事故树化简示例

【例 4-3】 事故树如图 4-20 所示，请简化并绘制出事故树等效图。

解： $T=x_1+A=x_1+(x_1\cdot x_2)=x_1$，其等效事故树如图 4-21 所示。

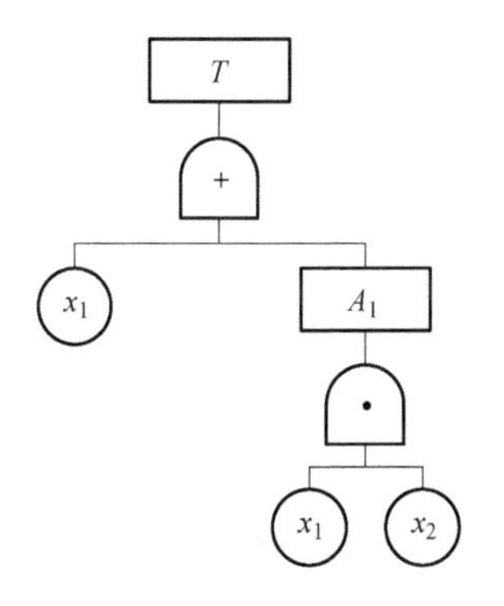

图 4-20 【例 4-3】事故树

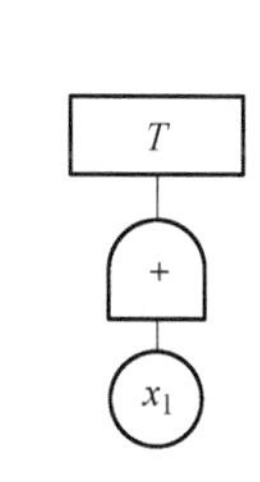

图 4-21 【例 4-3】事故树等效图

【例 4-4】 事故树如图 4-22 所示，请简化并绘制出事故树等效图。

解： $T=x_1\cdot A_1=x_1\cdot(A_2+x_2)$

$$=x_1\cdot x_1\cdot x_3+x_1\cdot x_2$$
$$=x_1\cdot x_3+x_1\cdot x_2$$

其等效事故树如图 4-23 所示。

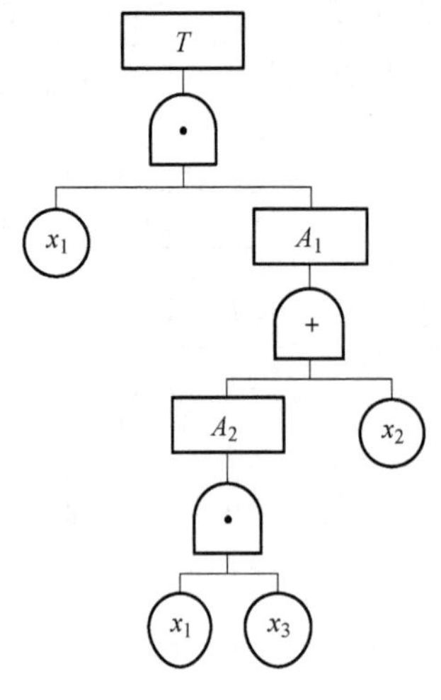

图 4-22 【例 4-4】事故树

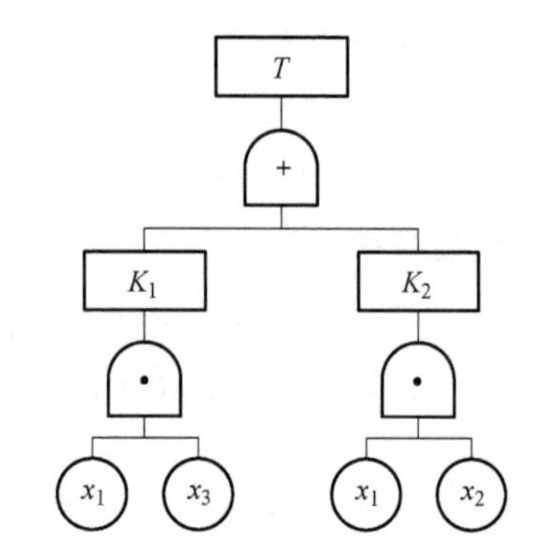

图 4-23 【例 4-4】事故树等效图

4.3.3 最小割集及其求解

1. 割集的概念

割集是图论的一个概念。它是图的一组边的集合。任一割集均可以使图 G 分离成两个部分。例如图 4-24 的图 G，假定水流由 V_1（起点）流入系统，流经各边后，最终达到 V_4 点（终点）。

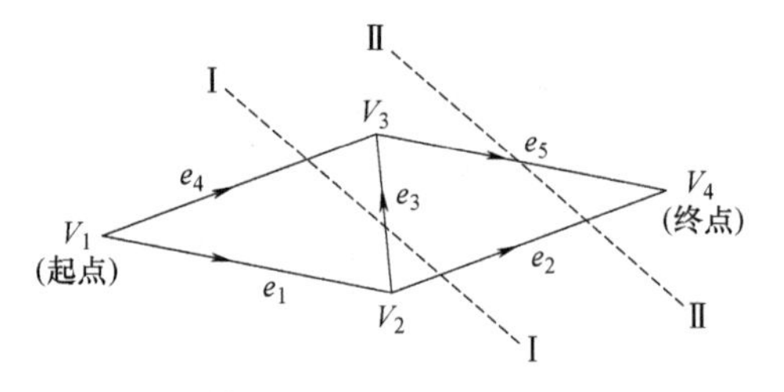

图 4-24 图 G 割集示意图

若在起点与终点间任意画一条割线，如Ⅰ—Ⅰ或Ⅱ—Ⅱ，则图 G 中被任一割线所切到的边就构成了一个割集。在图 4-24 中，$\{e_2、e_3、e_4\}$、$\{e_2、e_5\}$ 均为此有向图的割集，显然，任一割集可以把图分为两个部分。上述可以理解为，若割集存在，则任一割集就是造成人们所不期望事件发生的原因组合。假设图 4-24 中的边为水流通道，若 e_2、e_3、e_4 被割断，则水流无法从 V_1 流到 V_4，破坏了正常的水流运动，发生了人们所不期望的事情。

由此可见，割集的存在就意味着故障可能发生，而任一割集是造成事故的原因组合。

事故树分析中的割集指的是导致顶上事件（事故）发生的基本事件的集合，通常也称为截集或截止集，它是使系统发生故障的充分且必要的条件。如图 4-24 中，边的集合 $\{e_2、e_3、e_4\}$ 或 $\{e_5、e_2\}$ 被切割，则 V_1、V_4 就无法正常供水，故障就发生了。

2. 最小割集的求解

最小割集：导致顶上事件发生的最起码的基本事件的组合。由于是最小割集，所以一个最小割集不能包含另一个最小割集。

最小割集的求解有六种方法：可靠性图解法、布尔代数简化法、行列法、结构法、质数代入法和矩阵法，其中可靠性图解法、布尔代数简化法、行列法最为常用，下面详细介绍这三种方法：

（1）可靠性图解法

可靠性图解法（RGA）指的是根据事故树中各事件之间的逻辑关系绘制成系统事件及其可靠性意义下连接关系的图形表达的求解的方法。

作图，将事故树中的各 x_i 按遇“与门”并联，遇“或门”串联的原则连接，起源于源点，终止于收点，构成该系统的可靠性图，然后根据可靠性图，组合各对应的 x_i，则可求得最小割集。

【例 4-5】 事故树如图 4-25 所示，请用可靠性图解法求出最小割集。

解：（1）画可靠性连接图。

根据事故树事件之间的连接关系，画出可靠性图（图 4-26）。

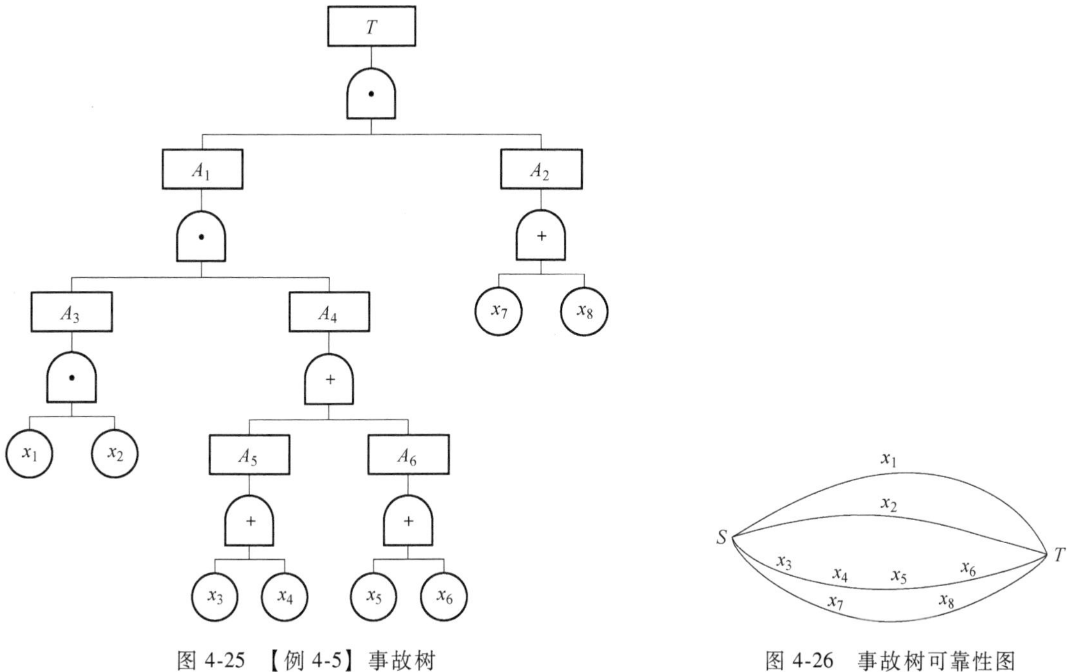

图 4-25 【例 4-5】事故树

图 4-26 事故树可靠性图

（2）最小割集。

$$K_1=\{x_1,x_2,x_3,x_7\},\quad K_2=\{x_1,x_2,x_4,x_7\},$$

$$K_3=\{x_1,x_2,x_5,x_7\},\quad K_4=\{x_1,x_2,x_6,x_7\},$$

$$K_5=\{x_1,x_2,x_3,x_8\},\quad K_6=\{x_1,x_2,x_4,x_8\},$$

$$K_7=\{x_1,x_2,x_5,x_8\},\quad K_8=\{x_1,x_2,x_6,x_8\}。$$

【例 4-6】 事故树如图 4-27 所示，请用可靠性图解法求出最小割集。

解：（1）画可靠性图。

根据事故树逻辑关系，绘制事件间的可靠性图，如图 4-28 所示。

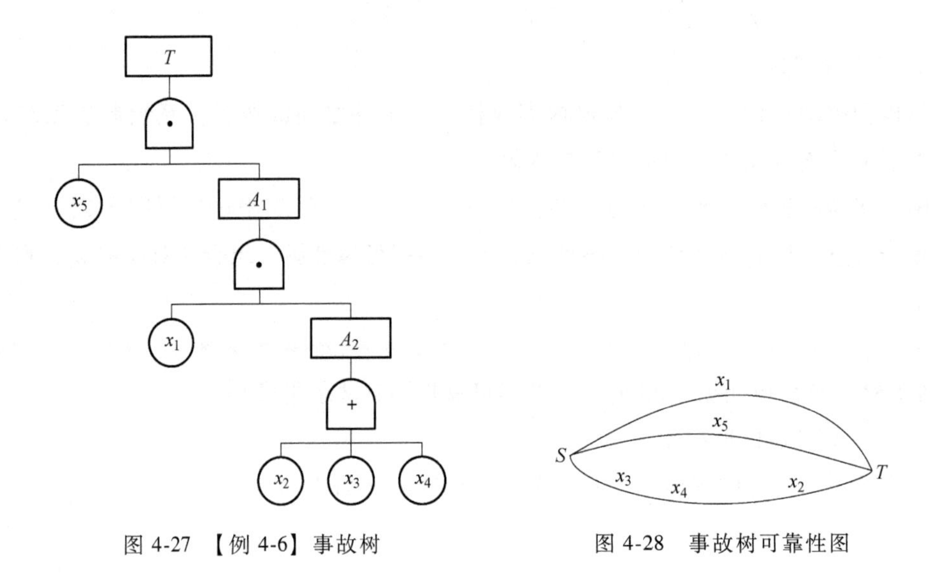

图 4-27 【例 4-6】事故树　　图 4-28 事故树可靠性图

（2）最小割集。

$K_1=\{x_1,x_2,x_5\}$， $K_2=\{x_1,x_3,x_5\}$， $K_3=\{x_1,x_4,x_5\}$。

（2）布尔代数简化法

实质：根据事故树的结构，对事故树进行布尔简化，形成若干交集的并集，每个交集即为所求的最小割集。

【例 4-7】 求图 4-25 事故树的最小割集。

解： $T=A_1\cdot A_2=(A_3\cdot A_4)(x_7+x_8)$

$=[(x_1\cdot x_2)(A_5+A_6)](x_7+x_8)$

$=[x_1\cdot x_2\cdot x_3+x_1\cdot x_2\cdot x_4+x_1\cdot x_2\cdot x_5+x_1\cdot x_2\cdot x_6](x_7+x_8)$

$=x_1\cdot x_2\cdot x_3\cdot x_7+x_1\cdot x_2\cdot x_4\cdot x_7+x_1\cdot x_2\cdot x_5\cdot x_7+x_1\cdot x_2\cdot x_6\cdot x_7+$

$x_1\cdot x_2\cdot x_3\cdot x_8+x_1\cdot x_2\cdot x_4\cdot x_8+x_1\cdot x_2\cdot x_5\cdot x_8+x_1\cdot x_2\cdot x_6\cdot x_8$

通过简化，得到 T 是 8 个交集的并集。这 8 个交集就是顶上事件的 8 个最小割集。

【例 4-8】 求图 4-27 事故树的最小割集。

解： $T=x_5\cdot A_1=x_5(x_1\cdot A_2)=x_5[x_1\cdot(x_2+x_3+x_4)]=x_1\cdot x_2\cdot x_5+x_1\cdot x_3\cdot x_5+x_1\cdot x_4\cdot x_5$

（3）行列法

行列法是 1972 年福塞尔（Fussel）提出来的一种方法，所以也称为福塞尔法。其实质是：与门使割集的容量（即割集内包含的基本事件的数量）增大，而不增加割集的数量；或门使割集的数量增加，而不增加割集的容量（即不增加割集内的基本事件的数量）。

求最小割集时，首先从顶上事件开始，用下一层事件代替上一层事件，把与门连接的事件横向列出，把或门连接的事件纵向排开。这样逐层向下，直至各基本事件，列出若干行，最后用布尔代数简化，其结果就是最小割集：遇与门时，使割集容量（元素个数）增加，而不增加割集的数量；遇或门时，增加割集数量，而不增加割集容量。

【例 4-9】 求图 4-25 的事故树最小割集。

解： $T \longrightarrow A_1 \cdot A_2 \longrightarrow A_3 \cdot A_4 \cdot A_2 \longrightarrow x_1 \cdot x_2 \cdot A_4 \cdot A_2$

$$\longrightarrow \begin{cases} x_1 \cdot x_2 \cdot A_5 \cdot A_2 \\ x_1 \cdot x_2 \cdot A_6 \cdot A_2 \end{cases} \longrightarrow \begin{cases} K_1 = \{x_1 \cdot x_2 \cdot x_3 \cdot x_7\} \\ K_2 = \{x_1 \cdot x_2 \cdot x_3 \cdot x_8\} \\ K_3 = \{x_1 \cdot x_2 \cdot x_4 \cdot x_7\} \\ K_4 = \{x_1 \cdot x_2 \cdot x_4 \cdot x_8\} \\ K_5 = \{x_1 \cdot x_2 \cdot x_5 \cdot x_7\} \\ K_6 = \{x_1 \cdot x_2 \cdot x_5 \cdot x_8\} \\ K_7 = \{x_1 \cdot x_2 \cdot x_6 \cdot x_7\} \\ K_8 = \{x_1 \cdot x_2 \cdot x_6 \cdot x_8\} \end{cases}$$

【例 4-10】 求图 4-27 事故树的最小割集。

$$T \longrightarrow x_5 \cdot A_1 \longrightarrow x_5 \cdot x_1 \cdot A_2 \longrightarrow \begin{cases} x_1 \cdot x_5 \cdot x_2 & K_1 = \{x_1, x_2, x_5\} \\ x_1 \cdot x_5 \cdot x_3 & K_2 = \{x_1, x_3, x_5\} \\ x_1 \cdot x_5 \cdot x_4 & K_3 = \{x_1, x_4, x_5\} \end{cases}$$

【例 4-11】 乙烯球罐超压爆炸事故树如图 4-18 所示，求解该事故树的最小割集。

解：（1）方法一：布尔代数简化法。

1）根据乙烯球罐系统超压爆炸事故树，列出顶上事件 T 与其直接原因 x_1、A_1 的布尔代数式：

$$T = x_1 A_1 = x_1 A_2 A_3$$

2）再按照事故树各级原因事件及其相互关系，将顶上事件的布尔代数式逐级展开，直至所有因素均为基本原因事件，且所有基本原因事件之间的关系为先交后并的形式：

$$\begin{aligned} T &= x_1 A_1 = x_1 A_2 A_3 \\ &= x_1 A_4 x_4 (A_6 + x_7) \\ &= x_1 (x_2 + A_5 + x_5) x_4 (x_6 + x_3 + x_7) \\ &= x_1 (x_2 + x_3 x_4 + x_5) x_4 (x_6 + x_3 + x_7) \\ &= (x_1 x_2 x_4 + x_1 x_3 x_4 x_4 + x_1 x_5 x_4)(x_6 + x_3 + x_7) \\ &= x_1 x_2 x_4 x_6 + x_1 x_3 x_4 x_4 x_6 + x_1 x_5 x_4 x_6 + x_1 x_2 x_4 x_3 + x_1 x_3 x_4 x_4 x_3 + \\ &\quad x_1 x_5 x_4 x_3 + x_1 x_2 x_4 x_7 + x_1 x_3 x_4 x_4 x_7 + x_1 x_5 x_4 x_7 \end{aligned}$$

3）根据事故树的布尔代数简化法，简化所得式子：

$$x_1x_2x_4x_6+x_1x_4x_5x_6+x_1x_3x_4+x_1x_2x_4x_7+x_1x_4x_5x_7$$

4）根据最简式找出最小割集。

由上式 5 项可得到乙烯储球罐系统超压爆炸事故树的五个最小割集：$\{x_1,x_2,x_4,x_6\}$，$\{x_1,x_4,x_5,x_6\}$，$\{x_1,x_3,x_4\}$，$\{x_1,x_2,x_4,x_7\}$，$\{x_1,x_4,x_5,x_7\}$

记为：

$K_1=\{x_1,x_2,x_4,x_6\}$；$K_2=\{x_1,x_4,x_5,x_6\}$；

$K_3=\{x_1,x_3,x_4\}$；$K_4=\{x_1,x_2,x_4,x_7\}$；

$K_5=\{x_1,x_4,x_5,x_7\}$

（2）方法二：利用行列式计算乙烯球罐系统超压爆炸事故树的最小割集

$$T \longrightarrow A_1 \cdot x_1 \longrightarrow x_1 \cdot A_2 \cdot A_3 \longrightarrow \begin{cases} x_1 \cdot A_2 \cdot A_6 \\ x_1 \cdot A_2 \cdot x_7 \end{cases} \longrightarrow \begin{cases} x_1 \cdot x_3 \cdot x_4 \\ x_1 \cdot x_2 \cdot x_4 \cdot x_6 \\ x_1 \cdot x_4 \cdot x_5 \cdot x_6 \\ x_1 \cdot x_2 \cdot x_4 \cdot x_7 \\ x_1 \cdot x_4 \cdot x_5 \cdot x_7 \end{cases}$$

最小割集中，任意一个组合发生，顶上事件就发生。

4.3.4 最小径集及其求解

1. 径集和最小径集

如果事故树中全部基本事件都不发生，则顶上事件就一定不会发生，但若割集存在，就意味着故障可能发生，即任一割集是造成事故的原因组合。反之，如果当事故树某些基本事件的集合不发生，顶上事件就不发生，这种的基本事件的组合就称为径集。就其实质而言，径集是割集的对偶。

所谓最小径集，即为使顶上事件不发生的最起码的基本事件的集合，用 P 代表最小径集。

人们可以通过系统所有最小径集的并集把事故树用一个无冗余的形式表示出来。它是描述系统保持正常能力的模式。当最小径集中所有基本事件处于非故障状态时，则认为该最小径集处于非故障状态。因而，当且仅当一个或若干个最小径集处于非故障状态时，系统才处于正常运行的状态。

根据上述定义可见，由最小径集构成的树可认为是一棵成功树。利用最小割集与最小径集的对偶关系可知，事故树的对偶树即为成功树。求最小径集的方法很多，常用“成功树”来计算最小径集。

2. 最小径集的求法

步骤一：把原事故树变成其“成功树（对偶树）”。

1）成功树的转换原则：把事故树中的与门用或门代替，把或门用与门代替；把发生的事件 x_i 用不发生的事件 $\overline{x_i}$ 替代，所构成的树即为成功树。

2）几个门的变换示例如图 4-29 所示：

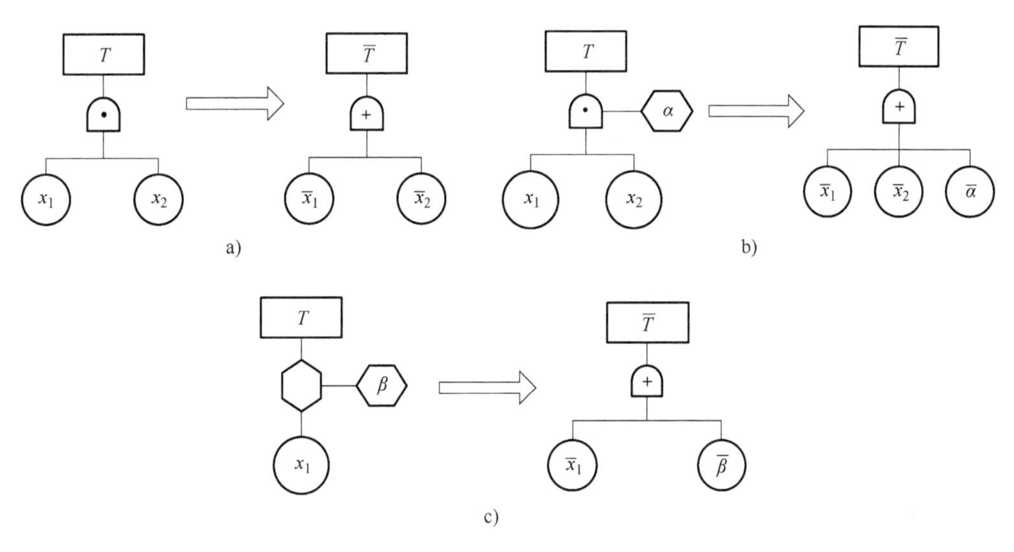

图 4-29　事故树门变换示例图

步骤二：利用成功树，按求解事故树的计算方法，求出成功树的最小割集，其最小割集则为事故树的最小径集。

【例 4-12】 求如图 4-30 所示事故树的最小径集。

解： 将事故树变换为成功树，如图 4-31 所示。

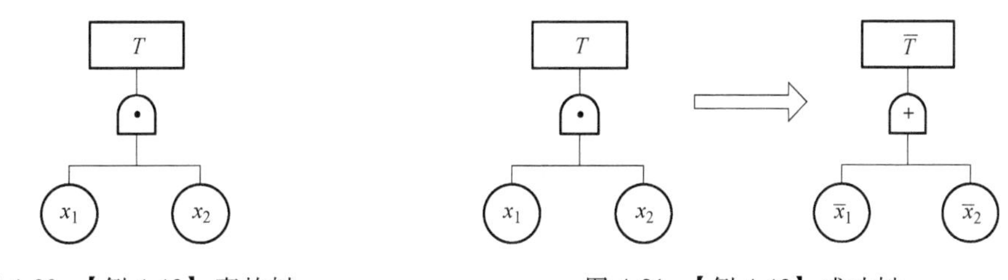

图 4-30　【例 4-12】事故树　　　　图 4-31　【例 4-12】成功树

$$\overline{T}=\overline{x}_1+\overline{x}_2$$

$$P_1=\{x_1\};\ P_2=\{x_2\}$$

则事故树的最小径集为 $\{x_1\}$，$\{x_2\}$。

对于事故树的最小径集的求解，只要做出其成功树，则可不加改动地利用最小割集求解的方法。

【例 4-13】 求如图 4-32 所示事故树的最小径集。

解：（1）变换为成功树，如图 4-33 所示。

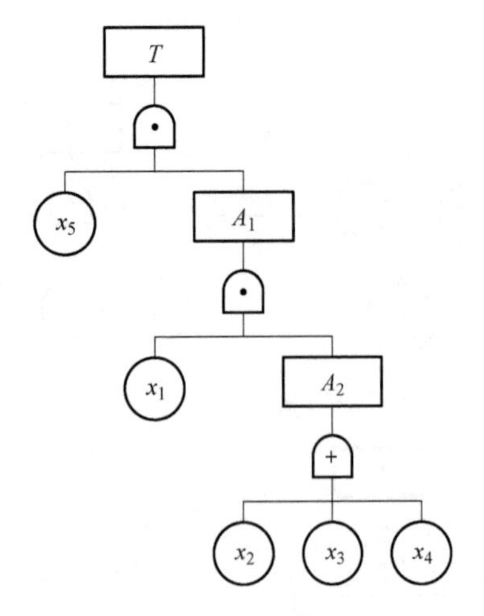

图 4-32 【例 4-13】事故树

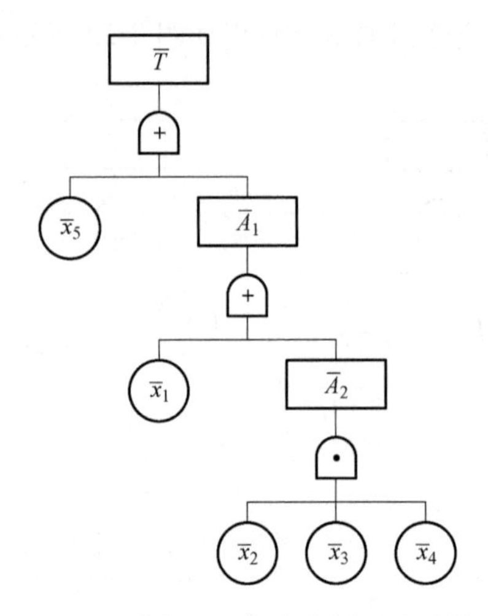

图 4-33 【例 4-13】事故树的成功树

（2）布尔代数法。

$$
\begin{aligned}
\overline{T} &= \overline{x}_5 + \overline{A}_1 \\
&= \overline{x}_5 + (\overline{x}_1 + \overline{A}_2) \\
&= \overline{x}_5 + (\overline{x}_1 + \overline{x}_2 \cdot \overline{x}_3 \cdot \overline{x}_4) \\
&= \overline{x}_5 + \overline{x}_1 + \overline{x}_2 \cdot \overline{x}_3 \cdot \overline{x}_4
\end{aligned}
$$

$$P_1 = \{x_5\};\ P_2 = \{x_1\};\ P_3 = \{x_2, x_3, x_4\}$$

【例 4-14】 乙烯球罐超压爆炸事故树如图 4-18 所示，求该事故树最小径集。

$$
\begin{aligned}
\overline{T} &= \overline{x}_1 + \overline{A}_1 \\
&= \overline{x}_1 + \overline{A}_2 + \overline{A}_3 \\
&= \overline{x}_1 + \overline{A}_4 + \overline{x}_4 + \overline{A}_6 \cdot \overline{x}_7 \\
&= \overline{x}_1 + \overline{x}_2(\overline{x}_3 + \overline{x}_4)\overline{x}_5 + \overline{x}_4 + \overline{x}_6\overline{x}_3\overline{x}_7 \\
&= \overline{x}_1 + \overline{x}_4 + \overline{x}_2\overline{x}_3\overline{x}_5 + \overline{x}_3\overline{x}_6\overline{x}_7 + \overline{x}_2\overline{x}_4\overline{x}_5
\end{aligned}
$$

由上式 5 个项可得到乙烯球罐系统超压爆炸事故树的 5 个最小径集：

$P_1 = \{x_1\}$；$P_2 = \{x_4\}$；$P_3 = \{x_2, x_3, x_5\}$；$P_4 = \{x_3, x_6, x_7\}$；$P_5 = \{x_2, x_4, x_5\}$。

只要其中一个组合不发生，顶上事件就不会发生。

4.3.5 判别割（径）集数目的方法

在一个事故树中，或门、与门出现的比例往往不同，割集与径集的数目也随之改变。根据上节最小割集和最小径集算法的选用原则可知，哪种集合的数目少就用哪种方法，这样分析起来就比较方便。但在结构比较大的事故树中，往往很难立刻判断出哪种集合数少，就要借助一些数学方法来准确判断。

（1）事故树中割集数目的确定

$$X_i=\begin{cases}x_{i,1}\cdot x_{i,2}\cdot x_{i,3}\cdot\cdots\cdot x_{i,j} & (j=\lambda_i,\text{当 } i \text{ 为“与门”时})\\ x_{i,1}+x_{i,2}+x_{i,3}+\cdots+x_{i,j} & (j=\lambda_i,\text{当 } i \text{ 为“或门”时})\end{cases}\tag{4-9}$$

式中　i——门的代码、编号、值（逻辑门）；

λ_i——第 i 个门的输入事件的数量；

$x_{i,j}$——第 i 个门的第 j 个输入变量（$j=1,2,\cdots,\lambda_i$），当输入变量为基本事件时，$x_{i,j}=1$；当输入变量是中间事件 A_j时，$x_{i,j}=X_i$；

X_i——门 i 的变量。若门 i 是紧接着顶上事件的门，则 $X_i=X_{top}$，即为事故树中的割集数目。

【例 4-15】　已知事故树如图 4-34 所示，判定割集数的多少。

解： $X_{A1}=X_{A1,1}+X_{A1,2}+X_{A1,3}+X_{A1,4}=1+1+1+1=4$

$X_{A2}=X_{A2,1}+X_{A2,2}=1+1=2$

$X_{top}=X_{A1}\cdot X_{top,2}\cdot X_{top,3}\cdot X_{A2}=4\times1\times1\times2=8$

由此可知，该事故树的割集数目为 8 个。

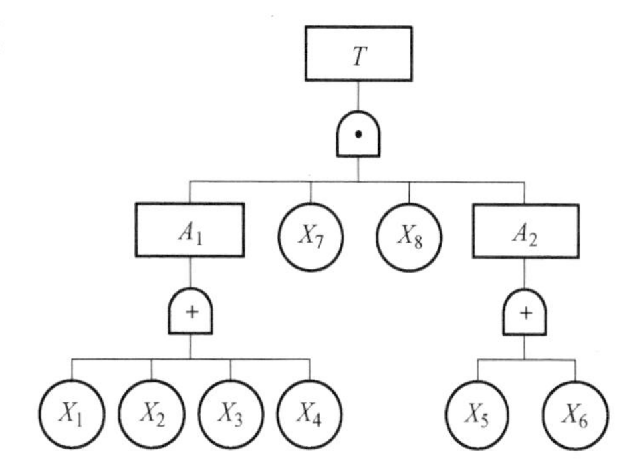

图 4-34　事故树

（2）事故树中径集数目的确定

根据式（4-9）可知：

$X_{A1}=X_{A1,1}\cdot X_{A1,2}\cdot X_{A1,3}\cdot X_{A1,4}=1\times1\times1\times1=1$

$X_{A2}=X_{A2,1}\cdot X_{A2,2}=1\times1=1$

$X_{top}=X_{A1}+X_{top,2}+X_{top,3}+X_{A2}=1+1+1+1=4$

由此可知，该事故树的径集数目为 4 个。也可将每个基本事件赋值为 1，在事故树、成功树的基础上，直接利用“加乘法”求得割集和径集的数目。

应用上述公式求出的割集和径集的数目，并不是最小割集和最小径集的数目，而是最小割集和径集数目的上限。仅当事故树无重复事件时，所求的割集和径集数目才是最小割集和最小径集的数目。

4.3.6　最小割集与最小径集的作用

在事故树分析中，最小割集与最小径集具有非常重要的作用。

（1）最小割集表示系统的危险性

由最小割集的定义知，每个最小割集表示顶上事件发生的一种可能。由此，事故树中有几个最小割集，顶上事件发生就有几种可能。最小割集越多，系统就越危险。求解出最小割集可以掌握事故发生的各种可能，了解系统危险性的大小，为事故调查和事故预防提供依据。

（2）最小径集表示系统的安全性

由最小径集的定义知，最小径集代表顶上事件的预防途径，事故树的最小径集越多，预防方法越多，系统越安全。例如，图 4-32 事故树的最小径集有 3 组：$P_1=\{x_5\}$；$P_2=\{x_1\}$；$P_3=\{x_2,x_3,x_4\}$。显然，从图 4-33 事故树等效图可见，若当 P_1、P_2、P_3其中一个不发生，则顶上事件 T 不发生。即此例有 3 个预防途径。因此，求出最小径集，就能分析对顶上事件有决定意义的基本事件，可找到预防系统发生事故的方案。

（3）找出治理事故的突破口

从最小割集能直观概略地看出哪种事件发生后，对系统危险性影响最大，从最小径集可以看出如何采取措施使事故发生概率迅速下降。利用最小割集和最小径集可以直接排出结构重要度的顺序，找到治理事故的突破口。

（4）优化系统安全控制

最小割集、最小径集求解是进行定量分析的基础，也是人们全面掌握系统安全状况的基础。通过计算顶上事件的发生概率，可将结果与预定概率目标比较，能充分了解系统的安全性是否为可接受的范围。临界重要度和概率重要度的计算又能帮助人们寻找消除事故的最优方案。

4.3.7 结构重要度分析

在事故树结构中，不同基本事件对顶上事件的影响各不相同，所以了解各基本事件的发生对顶上事件发生所产生的影响程度，有助于人们获得修改系统的重要信息。定性分析中常采用结构重要度分析。

所谓结构重要度分析是从事故树的结构着手，通过分析得到各基本事件的重要程度。人们把各基本事件在事故树结构上的重要程度称为结构重要度。

结构重要度的求解常采用三种方法：求结构重要度系数、利用最小割集或最小径集求解、利用近似计算公式求解。下面进行详细介绍。

1. 求结构重要度系数

在事故树分析中，各基本事件可能呈现的状态有两种，可用下式表示：

$$x_i=\begin{cases}1 & \text{表示基本事件状态发生}\\0 & \text{表示基本事件状态不发生}\end{cases} \tag{4-10}$$

各个基本事件的不同组合，又构成顶上事件的不同状态，用结构函数来表示顶上事件的状态：

$$\varphi(x)=\begin{cases}1 & \text{表示基本事件状态发生}\\0 & \text{表示基本事件状态不发生}\end{cases} \tag{4-11}$$

若基本事件个数为 n，第 i 个基本事件 $x_i(i=1,2,3,\cdots)$ 的状态由 0 变到 1（即 $0_i\to1_i$），其他基本事件（$n-1$）个的状态保持不变，则顶上事件的状态变化可能有三种情况：

1）$\varphi(0_i,x)=0\to\varphi(1_i,x)=0$

则 $\varphi(1_i,x)-\varphi(0_i,x)=0$

2） $\varphi(0_i,x)=0\to\varphi(1_i,x)=1$

则 $\varphi(1_i,x)-\varphi(0_i,x)=1$

3） $\varphi(0_i,x)=1\to\varphi(1_i,x)=1$

则 $\varphi(1_i,x)-\varphi(0_i,x)=0$

显然，1）、3）不能说明 x_i的状态变化对顶上事件的发生起什么作用，唯有 2）说明 x_i的变化起了作用。因此只要 x_i的状态从 0 变到 1（其他基本事件状态保持不变）时，顶上事件的状态则要受其影响而变化，且也从 0 变到 1。由此可见，只有当 $\varphi(0_i,x)=0\to\varphi(1_i,x)=1$ 时，才说 x_i的状态变化对事件发生起到作用，这种情况越多，则说明 x_i越重要。

因为 n 个基本事件两种状态的组合数共有 2^n个，若把 x_i作为变化对象，其他基本事件的状态对应保持不变的对照组共有 2^{n-1}个。在这 2^{n-1}个对照组中共有多少对照组处于状态 2），这个比值即为该事件 x_i的结构重要度系数，记为 $I_{\varphi(i)}$，用公式表示为

$$I_{\varphi(i)}=\frac{1}{2^{n-1}}\sum\left[\varphi(1_i,x)-\varphi(0_i,x)\right] \tag{4-12}$$

求解结构重要度系数需要编排基本事件状态和顶上事件的状态表，对于简单的事故树，可以手算求得。当事故树较为复杂时，表格的编排可用计算机编程计算求解。

【例 4-16】 事故树如图 4-35 所示，试用求结构重要度系数方法，对事故树进行结构重要度分析。

解：事故树共有五个基本事件，其状态值与顶上事件的状态值见表 4-2。

表 4-2 基本事件的状态值与顶上事件的状态值

编号	x_1	x_2	x_3	x_4	x_5	$\varphi(x)$	编号	x_1	x_2	x_3	x_4	x_5	$\varphi(x)$
1	0	0	0	0	0	0	13	0	1	1	0	0	0
2	0	0	0	0	1	0	14	0	1	1	0	1	0
3	0	0	0	1	0	0	15	0	1	1	1	0	1
4	0	0	0	1	1	0	16	0	1	1	1	1	1
5	0	0	1	0	0	0	17	1	0	0	0	0	0
6	0	0	1	0	1	0	18	1	0	0	0	1	1
7	0	0	1	1	0	1	19	1	0	0	1	0	0
8	0	0	1	1	1	1	20	1	0	0	1	1	1
9	0	1	0	0	0	0	21	1	0	1	0	0	1
10	0	1	0	0	1	0	22	1	0	1	0	1	1
11	0	1	0	1	0	0	23	1	0	1	1	0	1
12	0	1	0	1	1	1	24	1	0	1	1	1	1

（续）

编号	x_1	x_2	x_3	x_4	x_5	$\varphi(x)$	编号	x_1	x_2	x_3	x_4	x_5	$\varphi(x)$
25	1	1	0	0	0	0	29	1	1	1	0	0	1
26	1	1	0	0	1	1	30	1	1	1	0	1	1
27	1	1	0	1	0	0	31	1	1	1	1	0	1
28	1	1	0	1	1	1	32	1	1	1	1	1	1

以基本事件 x_1 为例，可以从表 4-2 查出，基本事件 x_1 发生（即 $x_1=1$），不管其他基本事件发生与否，顶上事件也发生（即 $\varphi(x)=1$）的组合共 12 个，即编号 18、20、21、22、23、24、26、28、29、30、31、32。这 12 个组合中的基本事件 x_1 的状态由发生变为不发生时，即 $x_1=0$，其顶上事件也不发生（即 $\varphi(x)=0$）的组合，共 7 个组合，即编号 18（10001）、20（10011）、21（10100）、22（10101）、26（11001）、29（11100）、30（11101）。即在 12 个组合当中，有 5 个组合不随基本事件 x_1 的状态由发生变为不发生的变化而改变顶上事件的状态，即 $x_1=0$ 时，顶上事件也发生，编号为 23、24、28、31、32 的 5 个组合即为这类情况。上面 7 个组合即为前面讲的第二种情况的个数，结构重要度系数用式（4-12）表示为

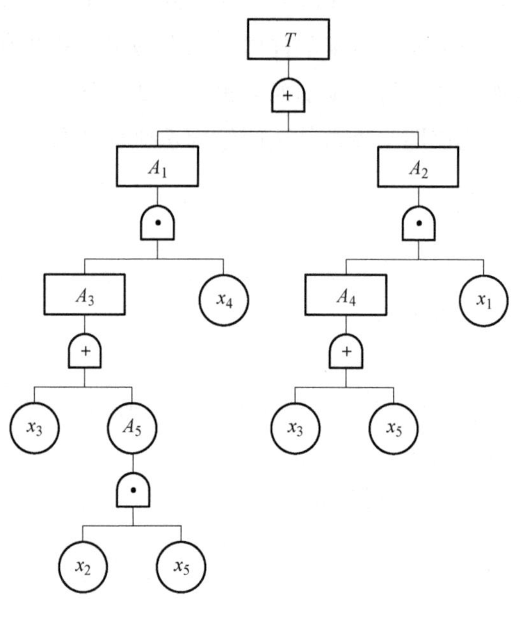

图 4-35　事故树

$$I_{\varphi(1)}=\frac{1}{2^{n-1}}\sum[\varphi(1_i,x)-\varphi(0_i,x)]=\frac{1}{16}\times(12-5)=\frac{7}{16}$$

同样，可以逐个求出事件 2～5 的结构重要度系数：

$$I_{\varphi(2)}=\frac{1}{16};I_{\varphi(3)}=\frac{7}{16};I_{\varphi(4)}=\frac{5}{16};I_{\varphi(5)}=\frac{5}{16}$$

因而，基本事件结构重要度排序如下：

$$I_{\varphi(1)}=I_{\varphi(3)}>I_{\varphi(4)}=I_{\varphi(5)}>I_{\varphi(2)}$$

上述结果表明，若不考虑基本事件的发生概率，仅从基本事件在事故树结构中所在位置来看，基本事件 x_1、x_3 最重要，其次是 x_4、x_5，最不重要的是 x_2。这就给预防措施的制定提出了主次项目。

下面用简化算法确定各基本事件的结构重要度系数：

1）x_1 的结构重要度系数：从表 4-2 可知，$x_1=1$ 时，$\varphi(x)=1$ 的个数是 12 个，而 $x_1=0$ 时，$\varphi(x)=1$ 的个数是 5 个（编号为 7、8、12、15、16），那么：

$$I_{(1)}=\frac{1}{2^{5-1}}\times(12-5)=\frac{7}{16}$$

同理，可得

2）x_2的结构重要度系数：

$$I_{(2)}=\frac{1}{2^{5-1}}\times(9-8)=\frac{1}{16}\times1=\frac{1}{16}$$

3）x_3的结构重要度系数：

$$I_{(3)}=\frac{1}{2^{5-1}}\times(12-5)=\frac{1}{16}\times7=\frac{7}{16}$$

4）x_4的结构重要度系数：

$$I_{(4)}=\frac{1}{2^{5-1}}\times(11-6)=\frac{1}{16}\times5=\frac{5}{16}$$

5）x_5的结构重要度系数：

$$I_{(5)}=\frac{1}{2^{5-1}}\times(11-6)=\frac{1}{16}\times5=\frac{5}{16}$$

可见用简化算法计算出的各基本事件结构重要度系数与上述方法计算出的结果完全一致。很明显，简化法的计算要简便得多。

结构重要度分析属于定性分析，如果事故树结构复杂，基本事件多，列出的表将非常庞大，基本事件状态值的组合多达 2^n 个，准确地求解结构重要度系数变得困难。其实，要排出各基本事件的结构重要度顺序，不一定需要求出结构重要度系数，还可以用最小割集或最小径集来排列各种基本事件的结构重要度顺序。

2. 利用最小割集和最小径集求解

（1）最小割集或最小径集排列法

此法的本质是通过观察分析各基本事件在最小割（径）集中所出现的频率或频数的情况来确定的。使用这一方法时，可遵循以下原则：

1）单事件最小割（径）集中的基本事件结构重要度最大。

【例 4-17】 某事故树的三个最小割集为 $K_1=\{x_1\}$，$K_2=\{x_2,x_3\}$，$K_3=\{x_2,x_4,x_5\}$，则 $I_{\varphi(1)}>I_{\varphi(i)}(i=2,\ 3,\ 4,\ 5)$。

2）同一最小割（径）集中的所有基本事件结构重要度相同。

【例 4-18】 某事故树的三个最小径集为 $P_1=\{x_1,x_2\}$；$P_2=\{x_3,x_4,x_5\}$；$P_3=\{x_6,x_7,x_8,x_9\}$，由于每个基本事件只出现在同一个最小径集中，则 $I_{\varphi(1)}=I_{\varphi(2)}$；$I_{\varphi(3)}=I_{\varphi(4)}=I_{\varphi(5)}$；$I_{\varphi(6)}=I_{\varphi(7)}=I_{\varphi(8)}=I_{\varphi(9)}$。

3）如果若干个最小割（径）集中均不含共同元素，则元素少的最小割（径）集中基本事件的结构重要度大于元素多的最小割（径）集中的基本事件结构重要度；若最小割（径）集中的元素相同，则结构重要度相等。

【例 4-19】 某事故树的三个最小径集为 $P_1=\{x_1,x_2\}$；$P_2=\{x_3,x_4,x_5\}$；$P_3=\{x_6,x_7,x_8,x_9\}$，则 $I_{\varphi(1)}=I_{\varphi(2)}>I_{\varphi(3)}=I_{\varphi(4)}=I_{\varphi(5)}>I_{\varphi(6)}=I_{\varphi(7)}=I_{\varphi(8)}=I_{\varphi(9)}$。

4）当最小割（径）集中的基本事件个数相等时，在不同最小割（径）集中出现次数相等的基本事件，其结构重要度相等；出现次数多的结构重要度大，出现次数少的结构重要度小。

【例 4-20】 某事故树的最小割集为 $K_1=\{x_1,x_2,x_4\}$，$K_2=\{x_1,x_2,x_5\}$，$K_3=\{x_1,x_3,x_6\}$，$K_4=\{x_1,x_3,x_7\}$，则 $I_{\varphi(1)}>I_{\varphi(2)}=I_{\varphi(3)}>I_{\varphi(4)}=I_{\varphi(5)}=I_{\varphi(6)}=I_{\varphi(7)}$。

5）在基本事件少的最小割（径）集中出现次数少的事件，与基本事件多的最小割（径）集中出现次数多的事件相比较，结构重要度一般前者大于后者。

【例 4-21】 某事故树的最小割集为 $K_1=\{x_1\}$，$K_2=\{x_2,x_3\}$，$K_3=\{x_2,x_4\}$，则 $I_{\varphi(1)}>I_{\varphi(2)}>I_{\varphi(3)}=I_{\varphi(4)}$。

（2）简易算法

给每一最小割集都赋值为 1，而最小割集中每个基本事件都得相同的一份，然后每个基本事件累计其得分，按其得分多少，排出结构重要度的顺序。

【例 4-22】 某事故树的最小割集为：$K_1=\{x_1\}$，$K_2=\{x_2\}$，$K_3=\{x_3,x_4\}$，$K_4=\{x_5,x_6,x_7,x_8\}$。试确定各基本事件的结构重要度。

解：

$$x_1=x_2=1$$

$$x_3=x_4=\frac{1}{2}$$

$$x_5=x_6=x_7=x_8=\frac{1}{4}$$

可得：$I_{\varphi(1)}=I_{\varphi(2)}>I_{\varphi(3)}=I_{\varphi(4)}>I_{\varphi(5)}=I_{\varphi(6)}=I_{\varphi(7)}=I_{\varphi(8)}$。

上述确定原则及算法同样适用于最小径集。

3. 利用近似计算公式求解

最小割集确定后，可依据下述公式求出某基本事件的结构重要度系数，然后依据其系数值的大小进行排列。结构重要度求解的近似计算公式有三种，以下详细介绍。

1）近似计算公式一。

$$I_{\varphi(i)}=\frac{1}{K}\sum_{j=1}^{K}\frac{1}{n_{j(j\in K_j)}} \tag{4-13}$$

式中　$I_{\varphi(i)}$——第 i 个基本事件的结构重要度系数，下同；

K——最小割集总数；

$n_{j(j\in K_j)}$——基本事件 i 位于 K_j 的基本事件数。

2）近似计算公式二。

$$I_{\varphi(i)}=\sum_{x_i\in K_j}\frac{1}{2^{n_j-1}} \tag{4-14}$$

式中　n_j-1——第 i 个基本事件所在 K_j 中各基本事件总数减去 1。

3）近似计算公式三。

$$I_{\varphi(i)}=1-\prod_{x_i\in K_j}\left(1-\frac{1}{2^{n_j-1}}\right) \tag{4-15}$$

式中　n_j——第 i 个基本事件所在 K_j 的基本事件总数；

$\prod$——数学运算符号，求概率乘积。

上述三个公式同样适用于最小径集，把 K 改成 P 即可。

利用近似计算公式确定基本事件结构重要度举例：

【例 4-23】　$K_1=\{x_1,x_2,x_3\}$，$K_2=\{x_1,x_2,x_4\}$，求 $I_{\varphi(i)}$。

解：1）用近似计算式（4-13）计算：

$$I_{\varphi(1)}=\frac{1}{2}\sum_{j=1}^{2}\frac{1}{n_j}=\frac{1}{2}\times\left(\frac{1}{n_1}+\frac{1}{n_2}\right)=\frac{1}{2}\times\left(\frac{1}{3}+\frac{1}{3}\right)=\frac{1}{3}$$

$$I_{\varphi(2)}=\frac{1}{2}\sum_{j=1}^{2}\frac{1}{n_j}=\frac{1}{2}\times\left(\frac{1}{n_1}+\frac{1}{n_2}\right)=\frac{1}{2}\times\left(\frac{1}{3}+\frac{1}{3}\right)=\frac{1}{3}$$

$$I_{\varphi(3)}=\frac{1}{2}\sum_{j=1}^{2}\frac{1}{n_j}=\frac{1}{2}\times\left(\frac{1}{n_1}+\frac{1}{n_2}\right)=\frac{1}{2}\times\left(\frac{1}{3}+\frac{0}{3}\right)=\frac{1}{6}$$

$$I_{\varphi(4)}=\frac{1}{2}\sum_{j=1}^{2}\frac{1}{n_j}=\frac{1}{2}\times\left(\frac{1}{n_1}+\frac{1}{n_2}\right)=\frac{1}{2}\times\left(\frac{0}{3}+\frac{1}{3}\right)=\frac{1}{6}$$

$I_{\varphi(1)}=I_{\varphi(2)}>I_{\varphi(3)}=I_{\varphi(4)}$

2）用近似计算式（4-14）计算：

$$I_{\varphi(1)}=\sum_{x_1\in K_j}\frac{1}{2^{n_j-1}}=\frac{1}{2^{3-1}}+\frac{1}{2^{3-1}}=\frac{1}{2}$$

$$I_{\varphi(2)}=\sum_{x_2\in K_j}\frac{1}{2^{n_j-1}}=\frac{1}{2^{3-1}}+\frac{1}{2^{3-1}}=\frac{1}{2}$$

$$I_{\varphi(3)}=\sum_{x_3\in K_j}\frac{1}{2^{n_j-1}}=\frac{1}{2^{3-1}}=\frac{1}{4}$$

$$I_{\varphi(4)}=\sum_{x_3\in K_j}\frac{1}{2^{n_j-1}}=\frac{1}{2^{3-1}}=\frac{1}{4}$$

$I_{\varphi(1)}=I_{\varphi(2)}>I_{\varphi(3)}=I_{\varphi(4)}$

3）用近似计算式（4-15）计算：

$$I_{\varphi(i)}=1-\prod_{x_i\in K_j}\left(1-\frac{1}{2^{n_j-1}}\right)$$

$$I_{\varphi(1)}=1-\prod_{x_1\in K_j}\left(1-\frac{1}{2^{n_j-1}}\right)=1-\left(1-\frac{1}{2^{3-1}}\right)\times\left(1-\frac{1}{2^{3-1}}\right)=\frac{7}{16}$$

$$I_{\varphi(2)}=1-\prod_{x_2\in K_j}\left(1-\frac{1}{2^{n_j-1}}\right)=1-\left(1-\frac{1}{2^{3-1}}\right)\times\left(1-\frac{1}{2^{3-1}}\right)=\frac{7}{16}$$

$$I_{\varphi(3)}=1-\prod_{x_3\in K_j}\left(1-\frac{1}{2^{n_j-1}}\right)=1-\left(1-\frac{1}{2^{3-1}}\right)=\frac{4}{16}$$

$$I_{\varphi(4)}=1-\prod_{x_4\in K_j}\left(1-\frac{1}{2^{n_j-1}}\right)=1-\left(1-\frac{1}{2^{3-1}}\right)=\frac{4}{16}$$

$I_{\varphi(1)}=I_{\varphi(2)}>I_{\varphi(3)}=I_{\varphi(4)}$

【例 4-24】 $K_1=\{x_1,x_2\}$，$K_2=\{x_3,x_4,x_5\}$，$K_3=\{x_3,x_4,x_6\}$，求 $I_{\varphi(i)}$ 排序。

解： 1）利用式（4-13）求得：

$I_{\varphi(3)}=I_{\varphi(4)}>I_{\varphi(1)}=I_{\varphi(2)}>I_{\varphi(5)}=I_{\varphi(6)}$

2）利用式（4-14）求得：

$I_{\varphi(1)}=I_{\varphi(2)}=I_{\varphi(3)}=I_{\varphi(4)}>I_{\varphi(5)}=I_{\varphi(6)}$

3）利用式（4-15）求得：

$I_{\varphi(1)}=I_{\varphi(2)}>I_{\varphi(3)}=I_{\varphi(4)}>I_{\varphi(5)}=I_{\varphi(6)}$

就此道例题而言，对同一组最小割集，利用不同公式的求解，得出不同的排序，这就说明其精度存在着差异。所以，在使用时，应注意酌情选用。一般而言，近似计算公式三精度最高。在运用公式计算时注意以下几点：①当 K_j 中的 n_j 相同时，三个公式均可选用；②当各 K_j 中的 n_j 差别较大时，选用公式二或公式三，可保证正确的排序；③当各 K_j 的 n_j 间仅差 1 或 2 个时，选用公式三，精度最高。

4.4 事故树定量分析

事故树定量分析是在定性分析的基础上进行的。在定性分析的基础上，求出事故（顶上事件）的发生概率和严重度（概率重要度与临界重要度），即从量的尺度上进一步探讨事故的发生概率及其严重程度。

定量分析有两个目的：首先，在已知各基本事件发生概率的情况下，计算顶上事件的发生概率。如果事故的发生概率及其造成的损失为社会所认可，则不必投入更多的人力和物力进行治理。如果超出目标值，就应采取必要的改进措施，使其降至目标值以下。其次，通过定量分析，使人们得出能够进行比较的概念，为系统安全评价和选择最优安全措施提供依据。例如，计算出概率重要系数和临界重要系数可为人们改善系统提供具体指导，即根据重要程度的不同，按轻重缓急，安排人力、物力，分别采取对策，或按主次顺序编制安全检查表，以加强人的控制，使系统处于最佳安全状态。

4.4.1 基本事件发生概率

基本事件发生概率主要包括机（物）的故障系数和人的失误概率。因为各基本事件发生概率的准确性直接影响着事故树后续分析的准确性，研究基本事件的发生概率，是为了对事故树进行定量分析。

常用的基本事件发生概率获取方法有实验测定法、经验取值法和数据库统计计算法三种。

第一种，实验测定法。此方法是根据可靠性的概念和思想，通过测定可修复系统元件的平均故障间隔得到的，平均故障率就是平均故障间隔期的倒数。因受到环境因素的影响，如温度、湿度、振动、腐蚀、粉尘等，故实际应用时应考虑一定的修正系数。另外，元件的故障率随时间发生变化，有早期故障期、偶发故障期和损耗故障期，只有在偶发故障期元件的故障率才相对稳定。该方法较适用于机械、化工和电子元器件行业。

第二种，经验取值法。此方法是根据前人研究成果和走访相关管理部门，得出各基本事件的经验估计概率值，再用于事故树定量计算。该方法本身并不严谨可靠，只是依据经验和相关统计结果，人为影响较大。该方法较适用于教学举例和对计算结果要求不严格的地方。

第三种，数据库统计计算法。此方法是以概率的统计定义和大数定律为依据，通过建立大型事故数据库，查找并计算某一类事故中基本事件出现的频率，以此作为该基本事件的概率。

由于取得各基本事件发生概率值需要通过大量及复杂的试验、观测、分析和检验才能得到，而且准确性也受到环境和应用条件的影响，所以从应用角度来看，获取基本事件发生频率比获取基本事件发生概率更为方便，它可以从所积累的比较多的统计资料中得到。需要指出的是，用基本事件发生频率代替基本事件发生概率并不否认概率能更精确、全面地反映事件出现可能性的大小，只是由于在目前的条件下，我们用频率代替概率。

1. 物的故障率 λ

要计算物的故障概率，首先必须取得物的故障率。所谓物的故障率，是指设备或系统的单元（部件或元件）工作的单位时间（或周期）失效或故障的概率，它是单元平均故障间隔期 $\overline{T}$ 的倒数。若物的故障率为 λ，则有

$$\lambda=\frac{1}{\overline{T}} \tag{4-16}$$

$\overline{T}$ 一般由厂家给出，或通过实验室试验得出。

它是元件从运行到故障发生时所经历时间 t_i 的算术平均值，即

$$\overline{T}=\frac{\sum_{i=1}^{n}t_i}{n} \tag{4-17}$$

式中　n——所测元件的个数。

若元件在实验室条件下测出的故障率为 λ_0（即故障率数据库储存的数据），实际应用时，还必须考虑比实验室条件恶劣的现场因素，适当选择使用条件系数 K。那么，实际使用的故障率 λ 为

$$\lambda=K\lambda_0 \tag{4-18}$$

有了故障率，就可以计算元件的故障发生概率 q。对一般可修复系统，即系统故障修复后仍投入正常运行的系统，单元的故障发生概率为

$$q=\frac{\lambda}{\lambda+\mu} \tag{4-19}$$

式中　μ——可维修度，是反映单元维修难易程度的量度，是所需平均修复时间 τ（从故障起到投入运行的平均时间）的倒数，即 $\mu=\frac{1}{\tau}$。

因为 $\overline{T}>>\tau$，故 $\lambda<<\mu$，所以可得

$$q=\frac{\lambda}{\lambda+\mu}\approx\frac{\lambda}{\mu}\approx\lambda\tau \tag{4-20}$$

因此，单元故障发生概率近似为单元故障率与单元平均修复时间的积。对一般不可修复系统，即使用一次就报废的系统，如水雷、导弹等系统，单元的故障发生概率为

$$q=1-e^{-\lambda t} \tag{4-21}$$

式中　t——元件的运行时间。

如果把 $e^{-\lambda t}$ 按无穷级数展开，略去后面的高阶无穷小，则

$$q\approx\lambda t \tag{4-22}$$

现今，许多工业发达的国家都建立了故障率数据库，用计算机存储和检索，为系统安全和可靠性分析提供了良好的条件。随着大数据的发展及应用，我国也已逐步建立起相关的安全数据库。人们可以通过相应的数据检索、统计分析，获取相关的故障率和事故数据等。

在目前情况下，可以通过长期的运行经验，或若干系统平行的运行过程粗略地估计元件平均故障间隔期，其倒数即为所观测对象的故障率。

例如：某元件在现场使用条件下，其平均故障间隔期为4000h，那么其故障率为 $\lambda=\frac{1}{\text{MTBF}}=\frac{1}{4000}=2.5\times10^{-4}$。

在事故树分析中，对于维修比较简单的单元，可近似地用故障率代替故障发生概率。

在工程实践中，可以通过系统长期的运行情况统计其正常工作时间、修复时间及故障发生次数等原始数据，近似求得系统的单元故障概率。表4-3列出了若干单元、部件的故障率

数据。

表 4-3 若干单元、部件的故障率数据

项目	观测值	建议值	项目	观测值	建议值
机械杠杆、链条、托架等	$10^{-9} \sim 10^{-6}$	10^{-6}	摩擦制动器	$10^{-6} \sim 10^{-4}$	10^{-4}
电阻、电容、线圈等	$10^{-9} \sim 10^{-6}$	10^{-6}	管路焊接连接破裂	—	10^{-9}
固体晶体管、半导体	$10^{-9} \sim 10^{-6}$	10^{-6}	管路法兰连接爆裂	—	10^{-7}
电气焊接连接	$10^{-9} \sim 10^{-7}$	10^{-8}	管路螺口连接破裂	—	10^{-5}
电气螺纹连接	$10^{-6} \sim 10^{-4}$	10^{-5}	管路胀接破裂	—	10^{-5}
电子管	$10^{-6} \sim 10^{-4}$	10^{-5}	标准容器破裂	—	10^{-9}
热电偶	—	10^{-6}	电（气）动调节阀等	$10^{-7} \sim 10^{-4}$	10^{-5}
三角带	$10^{-6} \sim 10^{-4}$	10^{-4}	断电器、开关等	$10^{-7} \sim 10^{-4}$	10^{-5}
配电变压器	$10^{-8} \sim 10^{-5}$	10^{-5}	安全阀（自动防止故障）	—	10^{-6}
安全阀（每次过压）	—	10^{-4}	仪表传感器	$10^{-7} \sim 10^{-4}$	10^{-5}
仪表指示器、记录仪、控制器等电动部件	$10^{-6} \sim 10^{-4}$	10^{-6}	仪表指示器、记录仪、控制器等气动部件	$10^{-5} \sim 10^{-3}$	10^{-4}
人对重复刺激响应的失误	$10^{-3} \sim 10^{-2}$	10^{-3}	蒸汽透平、往复泵、比例泵	$10^{-6} \sim 10^{-3}$	10^{-4}
离心泵、压缩机、循环机	$10^{-6} \sim 10^{-3}$	10^{-4}	内燃机（汽油机）	$10^{-5} \sim 10^{-3}$	10^{-5}
内燃机（柴油机）	$10^{-4} \sim 10^{-3}$	10^{-4}	继路器（自动防止故障）	$10^{-6} \sim 10^{-5}$	10^{-5}

2. 人体失误率（操作失误率）

人体失误率（操作失误率）指的是在生产活动中，作业人员在使用设备和装置时，对情况的了解、判断和行动中所发生的错误概率。由于人的行为非常复杂，所以人体失误率的算取困难大大超过设备故障率的算取。目前，国际上某些学者虽然提出了一些估计人体失误率的方法，但还很不完善。人的失误是另一种基本事件。人的失误大致有五种情况：

1）忘记做某项工作。

2）做错了某项工作。

3）采取了不应采取的工作步骤。

4）没有按规定完成某项工作。

5）没有在预定时间内完成某项工作。

人的失误原因特别复杂，因此估算人的失误概率非常困难。许多专家进行了大量的研究，但目前还没有较好的确定人的失误率的方法。1961 年，斯温（Swain）和罗克（Rock）提出了“人的失误率预测法”（THERP），这是一种比较常见的方法，这种方法的分析步骤如下：

1）调查被分析者的操作程序。

2）把整个程序分成各个操作步骤。

3）把操作步骤再分成单个动作。

4）根据经验或试验得出每个动作的可靠度，见表 4-4。

5）求出各个动作的可靠度之积，得到每个操作步骤的可靠度。如果各个动作有相容事件，则按条件概率计算。

6）求出各操作步骤的可靠度之积，得到整个程序的可靠度。

7）求出整个程序的不可靠度（1-可靠度），便得到事故树所需要的人的失误概率。

表 4-4　人员动作的可靠度

行为类型	可靠度	行为类型	可靠度
阅读技术说明书	0.9918	分析凹陷、裂纹、划伤	0.9967
读取时间（扫描记录仪）	0.9921	读压力表	0.9969
读电流计或流量计	0.9945	分析防护罩的老化程度	0.9969
分析缓变电压和电平	0.9955	上紧螺母、螺钉、销子	0.9970
确定多位置电气开关的位置	0.9957	连接电缆（安装螺钉）	0.9972
在因素位置时标注符号	0.9958	安装防护罩（摩擦装置）	0.9983
安装安全锁线	0.9961	读时间（时钟）	0.9983
分析真空管失真	0.9961	确定开关位置	0.9983
安装鱼形夹	0.9961	关闭手动阀门	0.9983
安装垫圈	0.9962	双手打关阀门	0.9985
分析锈蚀和腐蚀	0.9963	拆除螺钉、螺母、销子	0.9988
进行阅读记录	0.9966	拆除节流控制阀	0.9991

在人机系统中，人机相互作用过程就是人机进行信息交换的过程。人的行动包括输入、判断和输出三个环节，通常用 S—O—R 模型表示。S 表示刺激作用；O 表示机体组织，主要是大脑中枢；R 表示身体反应。一个人在工作时，首先要接收到输入信息刺激“S”；接着大脑根据刺激“S”做出判断并考虑该做什么，即“O”进行内部反应；然后又做出操作指令（输出）并开始作业动作“R”。因此，人的行动是 S—O—R 的组合，是由多次 S—O—R 的连锁反应综合而成的。所以，人的可靠度要受到 S—O—R 各环节的影响，即人员对某一动作而言，其可靠度 R 为

$$R = R_1 \cdot R_2 \cdot R_3 \tag{4-23}$$

式中　R_1——与输入（收受信息）有关的可靠度；

R_2——与判断反应有关的可靠度；

R_3——与输出（执行）有关的可靠度。

R_1、R_2、R_3的取值可参考表 4-5 的数据。

表 4-5 R_1、R_2、R_3参考值

类别	影响因素	R_1	R_2	R_3
简单	变量不超过五个，人机工程学上考虑全面	0.9995~0.9999	0.9990	0.9995~0.9999
一般	变量不超过十个	0.9990~0.9995	0.9950	0.9990~0.9995
复杂	变量超过十个，人机工程学上考虑不全面	0.9900~0.9990	0.9900	0.9900~0.9990

人的失误概率受多种因素影响，如作业的紧迫程度，单调性，不安全感，人的生理状况，教育、训练情况，以及社会影响和环境因素等。因此，仍然需要用修正系数 k 修正人的失误概率值。

当算出 R 后，可由下式求出人员的某一动作的差错率（失误概率）q，即

$$q=k(1-R) \tag{4-24}$$

式中 k——修正系数，$k=a\cdot b\cdot c\cdot d\cdot e$；

a——作业环境系数；

b——操作频率系数；

c——危险状态系数；

d——心理、生理条件系数；

e——环境条件系数。

a、b、c、d、e 取值范围见表 4-6。

表 4-6 a、b、c、d、e 取值范围

符号	项目	内容	取值范围
a	作业时间	有充足的富余时间	1.0
		没有充足的富余时间	1.0~3.0
		完全没有富余时间	3.0~10.0
b	操作频率	有充足的富余时间	1.0
		没有充足的富余时间	1.0~3.0
		完全没有富余时间	3.0~10.0
c	危险状况	有充足的富余时间	1.0
		没有充足的富余时间	1.0~3.0
		完全没有富余时间	3.0~10.0
d	心理、生理条件	频率较慢	1.0
		频率适当	1.0~3.0
		频率较快	3.0~10.0
e	环境条件	无连续操作	1.0
		少量连续操作	1.0~3.0
		持续连续操作	3.0~10.0

布朗宁经过大量的观测研究后认为，人员进行重复操作时，失误率为 $10^{-3} \sim 10^{-2}$，并推荐取 10^{-2}。

4.4.2 顶上事件发生概率的计算

当各基本原因事件的发生概率均已知的情况下，通常可利用以下几种计算方法算出顶上事件的发生概率。

1. 利用事故树结构函数计算法

(1) 布尔真值表法

所谓布尔真值表法也称为状态枚举法。在事故树分析中，各个基本事件都有两种状态。一种状态是发生，记 $x_i=1$，一种状态是不发生，记 $x_i=0$，其中 $i=1\sim n$。n 个事件两种状态的全部组合状况又构成了顶上事件的不同状态，一是顶上事件发生，记 $\varphi(x)=1$；二是顶上事件不发生，即 $\varphi(x)=0$，其中，$x=x_1, x_2, \cdots, x_n$。

在各基本事件相互独立的条件下，根据事故树的结构，求出对顶上事件状态 $\varphi(x)=1$ 的所有基本事件的状态组合概率积之和，就是顶上事件的发生概率。用公式表达如下：

$$Q=\sum \varphi(x) \prod_{i=1}^{n} q_i^{x_i}(1-q_i)^{1-x_i} \tag{4-25}$$

式中 Q——顶上事件发生概率函数；

$\varphi(x)$——顶上事件状态值，$\varphi(x)=0$ 或 $\varphi(x)=1$；

$\prod_{i=1}^{n}$——数学运算符，求 n 个事件的概率积；

x_i——第 i 个基本事件的状态值，$x_i=0$ 或 $x_i=1$；

q_i——第 i 个基本事件的发生概率。

【例 4-25】 事故树如图 4-36 所示，设 x_1、x_2、x_3 均为独立事件，其概率值 $q_1=q_2=q_3=0.1$，求顶上事件发生概率。

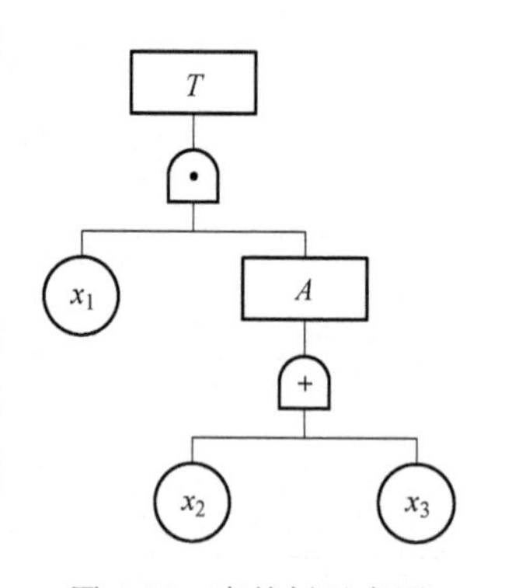

图 4-36 事故树示意图

解：(1) 利用布尔真值表计算。

首先做出基本事件与顶上事件状态值表，见表 4-7。

从表 4-7 中可以看出，由于基本事件是 3 个，则所呈现的状态为 2 的 3 次方；上部五个 $\varphi(x)$ 值均为零，故只需计算下部 3 个 $\varphi(x)=1$ 的 3 个状态的概率积之和。因此，根据下式可得顶上事件的发生概率：

$$Q=q_1(1-q_2)q_3+q_1q_2(1-q_3)+q_1q_2q_3=0.019$$

(2) 直接利用式 (4-25) 计算。

$$\begin{aligned}Q &= \sum \varphi(x) \prod_{i=1}^{n} q_i^{x_i}(1-q_i)^{1-x_i} \\ &= 1\times q_1^1(1-q_1)^0\times q_2^0(1-q_2)^1\times q_3^1(1-q_3)^0+\end{aligned}$$

$$1\times q_1^1(1-q_1)^0\times q_2^1(1-q_2)^0\times q_3^0(1-q_3)^1+$$
$$1\times q_1^1(1-q_1)^0\times q_2^1(1-q_2)^0\times q_3^1(1-q_3)^0$$
$$=q_1\times(1-q_2)\times q_3+q_1\times q_2(1-q_3)+q_1\times q_2\times q_3$$
$$=0.1\times0.9\times0.1+0.1\times0.1\times0.9+0.1\times0.1\times0.1$$
$$=0.009+0.009+0.001$$
$$=0.019$$

表 4-7 图 4-36 基本事件与顶上事件状态值表

x_1	x_2	x_3	$\varphi(x)$	x_1	x_2	x_3	$\varphi(x)$
0	0	0	0	1	0	0	0
0	0	1	0	1	0	1	1
0	1	0	0	1	1	0	1
0	1	1	0	1	1	1	1

这种方法由于有规律，可以用计算机编程序计算，但当事故树中基本事件的数量为 n 时，则需考 2^n 种状态组合，当 n 很大时，由于计算量按指数增大，运算很费时。

（2）逐级向上推算法

1）当各基本事件均是独立事件时，凡是与门连接的地方，可用几个独立事件发生概率的逻辑积公式计算：

$$Q(T)=\prod_{i=1}^{n}q_i \tag{4-26}$$

式中 $Q(T)$——顶上事件发生概率函数；

$\prod$——数学运算符号，表示逻辑积（乘）；

q_i——第 i 个基本事件的发生概率。

2）当各基本事件均是非独立事件时，凡是或门连接的地方，可用几个独立事件发生概率的逻辑和的公式计算：

$$Q(T)=\coprod_{i=1}^{n}q_i=1-\prod_{i=1}^{n}(1-q_i) \tag{4-27}$$

式中 $\coprod$——数学运算符号，表示逻辑和；

$Q(T)$——顶上事件发生概率函数；

q_i——第 i 个基本事件的发生概率。

【例 4-26】 用逐级向上推算法求解图 4-36 的事故树顶上事件 T 的发生概率。

解： 根据上述两个公式，可得：

A 的发生概率 $q_A=1-(1-q_2)(1-q_3)$

$$Q(T)=\prod_{i=1}^{n} q_i=q_1q_A=q_1[1-(1-q_2)(1-q_3)]$$
$$=0.1\times[1-(1-0.1)(1-0.1)]$$
$$=0.1\times(1-0.81)=0.019$$

2. 利用最小割集求顶上事件发生概率

(1) 有重复事件的最小割集顶上事件发生概率计算

某事故树有 3 个最小割集：$K_1=\{x_1,x_3\}$、$K_2=\{x_2,x_3\}$、$K_3=\{x_3,x_4\}$，基本事件的发生概率分别为 q_1、q_2、q_3、q_4，用最小割集表示的等效事故树如图 4-37 所示。

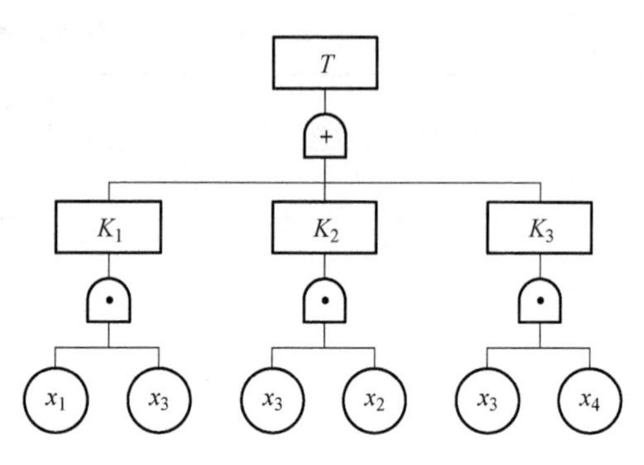

图 4-37　等效事故树

可以把它看作是由 K_1、K_2、K_3 组成的事故树图，根据和事件的概率公式，可以求出顶上事件发生概率，即

$$Q=1-(1-q_{K_1})(1-q_{K_2})(1-q_{K_3})$$
$$=q_{K_1}+q_{K_2}+q_{K_3}-(q_{K_1}q_{K_2}+q_{K_2}q_{K_3}+q_{K_1}q_{K_3})+q_{K_1}q_{K_2}q_{K_3}$$

根据积事件的概率公式：

$$q_{K_1}=q_1q_3;q_{K_2}=q_2q_3;q_{K_3}=q_3q_4$$

则有：

$$Q=q_1q_3+q_2q_3+q_3q_4-(q_1q_2q_3+q_1q_3q_4+q_2q_3q_4)+q_1q_2q_3q_4$$

对于有 i 个最小割集的事故树，其顶上事件发生概率可表达为

$$Q=(q_{K_1}+q_{K_2}+q_{K_3}+\cdots+q_{K_j})-(q_{K_1}q_{K_2}+q_{K_2}q_{K_3}+q_{K_1}q_{K_3}+\cdots+q_{K_{(i-1)}}q_{K_i})+$$
$$(q_{K_1}q_{K_2}q_{K_3}+\cdots+q_{K_{(i-2)}}q_{K_{(i-1)}}q_{K_i})-(-1)^{i-1}q_{K_1}q_{K_2}\cdots q_{K_i}$$

或

$$Q=\sum_{j=1}^{n}\prod_{x_i\in K_j}q_i-\sum_{1\leqslant j\leqslant s\leqslant n}\prod_{x_i\in K_j\cup K_s}q_i+\cdots+(-1)^{n-1}\prod_{\substack{j=1\\x_i\in K_j}}^{n}q_i \tag{4-28}$$

式中　i——基本事件的序数；

$x_i\in K_j$——第 i 个基本事件属于第 j 个最小割集；

j，s——最小割集的序数；

n——最小割集的个数；

$\sum\limits_{j=1}^{n}$——数学运算符号，求 n 项和；

$\prod$——数学运算符号，求概率积；

$x_i \in K_j \cup K_s$——第 i 个基本事件 x_i 或属于第 j 个最小割集，或属于第 s 个最小割集；

$1 \leqslant j \leqslant s \leqslant n$——$j$，$s$ 的取值范围。

这就是说，顶上事件的发生概率等于 n 个最小割集发生概率的代数和，减去 n 个最小割集两两组合概率积的代数和，加上三三组合概率的代数和……直至加上 $(-1)^{n-1}$ 乘以 n 个最小割集全部组合在一起的概率积。但必须注意，求组合概率积时，要消去重复的概率因子，例如 q_1q_1 合并为 q_1。

【例 4-27】 某事故树的最小割集为 $K_1=\{x_1,x_2\}$，$K_2=\{x_1,x_3\}$，$K_3=\{x_2,x_4,x_5\}$，即 $n=3$，各基本事件的发生概率为 $q_1=q_2=q_3=0.1$，$q_4=0.5$，$q_5=0.95$，求顶上事件发生概率。

解： $Q=q_1q_2+q_1q_3+q_2q_4q_5-(q_1q_2q_1q_3+q_1q_2q_2q_4q_5+q_1q_2q_3q_4q_5)+q_1q_2q_1q_3q_2q_4q_5$

消去重复因子：

$Q=q_1q_2+q_1q_3+q_2q_4q_5-(q_1q_2q_3+q_1q_2q_4q_5+q_1q_2q_3q_4q_5)+q_1q_2q_3q_4q_5$

将基本事件发生概率带入计算：

$$
\begin{aligned}
Q&=0.1\times0.1+0.1\times0.1+0.1\times0.5\times0.95-(0.1\times0.1\times0.1+0.1\times0.1\times0.5\times0.95+\\
&\quad 0.1\times0.1\times0.1\times0.5\times0.95)+0.1\times0.1\times0.1\times0.5\times0.95\\
&=0.06175
\end{aligned}
$$

【例 4-28】 $K_1=\{x_1,x_2\}$，$K_2=\{x_3,x_4\}$，$K_3=\{x_5,x_6\}$，$K_4=\{x_5,x_7\}$，分别对应的概率为 q_i，求 $Q(T)$。

解：

$$
\begin{aligned}
Q(T)&=(q_{K_1}+q_{K_2}+q_{K_3}+q_{K_4})-(q_{K_1}q_{K_2}+q_{K_1}q_{K_3}+q_{K_1}q_{K_4}+q_{K_2}q_{K_3}+q_{K_2}q_{K_4})+\\
&\quad(q_{K_1}q_{K_2}q_{K_3}+q_{K_1}q_{K_2}q_{K_4}+q_{K_1}q_{K_3}q_{K_4}+q_{K_2}q_{K_3}q_{K_4})+(-1)^3(q_{K_1}q_{K_2}q_{K_3}q_{K_4})\\
&=(q_1q_2+q_3q_4+q_5q_6+q_5q_7)-(q_1q_2q_3q_4+q_1q_2q_5q_6+q_1q_2q_5q_7+q_3q_4q_5q_6+\\
&\quad q_3q_4q_5q_7+q_5q_6q_5q_7)+(q_1q_2q_3q_4q_5q_6+q_1q_2q_3q_4q_5q_7+q_1q_2q_5q_6q_7+q_3q_4q_5q_6q_7)-\\
&\quad q_1q_2q_3q_4q_5q_6q_7
\end{aligned}
$$

(2) 无重复事件的最小割集顶上事件发生概率计算

如果所有的最小割集中，没有重复的基本事件，则顶上事件发生概率为

$$
Q=\coprod_{j=1}^{n}\prod_{x_i\in K_j}q_i \tag{4-29}
$$

公式表明，如果各最小割集彼此间没有重复的基本事件，则可先求各最小割集所包含的基本事件的交集概率，再求所有最小割集的并集概率，其结果即为顶上事件的发生概率。

【例 4-29】 某事故树有两个最小割集 $K_1=\{x_1,x_2\}$，$K_2=\{x_3,x_4\}$，等效事故树如图 4-38 所示，且 $q_1=q_2=0.01$，$q_3=q_4=0.02$，求 $Q(T)$。

解：(1) 各个最小割集中基本事件的交集：

$Q_{K_1}=q_1q_2=0.01\times0.01=0.0001$

$Q_{K_2}=q_3q_4=0.02\times0.02=0.0004$

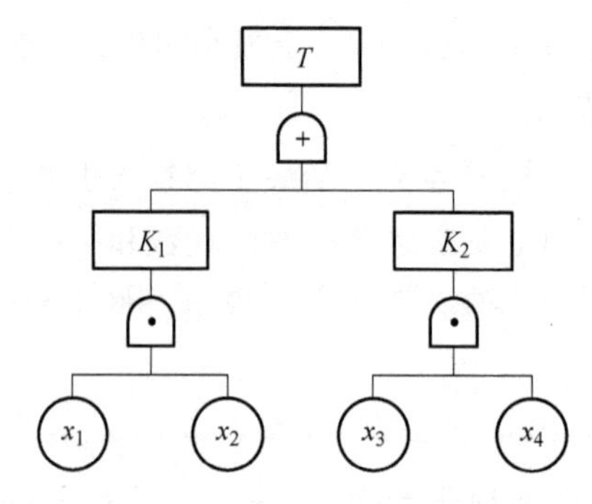

图 4-38 【例 4-29】等效事故树

（2）所有割集的并集：

$Q(T)=1-(1-q_1q_2)(1-q_3q_4)=1-(1-0.0001)\times(1-0.0004)=0.00049996$

3. 利用最小径集求顶上事件发生概率

1）无重复事件的最小径集顶上事件发生概率计算式：

$$Q=\prod_{j=1}^{P}\coprod_{x_i\in n_j}q_i=\prod_{j=1}^{P}\left[1-\prod_{x_i\in P_j}(1-q_i)\right] \tag{4-30}$$

式中 i——基本事件的序数；

$x_i\in P_j$——第 i 个基本事件属于第 j 个最小割集；

P——最小径集的个数。

公式表明，如果最小径集彼此之间没有重复的基本事件，则可先求最小径集所包含的基本事件的并集概率，再求所有最小径集的交集概率，其结果即为顶上事件发生概率。

【例 4-30】 已知 $P_1=\{x_1\}$，$P_2=\{x_5\}$，$P_3=\{x_2,x_3,x_4\}$；基本事件 x_1、x_2、x_3、x_4、x_5 发生概率为 $q_1=q_2=q_3=q_4=q_5=0.1$，求 $Q(T)$。

解： 根据式（4-30）有：

$$\begin{aligned}Q(T)&=[1-(1-q_1)]\times[1-(1-q_5)]\times[1-(1-q_2)(1-q_3)(1-q_4)]\\&=0.1\times0.1\times(1-0.9\times0.9\times0.9)\\&=2.71\times10^{-3}\end{aligned}$$

【例 4-31】 如已知某一事故树的最小径集为：$P_1=\{x_1,x_2,x_4\}$，$P_2=\{x_3,x_5\}$，基本事件发生概率为 q_1、q_2、q_3、q_4、q_5，求 $Q(T)$。等效事故树如图 4-39 所示。

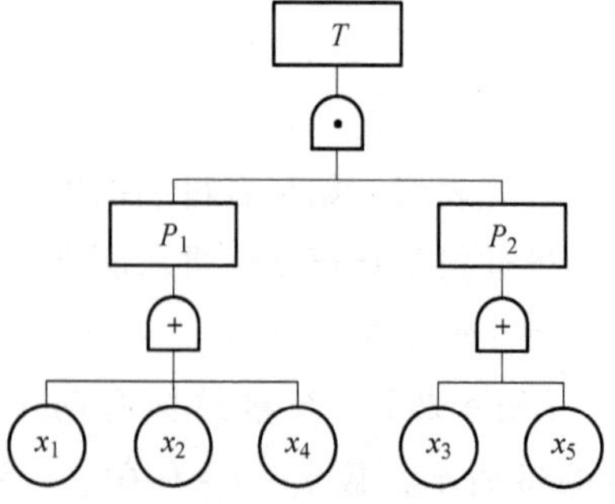

图 4-39 【例 4-31】用最小径集表示的等效事故树

根据等效图可知，顶上事故不发生的概率函数为

$Q(T)=(1-Q_{P_1})(1-Q_{P_2})$

由 $Q_{P_1}=(1-q_1)(1-q_2)(1-q_4)$；$Q_{P_2}=(1-q_3)(1-q_5)$

$Q(T)=[1-(1-q_1)(1-q_2)(1-q_4)][1-(1-q_3)(1-q_5)]$

2）有重复事件的最小径集顶上事件发生概率计算式：

$$Q(T)=1-\sum_{r=1}^{P}\prod_{x_i\in P_j}(1-q_i)+\sum_{1\leqslant j\leqslant s\leqslant P}\prod_{x_i\in P_j\cup P_s}(1-q_i)+\cdots+(-1)^{P}\prod_{x_i\in P_j}^{n}(1-q_i) \tag{4-31}$$

式中　　j、s——最小径集的序数；

P——最小径集的个数；

$\sum\limits_{1\leqslant j\leqslant s\leqslant P}\prod\limits_{x_i\in P_j\cup P_s}(1-q_i)$——第 j 个最小径集中所有基本事件都不发生的概率连乘积；

$\prod\limits_{x_i\in P_j}^{n}(1-q_i)$——第 j 个最小径集全部组合的所有基本事件都不发生的概率积。

上式的含义如同最小割集求解的含义。

【例 4-32】　已知 $P_1=\{x_2,x_3\}$，$P_2=\{x_1,x_4\}$，$P_3=\{x_1,x_5\}$，各基本事件发生概率为 $q_1=0.01$，$q_2=0.02$，$q_3=0.03$，$q_4=0.04$，$q_5=0.05$，求 $Q(T)$。

解：

$$\begin{aligned}Q(T)=1-[&(1-q_2)(1-q_3)+(1-q_1)(1-q_4)+(1-q_1)(1-q_5)-\\&(1-q_2)(1-q_3)(1-q_1)(1-q_4)-(1-q_1)(1-q_2)(1-q_3)(1-q_5)-\\&(1-q_1)(1-q_4)(1-q_5)+(1-q_1)(1-q_2)(1-q_3)(1-q_4)(1-q_5)]\\=&5.9226\times10^{-4}\end{aligned}$$

对于最小割集和最小径集求算法，选用的原则是：事故树最小割集少，采用最小割集法；若最小径集少，选最小径集法。上述方法在各基本事件相互独立的情况下方能成立，如果不是独立事件，则必须考虑相容事件和相斥事件的概率计算问题。

4. 顶上事件发生概率的近似算法

当事故树很庞大，基本事件和最小割集或最小径集的数量很多时，要精确求出顶上事件的发生概率，有时非常困难。

可用近似计算法计算顶上事件的发生概率。这样能够有效减少计算量，又能满足事故分析的基本精确度要求。下面介绍三种近似计算法。

(1)首项近似法

利用最小割集计算顶上事件发生概率的公式为

$$Q=\sum_{j=1}^{K}\prod_{x_i\in K_j}q_i-\sum_{1\leqslant j\leqslant s\leqslant K}\prod_{x_i\in K_j\cup K_s}q_i+\cdots+(-1)^{K-1}\prod_{\substack{j=1\\x_i\in K_j}}^{K}q_i$$

设 $\sum\limits_{j=1}^{K}\prod\limits_{x_i\in K_j}q_i=F_1$，　$\sum\limits_{1\leqslant j\leqslant s\leqslant K}\prod\limits_{x_i\in K_j\cup K_s}q_i=F_2$，　$\prod\limits_{\substack{j=1\\x_i\in K_j}}^{K}q_i=F_K$，

则

$$Q=F_1-F_2-(-1)^{K-1}F_K$$

一般情况下，$F_1>>F_2$，……。在近似计算过程中往往求出 F_1 就能满足要求，其余均可忽略不计，即

$$Q \approx F_1 = \sum_{j=1}^{K} \prod_{x_i \in K_j} q_i \tag{4-32}$$

这种近似法相当于以代数积代替概率积，以代数和代替概率和的运算过程。

【例 4-33】 某事故树如图 4-40 所示，事故树中没有多余事件，不需要用布尔代数简化，可直接利用逻辑门作代数运算的运算符号标记进行计算。设事故树中各基本事件的发生概率分别为：$q_1=0.01$，$q_2=0.02$，$q_3=0.03$，$q_4=0.04$。

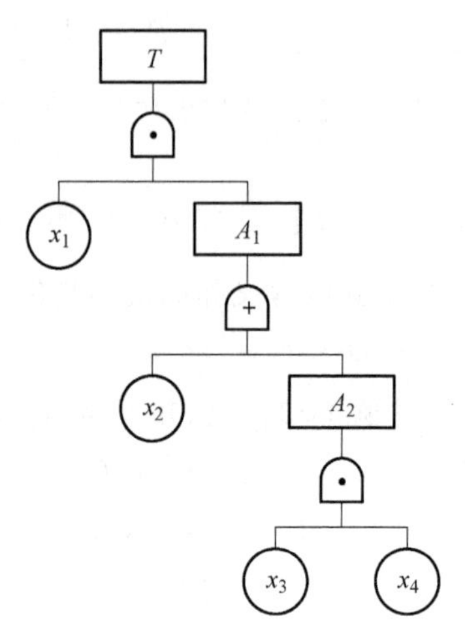

图 4-40 【例 4-33】事故树

根据事故树的结构函数：

$$T=x_1(x_2+x_3 \cdot x_4)$$

则可直接列出计算顶上事件发生概率的近似计算式：

$$\begin{aligned} Q &= q_1(q_2+q_3q_4) \\ &= 0.01\times(0.02+0.03\times0.04) \\ &= 2.12\times10^{-4} \end{aligned}$$

根据该事故树结构，可得到事故树的最小割集：

$$T=x_1(x_2+x_3 \cdot x_4)=x_1x_2+x_1x_3x_4$$

用式（4-32）首项近似法计算顶上事件发生概率为

$$\begin{aligned} Q &\approx F_1=q_1q_2+q_1q_3q_4 \\ &=0.01\times0.02+0.01\times0.03\times0.04 \\ &=2.12\times10^{-4} \end{aligned}$$

首项近似计算法的结果与直接利用逻辑门作代数运算进行计算所得结果一致。因此，当事故树没有重复出现的基本事件，且各基本事件发生概率很小时，可以直接用首项近似法计算顶上事件发生概率。

（2）平均近似法

为了使近似值更接近精确值，还可以求出$\frac{1}{2}F_2$，即

$$Q \approx F_1-\frac{1}{2}F_2 \tag{4-33}$$

平均近似法计算出的结果误差值会比首项近似法小些。

（3）独立近似法

这种近似法默认任何最小割集和最小径集均为相互独立的基本事件的集合，再应用无重复事件的计算公式计算顶上事件发生概率。尽管事故树中各最小割集和最小径集彼此有共同的基本事件，但仍然把它当成是无共同的基本事件处理。

1）利用最小割集计算顶上事件发生概率的独立近似计算式为

$$Q(T)=\coprod_{j=1}^{K} \prod_{x_i \in K_j} q_i \tag{4-34}$$

2）利用最小径集计算顶上事件发生概率的独立近似计算式为

$$Q(T) \approx \prod_{j=1}^{p} \coprod_{x_i \in p_j} q_i \tag{4-35}$$

独立近似计算法在事故树各最小割集包含的共同基本事件少时，宜采用第一式；在事故树各最小径集包含的共同基本事件少时，宜采用第二式。

本节介绍的几种近似计算法中，首项近似计算法最简便，应用者较多。合理选用近似算法能够在保证使用精确度的情况下，大量减少计算量，有助于人们对事故树的认识和分析。

4.4.3 概率重要度分析

在定量分析中，往往需要考虑基本事件发生概率的变化会给顶上事件发生概率带来多大的影响，这是概率重要度分析。其通常是通过求解基本事件的概率重要度系数来实现的。

基本事件的概率重要度系数是指基本事件发生概率的单位变化量所引起顶端事件发生概率的变化量，即顶上事件发生概率的变化量 ΔQ 与相应基本事件 x_i 的发生概率变化量 Δq_i 的比值，记为 $I_{P(i)}$。可以将顶上事件发生概率 Q 函数对自变量 q_i 求一次偏导数，获得 $I_{P(i)}$，即

$$I_{P(i)} = \frac{\partial Q}{\partial q_i} \tag{4-36}$$

概率重要度分析是考察各基本事件发生概率的变化对顶上事件发生概率的影响程度。通过基本事件概率重要度分析，可知道在各基本事件中，哪些基本事件的概率变化对顶上事件发生概率的变化影响最大，从而采取有效措施降低顶上事件发生概率。

【例 4-34】 已知某事故树最小割集为 $K_1=(x_1, x_2, x_5)$，$K_2=(x_1, x_3, x_5)$，$K_3=(x_1, x_4, x_5)$，各对应 $q_1=q_3=q_4=0.01$，$q_2=0.1$，$q_5=0.95$。试求其各基本事件的 $I_{P(i)}$。

解：（1）求出顶上事件发生概率最简表达式：

$$Q=q_1q_2q_5+q_1q_3q_5+q_1q_4q_5-q_1q_2q_3q_5-q_1q_2q_4q_5-q_1q_3q_4q_5+q_1q_2q_3q_4q_5$$

（2）根据 $I_{P(i)}=\dfrac{\partial Q}{\partial q_i}$，得：

$$\begin{aligned} I_{P(1)} &= \frac{\partial Q}{\partial q_1} \\ &= q_2q_5+q_3q_5+q_4q_5-q_2q_3q_5-q_2q_4q_5-q_3q_4q_5+q_2q_3q_4q_5 \\ &= 0.1\times0.95+0.01\times0.95+0.1\times0.95-0.1\times0.01\times0.95- \\ &\quad 0.1\times0.01\times0.95-0.01\times0.01\times0.95+0.1\times0.01\times0.01\times0.95 \\ &= 0.1120145 \end{aligned}$$

$$I_{P(2)} = \frac{\partial Q}{\partial q_2} = q_1q_5-q_1q_3q_5-q_1q_4q_5+q_1q_3q_4q_5 = 0.00931095$$

$$I_{P(3)} = \frac{\partial Q}{\partial q_3} = q_1q_5-q_1q_2q_5-q_1q_4q_5+q_1q_2q_4q_5 = 0.0084645$$

$$I_{P(4)}=\frac{\partial Q}{\partial q_4}=q_1q_5-q_1q_2q_5-q_1q_3q_5+q_1q_2q_3q_5=0.0084645$$

$$I_{P(5)}=\frac{\partial Q}{\partial q_5}=q_1q_2+q_1q_3+q_1q_4-q_1q_2q_3-q_1q_2q_4-q_1q_3q_4+q_1q_2q_3q_4=0.0011791$$

（3）按 $I_{P(i)}$ 的大小排序：

$I_{P(1)}>I_{P(2)}>I_{P(3)}=I_{P(4)}>I_{P(5)}$

（4）意义分析。

x_1基本事件的发生概率的变化量对顶上事件发生概率的影响最大，其次是 x_2、x_3和 x_4，最后是 x_5。这样，在事故预防中应设法尽量使得 x_1的发生概率减小。

从上面 $I_{P(i)}$ 的求解还可看出这样一个事实：某元素的概率重要度系数的大小不取决于该元素本身的概率值，如 $q_1=0.01$，$q_5=0.95$，虽然 $q_5>q_1$，但 $I_{P(1)}>I_{P(5)}$。一个基本事件的概率重要系数大小，取决于它所在最小割集中其他基本事件概率值的大小。

4.4.4 临界重要度分析

一般情况下，减少概率大的基本事件的发生概率要比减少概率小的事件的发生概率更为容易。为了既能考虑基本事件概率单位变化量对顶上事件单位变化量的影响，又能考虑到降低各基本事件发生概率的难易程度，引入临界重要度分析。临界重要度分析常用求解临界重要度系数来实现。

临界重要度系数是指从自身发生概率及其敏感度双重角度衡量各基本事件的重要度，即用基本事件发生概率的变化率与顶上事件发生概率的变化率的比来确定各基本事件的临界重要度，这个比值称为临界重要度系数 $I_{C(i)}$。其计算通式为

$$I_{C(i)}=\frac{\partial \ln Q}{\partial \ln q_i} \tag{4-37}$$

通过偏导数的公式变换，可改写为

$$I_{C(i)}=\frac{q_i}{Q}I_{P(i)} \quad \text{或} \quad I_{C(i)}=\frac{\dfrac{\Delta Q}{Q}}{\dfrac{\Delta q_i}{q}}$$

【例 4-35】 接【例 4-34】介绍临界重要度系数的求解。

解： 1）顶上事件发生概率的值：

$$\begin{aligned}Q&=q_1q_2q_5+q_1q_3q_5+q_1q_4q_5-q_1q_2q_3q_5-q_1q_2q_4q_5-q_1q_3q_4q_5+q_1q_2q_3q_4q_5\\&=0.01\times0.1\times0.95+0.01\times0.01\times0.95+0.01\times0.01\times0.95-0.01\times0.1\times0.01\times0.95-\\&\quad 0.01\times0.1\times0.01\times0.95-0.01\times0.01\times0.01\times0.95+0.01\times0.1\times0.01\times0.01\times0.95\\&=1.120145\times10^{-3}\end{aligned}$$

2）计算 $I_{P(i)}$：

$I_{P(1)}=0.1120145$　　$I_{P(2)}=0.00931095$

$I_{P(3)}=0.0084645$　　$I_{P(4)}=0.0084645$　　$I_{P(5)}=0.0011791$

3）用 $I_{C(i)}=\frac{q_i}{Q}I_{P(i)}$ 计算 $I_{C(i)}$：

$$I_{C(1)}=\frac{q_1}{Q}I_{P(1)}=\frac{0.01}{1.120145\times10^{-3}}\times0.1120145=1$$

$$I_{C(2)}=\frac{q_2}{Q}I_{P(2)}=\frac{0.01}{1.120145\times10^{-3}}\times0.00931095=0.831227207$$

$$I_{C(3)}=\frac{q_3}{Q}I_{P(3)}=\frac{0.01}{1.120145\times10^{-3}}\times0.0084645=0.075566$$

$$I_{C(4)}=\frac{q_4}{Q}I_{P(4)}=0.075566$$

$$I_{C(5)}=\frac{q_5}{Q}I_{P(5)}=\frac{0.95}{1.120145\times10^{-3}}\times0.0011791=1$$

4）排序：

$I_{C(5)}=I_{C(1)}>I_{C(2)}>I_{C(3)}=I_{C(4)}$

$I_{P(1)}>I_{P(2)}>I_{P(3)}=I_{P(4)}>I_{P(5)}$

比较两种排列次序的变化：x_5 从最后一位到第一位。

这表明：当考虑了 x_5 的概率本身大小和它的单位变化量以后，它对顶上事件发生概率的影响是最大的。

本节介绍了三种事故树重要度系数：①从事故树结构上反映基本事件的重要程度的结构重要度系数 $I_{\varphi(i)}$；②反映基本事件概率的增减对顶上事件发生概率影响的敏感度的概率重要度系数 $I_{P(i)}$；③从敏感度和自身概率大小的双重角度反映基本事件的重要程度的临界重要度系数 $I_{C(i)}$。在安全管理实践中，可以按重要度系数大小安排采取措施的先后顺序，也可按重要度顺序编制一套由不同机构掌握的安全检查表，以达到既有重点，又能全面检查的目的。三种检查表中，通过临界重要度分析产生的检查表更具实际意义。

4.5 事故树的模块分解及进一步简化

4.5.1 事故树的模块分解

规模很大的事故树，其基本事件和逻辑门的数目就很大，不但定量计算概率困难，而且定性分析也困难。即使采用近似计算法计算，也会产生困难。在可能的范围内，最有效的对策是采用模块分解法。

1. 模块分解

事故树的模块至少是两个基本事件的集合，这些事件向上可达到同一逻辑门（称为模块的顶点），并且必须通过此门才能达到顶上事件。模块没有来自其余部分的输入，没有与其余部分重复的事件。根据这个概念，可以得出：

1）模块是事故树的一个子树（分枝）。

2）这个模块所含的基本事件，不会在其他模块中重复出现，也不会在分解后所余的基本事件中出现。

所谓的模块分解就是将一个完整的事故树分解为数个模块和基本事件的组合。

【例 4-36】 试对图 4-41 进行模块分解。图中，G_1是原事故树的一部分，G_1中的事件 x_1 和 x_2在事故树的其他部分没有重复出现，所以 G_1是原事故树的一个模块。同理，G_2也是原事故树的一个模块。进一步可将 G_2分解出 G_3。经过分解后的事故树，可用图 4-42 表示。

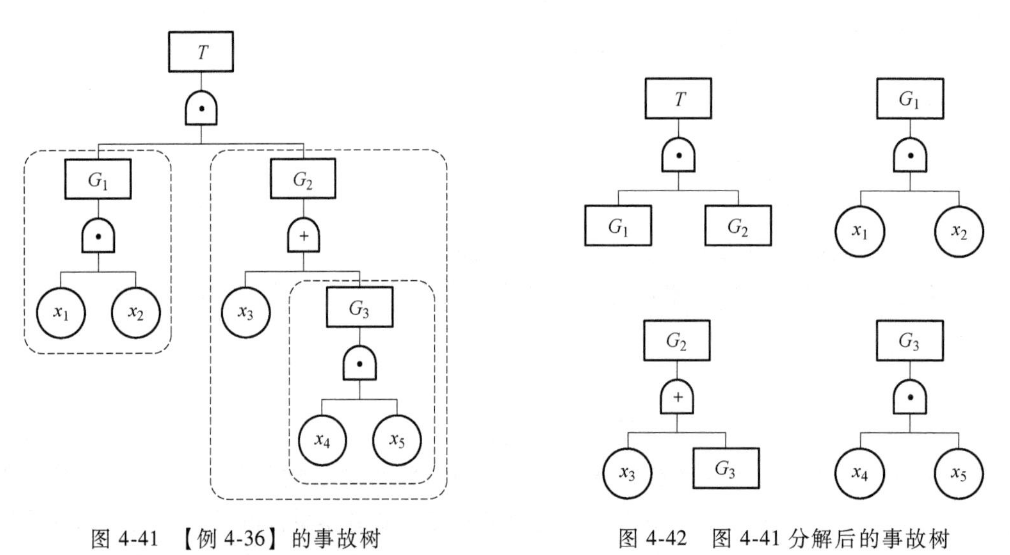

图 4-41 【例 4-36】的事故树

图 4-42 图 4-41 分解后的事故树

2. 模块分解应注意的事项

模块分解是有条件的，并不是任何事故树都可以进行模块分解，只有事故树中有满足模块条件的子树时才能进行分解。

【例 4-37】 事故树如图 4-43 所示，请对其进行模块分解。在图 4-43 中，由于 A 下的基本事件 x_3和 x_5在事故树的其余部分出现，因而 A 不是一个模块。同理，B 也不是模块，C、D、E 也都不是模块，所以此事故树不能进行模块分解。

对事故树进行模块分解前，必须对原事故树进行简化。简化后的事故树才能保证事故树的基本事件是相关的。

【例 4-38】 事故树如图 4-44 所示，请对其进行模块分解。图 4-44 所示的事故树显然不能进行模块分解。但经过简化，原事故树可用图 4-45 表示，这样，化简后的事故树便可分解为 G_a 和 G_b 2 个模块。

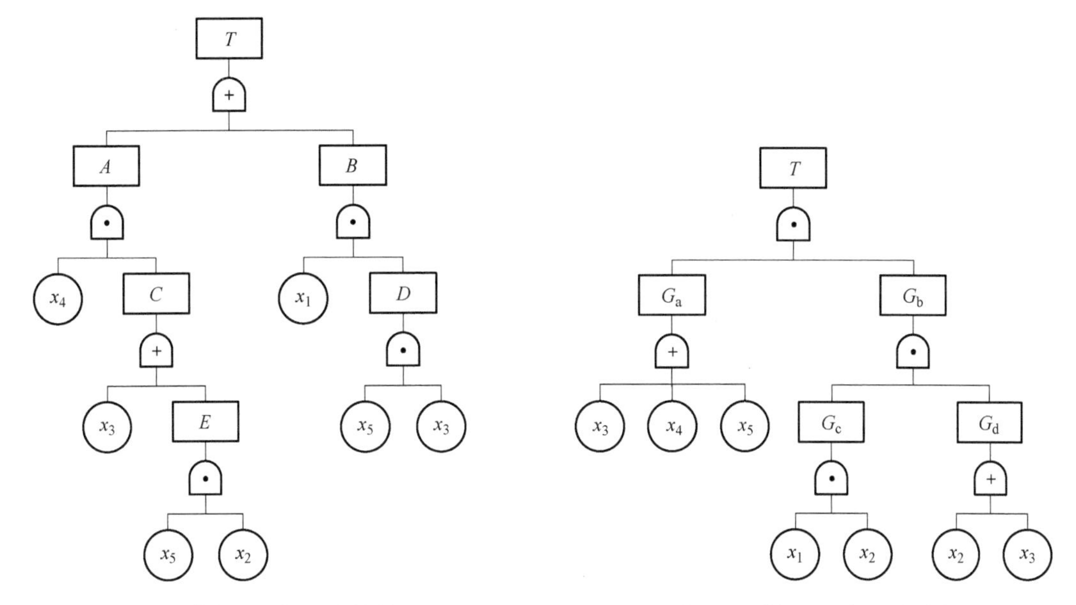

图 4-43 【例 4-37】的事故树　　图 4-44 【例 4-38】的事故树

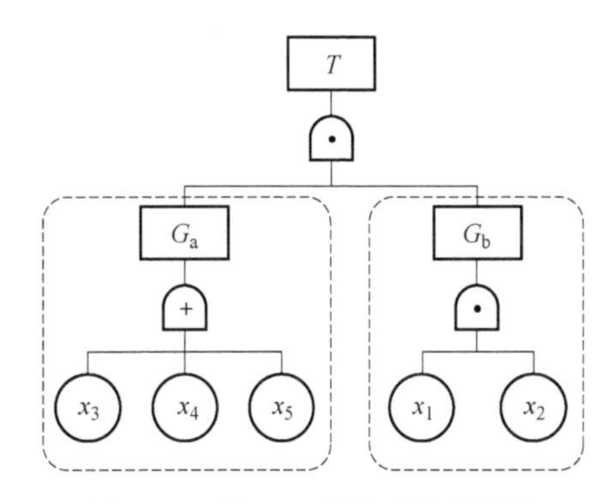

图 4-45 图 4-44 简化后的事故树

3. 模块分解应用举例

【例 4-39】 试用模块分解的方法对图 4-46 的事故树进行定量分析。

设各基本事件的发生概率如下：

$q_1=10^{-3}$，$q_2=10^{-4}$，$q_3=0.25$，$q_4=10^{-1}$

$q_5=10^{-3}$，$q_6=10^{-3}$，$q_7=10^{-2}$，$q_8=0.3$

图 4-46 的事故树可分解为 3 个模块，如图 4-47 所示。

$q_{G_3}=1-(1-q_5)(1-q_6)=1.999\times10^{-3}$

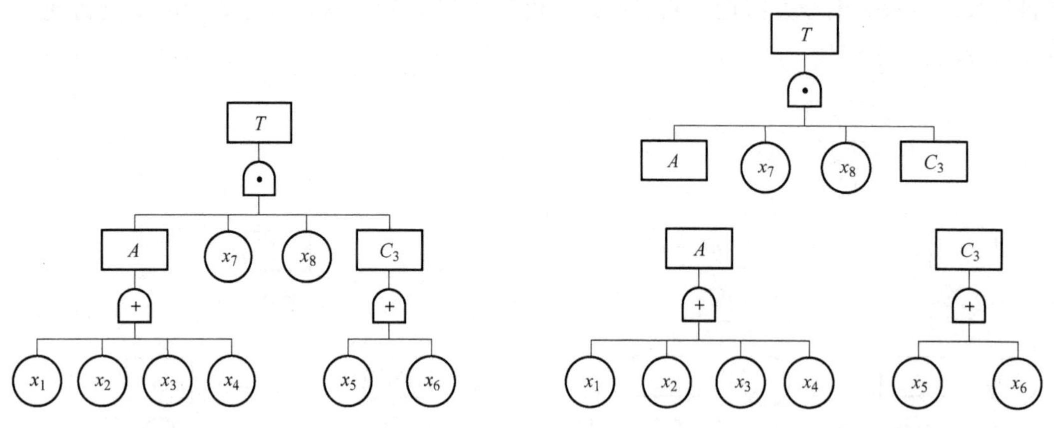

图 4-46　某事件事故树　　　　图 4-47　模块分解后的事故树

$$q_A = 1-(1-q_1)(1-q_2)(1-q_3)(1-q_4) = 3.257\times10^{-1}$$

$$Q = q_7 q_8 q_A q_{C_3} \approx 1.953\times10^{-6}$$

各基本事件概率重要系数为

$$I_{P(1)} = \frac{\partial Q}{\partial q_1} = \frac{\partial Q}{\partial q_A}\frac{\partial q_A}{\partial q_1} = q_7 q_8 q_{C_3}(1-q_2)(1-q_3)(1-q_4) = 4.048\times10^{-6}$$

$$I_{P(2)} = \frac{\partial Q}{\partial q_2} = \frac{\partial Q}{\partial q_A}\frac{\partial q_A}{\partial q_2} = q_7 q_8 q_{C_3}(1-q_1)(1-q_3)(1-q_4) = 4.044\times10^{-6}$$

$$I_{P(3)} = \frac{\partial Q}{\partial q_3} = \frac{\partial Q}{\partial q_A}\frac{\partial q_A}{\partial q_3} = q_7 q_8 q_{C_3}(1-q_1)(1-q_2)(1-q_4) = 5.391\times10^{-6}$$

$$I_{P(4)} = \frac{\partial Q}{\partial q_4} = \frac{\partial Q}{\partial q_A}\frac{\partial q_A}{\partial q_4} = q_7 q_8 q_{C_3}(1-q_1)(1-q_2)(1-q_3) = 4.493\times10^{-6}$$

$$I_{P(5)} = \frac{\partial Q}{\partial q_5} = \frac{\partial Q}{\partial q_{C_3}}\frac{\partial q_{C_3}}{\partial q_5} = q_7 q_8 q_A(1-q_6) = 9.761\times10^{-4}$$

$$I_{P(6)} = \frac{\partial Q}{\partial q_6} = \frac{\partial Q}{\partial q_{C_3}}\frac{\partial q_{C_3}}{\partial q_6} = q_7 q_8 q_A(1-q_7) = 9.761\times10^{-4}$$

$$I_{P(7)} = \frac{\partial Q}{\partial q_7} = q_8 q_A q_{C_3} = 1.935\times10^{-4}$$

$$I_{P(8)} = \frac{\partial Q}{\partial q_8} = q_7 q_A q_{C_3} = 6.511\times10^{-6}$$

各基本事件临界重要系数为

$$I_{C(1)} = \frac{q_1}{Q} I_{P(1)} = \frac{0.001}{1.953\times10^{-6}}\times4.048\times10^{-6} = 2.073\times10^{-3}$$

$$I_{C(2)} = \frac{q_2}{Q} I_{P(2)} = 2.071\times10^{-4}$$

$$I_{C(3)} = \frac{q_3}{Q} I_{P(3)} = 6.901\times10^{-1}$$

$$I_{C(4)}=\frac{q_4}{Q}I_{P(4)}=2.301\times10^{-1}$$

$$I_{C(5)}=\frac{q_5}{Q}I_{P(5)}=4.998\times10^{-1}$$

$$I_{C(6)}=\frac{q_6}{Q}I_{P(6)}=4.998\times10^{-1}$$

$$I_{C(7)}=\frac{q_7}{Q}I_{P(7)}=1$$

$$I_{C(8)}=\frac{q_8}{Q}I_{P(8)}=1$$

所以，临界重要度大小的排列顺序为

$$I_{C(8)}=I_{C(7)}>I_{C(3)}>I_{C(5)}=I_{C(6)}>I_{C(1)}>I_{C(2)}$$

值得指出的是，由于每个基本事件仅在一个模块出现，故求一事件概率重要系数时，只要对含有该事件的模块求复合偏导即可，对于含有基本事件 x_i 的 G 模块，有：

$$I_{C(i)}=\frac{\partial Q}{\partial q_G}\frac{\partial q_G}{\partial q_i}$$

式中 q_G——G 模块的发生概率；

$\frac{\partial Q}{\partial q_G}$——G 模块的概率重要度系数；

$\frac{\partial q_G}{\partial q_i}$——基本事件 x_i对 G 模块的概率重要度系数。

因此，在分析时，可先求出基本事件 x_i对 G 模块的概率重要度系数，然后以模块为基本事件，求出模块 G 对系统的概率重要度系数，两项相乘就是基本事件对系统的概率重要度系数。

模块分解不仅在定量分析中应用，也可在定性分析中应用，对一些比较复杂的事故树，可先进行模块分解，并求出“模块最小割集”。由于这些“模块最小割集”是众多“事件最小割集”的分组代表，因而数量集中，便于掌握。

4.5.2 事故树的进一步简化

事故树编制完成后，若直接进行定性、定量分析，往往会因其规模太大，而使计算工作复杂化，除利用布尔代数简化，将事故树中不相关事件去除外，还可以利用以下原则将事故树做进一步简化。

条件与门、条件或门及限制门可根据各门的物理意义，将限制条件看成一个事件，转化为如下三种形式的事故树：

1. 条件与门的转化（图 4-48）

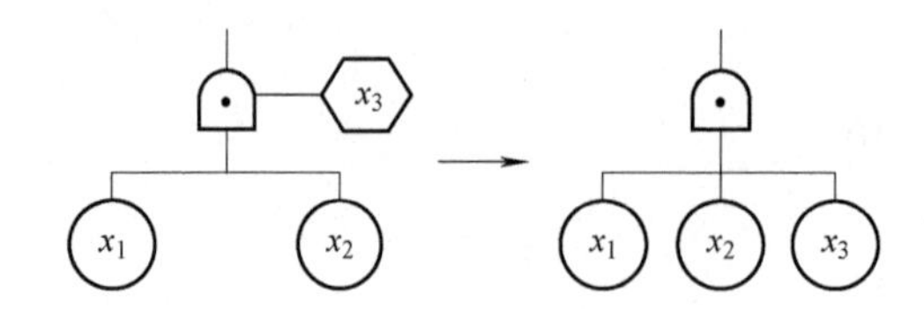

图 4-48　条件与门的转化示意图

2. 条件或门的转化（图 4-49）

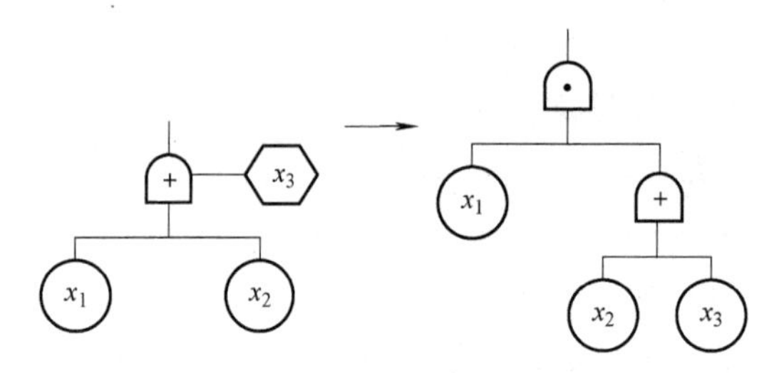

图 4-49　条件或门的转化示意图

3. 限制门的转化（图 4-50）

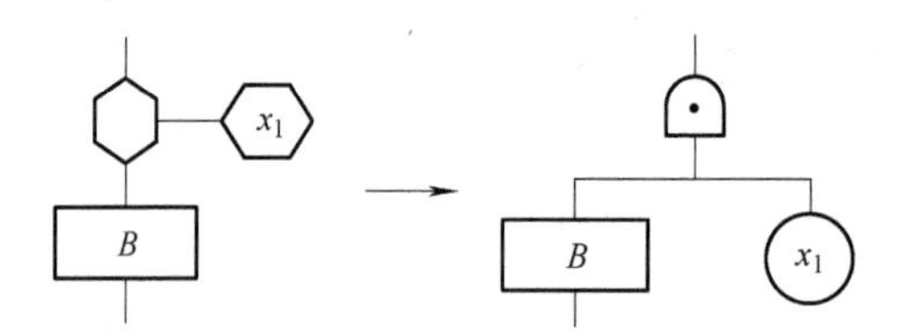

图 4-50　限制门的转化示意图

同类逻辑门上、下两层事件串联时，可以省去下面一个逻辑门，而把输入到下层门的事件直接输入到上层门。

【例 4-40】　图 4-51 是某事故树的示意图，请对其进行模块分解。先用上述第 1. 条原则化为仅有与门及或门的事故树，如图 4-52a 所示。

解： 若直接用图 4-52a 求布尔表达式，则有：

$$T = x_8 A = x_8 B_1 B_2 = x_8 (C_1 + C_2) x_7 C_3$$

$$= x_7 x_8 (x_1 + x_2 + x_3 + x_4)(x_5 + x_6)$$

若用上述第 2. 条原则先简化为图 4-52b 之后再计算，则有：

$$T = x_7 x_8 A C_3 = x_7 x_8 (x_1 + x_2 + x_3 + x_4)(x_5 + x_6)$$

可以看出，简化后的事故树如图 4-52b 所示，使求取布尔表达式的过程大大简化了，这对求取最小割集和最小径集很有用。

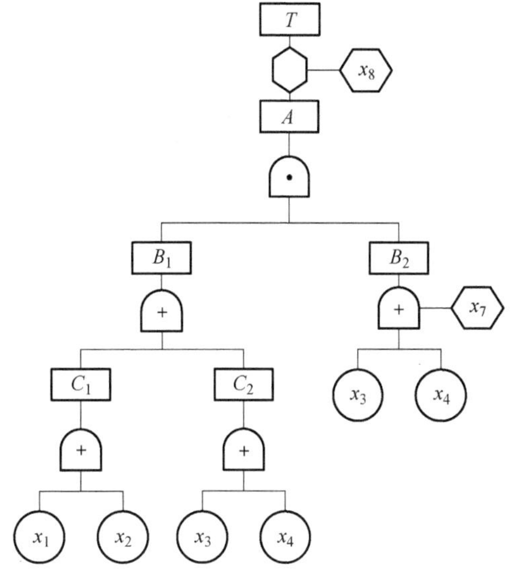

图 4-51 事故树示意图

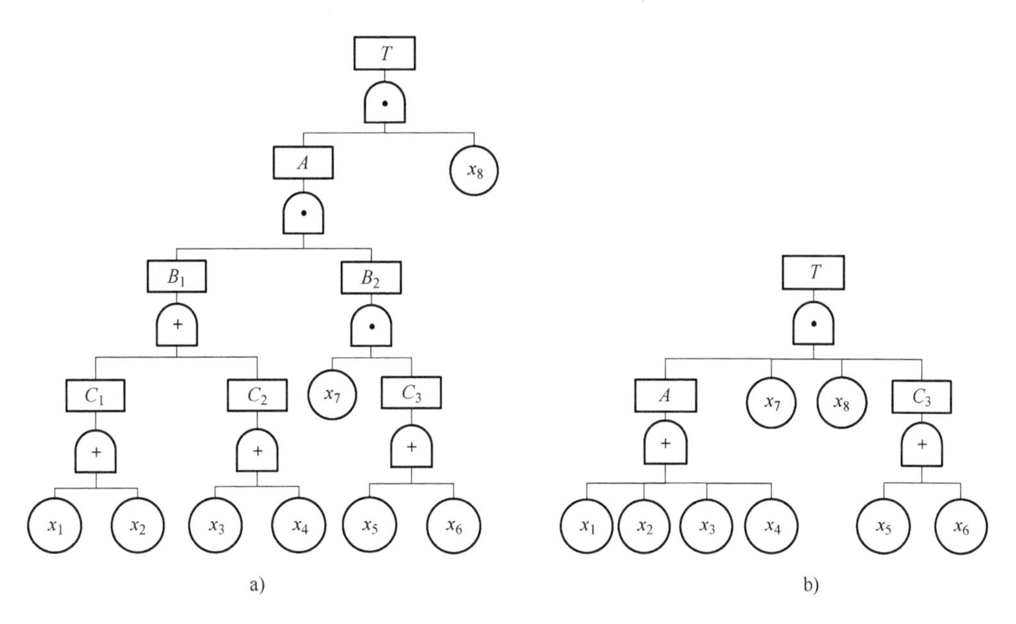

图 4-52 模型化的事故树图

4.6 事故树分析法应用实例

4.6.1 事故案例简介

煤电钻是煤矿炮采工作面和煤巷、半煤巷掘进工作面不可缺少的工具。由于煤电钻使用的电压为 127V，电压较低，作业人员容易产生麻痹思想，有的采掘工甚至误把 127V 电压当成安全电压。实际上，由于井下作业环境恶劣，以及采掘工缺乏安全用电知识，煤电钻触电事故时常发生。人员一旦发生触电，轻则打手麻木，重则休克，甚至致残、致死。某煤矿1986年7月就发生过由于电工将相地线接反，导致煤电钻操作人员触电身亡的事故。因此，本章以煤电钻触电事故为例，介绍事故树分析法的定性定量分析。

4.6.2 事故树的编制

某煤电钻触电事故树如图4-53所示。基本事件发生概率取值表见表4-8。

表4-8 基本事件发生概率取值表

代号	基本事件	发生概率 q_i	代号	基本事件	发生概率 q_i
x_1	“鸡爪子”	8×10^{-2}	x_{15}	相线脱落	5×10^{-3}
x_2	“羊尾巴”	8×10^{-2}	x_{16}	冒顶片帮	10^{-2}
x_3	明接头	5×10^{-3}	x_{17}	放炮损伤	10^{-1}
x_4	绝缘老化	10^{-3}	x_{18}	摔破	10^{-2}
x_5	潮湿进水	4×10^{-2}	x_{19}	机械撞击	5×10^{-3}
x_6	粉尘过多	4×10^{-2}	x_{20}	没使用	0.9
x_7	过流保护失效	2×10^{-2}	x_{21}	潮湿、脏	5×10^{-3}
x_8	长期过载	6×10^{-2}	x_{22}	没安装	5×10^{-1}
x_9	相间、匝间短路	5×10^{-3}	x_{23}	故障	10^{-2}
x_{10}	单相保护失效	2×10^{-3}	x_{24}	未做接地	5×10^{-3}
x_{11}	缺相运行	2×10^{-3}	x_{25}	无局部接地	2×10^{-2}
x_{12}	相地线接反	5×10^{-3}	x_{26}	未定期检测	5×10^{-2}
x_{13}	进线口导线磨损	10^{-2}	x_{27}	接地电阻不合格	5×10^{-3}
x_{14}	干变绕组碰铁芯	10^{-4}	x_{28}	接地线断开	10^{-3}

4.6.3 事故树定性分析

1. 求最小割（径）集

根据割（径）集数目判别式判定，事故树最小割集有272组，最小径集有7组，所以用最小径集进行分析。

成功树的结构函数为

$$
\begin{aligned}
\overline{T} &= \overline{A}_1+\overline{A}_2+\overline{A}_3+\overline{A}_4=\overline{B}_1\overline{B}_2\overline{B}_3\overline{B}_4+\overline{x}_{20}\overline{x}_{21}+\overline{x}_{22}\overline{x}_{23}+\overline{x}_{24}\overline{x}_{25}(\overline{x}_{26}+\overline{x}_{27}\overline{x}_{28}) \\
&= \overline{x}_1\overline{x}_2\overline{x}_3\overline{x}_4\overline{x}_5\overline{x}_6[\overline{x}_7+\overline{x}_8\overline{x}_9(\overline{x}_{10}+\overline{x}_{11})](\overline{x}_{12}\overline{x}_{13}\overline{x}_{14}\overline{x}_{15}\overline{x}_{16}\overline{x}_{17}\overline{x}_{18}\overline{x}_{19})+\overline{x}_{20}\overline{x}_{21}+\overline{x}_{22}\overline{x}_{23}+ \\
&\quad \overline{x}_{24}\overline{x}_{25}\overline{x}_{26}+\overline{x}_{24}\overline{x}_{25}\overline{x}_{27}\overline{x}_{28}
\end{aligned}
$$

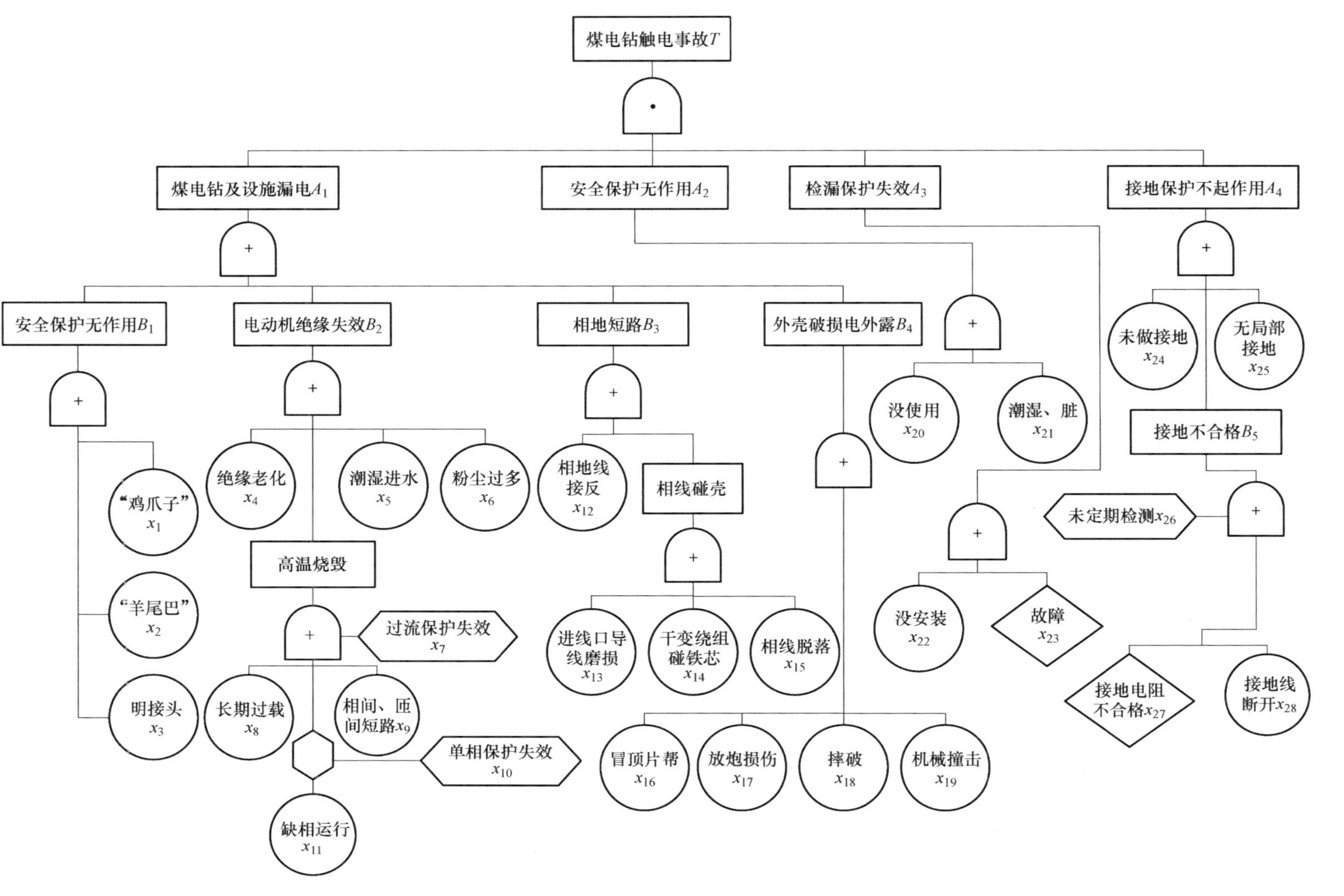

图 4-53 某煤电钻触电事故树图

将上式展开，得 7 组最小径集，分别为

$P_1=\{x_1,x_2,x_3,x_4,x_5,x_6,x_7,x_{12},x_{13},x_{14},x_{15},x_{16},x_{17},x_{18},x_{19}\}$

$P_2=\{x_1,x_2,x_3,x_4,x_5,x_6,x_8,x_9,x_{10},x_{12},x_{13},x_{14},x_{15},x_{16},x_{17},x_{18},x_{19}\}$

$P_3=\{x_1,x_2,x_3,x_4,x_5,x_6,x_8,x_9,x_{11},x_{12},x_{13},x_{14},x_{15},x_{16},x_{17},x_{18},x_{19}\}$

$P_4=\{x_{20},x_{21}\}$

$P_5=\{x_{22},x_{23}\}$

$P_6=\{x_{24},x_{25},x_{26}\}$

$P_7=\{x_{24},x_{25},x_{27},x_{28}\}$

2. 结构重要度分析

由 1 可知，$x_1\sim x_6$、$x_{12}\sim x_{19}$同属 P_1、P_2、P_3；x_8、x_9同属 P_2、P_3；x_{20}、x_{21}同属 P_4；x_{22}、x_{23}同属 P_5；x_{24}、x_{25}同属 P_6、P_7；x_{27}、x_{28}同属 P_6、P_7。

所以，$I_{\varphi(1)}=I_{\varphi(2)}=I_{\varphi(3)}=I_{\varphi(4)}=I_{\varphi(5)}=I_{\varphi(6)}$；$I_{\varphi(12)}=I_{\varphi(13)}=I_{\varphi(14)}=I_{\varphi(15)}=I_{\varphi(16)}=I_{\varphi(17)}=I_{\varphi(18)}=I_{\varphi(19)}$；$I_{\varphi(8)}=I_{\varphi(9)}=I_{\varphi(10)}$；$I_{\varphi(20)}=I_{\varphi(21)}$；$I_{\varphi(22)}=I_{\varphi(23)}$；$I_{\varphi(24)}=I_{\varphi(25)}$；$I_{\varphi(27)}=I_{\varphi(28)}$

x_7、x_{11}、x_{26}无同属关系，所以只要判定 $I_{\varphi(1)}$、$I_{\varphi(7)}$、$I_{\varphi(8)}$、$I_{\varphi(11)}$、$I_{\varphi(20)}$、$I_{\varphi(22)}$、$I_{\varphi(24)}$、$I_{\varphi(26)}$、$I_{\varphi(27)}$的大小即可。

利用近似计算公式求结构重要系数 $I_{\varphi(i)}$。

$$I_{\varphi(i)}=\sum_{x_i\in K_j}\frac{1}{2^{n_j-1}}$$

得：

$$I_{\varphi(1)}=\frac{1}{2^{15-1}}+\frac{1}{2^{17-1}}+\frac{1}{2^{17-1}}=\frac{6}{2^{16}}$$

$$I_{\varphi(7)}=\frac{1}{2^{15-1}}=\frac{1}{2^{14}}$$

$$I_{\varphi(8)}=\frac{2}{2^{17-1}}=\frac{2}{2^{16}}$$

$$I_{\varphi(10)}=\frac{1}{2^{17-1}}=\frac{1}{2^{16}}$$

$$I_{\varphi(11)}=\frac{1}{2^{17-1}}=\frac{1}{2^{16}}$$

$$I_{\varphi(20)}=\frac{1}{2^{2-1}}=\frac{32768}{2^{16}}$$

$$I_{\varphi(22)}=\frac{1}{2^{2-1}}=\frac{32768}{2^{16}}$$

$$I_{\varphi(24)}=\frac{1}{2^{3-1}}+\frac{1}{2^{4-1}}=\frac{24578}{2^{16}}$$

$$I_{\varphi(26)}=\frac{1}{2^{3-1}}=\frac{16384}{2^{16}}$$

$$I_{\varphi(27)}=\frac{1}{2^{4-1}}=\frac{8192}{2^{16}}$$

所以，结构重要度大小排列顺序为

$$\begin{aligned}I_{\varphi(20)}&=I_{\varphi(21)}=I_{\varphi(22)}=I_{\varphi(23)}>I_{\varphi(24)}=I_{\varphi(25)}>I_{\varphi(26)}>I_{\varphi(27)}=I_{\varphi(28)}>I_{\varphi(1)}=I_{\varphi(2)}\\&=I_{\varphi(3)}=I_{\varphi(4)}=I_{\varphi(5)}=I_{\varphi(6)}=I_{\varphi(12)}=I_{\varphi(13)}=I_{\varphi(14)}=I_{\varphi(15)}=I_{\varphi(16)}=I_{\varphi(17)}=I_{\varphi(18)}\\&=I_{\varphi(19)}>I_{\varphi(7)}>I_{\varphi(8)}=I_{\varphi(9)}>I_{\varphi(10)}=I_{\varphi(11)}\end{aligned}$$

4.6.4 事故树定量分析

1. 求顶上事件发生概率 Q

$$Q=\sum_{j=1}^{K}\prod_{x_i\in K_j}q_i-\sum_{1\leqslant j\leqslant s\leqslant K}\prod_{x_i\in K_j\cup K_s}q_i+\cdots+(-1)^{K-1}\prod_{\substack{j=1\\x_i\in K_j}}^{K}q_i$$

由于参与计算的基本事件数较多，可利用首项近似法近似求取：

$$Q\approx\sum_{j=1}^{K}\prod_{x_i\in K_j}q_i$$

$$\begin{aligned}Q\approx[&q_1+q_2+q_3+q_4+q_5+q_6+q_7(q_8+q_9+q_{10}\cdot q_{11})+\\&q_{12}+q_{13}+q_{14}+q_{15}+q_{16}+q_{17}+q_{18}+q_{19}](q_{20}+q_{21})(q_{22}+q_{23})\\&[q_{24}+q_{25}+q_{26}(q_{27}+q_{28})]\end{aligned}$$

将表 4-8 所列数值代入上式得：

$$Q\approx5.09248\times10^{-3}$$

2. 求概率重要系数 $I_{P(i)}$

$$由\ I_{P(i)}=\frac{\partial Q}{\partial q_i}$$

得：$I_{P(1)}=(q_{20}+q_{21})(q_{22}+q_{23})[q_{24}+q_{25}+q_{26}(q_{27}+q_{28})]=0.01168$

同理：

$$\begin{aligned}I_{P(2)}&=I_{P(3)}=I_{P(4)}=I_{P(5)}=I_{P(6)}=I_{P(12)}=I_{P(13)}=I_{P(1)}=I_{P(14)}\\&=I_{P(15)}=I_{P(16)}=I_{P(17)}=I_{P(18)}=I_{P(19)}=I_{P(1)}=0.01168\end{aligned}$$

$$I_{P(7)}=(q_8+q_9+q_{10}+q_{11})(q_{20}+q_{21})(q_{22}+q_{23})[q_{24}+q_{25}+q_{26}(q_{27}+q_{28})]=7.59\times10^{-4}$$

$$I_{P(8)}=I_{P(9)}=q_7(q_{20}+q_{21})(q_{22}+q_{23})[q_{24}+q_{25}+q_{26}(q_{27}+q_{28})]=2.33\times10^{-4}$$

$$I_{P(10)}=q_7q_{11}(q_{20}+q_{21})(q_{22}+q_{23})[q_{24}+q_{25}+q_{26}(q_{27}+q_{28})]=4.67\times10^{-7}$$

$$I_{P(11)}=q_7q_{10}(q_{20}+q_{21})(q_{22}+q_{23})[q_{24}+q_{25}+q_{26}(q_{27}+q_{28})]=4.67\times10^{-7}$$

$$\begin{aligned}I_{P(20)}=I_{P(21)}=[&q_1+q_2+q_3+q_4+q_5+q_6+q_7(q_8+q_9+q_{10}\cdot q_{11})+q_{12}+q_{13}+q_{14}+\\&q_{15}+q_{16}+q_{17}+q_{18}+q_{19}](q_{22}+q_{23})[q_{24}+q_{25}+q_{26}(q_{27}+q_{28})]=5.63\times10^{-3}\end{aligned}$$

$$I_{P(22)}=I_{P(23)}=9.99\times10^{-3}$$

$I_{P(24)}=I_{P(25)}=2.01\times10^{-1}$， $I_{P(26)}=1.21\times10^{-3}$， $I_{P(27)}=I_{P(28)}=1.01\times10^{-2}$

3. 求临界重要度系数 $I_{C(i)}$

由 $I_{C(i)}=\frac{q_i}{Q}I_{P(i)}$

得：

$$I_{C(1)}=\frac{8\times10^{-2}}{4.58\times10^{-3}}\times1.17\times10^{-2}=2.04\times10^{-1}$$

同理，进行数值计算后可得：

$I_{C(2)}=2.04\times10^{-1}$　$I_{C(3)}=1.28\times10^{-2}$　$I_{C(4)}=2.55\times10^{-3}$

$I_{C(5)}=1.02\times10^{-1}$　$I_{C(6)}=5.10\times10^{-2}$　$I_{C(7)}=3.31\times10^{-3}$

$I_{C(8)}=3.05\times10^{-3}$　$I_{C(9)}=2.54\times10^{-4}$　$I_{C(10)}=2.04\times10^{-7}$

$I_{C(11)}=2.04\times10^{-7}$

$I_{C(12)}=1.28\times10^{-2}$　$I_{C(13)}=2.55\times10^{-2}$　$I_{C(14)}=2.55\times10^{-4}$

$I_{C(15)}=1.28\times10^{-2}$　$I_{C(16)}=2.55\times10^{-2}$　$I_{C(17)}=2.55\times10^{-1}$

$I_{C(18)}=2.55\times10^{-2}$　$I_{C(19)}=1.28\times10^{-2}$　$I_{C(20)}=1.11$

$I_{C(21)}=6.15\times10^{-3}$

$I_{C(22)}=1.09$　$I_{C(23)}=2.18\times10^{-2}$　$I_{C(24)}=2.19\times10^{-1}$

$I_{C(25)}=8.78\times10^{-1}$　$I_{C(26)}=1.32\times10^{-2}$　$I_{C(27)}=1.10\times10^{-2}$

$I_{C(28)}=2.21\times10^{-3}$

各基本事件临界重要系数大小的排列顺序为：

$I_{C(20)}>I_{C(22)}>I_{C(25)}>I_{C(17)}>I_{C(24)}>I_{C(1)}=I_{C(2)}>I_{C(5)}>I_{C(6)}>I_{C(13)}=I_{C(16)}=I_{C(18)}>I_{C(23)}>I_{C(26)}>I_{C(3)}=I_{C(12)}=I_{C(15)}=I_{C(19)}>I_{C(27)}>I_{C(21)}>I_{C(7)}>I_{C(8)}>I_{C(4)}>I_{C(28)}>I_{C(14)}>I_{C(9)}>I_{C(10)}=I_{C(11)}$

4.6.5 结论

1）事故树最小割集有 272 组，说明顶上事件发生的途径较多。

2）结构重要度分析揭示了各基本事件在事故树结构上的重要程度，其中 x_{20}、x_{21}、x_{22}、x_{23}处于最高位置，x_{24}、x_{25}、x_{26}、x_{27}、x_{28}的结构重要度也较高。

3）从临界重要度分析的结果看，x_{20}、x_{22}、x_{25}、x_{17}、x_{24}临界重要度较高，其次是 x_1、x_2、x_5、x_6和 x_{13}、x_{16}、x_{18}等基本事件。这说明缩小上述基本事件的发生概率对降低顶上事件发生概率敏感度较高。

4）从 7 组最小径集分析，要使煤电钻不漏电，就必须使基本事件 $x_1\sim x_6$、$x_{12}\sim x_{19}$都不发生，这很难做到。控制 P_4 中的 x_{20}，给每个采掘工配绝缘工具，虽然能起到控制顶上事件发生概率的作用，但目前使用情况和管理都有困难。因此，首先应选择 P_5、P_6、P_7作为主要的控制途径，其次是控制 P_1中各基本事件的发生概率。

5）通过分析提出以下主要防范措施：

①安装并坚持使用煤电综合保护器；②做好接地和局部接地，并定期检测接地电阻值，

接地电阻值符合《煤矿安全规程》的要求；③注意保护煤电钻，避免放炮炸坏、潮湿进水、沾染粉尘和冒顶砸坏，严禁使用外壳已破损的煤电钻；④电工接线后要认真检查，避免相地线接反，电缆连接应采用接线盒，消灭电缆接头上的“鸡爪子”“羊尾巴”和明接头。

4.7 耦合事故树分析法

4.7.1 耦合事故树分析法概述

在对事故过程进行分析时，经常出现某个危险环节上可能不只是发生一种事故，而是多个安全生产事故有可能同时由一个危险点引发。此时应用事故树分析方法会得到多个事故树分析图，而这些事故树之间会出现具有相同的构成事件。这种现象称为事故树之间出现“耦合”。此时多个事故树分析图不能完整地体现各种原因事件之间的关联性。应用传统的事故树分析方法，只能对一个事故树进行系统分析，不能对故障树耦合时基本事件的重要度给予准确的描述和排序。而基本事件的重要度排序是采取纠正或控制措施、降低事故发生概率的基础。

因此，学者们在传统事故树分析法的基础上提出了耦合事故树分析法。若危险点上出现多个安全生产事故以及作业的空间交叉、不同危险点的不安全事件相互作用等，则可以运用耦合事故树分析法对事故进行分析。

1. 耦合事故树的定义

耦合事故树是指存在于一个事故树的事件（基本事件或中间事件）出现在其他事故树的逻辑门的输入中，这时称事故树之间耦合，多个事故树耦合所构成的新事故树称为耦合事故树，即不同的事故树中存在共同的事件。在安全分析中，其表明在某一阶段，有发生多个不同事故的可能性，而引起这些事故发生的基本事件或中间事件有重合。耦合事故树可以是多个事故树耦合，其结构示意如图 4-54 所示，当耦合事故树的顶上事件只有一个时，耦合事故树即为传统事故树。

2. 耦合事故树构成要素

耦合事故树是传统事故树的一个延展类型。耦合事故树与传统事故树在结构上一脉相承，也是由事件和逻辑门构成的。

（1）事件

事故树中用矩形表示的事件包括顶上事件和中间事件，是指事故树分析中由其他事件或事件组合导致的事件。顶上事件位于事故树的顶端，总是逻辑门的输出事件。中间事件位于底端事件和顶上事件之间，既是逻辑门的输入事件，又是另一逻辑门的输出事件。

基本事件是指事故树分析中仅导致其他事件发生的原因事件，位于事故树的底端，是逻辑门的输入事件。作业过程中发生的不安全事件即为事故树中的基本事件。

省略事件是指安全作业过程中可能发生，但概率较小的事件，或不需要进一步分析的事件。

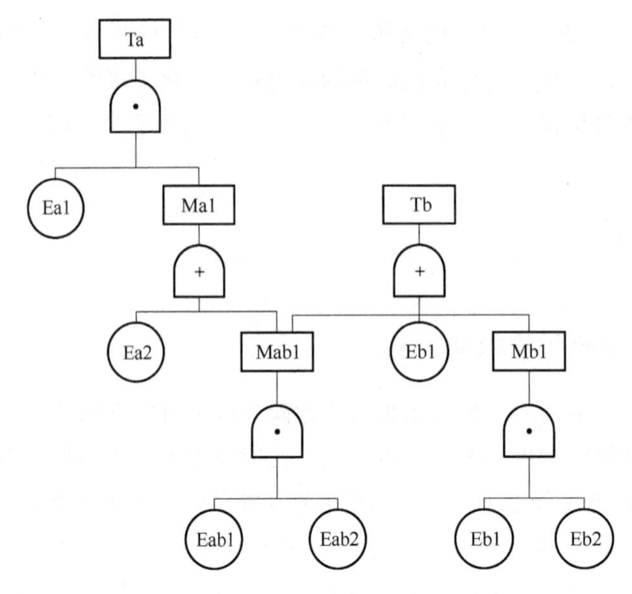

图 4-54　两个事故树耦合结构示意图

耦合事件是指存在于耦合事故树中的公共事件（基本事件或中间事件），其相应的特性较一般事件不同。在耦合事故树中，耦合事件分为耦合基本事件和耦合中间事件，基本事件分为耦合基本事件和非耦合基本事件，中间事件分为耦合中间事件和非耦合中间事件。图 4-54 中的 Mab1 是耦合中间事件，Eab1、Eab2 是耦合基本事件。耦合事件的变化影响多个事故的分析结果，在安全分析中占有更重要的地位，对其变化规律的认识也更加重要。

（2）逻辑门

耦合事故树逻辑门及其含义与传统事故树相同，在此不做赘述。

3. 耦合事故树分析原理

耦合事故树分析法是分析多种交叉作业的有效方法，相对于传统事故树分析法有其优点。在运用耦合事故树分析时，除了遵循传统事故树分析法的基本原理外，还必须遵循安全生产事故预想分析原理：

（1）安全生产事故预想分析原理

安全生产事故预想分析的原理是通过事故预想以及事故二次预想等方法，构造安全生产事故预想集，采取控制措施，实现安全生产事故控制的预先性和动态性。

安全生产事故预想是针对危险点上存在的可能发生的不安全事件，对可能发生的事故进行预想，以此来分析作业中安全生产事故的结构构成。通过对作业过程中的元素及其形成的界面进行排列和检查优化，可以确定作业过程中的不安全事件序列和危险点。对于判定的一个危险点，从其构成结构上来说，存在事故发生的不安全因素和不安全事件序列，引起事故发生的构成事件是建立安全生产过程、控制事故发生的重要基础。在事故预想的情况下分析其结构构成，对分析危险点的危险程度或风险，确定不安全事件的结构重要度、概率重要度和临界重要度，度量危险点上各种事故的重要程度等具有重要意义。

（2）安全生产事故预想分析的步骤

安全生产事故预想以危险点上作业过程产生的不安全因素为基础，分析构成安全生产事故的不安全事件及其序列。事故预想的程序如下：

首先，确定作业过程中的不安全事件。预计危险点上可能存在的全部不安全因素，分析各个不安全因素能够引起哪些不安全事件的发生。作为预想的不安全事件，引起其发生的不安全因素可以是企业生产过程中存在的，也可以是不存在的，但不安全因素必须符合实际生产条件。

其次，分析能量意外释放条件及释放方向。根据结构化分析界面分析能量意外释放的方向。能量的释放方向上的作业活动或物体会受到能量释放的作用，这种能量的作用可能引起新的不安全事件的发生，或者这种能量的释放由于预先设定的限制措施而使能量释放停止，不会引起不安全事件序列的继续发生或事故发生。在此基础上，可以确定能量意外释放的客观条件需要哪些不安全事件以及这些不安全事件所需要的不安全因素；分析不安全事件序列。通过对危险点上的不安全事件分析，确定不安全事件序列的发展过程及其长度。

最后，预想作业过程中可能发生的安全生产事故。对不安全事件序列进行简化，确定危险点上可能发生的事故以及构成事故的不安全事件序列，形成危险点上的预想事故集合。在危险点上的预想事故集合及其构成的不安全事件序列的基础上，可实现危险点结构构成及风险分析，即耦合事故树分析。

4.7.2 耦合事故树的构建和结构分析

1. 耦合事故树的构建程序

耦合事故树构建的一般程序如图 4-55 所示。

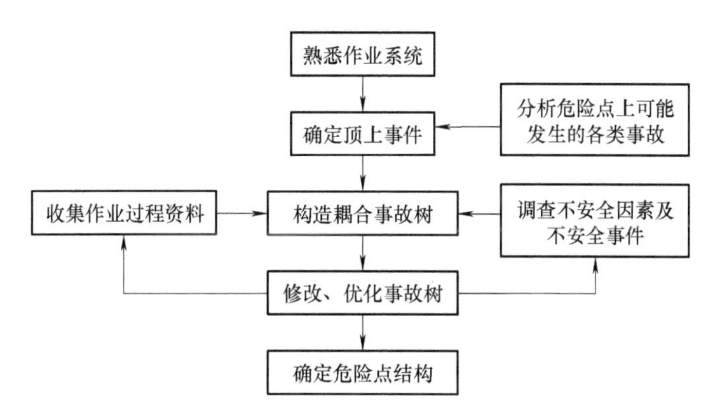

图 4-55 耦合事故树构建的一般程序

（1）熟悉作业系统

熟悉作业系统的整体情况，如作业过程的划分、作业人员类型、设备和工具的类型及特点、各种材料及放置和使用地点、作业程序、环境情况等。必要时绘制粗略的组织图或网络图以及场地布置图等。

（2）确定顶上事件

顶上事件即为要分析的作业过程中的安全事故。通过分析危险点上可能发生的各类事故，确定其后果严重程度和发生的频率，从中找出后果严重且发生概率较大的事故作为顶上事件。确定顶上事件的方法有危险性预先分析（PHA）、故障模式及影响分析（FMEA）、事件树分析（ETA）等。

（3）构造耦合事故树

构造耦合事故树是危险点事故结构构成分析的核心内容。根据上述分析的结果，从顶上事件开始，调查与安全生产事故有关的所有的不安全因素和不安全事件，按照演绎法，运用逻辑推理，逐级找出所有的原因事件，直到最基本的原因事件为止。按照逻辑关系，用逻辑门连接输入和输出关系，画出耦合事故树逻辑图。

（4）修改、优化事故树

对于构造完成的耦合事故树，对其不同位置存在的相同基本事件进行整理简化，同时，为了进一步分析方便，应用布尔运算、模块划分、确定条件等方法对耦合事故树进行剪枝和优化。修改和优化后的事故树应与不安全因素和不安全事件以及收集的作业过程资料相符，以保证构建出的耦合事故树符合作业实际。

（5）确定危险点结构

根据建造的耦合事故树，分析各事件之间的逻辑关系，确定危险点的结构构成。

2. 耦合事故树事故结构分析

耦合事故树描述了危险点上事故的发生路径，依据构建的耦合事故树，可实现对危险点的事故结构进行分析。耦合事故树模型如图 4-56 所示。该耦合事故树由 m 个顶上事件，n 个基本事件构成，即该危险点可能发生 m 种事故，这些事故由于 n 个不安全事件所引起。设 $T=\{T_1,T_2,\cdots,T_i\}$，T_i表示第 i 个顶上事件，$i=1, 2, \cdots, m$，当 $m=1$ 时，耦合事故树即为传统事故树：$X=\{x_1,x_2,\cdots,x_n\}$是 T 的基本事件集合，x_j表示第 j 个基本事件，$j=1, 2, \cdots, n$，则危险点的结构可以表示为 $X\to T$。

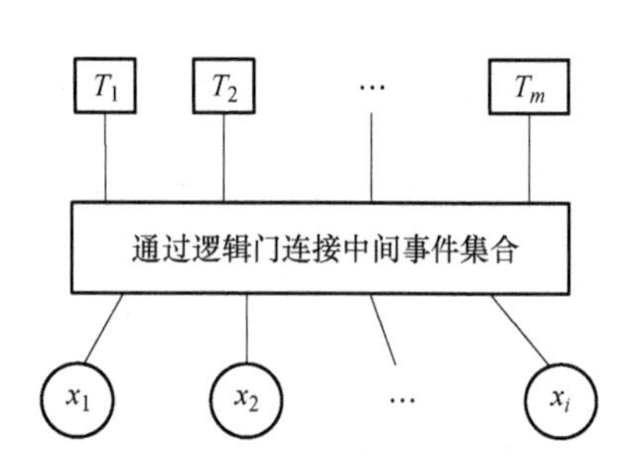

图 4-56　耦合事故树模型

（1）耦合事故树的最小割集结构模式

耦合事故树的简化任务是求出导致 T 发生的全部模式。对于 $T=\{T_1,T_2,\cdots,T_m\}$来说，耦合事故树的全部最小割集，即为耦合事故树的全部事故模式。设 X_k表示第 k 个最小割集，X_k是若干相关的 x_j的集合，$k=1, 2, \cdots, r$，则 $X_k\subset X$。应用布尔代数对耦合事故树进行简化，可以得到危险点的结构通式：

$$T=X_1+X_2+\cdots+X_k \tag{4-38}$$

或

$$T_i=X_{i1}+X_{i2}+\cdots+X_{il}\quad (i=1, 2, \cdots, m) \tag{4-39}$$

式中　T——耦合事故树可能发生的全部顶上事件的集合；

T_i——危险点上第 i 类事故，或耦合事故树的顶上事件集合；

X_k——T 的第 k 类事故模式或第 k 个最小割集，$k=1, 2, \cdots, r$；

X_{il}——T_i 的第 l 类事故模式或第 l 个最小割集，$l=1, 2, \cdots, v$。

有危险点的事故结构函数 $\varphi(X)$ 类顶上事件：

$$\varphi(X)=\bigcup_{k=1}^{r} X_k=\bigcup_{i=1}^{m}\bigcup_{l=1}^{v} X_{il} \tag{4-40}$$

其中，$r=mv$。

（2）耦合事故树的最小径集结构模式

在耦合事故树结构分析中，应用最小割集可以得到使得事故发生时耦合事故树构成模式。在此基础上，还应知道耦合事故树的最小径集结构模式。危险点不发生事故的结构模式即危险点正常作业的结构模式。该模式用耦合事故树的最小径集表达。设 Y_k 表示耦合事故树 T 的第 k 个最小径集（最小径集的算法通过建立耦合事故树的对偶树或成功树，用最小割集的算法计算得到），$k=1, 2, \cdots, u$，则

$$Y_k=\bigcap_{x_j \in Y_k} x_j \tag{4-41}$$

式中　x_j——属于最小径集 Y_k 的基本事件。

危险点的正常作业结构函数 $\varphi^{\mathrm{D}}(X)$：

$$\varphi^{\mathrm{D}}(X)=\bigcup_{k=1}^{u}\bigcap_{x_j \in Y_k} \overline{x}_j \tag{4-42}$$

$\varphi^{\mathrm{D}}(X)$ 与 $\varphi(X)$ 的关系为

$$\varphi^{\mathrm{D}}(X)=\overline{\varphi(X)}=1-\varphi(1-X) \tag{4-43}$$

3. 耦合事故树确定条件简化法

确定条件是指耦合事故树中一个或多个基本事件的状态确定，即基本事件一定发生或一定不发生，$p_j=1$ 或 $p_j=0$（p_j 为基本事件 x_j 的概率）。这种情况在实际安全生产过程中经常存在，尤其是 $p_j=1$ 的情况，表示基本事件 x_j 发生，此时耦合事故树的结构和安全风险都发生变化，同时影响其他基本事件在系统中的重要程度。确定条件下，耦合事故树的结构变化如下：

当 $p_j=1$ 存在时，若基本事件 x_j 所在的逻辑门为与门，则在耦合事故树中剪掉基本事件 x_j；若基本事件 x_j 所在的逻辑门为或门，则该或门的父事件（中间事件）一定发生。此时该父事件作为其父事件的子事件的输入，继续按照逻辑门关系进行判定，向上推理，直到出现逻辑门为与门时，剪掉该逻辑门下的此分支。

当 $p_j=0$ 存在时，若基本事件 x_j 所在的逻辑门为或门，则在耦合事故树中剪掉基本事件 x_j；若基本事件 x_j 所在的逻辑门为与门，则该与门的父事件（中间事件）一定不发生。此时该父事件作为其父事件的子事件的输入，继续按照逻辑门关系进行判定，按此向上推理，直到出现逻辑门为或门时，剪掉该逻辑门下的此分支。

确定条件下剪掉耦合事故树的分支时，若该分支中含有耦合基本事件，则只剪掉耦合基本事件属于该分支的逻辑门，不能剪掉耦合基本事件，当耦合基本事件在逻辑门被剪掉后不

能成为其他中间事件的输入时，才可以剪掉耦合基本事件。被剪掉的分支中含有耦合中间事件时的修剪方法和耦合基本事件的修剪方法相同。

4.8 模糊事故树分析法

4.8.1 模糊事故树分析法概述

20 世纪 80 年代中期，国外开始进行模糊事故树分析的研究，建立了模糊事故树分析的基本概念和方法。事故树即为将系统的失效事件（称为顶部事件）分解成许多子事件的串、并联组合。在系统中，当各个基本事件的失效概率已知时，沿事故树的逻辑关系逆向求解系统的失效概率。传统的事故树分析是以布尔代数为基础的，在定量分析时，要求获得所有基本事件发生的概率或最小割集的概率。通常情况下，这些概率是通过统计资料或专家经验得到的。由于统计过程中各种因素的影响和专家经验的局限性，得到的数据本身存在着不确定性。因此有必要采用定义在概率空间中的模糊数来表示失效概率，以失效的可能性代替失效概率。

1. 线性三角形模糊数

三角形模糊数是为了解决不确定环境下的问题，由 Zadeh 在 1965 年提出 Dev 模糊集的概念，应用于质量管理和风险管理。$\tilde{A}$ 为有界模糊数，则存在一个闭区间 [a，b]，使得模糊数 $\tilde{A}$ 的隶属函数满足

$$\mu_{\tilde{A}}(x)=\begin{cases}1 & a\leqslant x\leqslant b\\ L(x) & x<a\\ R(x) & x>b\end{cases} \tag{4-44}$$

$L(x)$ 为增函数，右连续，$0\leqslant L(x)<1$，$\lim\limits_{x\to\infty}L(x)=0$，$R(x)$ 为减函数，左连续，$0\leqslant R(x)<1$，$\lim\limits_{x\to\infty}R(x)=0$，则称模糊数 $\tilde{A}$ 为 $L—R$ 型模糊数。

$L—R$ 型模糊数的 $L(x)$、$R(x)$ 称为模糊数的左、右参照函数。实际工程中，模糊数隶属度为 1 的数通常只取一点。因此，在缺乏足够数据的情况下，为了简化计算，可用三元组（a，m，b）表示 $L—R$ 型模糊数，即线性三角形模糊数：

$$\mu_{\tilde{A}}(x)=\begin{cases}0 & x<a\\ (x-a)/(m-a) & a\leqslant x<m\\ (b-x)/(b-m) & a\leqslant x<m\\ 0 & x>b\end{cases} \tag{4-45}$$

m 对应隶属度为 1 的数，也称为模糊数的均值，a、b 称为模糊数的左、右分布参数，表示函数向左和向右延伸的程度，均为小于 1 的正数。工程常用的两种参照函数为线性参照函数和正态型参照函数。

2. 模糊数的运算

模糊数的运算可用区间数的运算进行。设 $\tilde{A}$ 和 $\tilde{B}$ 是两个模糊数，对于给定的 $\lambda\in[0,\ 1]$。模糊数 $\tilde{A}$ 和 $\tilde{B}$ 的 λ 截集可表示为

$$\tilde{A}=\{x\,|\,x\in R,\quad \mu_{\tilde{A}}\geqslant\lambda\}=[a_1^{\lambda},\quad b_1^{\lambda}] \tag{4-46}$$

$$\tilde{B}=\{x\,|\,x\in R,\quad \mu_{\tilde{B}}\geqslant\lambda\}=[a_2^{\lambda},\quad b_2^{\lambda}] \tag{4-47}$$

这样模糊数之间的运算可通过其截集来实现：

$$\tilde{A}(+)\tilde{B}=\tilde{A}_{\lambda}+\tilde{B}_{\lambda}=[a_1^{\lambda}+a_2^{\lambda},\quad b_1^{\lambda}+b_2^{\lambda}] \tag{4-48}$$

$$\tilde{A}(-)\tilde{B}=\tilde{A}_{\lambda}-\tilde{B}_{\lambda}=[a_1^{\lambda}-a_2^{\lambda},\quad b_1^{\lambda}-b_2^{\lambda}] \tag{4-49}$$

$$\tilde{A}(\cdot)\tilde{B}=\tilde{A}_{\lambda}\tilde{B}_{\lambda}=[a_1^{\lambda}a_2^{\lambda},\quad b_1^{\lambda}b_2^{\lambda}]\quad(a_1^{\lambda}\geqslant 0,\quad a_2^{\lambda}\geqslant 0) \tag{4-50}$$

$$\tilde{A}(\div)\tilde{B}=\tilde{A}_{\lambda}\div\tilde{B}_{\lambda}=[a_1^{\lambda}\div a_2^{\lambda},\quad b_1^{\lambda}\div b_2^{\lambda}]\quad(a_1^{\lambda}\geqslant 0,\quad a_2^{\lambda}\geqslant 0) \tag{4-51}$$

3. 模糊事故树的分析步骤

利用系统工艺流程和先后顺序等，确定分析路径。通过事故链相关理论确定每一个事故链，根据具体情况，把事故链构成网状逻辑图的形式。模糊事故树的分析步骤大致如图 4-57 所示。

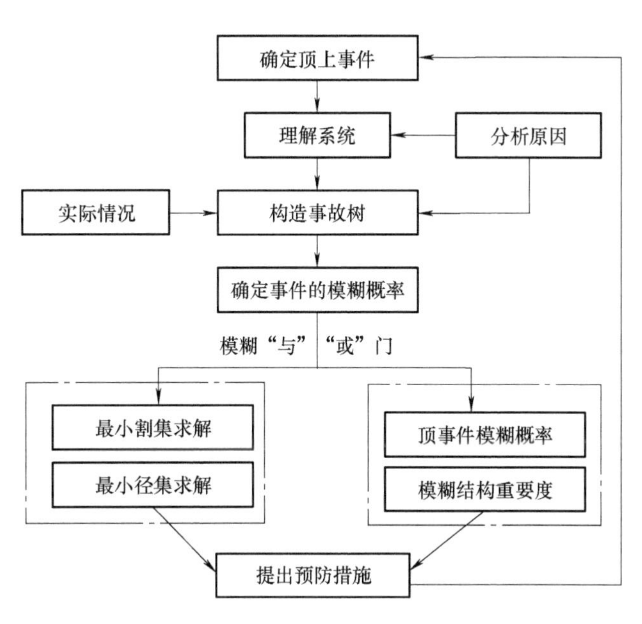

图 4-57 模糊事故树的分析步骤

（1）确定顶上事件

确定本次分析的具体事件。可选取已经发生的事故，也可以选择可能发生的事故，并确定分析的系统及边界。

(2) 理解系统

对系统工艺过程或系统发生事故的原因进行详细分析，充分分析归纳整个过程中引起事故的关键事件，为构建模糊事故树（FFTA）奠定基础。

(3) 构造 FFTA

根据前期调查和分析，将事故树按照逻辑顺序绘制成图。

(4) 确定 FFTA 的基本事件模糊概率

充分利用历史资料、现有数据、专家经验，得出评估值，并通过一定规则使之转化为三角形模糊数。

(5) 进行 FFTA 定性分析

通过 FTA 分析法的运算法则，进行相应的简化，得出最简的布尔代数式。同时得出了导致系统故障的可能因素组合，必要时可通过对应的成功树来找到最简便的控制措施的因素组合，求出最小割集和最小径集。

(6) 求取 FFTA 的顶事件模糊概率

根据相应的 FFTA 逻辑运算公式或上述的基本模糊概率，利用简化的事故树进行运算，得出结果。

(7) 基本事件的模糊重要度分析

通过三角形模糊数的算法，求出每个基本事件的模糊结构重要度，并通过转换运算，找到对系统安全性影响的事件排序。

(8) 根据结果确定管理重点

从事件重要性排序中找到影响最大的一个或几个，进行重点管理，制定可靠的控制对策。

4.8.2 模糊事故树法求深基坑工程支护系统失效概率

深基坑支护工程多为临时性支护工程，安全储备相对较小，因此出现了不少事故，造成人员伤亡、不良的社会影响和巨大经济损失。因此，应尽可能地减小事故发生概率以及减轻事故的危害程度。近年来，概率风险分析方法逐渐应用于深基坑支护工程的风险分析之中，其中 SMW 工法支护结构体系是深基坑常见的支护工法。本节以深基坑 SMW 工法支护结构体系为研究对象，计算其失效概率，目的在于确定改进措施，尽可能减少事故发生的可能性。

根据对深基坑 SMW 工法支护结构体系本身的事故情况分析，编制深基坑 SMW 工法支护结构体系的事故树图，如图 4-58 所示。其中，N_R 为轴向抵抗力，N_S 为轴向力；H_R 为水平抵抗力，H_S 为水平力。

在编制完事故树后，需要计算顶上事件（即深基坑工程支护结构体系事故）发生的概率。FTA 分析法中计算顶上事件的概率，通常是先求导致顶上事件发生的最小基本事件的集合，即先求事故树的最小割集。每个最小割集对应于一种事故模式。一个事故树的最小割集有若干个，但各最小割集发生的概率不同，发生概率最高的最小割集即为事故最可能的危险源。最小割集通常用布尔代数法求得。对于图 4-58 的事故树，按布尔代数法计算如下：

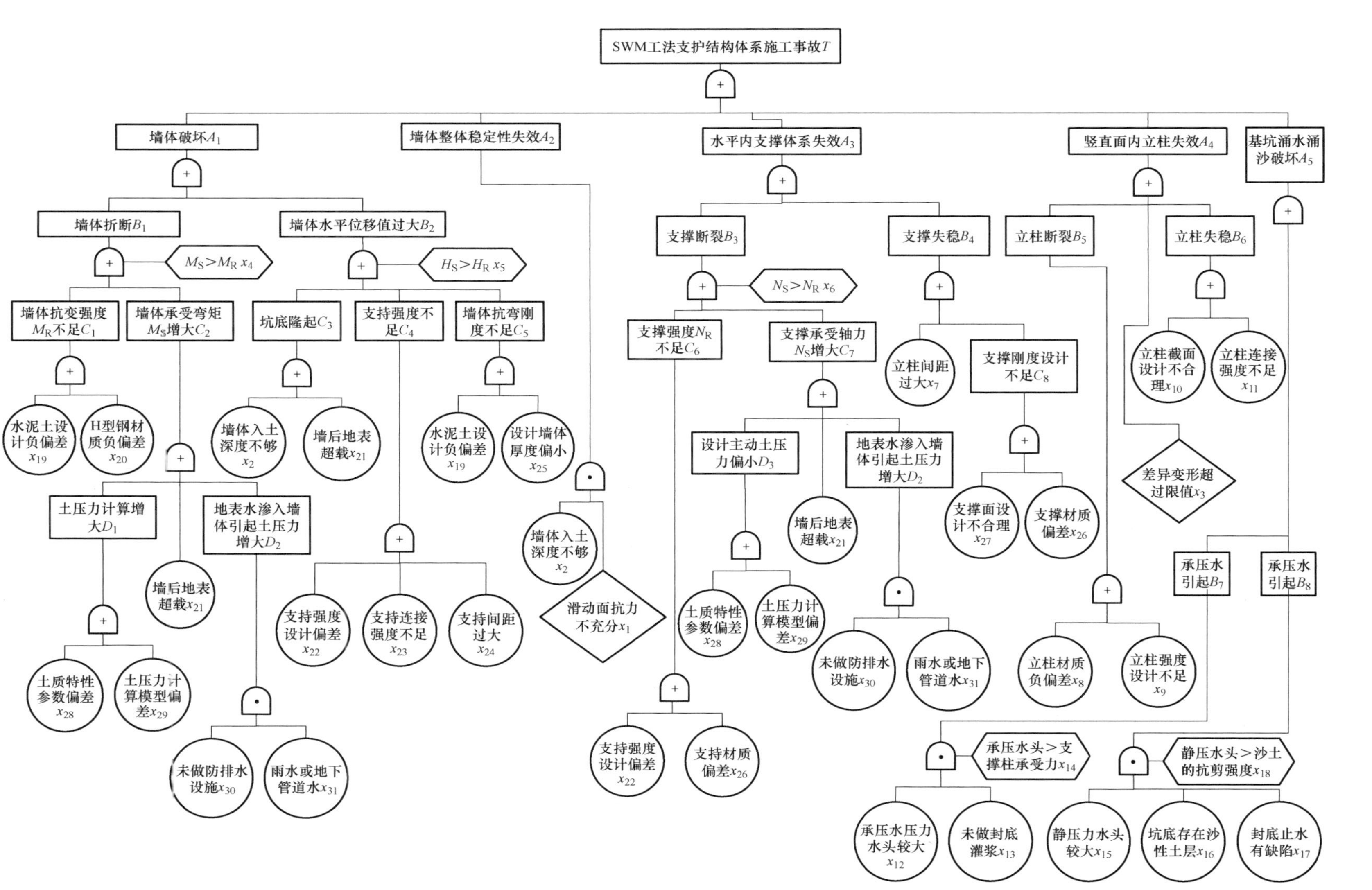

图 4-58 SMW 工法支护结构体系的事故树

由计算结果可知，顶上事件为30个交集的并集，这30个交集即为该事故树的最小割集，即 $\{x_4,x_{19}\}$、$\{x_4,x_{20}\}$、$\{x_4,x_{28}\}$、$\{x_4,x_{29}\}$、$\{x_4,x_{21}\}$、$\{x_4,x_{30},x_{31}\}$、$\{x_5,x_2\}$、$\{x_5,x_{21}\}$、$\{x_5,x_{22}\}$、$\{x_5,x_{23}\}$、$\{x_5,x_{24}\}$、$\{x_5,x_{19}\}$、$\{x_5,x_{25}\}$、$\{x_1,x_2\}$，$\{x_6,x_{22}\}$、$\{x_6,x_{26}\}$、$\{x_6,x_{28}\}$、$\{x_6,x_{29}\}$、$\{x_6,x_{21}\}$、$\{x_6,x_{30},x_{31}\}$、$\{x_7\}$、$\{x_{27}\}$、$\{x_{26}\}$、$\{x_8\}$、$\{x_9\}$、$\{x_{10}\}$、$\{x_{11}\}$、$\{x_3\}$、$\{x_{12},x_{13},x_{14}\}$、$\{x_{15},x_{16},x_{17},x_{18}\}$。分别对应于导致顶上事件发生的30种事故发生模式。在实际工程中，顶上事件的发生概率 P_T 一般用近似的独立事件和的概率公式

$$P_T = \prod_{i=1}^{n}[1-P(x_i)] \tag{4-52}$$

在FFTA分析中，最重要也是最难的是如何确定这些基本事件的发生概率。结合文献资料对该事故树中各基本事件和条件事件发生概率估计如下：

1）二值基本事件：发生时 $P=1$，不发生时 $P=0$，基本事件有6个，分别为 x_{12}、x_{13}、x_{15}、x_{16}、x_{21}、x_{30}。

2）随机基本事件：发生概率通过统计估算得到。

基本事件有20个，分别为 x_1、x_2、x_3、x_7、x_8、x_9、x_{10}、x_{11}、x_{17}、x_{19}、x_{20}、x_{22}、x_{23}、x_{24}、x_{25}、x_{26}、x_{27}、x_{28}、x_{29}、x_{31}。根据三角形模糊数的论述，假设：

$$a_i = 0.95m_i \tag{4-53}$$

$$b_i = 1.05m_i \tag{4-54}$$

运用式（4-53）和式（4-54）对各随机基本事件的发生概率模糊化，得到各随机基本事件的模糊概率，见表4-9。

表4-9　事故树中各随机基本事件的模糊概率

基本事件编号	模糊概率值		
	a	m	b
x_1	0.01425	0.0150	0.01575
x_2	0.03325	0.0350	0.03675
x_3	0.00114	0.0012	0.00126
x_7	0.00513	0.0054	0.00567
x_8	0.00133	0.0014	0.00147
x_9	0.00133	0.0014	0.00147
x_{10}	0.00114	0.0012	0.00126
x_{11}	0.00133	0.0014	0.00147
x_{17}	0.02660	0.0280	0.02940
x_{19}	0.00770	0.0081	0.00850
x_{20}	0.00123	0.0013	0.00137
x_{22}	0.00257	0.0027	0.00283
x_{23}	0.00133	0.0014	0.00147

（续）

基本事件编号	模糊概率值		
	a	m	b
x_{24}	0.00133	0.0014	0.00147
x_{25}	0.00238	0.0025	0.00262
x_{26}	0.00133	0.0014	0.00147
x_{27}	0.00114	0.0012	0.00126
x_{28}	0.00513	0.0054	0.00567
x_{29}	0.01710	0.0180	0.01890
x_{31}	0.03710	0.0390	0.04090

3）条件事件：发生概率根据经验估计得到，事件有 5 个，分别为 x_4、x_5、x_6、x_{14}、x_{18}，根据三角形模糊数的论述，假设：

$$a_i = 0.9m_i \tag{4-55}$$

$$b_i = 1.1m_i \tag{4-56}$$

运用式（4-55）和式（4-56）对各条件事件的发生概率模糊化，得到各条件事件的模糊概率，见表 4-10。

表 4-10　事故树中各条件事件的模糊概率

基本事件编号	模糊概率值		
	a	m	b
x_4	0.09	0.1	0.11
x_5	0.18	0.2	0.22
x_6	0.09	0.1	0.11
x_{14}	0.18	0.2	0.22
x_{18}	0.18	0.2	0.22

根据前面所述的模糊数区间运算法则，用模糊数的减法运算和乘法运算分别代替普通概率的减法和乘法运算，将上述基本事件和条件事件的模糊概率值代入顶事件概率计算公式中，即可得到几种不同情况下顶上事件发生的模糊概率，见表 4-11。

表 4-11　顶上事件的模糊概率

P_{12}	P_{13}	P_{15}	P_{16}	P_{21}	P_{30}	$P_T(a, m, b)$
0	0	0	0	0	0	(0.0279, 0.0309, 0.0341)
0	0	1	1	0	0	(0.0325, 0.0364, 0.0404)
0	0	0	0	1	0	(0.3399, 0.3720, 0.4033)
0	0	0	0	0	1	(0.0344, 0.0385, 0.0428)
1	1	0	0	0	0	(0.2029, 0.2247, 0.2466)
1	1	1	1	1	1	(0.4649, 0.5043, 0.5417)

从表 4-11 中可以看出，墙后地表超载对 SMW 工法支护结构发生事故概率影响很大；地下水位较高时，特别是在承压水压力水头较大时，发生事故概率明显增大，基坑地表未做防排水措施对发生事故概率有一定影响，但影响不大。

在各两值基本事件均取 1 的条件下，SMW 工法支护结构失效概率的可能性分布如图 4-59 所示。从图 4-58 可知，顶上事件的模糊概率仍可用三角形模糊数近似表示，其参数为 0.4649，0.5043，0.5417。其顶上事件的发生概率为 46.49% ~ 54.17%，但发生概率为 50.43% 的可能性最大，其隶属度为 1。顶上事件发生概率的模糊性由基本事件发生概率的模糊性决定，这种模糊性的描述更能反映事物的本质。

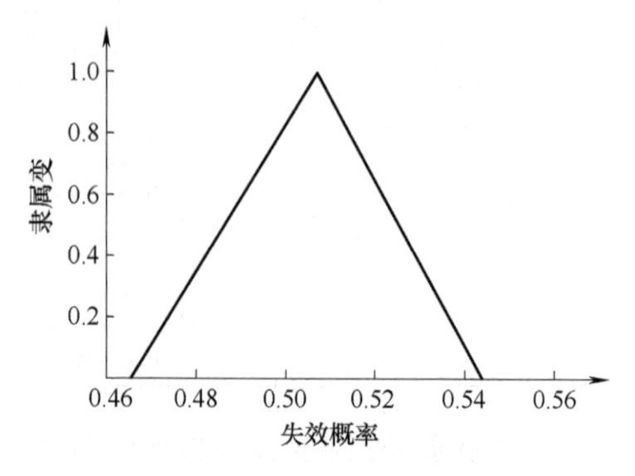

图 4-59 SMW 工法支护结构失效概率的可能性分布

严格说来，三角形模糊数的减法运算结果是三角形模糊数，而三角形模糊数的乘法运算结果一般不是三角形模糊数，但可以用三角形模糊数来近似表示。因为它们有相同的中心值和覆盖区域，仅是某些点的隶属度不同，且近似误差很小，这种近似误差可以忽略。

为了分析 SMW 工法支护结构事故树中各基本事件的发生对顶上事件发生所产生的影响大小，对各基本事件进行重要度分析是非常有必要的，本节以结构重要度分析为例说明。

采用最小割集或最小径集近似判断各基本事件的结构重要度系数的大小。结构重要度分析的基本步骤如下：

1）单事件最小割（径）集中基本事件结构重要系数最大。

2）在同一个最小割（径）集中的所有基本事件结构重要系数相等。

3）在基本事件个数相等的若干个最小割（径）集中的各基本事件结构重要系数依据出现次数而定，即出现次数少，其结构重要系数小；出现次数多，其结构重要系数大；出现次数相等，其结构重要系数相等。

4）两个基本事件出现在基本事件个数不等的若干个最小割（径）集中，其结构重要系数依下列情况而定：①若它们在各最小割（径）集中重复出现的次数相等，则在少数事件最小割（径）集中出现的基本事件结构重要系数大；②若它们在少事件最小割（径）集出现次数少，在多事件最小割（径）集中出现次数多，以及其他更为复杂的情况，可用下式近似判别式计算：

$$I_{\varphi(i)} = \sum_{x_i \in K_j} \frac{1}{2^{n_j - 1}} \tag{4-57}$$

利用上述四条原则判断基本事件结构重要系数大小时，必须从第 1）条至第 4）条按顺序进行，不能单纯使用近似判别式。

根据步骤 1）~4）得到各基本事件的结构重要度顺序为

$I_{\varphi(3)} = I_{\varphi(7)} = I_{\varphi(8)} = I_{\varphi(9)} = I_{\varphi(10)} = I_{\varphi(11)} = I_{\varphi(26)} = I_{\varphi(27)} > I_{\varphi(5)} > I_{\varphi(4)} = I_{\varphi(6)} > I_{\varphi(21)} > I_{\varphi(2)} = I_{\varphi(19)} =$

$I_{\varphi(22)}=I_{\varphi(28)}=I_{\varphi(29)}>I_{\varphi(1)}=I_{\varphi(20)}=I_{\varphi(23)}=I_{\varphi(24)}$

所以，仅从事故树结构上来看，基本事件 x_3、x_7、x_8、x_9、x_{10}、x_{11}、x_{26}、x_{27}对 SMW 工法支护结构失效的影响最大。控制 SMW 工法支护结构失效时，首先要控制这几个风险因素，减少它们的发生概率。

由以上分析可知，导致 SMW 工法支护结构失效的主要因素是承压水压力或静压力水头较大、未做封底灌浆、封底止水有缺陷、墙后地表堆载、立柱材质负偏差、设计问题以及差异沉降过大等。因此，在进行日常风险管理的过程中，需要重点注意这几个风险因素，控制住这几个风险因素，就能大大减少 SMW 工法支护结构失效的概率。

4.9 动态事故树分析法

传统事故树的建模能力具有很大的局限性。实际工程系统中的零部件的失效往往存在失效优先性、顺序相关性和功能相关性等动态失效特性，应用传统的静态事故树对这些系统建模会面临很大的困难。另外，对于一些实际的工程系统，由于系统模型复杂、失效数据缺乏等原因，很难获得零部件精确的失效率。本节用动态事故树建立系统的可靠性模型，用三角模糊数来描述底事件发生概率的模糊性，并描述马尔科夫模型中状态之间的转移率，使用模糊数的扩展原理及参数规划方法来计算事故树顶上事件失效的模糊概率值的隶属函数。

4.9.1 动态事故树分析法基本概念

1. 动态逻辑门

常规事故树分析方法的主要不足之处是不能对系统中的顺序相关性进行建模。为解决该问题，Dugan 等提出一种新的可靠性分析方法——动态事故树方法。该方法引入一系列动态逻辑门来描述系统的时序规则和动态失效行为，主要包括优先与门（Priority-AND Gate，PAND）、功能相关门（Functional Dependency Gate，FDEP）、顺序相关门（Sequence Enforcing Gate，SEQ）和备件门（Spare，SP）四种典型的动态逻辑门。下面主要从动态门的输入事件和失效机理两个方面来介绍这四种动态逻辑门。

（1）优先与门（PAND）

输入事件：假设优先与门有两个输入事件 A 与 B，这两个输入事件可以是基本事件或者其他逻辑门的输出事件。

失效机理：当基本事件按照从左至右的顺序发生时，输出事件发生。例如，对于具有两输入的优先与门，当 A 先发生，B 后发生时，系统输出事件为失效状态。优先与门的图形符号如图 4-60 所示。

（2）功能相关门（FDEP）

输入事件：功能相关门通常包含一个触发事件（为基本事件或者其他逻辑门的输出事件）和一个或者多个相关事件。相关事件在功能上依赖于触发事件的发生。

失效机理：当触发事件发生时，所有相关事件被强制发生。功能相关门的图形符号如图 4-61 所示。

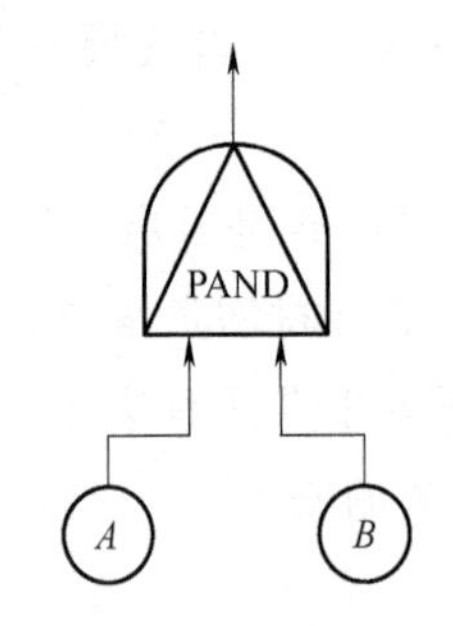

图 4-60　优先与门的图形符号

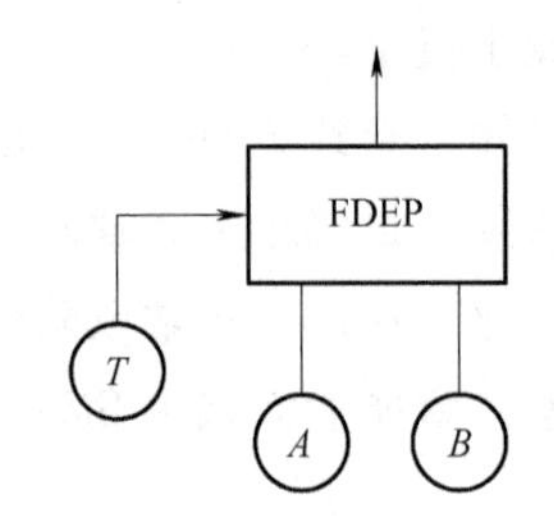

图 4-61　功能相关门的图形符号

（3）顺序相关门（SEQ）

顺序相关门强制其输入事件按照特定的顺序发生，而不会按照其他的顺序发生失效。顺序相关门与优先与门类似，都表示基本事件的时序性，它们的区别在于：顺序相关门中的输入事件不能按照任意顺序失效；而优先与门可以以任意顺序失效，只有特定顺序的失效才会触发其输出事件的失效。

输入事件：顺序相关门的输入事件只能是基本事件，其他逻辑门的输出不能作为顺序门的输入事件，但顺序门的输出事件可以作为其他门的输入事件。

失效机理：如图 4-62 所示，顺序相关门有 n 个输入事件，只有当所有事件发生，且按照从 1 到 n 的顺序依次发生时，输出事件才会发生。

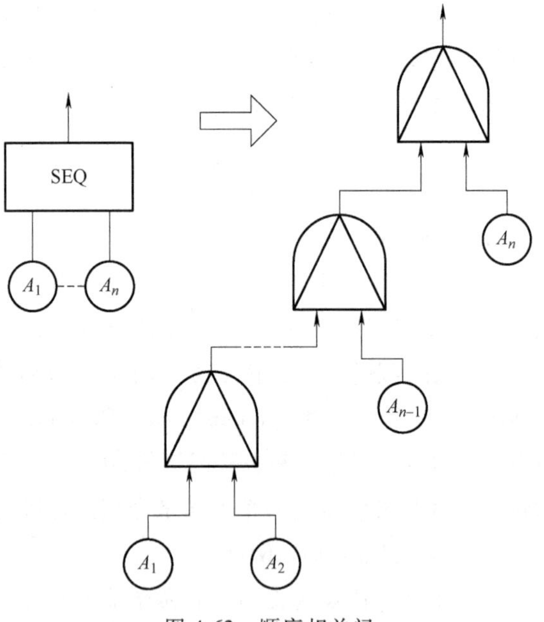

图 4-62　顺序相关门

（4）备件门（SP）

备件门通常有一个主输入部件和一个或多个备份部件，备件具有与主件相同的功能和失效率。备件门按照失效机理的不同可以分为三类：冷备件门（CSP），温备件门（WSP）和热备件门（HSP）。这三类备件对应于三类备件门，其图形符号如图 4-63 所示。

冷备件门有两种输入类型：基本输入和可选输入。基本输入在系统开始运作时就进入工作状态，而可选输入处于非工作状态；只有当基本输入产生故障后，可选输入（冷备件）继续接替工作，直至冷备件也完全失效。

温备件门不同于冷备件门的是，冷备件门在进入工作状态前视为无失效，而温备件却有可能失效，但其失效率与工作状态失效率不同，为储备失效率。因此系统具有两种失效过

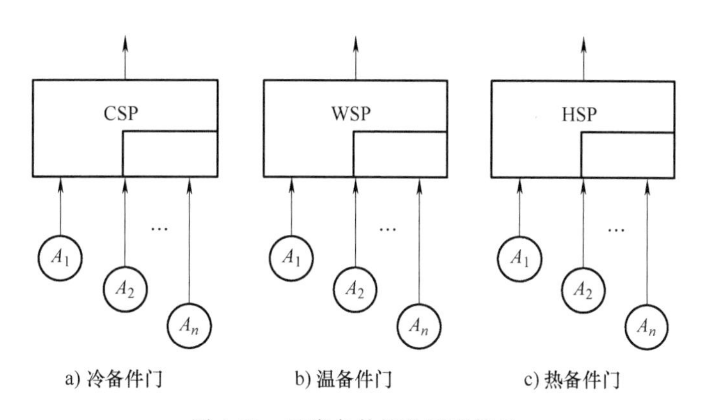

图 4-63 三类备件门的图形符号

程：一是温备件保持储备状态，当基本输入失效，备件转为工作状态；二是温备件先于基本输入失效，此时当基本输入失效，整个冗余系统就失效。

热备件门是在基本输入工作的同时，备件也处于工作状态。当基本输入失效时，备件立即转换为基本输入，以保证系统处于正常工作状态。

根据以上三种备件门的工作机理，假设部件的失效率为 λ，当作为备件使用时，其失效率可描述为 $\alpha\lambda$。分析可得：当 $\alpha=0$ 时，部件为冷备件；当 $\alpha=1$ 时，部件为热备件；当 $0<\alpha<1$ 时，部件为温备件。

2. 马尔科夫模型

在动态事故树中，顺序割集的发生概率不仅与所包含的事件组合有关，而且与这些基本事件的发生顺序相关。因此，马尔科夫模型被用来建模动态系统的失效过程以及评价系统的可靠性。

假设 T 是无限实数集，若对每一个 $t\in T$，$X(t)$ 是一个随机变量，则称 $\{X(t),\ t\in T\}$ 为随机过程。当一个随机过程满足以下条件概率关系时，该随机过程被称为马尔科夫过程：

$$\begin{aligned}P\{X(t_n)=x_n\,|\,X(t_1)=x_1,X(t_2)=x_2,\cdots X(t_{n-1})=x_{n-1}\}\\=P\ \{X\ (t_n)=x_n\,|\,X\ (t_{n-1})=x_{n-1}\}\end{aligned}\tag{4-58}$$

这里 $x_i\in S$，S 是随机过程的状态空间，且

$$t_1<t_2<\cdots<t_{n-1}<t_n\tag{4-59}$$

式（4-58）体现了马尔科夫过程的无记忆性，这种无记忆性表明，随机过程在 t_i时刻处于状态 x_i的概率只依赖于 t_{i-1}时刻的状态，而与之前时刻的状态无关。通常情况下，马尔科夫过程的状态空间和时间参数可以是离散或连续的，马尔科夫链即为时间离散状态空间离散的马尔科夫过程。

在动态系统中，系统的失效过程可以用马尔科夫过程来描述。

假定系统具有 n 个状态 $S_i(i=1,\ 2,\ \cdots,\ n)$，则可以用马尔科夫过程 $\{S(t),\ t\geqslant 0\}$ 来描述该系统的失效过程。其中，$S_i\in H$，H 是马尔科夫过程的状态空间。以符号 $\lambda_{i,j}$表示由状态 i 到状态 j 的转移率，则系统的失效过程可以用图 4-64 所示的状态转移示意图来描述。

图 4-64 中，S_1是系统完好状态，S_2至 S_{n-1}为系统中有零部件失效后的中间状态，S_n为系

统失效状态。

令 $S_{i(t)}$，$i=1, 2, \cdots, n$ 为时刻 t 系统处于各个状态 $S_i(i=1, 2, \cdots, n)$ 的概率，上述马尔科夫模型对应的微分方程组如下：

$$\begin{cases} \dfrac{dP_1(t)}{dt} = -P_1(t)\sum\limits_{j=2}^{n}\lambda_{1j} \\ \dfrac{dP_i(t)}{dt} = \sum\limits_{j=1}^{i-1}P_j(t)\lambda_{ji} - \sum\limits_{j=i+1}^{n}P_i(t)\lambda_{ij} \quad 1<i<n, t\geqslant 0 \\ \dfrac{dP_n(t)}{dt} = \sum\limits_{j=1}^{n-1}P_j(t)\lambda_{jn} \end{cases} \tag{4-60}$$

该模型的初始条件为：

$$\begin{cases} P_1(0)=1 \\ P_i(0)=0 \quad i=2,\cdots,n \end{cases}$$

求解上述模型即可得到第 n 个状态的概率 $P_n(t)$，该值对应于事故树中顶上事件的发生概率，即系统在 t 时刻的失效概率。

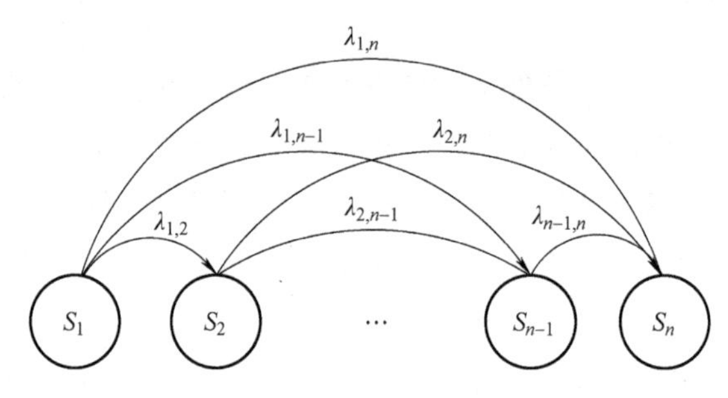

图 4-64　马尔科夫模型状态转移示意图

3. 动态事故树向马尔科夫模型的转化

当事故树中具有一个或者多个动态逻辑门时，这种事故树就被称为动态事故树。针对马尔科夫模型的图解优势，将动态逻辑门转换为马尔科夫模型，能够有效解决动态逻辑门的求解问题。将动态逻辑门输入事件的状态组合作为马尔科夫模型的基本状态，同时马尔科夫模型的状态转移概率设置为输入事件的故障概率，这样就能够将动态逻辑门转换为马尔科夫模型。下面介绍几种典型的动态逻辑门转换成的相对应的马尔科夫模型。本节假设零部件失效服从指数分布且为不可修的产品。

（1）优先与门（PAND）

两输入的优先与门转化为马尔科夫模型如图 4-65 所示。

图 4-65 中“00”代表两部件均正常工作的系统状态，“10”代表部件 A 失效而部件 B 工作的系统状态，“Fail”即指输出事件发生，系统处于失效的状态；λ_A 和 λ_B 表示部件 A 与 B 的失效率，分别对应图中的两个状态转移率。

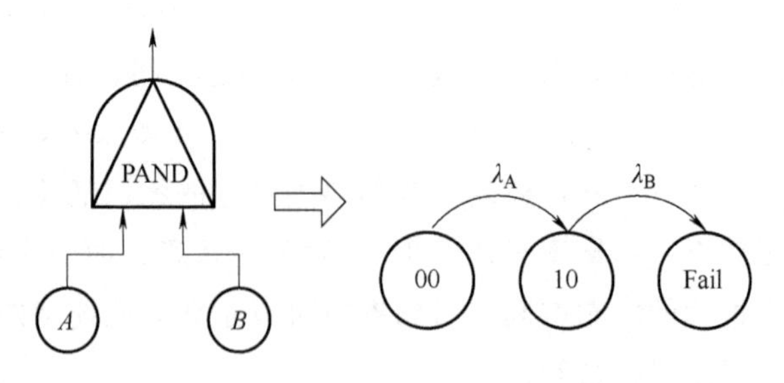

图 4-65　优先与门转换为马尔科夫模型

（2）功能相关门（FDEP）

根据功能相关门的工作原理及失效机理，功能相关门转换为马尔科夫模型如图 4-66 所示。其中，λ_A 和 λ_B 表示输入部件 A 与 B 的失效率 λ_T 为触发事件 T 的工作失效率。“000”为三个部件均工作的系统状态，“001”为只有部件 B 失效的系统状态，“010”为只有部件 A

失效的系统状态，“Fail” 为系统失效状态。状态之间的转移如图 4-66 所示。

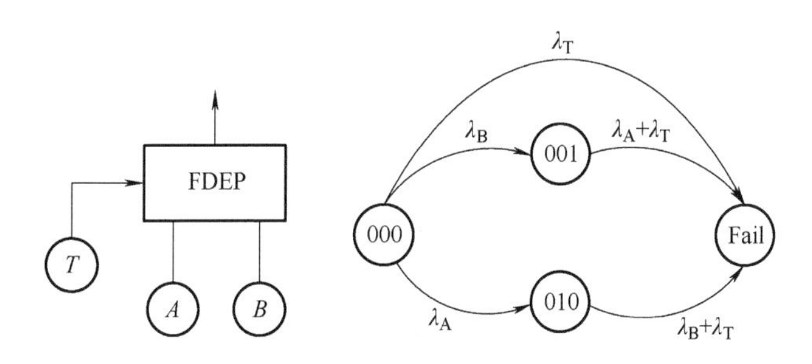

图 4-66　功能相关门转换为马尔科夫模型

（3）顺序相关门（SEQ）

与前两种动态逻辑门类似，用 λ_i 表示顺序输入事件 A_i 的失效率。将顺序相关门转换为马尔科夫模型如图 4-67 所示。其中，各个状态的含义与前面的马尔科夫模型中的状态类似。

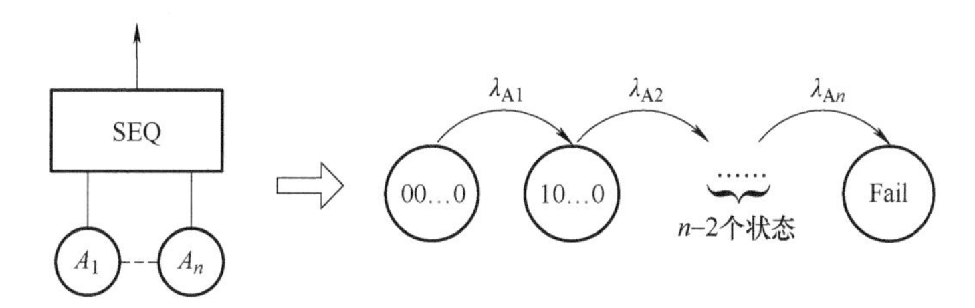

图 4-67　顺序相关门转换为马尔科夫模型

（4）备件门（SP）

如图 4-68 ~ 图 4-70 所示为冷备件门、温备件门和热备件门转换为马尔科夫模型。其中，A 基本输入，S 表示备件；λ_A 和 λ_S 分别表示 A 与 S 处于工作状态时的失效率。各个状态的含义与两输入优先与门的马尔科夫模型中的状态相同。根据三种门的失效机理可知，温备件门中备件在基本输入 A 失效前也具有一定失效率，将其表示为 λ_S，此时 $\lambda_{S'}<\lambda_S$；当 A 失效时，S 转为全额工作，这时 $\lambda_{S'}=\lambda_S$。对于热备件门，备件 S 一直处于工作状态，所以 $\lambda_{S'}=\lambda_S$。

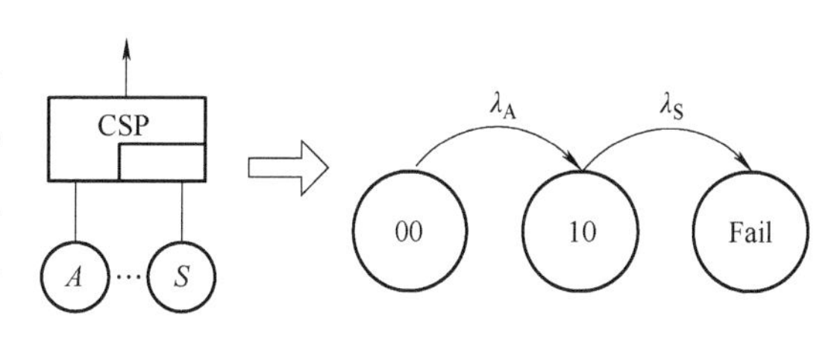

图 4-68　冷备件门转换为马尔科夫模型

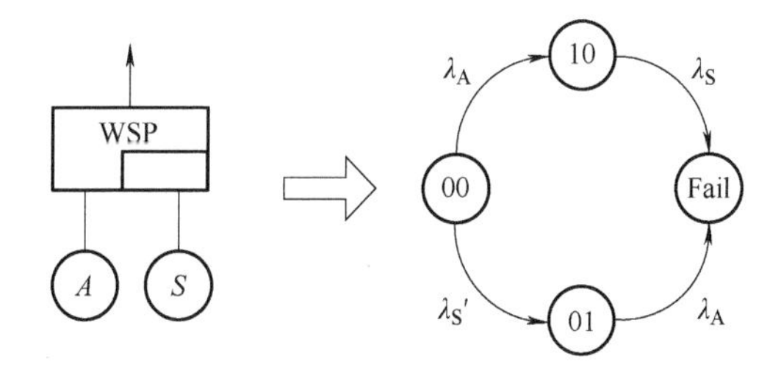

图 4-69　温备件门转换为马尔科夫模型

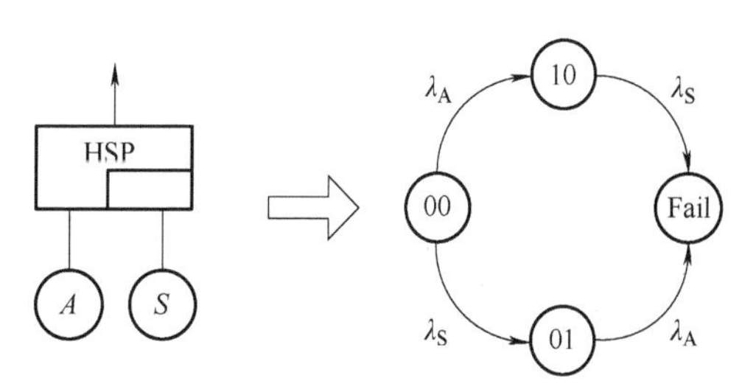

图 4-70　热备件门转换为马尔科夫模型

4.9.2 基于模糊马尔科夫模型的动态事故树（FDFT）

结合马尔科夫模型与模糊集合理论，提出一种新的可靠性分析方法——模糊动态事故树分析方法，来对同时具有与时间相关的动态失效特性和模糊不确定性的系统进行可靠性建模与分析。

在该方法中，首先根据系统的失效分析来建立系统的动态事故树模型，然后用马尔科夫模型来对具有 n 个状态的动态事故树做模型转化。在转化后的马尔科夫模型中，用模糊数来表示状态之间的转移率，从而使模型的状态转移率矩阵变为模糊状态转移率矩阵，形式如下：

$$\tilde{A}=(\tilde{\lambda}_{i,j})=\begin{pmatrix}\tilde{\lambda}_{1,1} & \tilde{\lambda}_{1,2} & \cdots & \tilde{\lambda}_{1,n}\\ \tilde{\lambda}_{2,1} & \tilde{\lambda}_{2,2} & \cdots & \tilde{\lambda}_{2,n}\\ \vdots & \vdots & & \vdots\\ \tilde{\lambda}_{n,1} & \tilde{\lambda}_{1,n} & \cdots & \tilde{\lambda}_{n,n}\end{pmatrix} \tag{4-61}$$

模糊状态转移过程如图 4-71 所示。图中 S_1 表示系统完好运行状态，S_i（$i=2$，…，$n-1$）表示系统中有零部件失效但系统仍能工作的中间状态，S_n 表示系统失效状态。

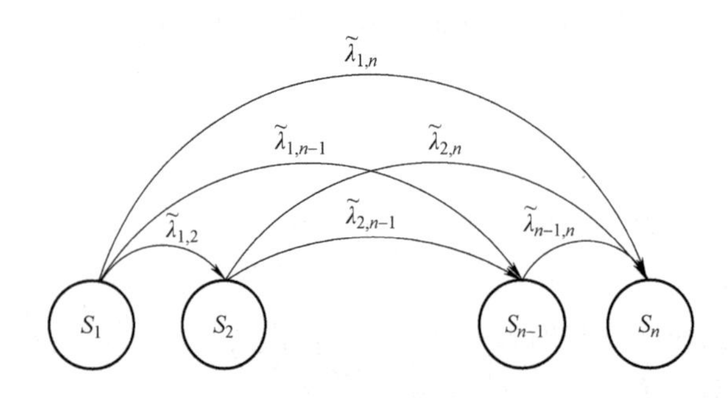

图 4-71 不可修系统的模糊状态转移过程

于是，由模糊转移率构成的马尔科夫模型对应的微分方程如下：

$$\begin{cases}\dfrac{\mathrm{d}\tilde{P}_1(t)}{\mathrm{d}t}=-\tilde{P}_1(t)\displaystyle\sum_{j=2}^{n}\tilde{\lambda}_{1j}\\ \dfrac{\mathrm{d}\tilde{P}_i(t)}{\mathrm{d}t}=\displaystyle\sum_{j=1}^{i-1}\tilde{P}_j(t)\tilde{\lambda}_{ji}-\sum_{j=i+1}^{n}\tilde{P}_i(t)\tilde{\lambda}_{ij}\quad 1<i<n,t\geqslant 0\\ \dfrac{\mathrm{d}\tilde{P}_n(t)}{\mathrm{d}t}=\displaystyle\sum_{j=1}^{n-1}\tilde{P}_j(t)\tilde{\lambda}_{jn}\end{cases} \tag{4-62}$$

运用初始条件 $\tilde{P}_1(0)=1$，$\tilde{P}_i(0)=0(i\neq 1)$，对上述方程组采用拉普拉斯（Laplace-Stieltjes）变换，得到线性方程组如下：

$$\begin{cases} s\tilde{P}_1(S)-1=-\tilde{P}_1(S)\sum\limits_{i=2}^{n}\tilde{\lambda}_{1i} \\ s\tilde{P}_i(S)=\sum\limits_{j=1}^{i-1}\tilde{P}_j(S)\tilde{\lambda}_{ji}-\sum\limits_{j=i+1}^{n}\tilde{P}_i(S)\tilde{\lambda}_{ij} \quad 1<i<n \\ s\tilde{P}_n(S)=\sum\limits_{j=1}^{n-1}\tilde{P}_j(S)\tilde{\lambda}_{jn} \end{cases} \tag{4-63}$$

求解上述方程组得到关于 S 的函数 $\tilde{P}_n(S)$，对其做 Laplace-Stieltjes 反变换，解得系统状态关于时间的概率分布 $\tilde{P}_n(t)$。由扩展原理即可求得该模糊数的上、下限，即系统的模糊失效概率。

复 习 题

1. 什么是事故树的最小割集、最小径集？它们分别代表什么？

2. 结构重要度、概率重要度、临界重要度的符号、含义和区别是什么？

3. 常用的顶上事件发生概率求法有哪些？

4. 事故树定性分析与定量分析的根本差别在哪里？

5. 事故树如图 4-72 所示。

（1）求出最小割集和最小径集。

（2）求出各基本事件的结构重要度和排序。

（3）设各基本事件的发生概率为 0.1，计算顶上事件的发生概率，求出各基本事件的概率重要度和临界重要度及其排序。

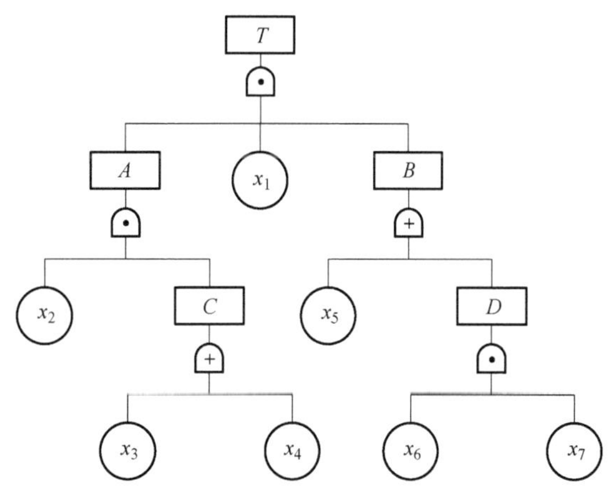

图 4-72　复习题 5 事故树示意图

6. 根据自己熟悉的系统选择一个顶上事件建立事故树，并仿照上题要求进行分析。

7. 事故树如图 4-73 所示，各基本事件的发生概率分别为：$q_1=0.5$，$q_2=0.6$，$q_3=0.7$，$q_4=0.8$，$q_5=0.9$。请计算出顶上事件发生的概率、各因素的概率重要度、临界重要度。

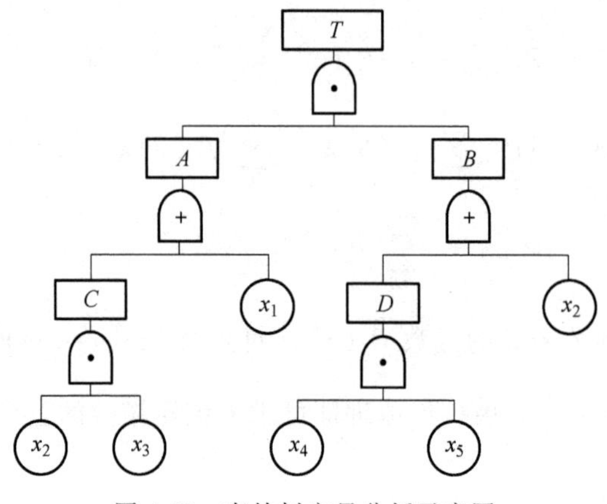

图 4-73　事故树定量分析示意图

第 5 章 因果分析图法

5.1 因果分析图法的原理及概念

生产过程中的事故发生（即安全失效）总是有其原因的。事故发生的原因很多，常表现为重要的极少数原因与无关紧要的多数原因混杂的现象。一个占优势原因对事故发生所起的作用常常比其余的原因总和还要重要得多。但是，要准确找出这个优势的原因，往往因为存在着各种各样的可能导致事故发生的因素而变为比较复杂且不易解决的问题。当分析发生事故的原因时，可将各种原因进行归纳、分析，用简明的文字和线条加以全面表示，用这种方法分析事故，可以使复杂的原因系统化、条理化、明朗化，把事故的主要原因搞清楚，也就明确了预防对策。因果图分析法就是一种简单易行的方法。这一方法原理主要应用于全面的质量管理。近几十年来，因果分析图法被应用于安全生产领域，成为一种重要的事故分析方法。

5.1.1 事故的因果关系

事故是一定条件下可能发生，也可能不发生的随机事件，它的发生是相互关联的诸多事件作用的结果。各种事件间呈相互依存与制约的关系，这种相互依存和相互制约的诸多关系之一就是因果关系。必然引起别的现象的事件叫作原因，而被原因所引起的别的现象就是结果。因果关系具有继承性，也就是多层次性，即第一阶段的结果往往是第二阶段的原因，而第二阶段的“结果”往往又是第三阶段的“原因”。这就是说，在这一关系上看是“果”的现象，在另一关系中却是“因”。假如事故构成要素 A 是“因”，它导致了某一事件 B 发生，则事件 B 就是结果；而事件 B 如果导致了事件 C 发生，则事件 B 就是下一阶段结果 C 的“因”。随着事件的向前推移，由近因找到原因；由直接原因追踪到间接原因。因果分析图法就是基于这样的逻辑思想进行事故分析的。

5.1.2 因果分析图法的概念

因果分析图法是将系统中造成事故的各种因果关系用简明文字和线条全面地表示出来，并据此得出事故不同阶段的“因”和“果”，找出事故发生的基本原因及事故预防对策的一种方法。用于表现事故发生的原因与结果关系的图形称为因果分析图。它追究结果形成的原因，然后从原因里找出更深层次的原因，用箭头所指示方向表示出因果关系。因此，因果分析图是因果分析图法运用的产物，是系统结果与可能影响系统结果的因素（原因）之间因果关系的图解。其图形形状像一条完整的鱼，有骨有刺，故又称鱼刺图，这是一种形象化的称呼（图 5-1）。

根据因果分析图可知两个信息，一是因果分析图的内容，二是因果分析图的结构。因果分析图中的内容分为原因与结果两部分。原因部分构成鱼刺图的“鱼刺”，“鱼刺”的箭头指向结果事件，表示该原因事件对所指向因素有直接影响。鱼刺图的“主干”表示结果，即事故类型和后果。要因（大原因）用“大骨”表示，如人、机器、工艺、设备、环境等，中原因用“中骨”表示，小原因用“小骨”表示，更小原因用“细骨”表示。通过对原因的依次展开，即把对结果有影响的因素加以分类和标出，并由大到小，由粗到细，直到能直接具体地看清问题为止（图 5-1）。

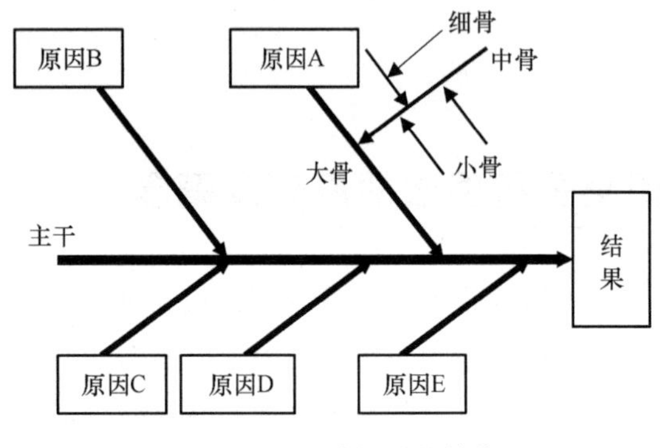

图 5-1　因果分析图的结构

5.2 因果分析图法的分类

因果分析图也可以说是用箭头表示事故和产生原因之间关系的系统。根据系统的不同，因果分析可分为三种类型。

1. 离差分析型因果分析

离差分析型因果分析就是将系统看作由多个子系统构成的一个整体，把事故视为子系统组合偏离目标的结果，将该偏移离差分解到系统的每个子系统中寻找原因，然后把原因从大到小，按照直接与间接的关系，绘制成大骨、中骨、小骨和细骨，形成离差因果分析图。通过离差因果分析，能基本弄清各个原因事件之间的关系，能有针对性地采取对策减少离差。

离差分析最早是用于改进产品或零部件的质量，减少设备故障率。这种类型的分析方法对全面了解和掌握各道工序间的关系非常有利，但是它把各种影响因素集中归纳在一起，由于因素太多很容易把一些小的因素漏掉，因此需要在绘图过程中进行全面周密的思考，防止遗漏。在研究较大系统安全问题时，用这种类型的因果分析方法将大系统划分成小系统、子系统，将复杂问题分解细化，是比较适合的系统安全分析法。

2. 工序分析型因果分析

工序分析型因果分析就是按照生产工序的次序，依次寻找当前工序中对事故有影响的原因并进行分析，从大到小，从粗到细将各个因素的因果关系绘制成图。这种分析类型的优点是作图简便，容易理解。缺点是有些相同影响因素会出现多次。比如操作者的因素，在各道工序中都存在，所以，就会三番五次地出现这个问题。此外，系统运行的工序一般都比较多，分析较复杂，可先做出工序流程图，再进行工序因果分析。

3. 层次分析型因果分析

影响系统安全的因素很多，包括人员、机械设备、环境、技术、管理等。每一因素都可能成为事故发生的一个要因，而这些要因又由许多具体的小原因导致。这些原因是有层次的。先找出诱发事故的要因，再找其产生的次级原因，而这些次级原因则是由更小的原因形成的，将所有原因分门别类地归纳起来，绘成图形，则可清晰表示各个原因之间的关系。通过层次分析把造成事故发生的各种因素条理化，有利于制定对策措施。

事故的发生常常是多种复杂因素影响所致，可通过因果分析图法将引发事故的重要因素分层（支）加以分析。在图上将原因和结果的关系用箭头表示，分层（支）的多少取决于系统安全分析的深度和广度。

在上述的三类分析法中，对于事故的分析多采用层次分析型因果分析。

5.3 因果分析图法的应用

5.3.1 因果分析图的作图步骤

因果分析图的图形看似简单，实质上，图的质量与追问深度有关，追问越深，探索的原因因素也越细。一般情况下，可从人员、机械设备、环境、技术、管理因素，从粗到细，由表及里，一层一层地深入分析。在绘制因果图时，一般可按下列步骤进行：

1）确定分析对象，找出系统中的安全问题（指事故或隐患）。绘制出主干及结果部分。

2）分析产生事故的主要原因或直接原因，绘制出因果分析图的“大骨”，并将该因素用简要的文字描述，标注在“大骨”末端，箭头指向主干。寻找事故发生的主要原因或直接原因可从人的不安全行为、物的不安全状态以及管理等方面入手。

3）分析每个主要原因或直接原因，寻找形成这些原因的次级直接原因或次级主要原因，每个原因画一支，绘制出因果分析图的“中骨”，并将该因素用简要的文字描述，标注在“中骨”横线上，箭头指向“大骨”。

4）同理，将原因层层展开，一直到不能再分为止，将这些原因都用简要文字概括，按照直接、间接关系用箭头表示出来，绘制出因果分析图上的“小骨”和“细骨”。

5）根据形成的因果分析图确定主要原因，并做出标记。确定主要原因可用公认法、投标法、排列图法和评分法等，并将其做出标记。作为重点控制对象。

6）检查是否有原因遗漏，如有遗漏，应立即补充。

7）做出因果分析图的标题、绘制年月日、制图者、制作单位以及其他有关事项，以便查考。

由于各人工作岗位不同，所以对于影响安全的原因每个人都能根据自己的经验提出不同的认识，集思广益，把影响安全的各种主次因素都统一到因果图上来。这样画出的图比较完整，既能群组化，又有连续性，逻辑关系强，能够恰到好处地表达事物内在的原因结构。

绘图步骤可归纳为：针对结果，分析原因；先主后次，层层深入。

5.3.2 因果分析图法分析实例

1. 用于多次序事故的综合分析

在变电工程电气施工中，常发生机械伤害事故。本分析所指的机械伤害是指作业人员在操作坡口加工机、焊接机、压接机时，机器部件或加工件与人体直接接触引起的伤害。为能系统地辨识出导致事故发生的危险因素，画出该事故的因果分析图，如图 5-2 所示。

2. 用于某事故的深入分析

事故分析方法因果分析图如图 5-3 所示。

3. 用于伤亡事故的过程分析

某矿掘进队在平峒掘进时，用耙斗装岩机装岩。放炮后，当班驾驶员未事先检查设备就开机装岩，运行一段时间后，牵引钢丝绳突然断裂，且耙斗装岩机未安装护身保险杆，致驾驶员被断裂后回弹的钢丝绳击中头部而身亡。

（1）分析绘制要因

发生这起死亡事故的主要原因可以从该矿的安全管理、操作者（驾驶员）、设备管理三大因素进行分析：

1）装岩机缺乏安全管理。

2）操作者不合格。

3）装岩机存在严重缺陷。

根据以上初步分析，可得出“耙斗装岩机伤人事故”为主干因素（项目）的因果分析图，如图 5-4 所示。

（2）分析绘制中原因（中支）

对每个要因深入分析，找出直接构成相应要因的中原因（中支）。

1）装岩机缺乏安全管理：无健全的操作制度；设备带“病”作业。

2）操作者不合格：无培训就开机；违章作业；缺乏安全知识；思想麻痹。

3）装岩机存在严重缺陷：钢丝绳损伤；机身未安装保险杆。

根据以上分析，可进一步画出因果分析图，如图 5-5 所示。

（3）分析绘制小原因（小支）

对中枝的原因进一步分析，找出更小的小原因（小支）。

1）无健全的操作制度：未制定；操作制度错误。

2）设备带病作业：未检查；未及时维修。

3）违章作业：违反操作规程；开机前未检查设备。

4）无培训就开机：领导失职。

5）缺乏安全知识：无安全教育；安全教育走过场；未参加安全教育。

6）思想麻痹：操作者失职。

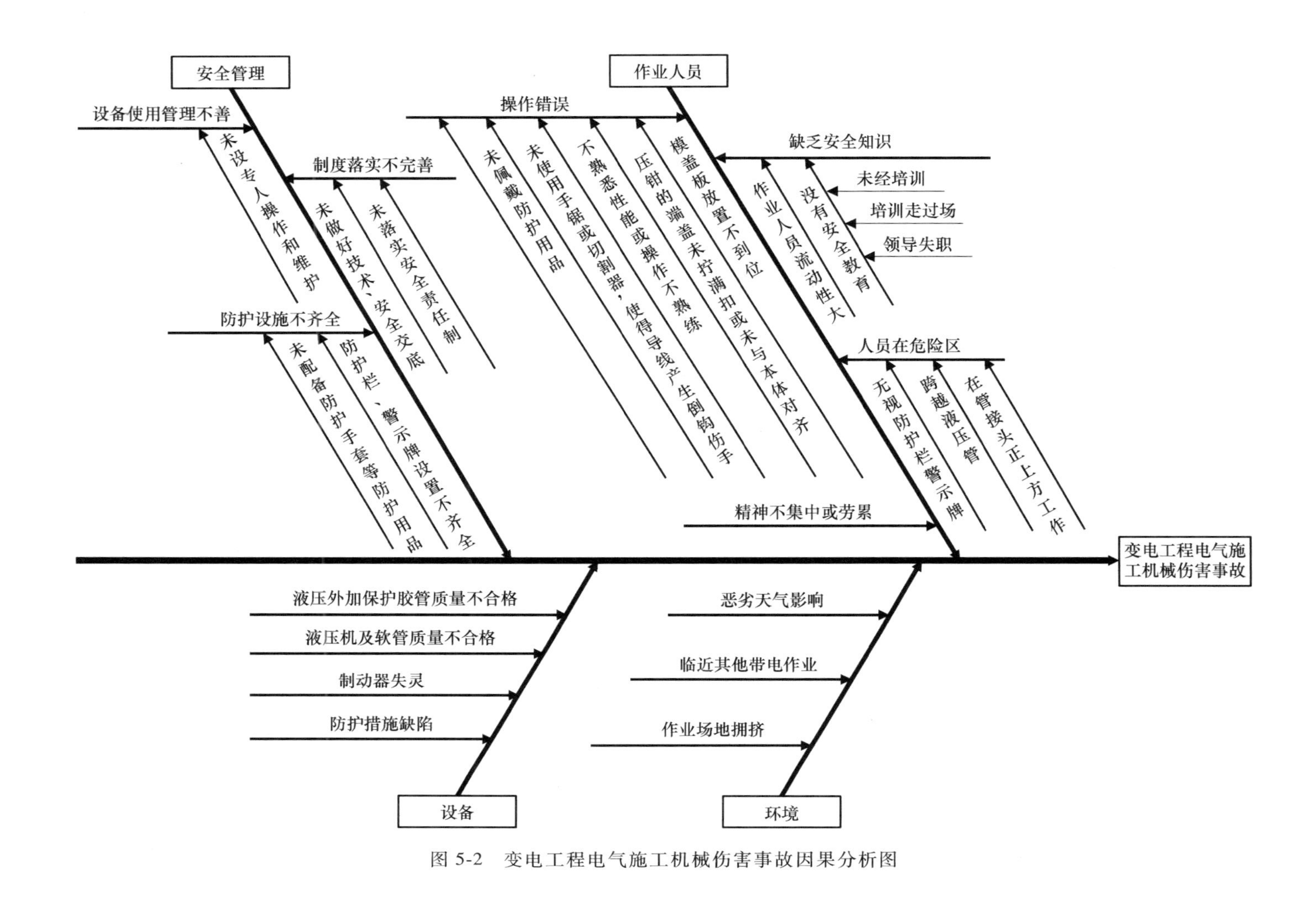

图 5-2　变电工程电气施工机械伤害事故因果分析图

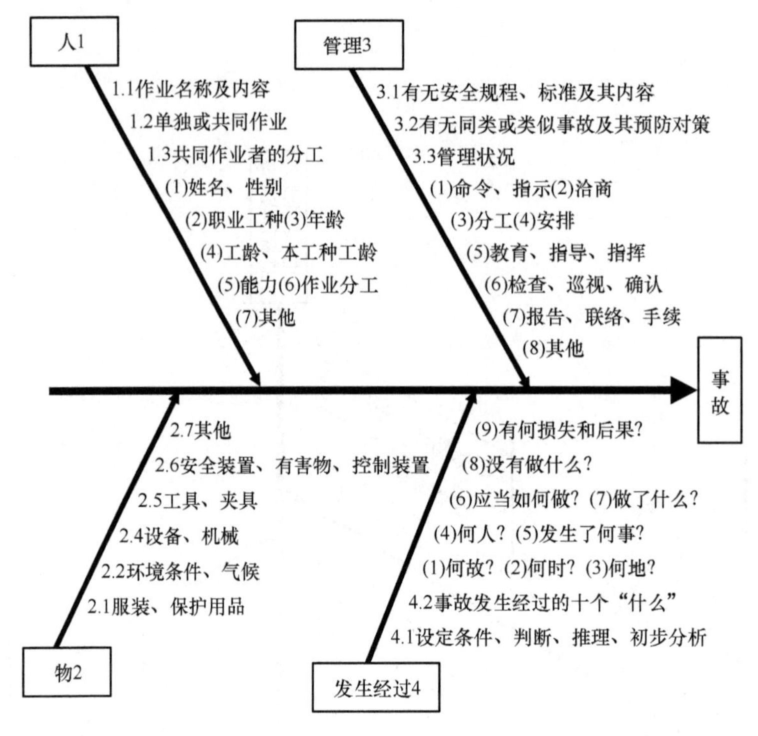

图 5-3 事故分析方法因果分析图

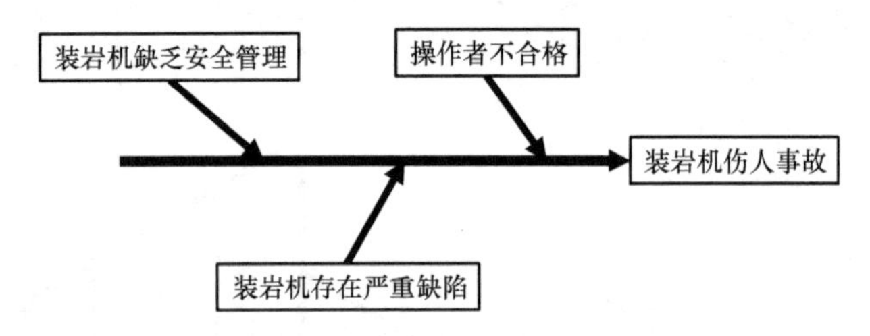

图 5-4 耙斗装岩机伤人事故因果分析图一

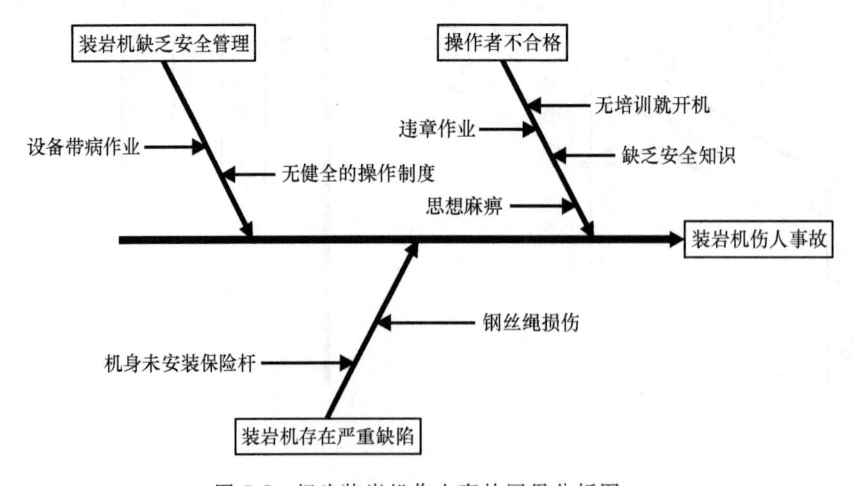

图 5-5 耙斗装岩机伤人事故因果分析图二

7）钢丝绳损伤：未定期检查；未及时更换。

（4）分析绘制深层次原因

对细支中的各因素进一步分析，直至不能再细究为止。经过这一详细过程的分析，最终画出完善的耙斗装岩机伤人事故因果分析图，如图 5-6 所示。

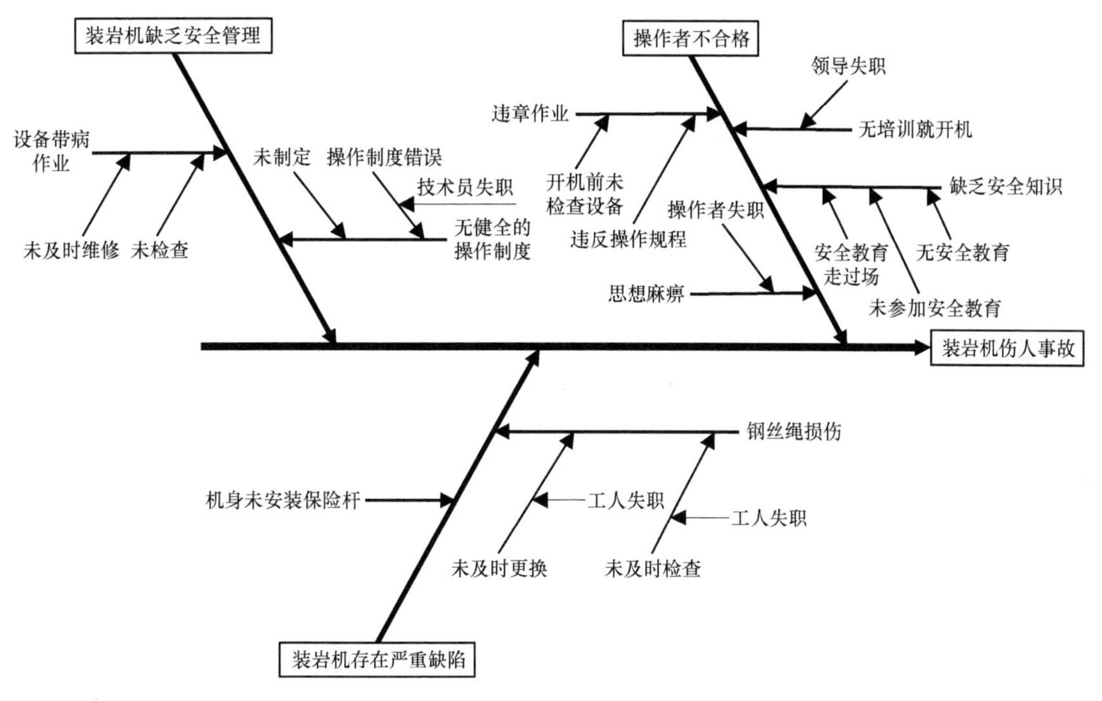

图 5-6 耙斗装岩机伤人事故因果分析图三

5.3.3 因果分析图法注意事项

1. 因果分析法注意事项

（1）分清因果地位

好多看似存在因果关系的因素未必真有这种关系。因此，在运用因果分析法前，需确认分析对象是否存在因果关系。

（2）注意因果对应

任何结果是由一定的原因引起的，一定的原因产生一定的结果。因果常是一一对应的，不能混淆。

（3）循因导果，执果索因

在安全分析中，从不同的方向用不同的思维方式去进行因果分析，有利于发展多向性思维。

（4）客观评价每个因素的重要性

每个人要根据自己的知识和经验来评价各因素，这一点很重要，但不能仅凭主观意识或印象来评价各因素的重要程度。用科学的思维来客观评价因素的重要性是比较符合逻辑的。

（5）使用因果分析时要不断加以改进

进行安全分析时，利用因果图可以帮助人们弄清楚因果图中哪些因素需要检查。同时，随着人们对客观的因果关系认识的变化，必然导致因果图发展变化。例如，有些需要删减或修改，有些需要增加，要重复改进因果图，得到真正有用的因果图，这样就使人们采取的措施有的放矢，增加了解决问题的能力。

2. 绘制因果图的注意事项

（1）集思广益，充分发扬民主，以免疏漏

应通过大家集思广益，明确对结果影响较大的因素。如果某因素在讨论时没有考虑到，在绘图时当然不会出现在图上。因此，绘图前必须让有关人员都参加讨论，这样，因果图才会完整，有关因素才不会疏漏。

（2）原因需具体明确

安全特性本身很抽象，在分析原因时则需尽可能具体、详细，否则，即使分析图中因果关系时没有逻辑错误，也对解决问题用处不大。在绘制因果分析图时，对原因的描述要尽可能具体。

（3）原因需可控

如果分析出的原因不能采取措施进行控制，说明问题还没有得到解决。要想改进系统安全性，原因必须要细致划分，直至能采取措施为止。

实际上，注意事项的内容分别要实现“重要的因素不要遗漏”和“不重要的因素不要绘制”两方面要求。

5.3.4　因果分析图的功用及特点

综上所述，我们可知因果分析图具有以下功用及特点：

1）可用于事前预测事故及发现事故隐患，也可用于事后分析事故原因，调查处理事故。

2）可用于建立安全技术档案，一事一图，这样便于保存，为日后的设计审查、安全管理及技术培训提供技术资料。

3）指导实践。因果分析图既来源于实践，又高于实践。可使存在的问题系统、条理化后，再返回到生产实践中去，用来检验和指导实践，以改善管理工作。

4）因果分析图法简便、实用，易于推广。

5）应注意在确定原因时，防止只观察事故的表面现象，从而不易寻找本质原因。

复　习　题

1. 简述事物之间的因果关系。
2. 简述因果分析图法（鱼刺图法）。
3. 简述常见的因果分析图的类型。
4. 简述因果分析图的作用及其特点。
5. 自己选定一个“事故”，用因果分析图法进行分析。

第 6 章 安全检查表法

6.1 安全检查表概述

6.1.1 安全检查表的概念

安全检查是安全管理中常用的一种方法，其目的就是通过检查以发现系统中存在的事故隐患，为人们及时消除或控制事故隐患提供依据。在传统的安全检查中，检查结果往往根据检查者的经验进行判定所得，即使有的单位事先编制了“安全检查表”，但传统的“安全检查表”往往是根据编制者的经验或教训、法令和条文编制而成的，它们缺乏系统性、全面性和科学性，从而使得检查结果的准确度大打折扣。为了能够系统完整地分析生产中安全问题，较为准确地发现系统中存在的事故隐患，人们引入了一种安全系统检查的分析方法，这种方法称为安全检查表法，它是一种最基础的系统安全分析的形式。

安全检查表实质上就是系统中可能出现的不安全状态及不安全行为的事故隐患清单。人们系统地对一个生产系统或设备进行科学的分析，从中找出各种不安全因素，依据检查项目，把找出的不安全因素以清单的形式列制成表，以便进行检查和避免漏检，这种表就称为安全检查表（Safety Check List，SCL）。它是在查明某一特定作业活动过程或设备的安全状况时，作为蓝本使用的以表格的形式拟定好的“问题清单”。

安全检查表基本的作用是发现和查明各种危险因素和隐患，监督各项安全法规、制度、标准的实施，制止违章行为，以消除危险，防止事故，保证安全生产。它不仅是实施安全检查和诊断的一种工具，也是发现潜在危险因素的一种有效手段。其他的系统安全分析方法（如事故树分析、事件树分析以及后续介绍的故障类型及影响分析），都可以和安全检查表联合使用，作为事故预测预防的依据与手段。

6.1.2 安全检查表的一般形式

安全检查表一般有提问式和对照式两种形式。

提问式安全检查表的检查项目（或检查内容）应包含系统中需查明的所有会导致事故发生的危险因素。在使用时，将检查项目内容与现场被检查系统的客观状况相对照，依据对照的情况，采用提问的方式，要求回答“是”或“否”。“是”表示符合要求，“否”表示存在问题有待于进一步改进。

对照式安全检查表的检查项目应包含系统中需查明的所有可能导致事故发生的危险因素，并在表中附上标准。在使用时，将检查项目内容与现场被检查系统的客观状况及所提供的标准相对照，依据对照的情况，若符合标准，则用“合格”回答，若不符合标准，则用“不合格”回答。“不合格”项表示存在问题，有待进一步改进。

1. 提问式安全检查表的一般样式

提问式安全检查表的一般样式至少需包含表格名称、检查项目、检查内容（要点）、“是”“否”（结果记录）、检查人、检查时间和直接负责人等，见表6-1。

表6-1　公用砂轮安全检查表

检查地点：

序号	检查项目	检查结果	处理措施	备注
1	砂轮有破损裂纹吗？			
2	砂轮和防护罩之间有杂物吗？			
3	主轴端部螺纹有损伤吗？			
4	主轴压紧螺母有松动吗？			
5	卡盘有变形或不平衡现象吗？			
6	砂轮转动灵活吗？			
7	砂轮空转时有异常声响吗？			
8	防护罩上的护板与砂轮之间的距离大于6mm吗？			
9	砂轮与工件托架之间的距离大于3mm吗？			
10	砂轮有水湿（会造成不平衡）现象吗？			
11	有磨轮金属或木料的痕迹吗？			
12	砂轮防护罩开口角度大于90°吗？			
13	砂轮防护罩开口角度在主轴中心线水平面以上部分大于65°吗？			
14	设有专人负责调整、修理、维护保养吗？			
检查人	时间	直接负责人		

2. 对照式安全检查表的一般样式

对照式安全检查表的一般样式见表6-2。

由表6-1可见，安全检查表应具有表题、检查项目（检查内容）、检查结果，对于对照式安全检查表还应具有标准。特别需指出的是，安全检查表的样式不是一成不变的，而是可以根据需要和习惯进行相应的变化，如可在表中添加“备注”和“处理措施”栏等，但每个安全检查表均需注明检查时间、检查人、直接负责人等，以便分清责任。

表 6-2 某安全检查表

类别	序号	检查项目	标准	检查结果	备注
大类分项	编号	检查内容		对照后的结果“合格”打“√”“不合格”打“×”	
检查人		时间		直接负责人	

对于安全检查表的内容和要求：安全检查表应按专项作业活动过程或某一特定的范畴进行编制；应全部列出可能导致事故发生（或系统故障）的危险因素，做到系统、全面，检查项目应明确；内容文字要简单明了和确切。

6.1.3 安全检查表的其他形式

在安全检查表的使用中，提问式和对照式是较为常用的两种形式。它们可直接查明系统中可能导致事故发生的危险因素（即安全检查表中的不合格项），但当人们需要以“量值”的概念来了解检查结果时，它们却无法实现。因此，在提问式或对照式安全检查表的基础上，人们按一定的数学方法给检查项目赋予“分值”，使用这样的安全检查表，最终的检查结果可用“量值”来表现，即可引申出以“量值（分值）”表现的安全检查表形式。

1. 半定量检查结果的形式

这种形式的安全检查表采用了检查判分分级系统。安全检查表的判分分级系统常采用三级判分系列，即 0—1—2—3，0—1—3—5，0—1—3—5—7，其中，不能接受的条件评判为“0”；低于标准较多的条件评判为“1”；稍低于标准的条件评判为稍低于最大值的分数；符合标准条件的评判为最高的分数。

评判分数以检查人员的知识和经验为基础。检查表一般分成不同的检查单元进行检查。为了得到更为有效的检查结果，用所得总分数除以各种类别的最大总分数，以便衡量各单元的安全程度。在汇总表上，分数的总和除以所检查种类的数目，表示所检查的有效的平均百分数。此形式最为典型的有菲利普斯石油公司使用的安全检查表。

2. 定量化检查结果的形式

（1）逐项赋值安全检查表

逐项赋值安全检查表应用范围较广。此处“逐项赋值”包含两个含义：第一，在安全检查表制定阶段，由专家按安全检查表内检查项目的重要程度，逐一讨论并赋予一定的分值，形成计值安全检查表；第二，检查人员在现场应用此类安全检查表时，根据安全检查表内所列项目逐一进行检查并根据现场检查情况评分。被检查对象单项检查完全合格者给满分，部分合格者按规定标准给分，完全不合格者记零分。这样逐项逐条检查评分，最后累计所有各项得分，得到系统安全检查的总分，即

$$m = \sum_{i=1}^{n} m_i \tag{6-1}$$

式中 m——系统安全检查的结果值；

m_i——某一检查项目的实际测量值。

根据检查计算的结果，结合已制定的标准确定被检查系统的安全等级及应采取的安全措施。表 6-3 是某工厂逐项赋值安全检查表。

表 6-3 某工厂逐项赋值安全检查表

序号	检查项目		扣分标准	应得分数	扣减分数	实得分数
1	保证项目	安全生产责任制	未建立安全责任制，扣 10 分 各级各部门未执行责任制，扣 4~6 分 经济承包中无安全生产指标，扣 10 分 未制定各工种安全技术操作规程，扣 10 分 未按规定配备专（兼）职安全员，扣 10 分 管理人员责任制考核不合格，扣 5 分	10		
2		目标管理	未制定安全管理目标（伤亡控制指标和安全达标、文明施工目标），扣 10 分 未进行安全责任目标分解，扣 10 分 无责任目标考核规定，扣 8 分 考核办法未落实或落实不好，扣 5 分	10		
3		施工组织设计	施工组织设计中无安全措施，扣 10 分 施工组织设计未经审批，扣 10 分 专业性较强的项目，未单独编制专项安全措施，扣 8 分 安全措施不全面，扣 2~4 分 安全措施无针对性，扣 6~8 分 安全措施未落实，扣 8 分	10		
4		分部（分项）工程安全技术交底	无书面安全技术交底，扣 10 分 交底针对性不强，扣 4~6 分 交底不全面，扣 4 分 交底未履行签字手续，扣 2~4 分	10		
5		安全检查	无定期安全检查制度，扣 5 分 安全检查无记录，扣 5 分 检查出事故隐患整改做不到定人、定时间、定措施，扣 2~6 分 对重大事故隐患整改通知书所列项目未如期完成，扣 5 分	10		
6		安全教育	无安全教育制度，扣 10 分 新入场工人未进行三级安全教育，扣 10 分 无具体安全教育内容，扣 6~8 分 变换工种时未进行安全教育，扣 10 分 每有一人不懂本工种安全技术操作规程，扣 2 分 施工管理人员未按规定进行年度培训，扣 5 分 专职安全员未按规定进行年度培训考核或考核不合格，扣 5 分	10		
小计			—	60		

（续）

序号	检查项目		扣分标准	应得分数	扣减分数	实得分数
7	一般项目	班前安全活动	未建立班前安全活动制度，扣 10 分 班前安全活动无记录，扣 2 分	10		
8		特殊作业持证上岗	有一人未经培训从事特种作业，扣 4 分 有一人未持操作证上岗，扣 2 分	10		
9		工伤事故	工伤事故未按规定报告，扣 3~5 分 工伤事故未按事故调查分析规定处理，扣 10 分 未建立工伤事故档案，扣 4 分	10		
10		安全标志	无现场安全标志布置总平面图，扣 5 分 现场未按安全标志总平面图设置安全标志，扣 5 分 未建立工伤事故档案，扣 4 分	10		
小计			—	40		
检查项目合计				100		

注：1. 每项最多扣减分数不大于该项应得分数。
2. 保证项目有一项不得分或保证项目小计得分不足 40 分，检查评分表记零分。

（2）加权平均法安全检查表

加权平均法安全检查表也是一种计值安全检查表，它把某一特定的检查对象或系统按需要划分成若干大类，对每个大类分项按其在系统中的重要性分别赋予一个权重值（各项目的权重值之和应为 1）；每个大类分项还可设置若干二级检查条款，每一条款按其重要程度赋予一个分值，不管每个大类中的条款有多少条，均按统一体系赋分，如 10 分制或 100 分制等。使用时，检查人员可根据每一条款的内容对现场进行检查，并根据检查表内已给定的分值标准评分。被检查对象单项检查完全合格者给满分，部分合格者按规定标准给分，完全不合格者记零分。检查结束后，根据评分结果可分别得到每个大类分项所得的实际得分值（m_i），然后分别乘以各自（各对应的项目）的权重值并求和，就可得到该检查对象（系统）检查结果的总分，即

$$M = \sum_{i=1}^{n} k_i m_i \quad 且 \quad \sum_{i=1}^{n} k_i = 1 \tag{6-2}$$

式中 M——检查对象（系统）检查结果值；

m_i——某一项目所得的实际分值；

k_i——某一项目的权重值；

n——检查项目个数。

【例 6-1】 某工厂安全检查表按检查需要确定出 5 个项目，项目 1 是安全生产管理（权重值为 0.25），项目 2 是安全教育与宣传（权重值为 0.15），项目 3 是安全工作应知应会（权重值为 0.35），项目 4 是作业场所情况（权重值为 0.15），项目 5 是推广安全生产管理新技

术（权重值为0.1）。5个检查项目中的每个项目所包容的条件均采用总分100分制计分。检查后，每个项目的实际得分分别为：85、90、75、65、80。试求该系统的检查结果的总分值。

解： 根据已知条件可知，每个项目的权重值如下：

$$k_1=0.25,\ k_2=0.15,\ k_3=0.35,\ k_4=0.15,\ k_5=0.1$$

每个项目所得的实际分值为 $m_1=85$，$m_2=90$，$m_3=75$，$m_4=65$，$m_5=80$，则该系统检查结果的总分值按以下计算公式计算：

$$M=\sum_{i=1}^{n} k_i m_i=78.75$$

因此该系统检查结果的总分值为78.75分。

(3) 单项定性加权计分法安全检查表

这种检查计值法是把安全检查表的所有检查项目或内容均视为同等重要。检查时，对检查表中的检查项目或内容分别给以“优”“良”“可”“差”；“可靠”“基本可靠”“基本不可靠”“不可靠”等定性等级的评价，同时赋予不同定性等级以相应的权重值，累计求和，得实际评价值（分值），即

$$S=\sum_{i=1}^{p} w_i n_i \tag{6-3}$$

式中 S——系统实际检查量化值（实际评价值/分值）；

p——定性等级的个数；

w_i——不同定性等级的权重；

n_i——取得某一定性等级的项数和。

将实际安全检查结果的量化数值除以检查项数和，便可知道检查对象的总体安全状况等级，即

$$F=\frac{S}{N} \tag{6-4}$$

式中 F——检查对象的定性等级结果；

N——所有检查项数。

【例 6-2】 评价某一路口安全状况所用的安全检查表共120项，按“优”“良”“可”“差”评价各项。四种等级的权重分别为 $w_1=4$，$w_2=3$，$w_3=2$，$w_4=1$。安全检查结果为：56项为“优”，30项为“良”，24项为“可”，10项为“差”，即 $n_1=56$，$n_2=30$，$n_3=24$，$n_4=10$。因此，该路口的安全检查结果的量化数值为

$$S=\sum_{i=1}^{p} w_i n_i=4\times56+3\times30+2\times24+1\times10=372$$

对于这种安全检查结果的量化数值，其最高目标值，即120项等级结果均为“优”时的量化数值为

$$S=\sum_{i=1}^{p} w_i n_i = 4\times120 = 480$$

最低目标值，即 120 项等级结果均为“差”时的量化数值为

$$S=\sum_{i=1}^{p} w_i n_i = 1\times120 = 120$$

即，该路口的安全评价值为 120 ~ 480，可将 120 ~ 480 分成若干档次以明确该路口经安全检查后所得到的安全等级。

将实际安全检查结果的量化数值除以检查项数和，便可知道该路口的安全状况，总体平均是处于“优”“良”之间，“良”“可”之间，还是“可”“差”之间，即

$$F=\frac{S}{N}=\frac{372}{120}=3.1$$

因 $3<3.1<4$，可知评价结果界于“优”“良”之间。

根据检查表检查的各项实得等级，按权重计算出评价系统的最终得分，并根据分数值划分系统总体安全等级。最后，汇总安全检查中发现的隐患，提出相应的整改措施。

加权平均法和单项定性加权计分法中权重值的获取可由统计均值法、二项系数法、两两比较法、环比评分法、层次分析法等方法确定。

值得提出的是，无论是半定量化检查结果的形式的安全检查表，还是定量化检查结果的形式的安全检查表，其实质都属定性检查，只不过是将检查结果用分值来表现而已。这类安全检查表大多在安全评价时使用，若仅单纯为辨识系统中的危险因素，大多采用提问式和对照式安全检查表；另外，具有分值表现的安全检查表的编制方法不只上述两种，可根据使用的需要运用其他方法进行编制。

6.1.4　安全检查表的分类

在实际使用中，因为检查目的和对象不同，安全检查表的着眼点也不同，所以类型也就不同。按照检查目的和检查对象的不同，安全检查表可分为以下几种：

1. 高层监管级安全检查表

此级安全检查表可供安监局、技术及有关部门进行全局性安全检查或预防性检查时使用。其内容包括局级所属各厂和有关部门的安全设施、安全装置、施工质量、灾害预防、危险物品储存、运输和使用、操作管理和遵章守纪等的制度和执行情况。

2. 企业级安全检查表

供企业进行定期或不定期安全检查和预防性检查之用。内容包括各工序安全、设备布置运行、施工质量、灾害预防、通风安全、粉尘及有毒有害气体浓度超限的预防、操作管理和规章制度等。

3. 岗位、班组用安全检查表

供岗位、班组进行日常性的自查、互查或进行安全教育使用的安全检查表，内容应针对不同区、队和岗位、班组的实际工作确定。其内容应更具体、简洁、明了和易行。

对于工厂而言，常用的有厂、车间、岗位和班组安全检查表。

4. 专业性安全检查表

该表由专业机构或职能部门编制和使用（如防治高处坠落安全检查表）。主要用于进行定期的安全检查或季节性的检查。

5. 设计用安全检查表

一个工厂企业或者任一项目的设计好坏，将直接影响到往后的生产与安全。所以，从设计开始就应把安全问题考虑进去，否则，若等设计完成后再进行安全方面的修改，不仅会浪费大量的资金，而且往往收不到预期的效果。

安全检查表可供设计人员进行设计时参考，也可作安全人员参加设计审查时的依据。

制定该表时，内容应系统，并应全面提出设计项目所应具备的标准状态和安全要求。比如，矿井设计的安全检查表内容应包括工业广场的选址、开拓开采的要求、采煤方法的可行性、通风方式、有关预防灾害的要求、安全设施与安全装置、粉尘及有毒有害气体等所必需的方面（各方面内容可由本行专家根据规定制定）。

6. 事故分析检查表

对某些灾害性大或是较经常、重复发生的事故，如采掘工作面冒顶事故、瓦斯爆炸事故、火灾事故等，可编制事故分析检查表，找出可能导致事故发生的原因，以便有的放矢地采取措施予以预防。该安全检查表也经常在各类安全评价和应急预案编制中用于危险因素辨识的安全检查表。

6.1.5 安全检查表的优点

1）查表比较系统、完整，包括控制事故发生的各种因素。可避免检查过程中的走过场和盲目性，从而提高安全检查工作的效果和质量。

2）安全检查表是根据有关法规、安全规程和标准制定的。因此其检查目的明确，内容具体，易于实现安全要求。

3）对所拟定的检查项目进行逐项检查的过程，也是对系统危险因素的辨识、评价和制定出措施的过程，既能准确地查出隐患，又能得出确切的结论，从而保证了有关法规的落实。

4）检查表是与有关责任人紧密联系的，所以易于推行安全生产责任制。检查后能够做到“事故清、责任明、整改措施落实快”。

5）安全检查表是通过问答的形式进行检查的过程，所以使用起来简单易行，易于安全管理人员和广大职工掌握和接受，可经常自我检查。

6.2 安全检查表的编制与实施

6.2.1 安全检查表的编制与实施过程

安全检查表编制与实施过程如图 6-1 所示。

1. 确定系统

根据检查的目的和要求，确定出所要检查的对象。检查对象可大可小，它可以是整个企业、整个车间，也可以是某一工序、某个工作地点、某一具体设备等。

2. 找出危险因素

检查表内的项目或内容都将针对危险因素提出，且制定出来的安全检查表要求能包括控制事故发生的各种因素，因此找出比较系统、完整的危险因素是制作安全检查表的关键。

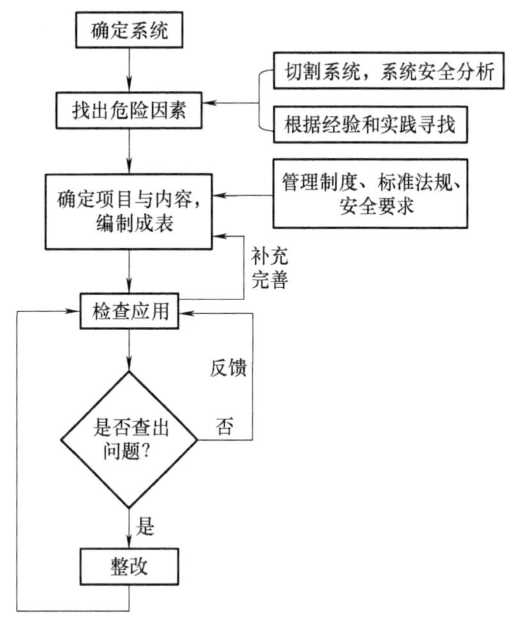

图 6-1　安全检查表编制与实施过程

在找危险点时，可在对检查对象详细调查研究的基础上，将对象系统剖切分成子系统、部件或元件，再运用相关系统安全分析方法（如事故树分析、事件树分析、故障类型及影响分析和预先危险分析等）对末层子系统进行分析，确定出危险部位，再根据经验和生产实践，对找出的危险因素做增加和删减。

例如，可将某企业分为生产运行、储存运输、公用动力、生产辅助、厂区与作业环境、职业卫生、检测和综合安全管理等若干个系统。每个系统又依次分为若干分系统和子系统，对最后一层各子系统进行系统安全分析，找出危险因素，作为制定企业安全检查表内容的依据。

3. 确定项目与内容，编制成表

根据已找出的危险点，对照有关制度、标准，分类确定检查项目，并写出其内容，按所选定的检查表格式制成安全检查表。安全检查表中所列的检查点应简明扼要，突出重点，抓住要害。在确定内容时，应尽可能地把众多的检查点加以归纳，避免重复，做到简明而富有启发性。

4. 检查应用

拟定好的安全检查表应送达各个相关部门，并由各相关人员贯彻执行，组织检查。在现场应用时，要根据所提出的内容逐项进行核对，然后按“是”与“否”进行回答。企业的安全检查活动应形成一个完善的安全检查体系，确定各种安全检查的周期、负责人和所用的是哪一种安全检查表。

5. 整改

检查中发现现场的操作与检查内容不符等异常问题，应按安全检查体系及时进行信息反馈，对存在的事故隐患，应该按检查表的内容马上实施整改。现代企业安全管理要求整改落实制度化，对查出安全隐患进行强制整改。对检查出来的安全隐患，要按照“谁检查、谁签字、谁落实、谁负责、谁整改”的原则，以及“定负责人、定整改措施、定整改期限、定资金”的要求，达到隐患消除、制度落实的目的。

6. 反馈（补充完善）

由于在安全检查表的制作中，可能存在某些考虑不周的地方，所以在检查应用过程中发现问题时，应及时对原表格中缺漏和冗余的部分提出反馈意见，相关部门应认真对待，将安全检查表补充完善。

综上所述，安全检查表的编制与实施也可用以下几句话概括：

确定分析对象，找出其危险点。

确定检查项目，定出具体内容。

顺序编制成表，逐项进行检查。

对照标准评价，做出正确回答。

不断补充完善，提出整改意见。

6.2.2 安全检查表编制与使用注意事项

安全检查表一经建立，即成为检查实施的依据。所以，能否科学、准确地编制出安全检查表是安全检查表有效应用的基础。为能科学、准确地编制出安全检查表，编制与使用时应注意以下几个问题。

1. 应成立编制表小组

为使编制的安全检查表切合实际、科学、系统、无遗漏，应召集安全技术专职干部、工程技术人员和有经验的工人等人员组成编写小组，必要时邀请有关方面的专家参与编制。

2. 注意调查和收集与确定系统相关的资料

为了能更全面地辨识出系统所存在的危险因素，使安全检查表在内容上能切合实际、突出重点、简明扼要、符合安全要求，应注意收集以下几个方面的资料。

（1）有关法规、规定、规程和标准

编制各种安全检查表应首先考虑按各种相关的法规、规定、规程和标准进行编制，使检查表在内容以及实施中均能做到科学、合理并符合法规要求。

（2）国内外事故案例及分析资料

认真收集以往发生的事故案例，包括国内外同行业及同类事故案例和分析资料，了解与掌握可能导致发生事故的不安全状态（原因）。

（3）本企业的经验

充分总结本企业生产操作的实践经验，分析各种潜在危险因素和外界环境条件。

（4）先进的研究成果

在现代信息社会和知识经济时代，知识的更新很快，编制安全检查表必须采用最新的知识和研究成果，包括新的方法、技术、法规和标准。

3. 必须进行系统安全分析

安全检查表与传统的安全检查时所使用的检查表最根本的差别在于，安全检查表在编制时，必须采用安全系统工程分析方法来辨识危险因素。

1）根据检查对象与目的，对系统进行剖切，划分子系统（如可以把一个大系统分成子系统、部件或元件）。

2）辨识潜在的危险因素：应从人的不安全行为、物的不安全状态和不良的环境着手进行分析，找出系统中存在的危险因素。在分析时，可采用事件树、事故树等系统安全分析法。

3）对照标准、法规及相关资料，评估现有安全装置的有效性和为控制危险因素所采取的措施的完善程度，找出控制点。

4. 科学与正确地拟定安全检查表内容

1）按系统性原则，设计检查表的编制体系。

2）按权威性原则，确定合格标准。

3）按实用性原则，使编制的安全检查表切合实际，抓住关键，无遗漏，并能使不同层次的人员易于掌握和使用。

4）按程式化原则，使编制的检查表规范化，能反映检查处理工作程序。

5）按生产组织系统，编写各级安全检查表。

各级安全检查表的项目应有侧重，不宜通用的，凡与操作岗位无直接关系的项目，不应列入岗位检查表，可列入上一级检查表，由工段或车间负责检查。另外，不能把专业检查表放到岗位上用。

6.2.3 安全检查的实施

企业应严格执行安全检查管理制度，定期或不定期进行安全检查，保证安全生产有效实施。企业安全检查应有明确的目的、要求、内容和计划。各种安全检查均应编制安全检查表，安全检查表应包括检查项目、检查内容、检查标准或依据、检查结果等内容，并注明检查时间、检查者、直接责任人等，以便分清责任。安全检查的工作程序如下：

1. 安全检查前准备

1）确定检查的对象、目的、任务。

2）查阅、掌握有关法规、标准、规程的要求。

3）了解检查对象的工艺流程、生产情况、可能出现危险、危害的情况。

4）制订检查计划，安排检查内容、方法、步骤。

5）编写安全检查表或检查提纲。

6）准备必要的检测工具、仪器、书写表格或记录本。

7）挑选和训练检查人员并进行必要的分工等。

2. 实施安全检查的具体方法

实施安全检查就是通过访谈、查阅文件和记录、现场观察、仪器测量的方法获取信息的过程。

1）访谈。通过与有关人员谈话来查安全意识、查规章制度执行情况等。

2）查阅文件和记录。检查设计文件、作业规程、安全措施、责任制度、操作规程等是否齐全，是否有效；查阅相应记录，判断上述文件是否被执行。

3）现场观察。对作业现场的生产设备、安全防护设施、作业环境、人员操作等进行观察，寻找不安全因素、事故隐患、事故征兆等。

4）仪器测量。利用一定的检测检验仪器设备，对在用的设施、设备、器材及作业环境条件等进行测量，以发现隐患。

3. 通过分析做出判断

掌握情况（获得信息）之后，要进行分析、判断和验证。可凭经验、技能进行分析和判断，必要时需对所做判断进行验证，以保证得出正确结论。

4. 及时做出决定进行处理

做出判断后，应针对存在问题做出采取措施的决定，即提出隐患整改意见和要求。根据检查情况下达隐患整改指令书，做到定负责人、定整改措施、定整改期限、定资金。

5. 整改落实

存在隐患的单位必须按照检查组（人员）提出的隐患整改意见和要求落实整改。检查组（人员）对整改落实情况进行复查，获得整改效果的信息以实现安全检查工作的闭环。

6.3 安全检查表法应用实例

安全检查表有两种基本形式，在前面的介绍中，已经对提问式安全检查表有详细的示例。在生产生活中，对照式安全检查表也有广阔的应用领域。

6.3.1 加油站安全检查表

对照式安全检查表法可利用检查条款，按照相关的标准、规范等对已知的危险类别、设计缺陷以及与一般工艺设备、操作、管理有关的潜在危险性和有害性进行判别检查。就拿危险性较大的石油化工企业来说，对照式安全检查表可用于石化销售系统油库、加油站管理的各个阶段，在加油站、油库项目设计、施工、交工验收以及运营管理方面都比较实用。某加油站对照式安全检查表见表6-4。

目前，这种安全检查表得到广泛的应用，如安全管理部门对加油站的审核验收和日常的监督管理及中介机构对加油站的安全评价。

表6-4　某加油站对照式安全检查表

项目	检查内容	依据	检查记录	结论
一、安全管理	有各级各类人员的安全生产责任制度	《危险化学品经营许可证管理办法》（国家安全生产监督管理总局令第55号）	有制定单位主要负责人、安全管理员安全责任制度	合格
	有危险化学品购销管理制度		有制定危险化学品购销管理制度	合格

（续）

项目	检查内容	依据	检查记录	结论
一、安全管理	有危险化学品安全管理制度（包括防火、防爆、防中毒、防泄漏管理等内容）	《危险化学品经营许可证管理办法》（国家安全生产监督管理总局令第55号）	有制定危险化学品管理制度	合格
	编制各岗位操作规程		有编制各岗位安全操作规程	合格
	建立安全投入保障制度		有建立安全费用投入保障制度	合格
	建立安全生产奖惩制度		有建立安全生产奖惩制度	合格
	建立隐患排查治理制度		有建立隐患排查治理制度	合格
	建立安全风险管理制度		有建立安全风险管理制度	合格
	建立应急管理制度		有建立应急管理制度	合格
	建立事故管理制度		有建立事故管理制度	合格
	建立职业卫生管理制度		有建立职业卫生管理制度	合格
	有符合国家规定的危险化学品事故应急预案，并配备必要的应急救援器材、设备		有编制事故应急救援预案，并配备必要的应急救援器材、设备	合格
	危险化学品的生产、经营、储存、使用单位应当组织专家对本单位编制的应急预案进行评审	《生产安全事故应急预案管理办法》（2016 年 6 月 3 日国家安全生产监督管理总局令第 88 号公布，根据 2019 年 7 月 11 日应急管理部令第 2 号《应急管理部关于修改<生产安全事故应急预案管理办法>的决定》修正）第二十一条、第二十二条	该加油站已制定事故应急救援预案，做好评审，并已向该市应急管理局登记备案	合格
	有安全管理机构或者配备专职安全管理人员：从业人员在 10 人以下的，有专职或兼职安全管理人员：个体工商户可委托具有国家规定资格的人员提供安全管理服务	《危险化学品经营单位安全评价导则》（安监管管二字〔2003〕38 号）	从业人员 10 名，专职安全管理人员 1 名	合格
	企业主要负责人和安全管理人员具备与本企业危险化学品经营活动相适应的安全生产知识和管理能力，经专门的安全生产培训和安全生产应急管理部门考核合格，取得相应的安全资格证书	《危险化学品经营许可证管理办法》（国家安全生产监督管理总局令第55号）第六条	主要负责人经省应急管理局考核合格取得安全资格证书并提供当年培训记录	合格
	其他从业人员依照有关规定经安全生产教育和专业技术培训合格		从业人员经安全生产教育和专业技术培训合格	合格
	特种作业人员经专门的安全作业培训，取得特种作业操作证书		无特种作业人员	合格

（续）

项目	检查内容	依据	检查记录	结论
二、站址选择	加油加气站的站址选择，应符合城乡规划、环境保护和防火安全的要求，并应选在交通便利的地方	《汽车加油加气加氢站技术标准》（GB 50156—2021）第 4.0.1 条	站址选择符合城乡规划、环境保护和防火安全的要求	合格
	在城市建成区内不宜建一级加油站，在城市中心内不应建一级加油站	《汽车加油加气加氢站技术标准》（GB 50156—2021）第 4.0.2 条	不在城市建成区内，也不在城市中心内，且为三级站	合格
	城市建成区的加油加气站宜靠近城市道路，但不宜选在城市干道的交叉路口附近	《汽车加油加气加氢站技术标准》（GB 50156—2021）第 4.0.3 条	该加油站靠近城市道路，未设置在城市干道的交叉路口附近	合格
	加油站的汽油设备与站外建（构）筑物的安全间距应符合《汽车加油加气加氢站技术标准》（GB 50156—2021）表 4.0.4 的规定	《汽车加油加气加氢站技术标准》（GB 50156—2021）表 4.0.4	加油站的汽油设备与站外建（构）筑物间距超过 1km	合格
	加油站的柴油设备与站外建（构）筑物的安全间距应符合《汽车加油加气加氢站技术标准》（GB 50156—2021）续表 4.0.4 的规定	《汽车加油加气加氢站技术标准》（GB 50156—2021）第 4.0.4 条	加油站的柴油设备与站外建（构）筑物间距超过 1km	合格
三、站内平面布置	车辆入口和出口应分开设置	《汽车加油加气加氢站技术标准》（GB 50156—2021）第 5.0.1 条	分开设置	合格
	站内车道或停车位宽度应按车辆类型确定加油站的车道或停车位，单车道或单车停车位宽度不应小于 4m，双车道或双车停车位宽度不应小于 6m	《汽车加油加气加氢站技术标准》（GB 50156—2021）第 5.0.2 条	站内单车道或单车停车位宽度为 15m	合格
	站内的道路转弯半径应按行驶车型确定，且不宜小于 9m		站内的道路转弯半径大于 9m	合格
	站内停车位应为平坡，道路坡度不应大于 8%，且宜坡向站外		停车位为平坡，坡向站外	合格
	加油作业区的停车位和道路路面不应采用沥青路面		采用水泥路面	合格
	加油作业区与辅助服务区之间应有界线标识	《汽车加油加气加氢站技术标准》（GB 50156—2021）第 5.0.3 条	加油作业区与辅助服务区之间设有界限标识	合格
	加油作业区内，不得有“明火地点”或“散发火花地点”	《汽车加油加气加氢站技术标准》（GB 50156—2021）第 5.0.5 条	加油作业区内无“明火地点”或“散发火花地点”	合格
	加油站的变配电间或室外变压器应布置在爆炸危险区域之外，且与爆炸危险区域边界线的距离不应小于 3m，变配电间的起算点应为门窗等洞口	《汽车加油加气加氢站技术标准》（GB 50156—2021）第 5.0.8 条	加油站的配电间布置在爆炸危险区域之外	合格

（续）

项目	检查内容	依据	检查记录	结论
三、站内平面布置	加油站内的爆炸危险区域，不应超出站区围墙和可用地界限	《汽车加油加气加氢站技术标准》（GB 50156—2021）第 5.0.11 条	加油站内的爆炸危险区域未超出站区围墙和可用地界限	合格
	加油站的工艺设施与站外建（构）筑物之间，宜设置高度不低于 2.2m 的不燃烧实体墙；当加油站的工艺设施与站外建（构）筑物之间距离大于标准条款中安全间距离的 1.5 倍，且大于 25m 时，可设置非实体围墙；面向车辆入口和出口道路的一侧可设非实体围墙或不设围墙	《汽车加油加气加氢站技术标准》（GB 50156—2021）第 5.0.12 条	该加油站西南侧面向 324 国道，东南侧、西北侧和东北侧均设置实体围墙，墙高 2.2m	合格
	加油站内设施之间的防火距离，不应小于标准条款规定	《汽车加油加气加氢站技术标准》（GB 50156—2021）第 5.0.13 条	加油站内设施之间的防火距离符合标准要求	合格
	加油加气作业区内的站房及其他附属建筑物的耐火等级不应低于二级	《汽车加油加气加氢站技术标准》（GB 50156—2021）第 14.2.1 条	加油加气作业区内的站房为钢筋混凝土结构，耐火等级为一级，加油罩棚为钢架结构，耐火等级为二级，符合要求	合格

6.3.2 锅炉安全检查表

锅炉是特种设备也是安全生产的薄弱环节，无论是设备的安全管理，还是生产的日常安全检查，锅炉都应该是重点检查对象。所以锅炉安全检查表也是很常见且实用的。常见的锅炉安全检查表见表 6-5。

表 6-5 锅炉安全检查表

被检查单位			使用场所		
锅炉型号		出厂编号		设备用途	
注册代码			使用单位参加人员姓名、职务		
检查内容及意见					
检查项目	检查内容			检查情况（是或否）	
作业人员	现场作业人员是否持有有效证件				
登记标志	是否有使用登记证，检验合格标志是否在有效期内				
安全附件	水位表是否有最高、最低安全水位标记，水位是否显示清楚，操作位置是否能够观察到				
	安全阀是否有有效的校验报告				
	压力表是否有有效的检定证书				
	温度计是否有有效的检定证书				

（续）

检查项目	检查内容	检查情况（是或否）
安全保护装置	是否按规定安装水位、压力、温度报警及联锁保护装置	
运行参数	压力、温度是否在允许范围内	
	仪器仪表显示的参数是否与水位表、压力表、温度计一致	
	现场运行记录填写是否与实际运行参数一致	
本体状况	是否存在漏气、漏水现象	
	设备的本体，包括炉墙，是否有明显的损坏	
其他情况		
处理措施		

使用单位人员（签字）：　　日期：　　监察员：　　日期：

6.3.3　建筑施工现场安全生产检查表

建筑施工现场空间是有限的，其中集中存放大量的建筑材料、设备设施、施工机具，特别是塔式起重机、井架、脚手架、钢模板等危险性较大的设备设施，造成安全隐患多。据统计，建筑业的伤亡事故数和发生频率一直高居各行业的前列，仅次于交通业和煤炭业，是发生事故较多的行业。所以加强施工现场管理，做好安全检查，对消除隐患具有重要的实际意义。以施工现场为安全检查对象，编制安全检查表，见表6-6。

表6-6　建筑施工现场安全生产检查表

工程名称：　　施工单位：　　项目经理：

项目分类	序号	检查项目	检查情况	评分标准	该项得分
（一）管理制度	1	安全生产责任制的建立及落实情况	已经建立安全生产责任制，内容齐全，责任明确落实到人，签订人符合要求	5	
			已经建立安全生产责任制，责任未完全落实到人	3	
			未完善安全生产责任制度	0	
	2	安全文明施工方案制定及落实情况	制定安全文明施工方案，并已认真组织落实	5	
			制定安全文明施工方案，基本落实	3	
			未制定安全文明施工方案或未落实	0	
	3	重大事故应急预案制定、演练情况及现场危险源公示、监控情况	按规定编制生产安全事故应急预案，并按规定组织演练；在施工现场公示重大危险源，并落实专人管理	5	

（续）

项目分类	序号	检查项目	检查情况	评分标准	该项得分
（一）管理制度	3	重大事故应急预案制定、演练情况及现场危险源公示、监控情况	基本按规定编制生产安全事故应急预案，演练基本达到要求；在施工现场公示重大危险源，落实专人管理	3	
			未按规定编制生产安全事故应急救援预案，并按规定组织演练；或未在施工现场公示重大危险源，并落实专人管理	0	
	4	在建工程项目施工组织设计中的安全技术措施制定执行情况，危险性较大工程专项施工方案制定执行情况	按照要求和规范编制安全技术措施，对危险性较大的分部分项工程按规定编制专项施工方案，并且该方案经施工单位技术负责人、总监理工程师签字后实施	5	
			未按照要求和规范编制安全技术措施，或对危险性较大的分部分项工程未按规定编制专项施工方案，或专项施工方案未经施工单位技术负责人、总监理工程师签字后实施	0	
	5	作业人员及新进场、转岗人员进入施工现场安全教育培训情况	对所有作业人员及新进场、转岗人员进入施工现场进行有针对性的安全教育培训	5	
			对大部分作业人员及新进场、转岗人员进入施工现场进行有针对性的安全教育培训	3	
			未对作业人员及新进场、转岗人员进入施工现场进行有针对性的安全教育培训	0	
（二）人员配备、证书	6	专职安全生产管理人员配备情况	建造师（项目经理）取得安全生产考核合格证书，配备足够数量的专职安全生产管理人员	5	
			建造师（项目经理）未取得安全生产考核合格证书，或配备的专职安全生产管理人员数量不符合有关规定	0	
	7	特种作业人员持证上岗情况	特种作业人员经过专门的安全作业培训，持证上岗	5	
			特种作业人员未经过专门的安全作业培训，未取得资格证书就上岗作业	0	
（三）安全防护及文明施工措施费用	8	安全防护、文明施工措施费用使用情况	安全防护、文明施工措施费用足额投入并及时支付到位	5	

（续）

项目分类	序号	检查项目	检查情况	评分标准	该项得分
（三）安全防护及文明施工措施费用	8	安全防护、文明施工措施费用使用情况	安全防护、文明施工措施费用足额投入，支付基本到位	3	
			安全防护、文明施工措施费用不到位，或挪作他用	0	
（四）市场行为	9	在建工程项目施工许可、质量安全监督手续办理情况	施工许可、质量安全监督手续齐全	5	
			未办理施工许可或质量安全监督手续	0	
	10	是否存在无证施工、越级承包、非法转包及违法分包等问题	不存在无证施工、越级承包、非法转包及违法分包等问题	5	
			总承包单位不具备相应的施工资质或无安全生产许可证擅自施工作业，或把整体工程或主体工程转包，或将专业工程不依法分包	0	
（五）现场管理	11	安全防护用具配备及使用情况	按照要求配备齐全、合格的安全防护用具并正确使用	5	
			基本按照要求配备安全防护用具，并按要求使用	3	
			没有按照要求配备安全防护用具或未正确使用	0	
	12	危险性较大工程管理情况	按照国家地方有关深基坑与高大模板工程施工质量安全管理要求对危险性较大工程进行施工	5	
			基本按照国家地方有关深基坑与高大模板工程施工质量安全管理要求对危险性较大工程进行施工	3	
			没有按照国家地方有关深基坑与高大模板工程施工质量安全管理要求对危险性较大工程进行施工	0	
	13	建筑起重机械设备安拆方案制定和实施、安拆人员资格等情况	安拆单位及人员具备相应资质，按照要求制定和实施建筑起重机械设备安拆方案，并按照安拆方案进行拆除	5	
			安拆单位及人员具备相应资质，基本按照要求安拆建筑起重机械设备	3	
			施工起重设备由不具备起重设备安装专业承包资质的企业安装或未经有相应资质的检验检测机构检验合格，或没有按照要求制定建筑起重机械设备安拆方案或未按照安拆方案进行拆除	0	

（续）

项目分类	序号	检查项目	检查情况	评分标准	该项得分
（五）现场管理	14	安全防护情况（包括整体提升架、临边洞口防护、施工用吊篮、物料提升机、卸料平台、基坑与土方支护等）	按照规范和要求进行安全防护	10	
			基本按照规范和要求进行安全防护	6	
			没有按照规范和要求进行安全防护	0	
	15	施工临时用电及施工机具的安全使用情况（包括三级配电两级保护、漏电保护器、电锯、电刨、钢筋切断机、钢筋弯曲机、卷扬机、搅拌机等）	施工临时用电及施工机具的使用符合相应的标准规范	10	
			施工临时用电及施工机具的使用基本符合相应的标准规范	6	
			施工临时用电及施工机具的使用不符合相应标准规范	0	
	16	施工用安全网、钢管、扣件是否具有检验证明；承重支撑架体系的搭设是否符合规范要求	施工用安全网、钢管、扣件有检验证明；承重支撑架体系符合规范要求	10	
			施工用安全网、钢管、扣件检验证明基本齐全；承重支撑架体系符合规范要求	6	
			施工用安全网、钢管、扣件检验证明不齐全；承重支撑架体系不符合规范要求	0	
	17	生活区及办公区设施使用情况（包括职工食堂、宿舍、厕所、办公室等设施）以及使用临时围墙的搭设情况	职工食堂、厕所、饮水、浴室、生活垃圾处理、办公区以及临时围墙的搭设完全符合有关标准规范的要求	5	
			职工食堂、厕所、饮水、浴室、生活垃圾处理、办公区以及临时围墙的搭设基本符合有关标准规范的要求	3	
			职工食堂、厕所、饮水、浴室、生活垃圾处理、办公区以及临时围墙的搭设违反有关标准规范的要求	0	
总体评价	检查人员（签名）：		检查日期：　　年　　月　　日		

注：总体评价“优”为 85~100 分，“良”为 71~84 分，“中”为 60~70 分，“差”为 60 分以下。

复　习　题

1. 什么是安全检查表？常见的安全检查表形式有哪些？

2. 简述安全检查表的编制与实施过程。

3. 设计一个（套）安全检查表，使用其对你熟悉的系统进行检查，并得出安全等级。

4. 某写字楼工程地处市中心，建筑面积 110000m^2，地下 2 层，地上 28 层，框架剪力墙结构，由某建筑集团公司承建，2020 年 8 月 10 日正式开工。在主体施工阶段，公司组织相关管理部门依据“建筑施工安全检查表”对该项目进行了检查和评分。各检查评分实得分数分别为：安全管理 86 分；文明施工 88 分；脚手架 80 分；基坑支护与模板工程 91 分；“三宝”“四口”防护 79 分；施工用电 92 分；物料提升机与外用电梯 94 分；塔式起重机 96 分；施工机械 72 分。各项权重分别为：安全管理 0.15；文明施工 0.2；脚手架 0.1；基坑支护与模板工程 0.1；“三宝”“四口”防护 0.1；施工用电 0.1；物料提升机与外用电梯 0.1；塔式起重机 0.1；施工机械 0.05。

请运用加权平均法算出该评分汇总表的总得分，并结合评分汇总表的总得分，指出该项目安全生产评价结果是不合格、合格还是优良。

第7章 预先危险性分析法

7.1 预先危险性分析法概述

一个项目在开工前或一套设备装置在运行前，人们若能事先找出项目活动推进过程中的危险环节、危险程度、损失估计和各种事故发生的可能原因，则有利于采取适当的措施，制定针对事故控制和安全管理的制度、标准和法规，减少不必要的安全制度约束限制和不良的安全投入，增加必要的规定和必要环节的安全投入，提高事故控制的效果，减少事故的发生。为实现这一目标，人们常运用预先危险性分析法来进行分析处理。

7.1.1 预先危险性分析的定义

在一个项目开工或一套设备装置开始运作前（包括设计、施工、生产和维修等），辨识出系统可能存在的危险因素并将其列出，然后对其危险程度、出现的条件及可能产生的后果进行宏观、概略的分析，并提出预防控制措施的方法就称为预先危险性分析（Preliminary Hazard Analysis，PHA）法。该方法也称初步危险分析法。

预先危险性分析法常常用于评价生产工艺技术路线、建设项目、装置等开发初期阶段系统的安全性与可行性。因此，该方法也是一份实现系统危害控制的初步或初始的计划，是在方案开发初期阶段或设计阶段之初完成的。因其特点是把分析工作做在行动以前，故称为“预先”分析。

采用此法的目的就是：通过预先对系统存在的危险性分析、评价、分级，而后根据其危险性的大小，在设计、施工或生产中采取恰当的控制措施，避免事故的发生。预先危险分析法可以实现以下功能：

1）识别危险，确定安全性关键部位。

2）评价各种危险的程度。

3）确定安全性设计准则，提出消除或控制危险的措施。

4）为制（修）订安全工作计划提供信息。

5）确定安全性工作安排的优先顺序。

6）确定进行安全性试验的范围。

7）确定进一步分析的范围，特别是为事故树分析确定不希望发生的事件。

8）编写初始危险分析报告，作为分析结果的书面记录。

9）确定系统或设备安全要求，编制系统或设备的性能及设计说明书。

预先危险性分析的实质就是对系统可能存在的危险源进行判别、评价与分级。

7.1.2 预先危险性分析的内容和步骤

1. 预先危险性分析的内容

由于预先危险性分析是对工程项目或某项活动生命周期的早期阶段的危险性分析，因此分析结果提供的信息是具有一般性的，可能无法达到完整演绎，但这些信息必须能够指出潜在的危险及其影响，以提醒项目或活动的推动者（包括设计者、策划者、执行者等）要通过一定的方法加以纠正。预先危险性分析至少应包括以下内容：

1）所审查的相应的安全性历史资料的概述。

2）列出主要能源的类型，并调查各种能源，确定其控制措施。

3）确定系统或设备必须遵循有关的人员安全、环境安全和有毒物质的安全要求及其他有关的规定。

4）提出纠正措施建议，在完成识别危险、评价危险的严重程度及可能性之后，还应提出如何控制危险的建议。

2. 所需资料

1）各种设计方案的系统和子系统的设计方案、设计图和说明书等文字资料。

2）在系统预期的生命周期内，系统各组成部分的活动、功能和工作顺序的功能流程图及有关资料。

3）在预期的试验、制造、储存、修理、使用等活动中与安全要求有关的背景材料。

3. 预先危险性分析的步骤

人们通过对前期资料的分析对系统有了整体的认识后，可按照流程进行预先危险性分析（图 7-1）。

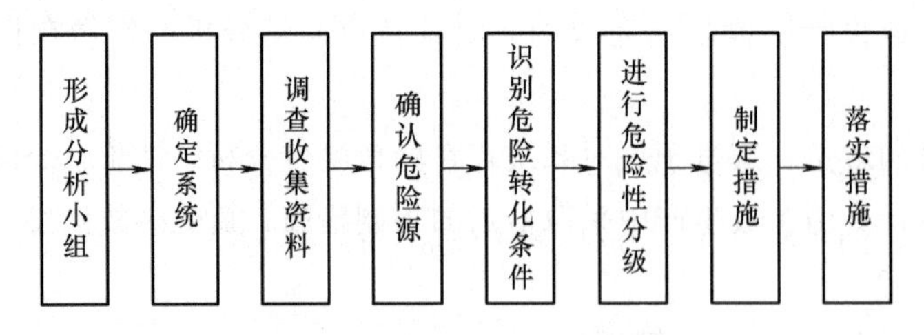

图 7-1 预先危险性分析流程图

（1）成立分析小组

在进行预先危险性分析前，还应根据项目的实际情况，选择安全管理人员、工程技术人员、操作工人、管理人员等形成预先危险性分析的人员组织，按步骤进行分析工作。

（2）划分系统，确定分析对象

熟悉分析系统的生产目的、工艺过程、操作条件和周围环境，以及选用的设备、物质、材料等，还有相关法律法规、标准、规范和规程等。明确系统功能和范围，选择待分析的系统或子系统。研究分析的对象应该是不可分割的子系统，如：原料罐区的子系统为储槽和泵。

（3）调查收集分析对象的安全资料

调查、了解和收集前文介绍的“所需资料”，包括过去的安全管理经验以及同类生产企业中发生过的事故，查明分析对象出现事故的可能类型。

（4）确认危险源

危险源是指系统中存在的可能导致事故发生的危险根源，即找出危险因素存在于哪个系统或过程中。危险源的确认可用安全检查表法、经验判断或技术判断。

（5）识别危险转化条件

识别危险转化条件就是研究危险因素转变为危险状态的触发条件和危险状态转变为事故（或灾害）的必要条件。危险源的危险性分析将在后续章节做详细介绍。

（6）进行危险性分级

判断潜在事故发生的可能性和后果严重性，给出各个分析对象的具体级别数值，确定相应的危险情况。划分的目的是为了分清轻重缓急，即等级高的进行重点控制。

1）潜在危险度划分法。根据潜在的危险度划分通常可分为四个等级，其危险程度及可能导致的后果见表 7-1。

表 7-1 潜在事故危险等级表

危险等级	危险程度	可能导致的后果
Ⅰ级	安全的	不会造成人员伤亡和系统损坏（物质损失），可以忽略
Ⅱ级	临界的（极限）	处于事故的边缘状态，暂时不会造成人员伤亡和财产损失，应予以排除或采取控制措施
Ⅲ级	危险的	会造成人员伤亡和系统损坏，应立即采取措施
Ⅳ级	灾难性的	造成人员重大伤亡及系统严重损坏的灾难性事故，应立即采取措施

2）危险度系数划分法。危险性等级的划分也可根据危险系数 C_s 确定，公式如下所示

$$C_s = \left(\prod_{k=1}^{n} C_k \right)^{\frac{1}{n}}$$

式中 C_s——第 k 个评分要素的危险系数（$1 \leqslant C_s \leqslant 10$），它根据五项评分要素确定，见表 7-2。

k——评分要素序数；

n——评分要素总数。

3）矩阵比较划分法。当系统中存在许多危险因素时，判断其严重程度有许多方法，如专家综合评定法和矩阵比较法等。当采用矩阵比较法时，其做法是，先做出一个矩阵，将各

危险因素用字母表示并标在矩阵中的首行、首列处，然后按矩阵中的排序，比较每一列因素和行因素的相对严重度，并根据所比较出的严重程度大小，用“×”或“1”给予登记，最后根据每列“×”和“1”数量的大小，可得出各因素严重度的排序。

表 7-2 危险性等级评分要素表

评分要素序数 k 及对应内容	评分要素危险系数 C_k	评分要素序数 k 及对应内容	评分要素危险系数 C_k
1. 功能性故障影响的重要程度	1~10	4. 故障防止的可能性	1~10
2. 影响系统范围	1~10	5. 新规范设计程度	1~10
3. 故障发生频率	1~10		

设某系统共有六个危险因素需要进行等级判别，分别用字母 A、B、C、D、E、F 代表，先做出一个比较矩阵（表 7-3）。

表 7-3 危险因素严重程度比较矩阵（一）

	A	B	C	D	E	F
A			×		×	
B	×				×	
C		×			×	
D	×	×	×		×	×
E						
F	×	×	×		×	
Σ	3	3	3	0	5	1

按矩阵图中的顺序，比较每一列因素和行因素的相对严重度，用“×”号表示相对不严重的因素。例如，比较因素 A 和 B，A 比 B 严重，则在一列二行空格内画“×”号。再比较因素 A 和 C，A 比 C 不严重，则在三列一行内画上“×”号。照此方法，依次一一对应比较后，可得出每一列画“×”号的个数总和。表 7-3 中的结果是因素 E 画“×”号的总和为 5；因素 A、B、C 画“×”号的总和均为 3；因素 F 总和为 1；因素 D 则为零。这样就可根据“×”的多少，得出各危险因素的严重度的排序为 E、A、B、C、F、D，其中因素 A、B、C 具有同等的严重度。

在这种情况下，为了能更精确地得出排序，可对同等严重度的因素再做比较，并将这种比较结果在矩阵中的两者相关行列位置上标识一个“1”符号，以它代表严重度的 1/2（表 7-4）。若对 A、B、C 三个因素再进行比较，可看出因素 C 画“×”号和“1”号为 3.5，因素 A 为 3，因素 B 为 2.5。这样根据其数字的大小，6 个因素的严重度的排序为 E、C、A、B、F、D。

把危险性按上述方法加以分级之后，可找出危险性大的工艺环节、设计缺陷，有针对性地制定工艺改进措施，增加设备的安全装置设计等。若在采取补救措施后，其危险性仍不能为社会所接受，则需要改变工艺路线，尽可能地减少财物损失和人员伤亡。

表 7-4　危险因素严重程度比较矩阵（二）

	A	B	C	D	E	F
A			×		×	
B	×		1		×	
C		1			×	
D	×	×	×		×	×
E						
F	×	×	×		×	
Σ	3	2.5	3.5	0	5	1

（7）制定预防危险措施

针对事故链中各要素逐项研究其消除办法或避免措施。如某企业配电室某低压控制柜可能出现触电事故，对其进行预先危险性分析，并提出控制措施。首先，危险因素能否消除，如该设备经常发生触电事故，可考虑切断电源，使设备不带电操作；其次，触发事件能否避免，如在易触电的设备外面设置屏障、隔离，配备绝缘罩等；再次，原因事件能否排除，如使用安全电压的控制设备等。最后，还要检验这些办法、措施的可行性、效果。

（8）结果汇总

预先危险性分析结束后可用不同类型的表格汇总分析结果，在选用时可根据所要分析的系统的具体情况而定（表 7-5）。

表 7-5　预先危险性分析结果汇总表

序号	子系统或功能元素	形式	危险因素	触发事件	危险状态	原因事件	潜在灾害	影响	危险等级	灾害预防方法	确认

1）子系统或功能元素：是指被分析的机器、设备或性能因素。

2）形式：是指系统阶段或运行形式。

3）危险因素：是指系统中出现的或潜在的不安全因素，如带电、存在可爆气体、高处作业等。

4）触发事件：是指危险因素转化为危险状态的条件，如接近带电体、集聚可爆气体、高处作业人员未系安全带等。

5）危险状态：是事故的临界状态，由各种不安全因素共同作用的结果，此时事故还未发生。

6）原因事件：是指造成事故的直接原因，如触及带电体、在可爆气体环境下产生明火、高处失足坠落等。

7）潜在灾害：是指事故可能对现有人、事、物的损害。

8）影响：是指事故的危害程度。

9）危险等级：是指根据危险源的潜在灾害和影响，查表 7-1 可知危险等级。

10）灾害预防方法：是指防范事故发生的办法，也称安全对策，可以从设备、程序、人员等制定对策，如停电验电、消除火种火源、系牢安全带等。

11）确认：是指记录确认后的预防方法。

表 7-6 给出了一种预先危险性分析的简要形式。

表 7-6　预先危险性分析的简要形式

危险因素	触发事件	原因事件	事故情况	事故后果	危险等级	防治对策

要素之间的逻辑关系如图 7-2 所示。

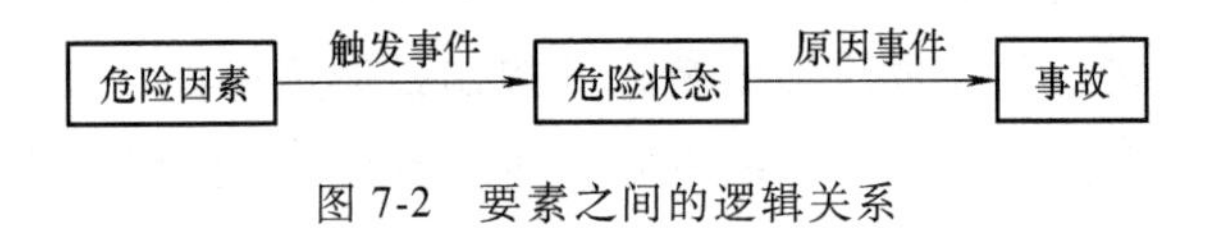

图 7-2　要素之间的逻辑关系

（9）落实措施

落实已制定的措施，需要指定负责改进措施的部门、人员和完成日期，并跟踪危险控制措施的落实情况。

7.2 危险性的识别与控制

在预先危险性分析中，危险源的识别与控制是非常关键的两个环节，本节重点分析如何识别系统中存在的危险性及危险源危险性的控制。

7.2.1　危险性的识别

现实中潜在的危险性只有在一定的主客观条件下才能发展为事故。而事故发生的潜在性客观上增加经验判别的难度，因此对于固有危险性的判别，应该用系统辨识的方法，否则难免遗漏。为了迅速准确地查出危险性，可以根据现实情况从以下几方面入手。

1. 能量转换的潜在危险性

人类的生活和生产都离不开能源。在正常情况下，能量为生产服务，但一旦能量失去控制，便会转化为破坏力量，造成人员伤亡和财产损失。

系统和子系统元件中都有能量存在，在具备一定的基础和实践知识后辨识它们并无困难，例如电池和变电器存在电能，而电动机则有机械回转能和电能同时存在。

为了明确能量转变过程，必须进一步阐述能量失控的情况。

（1）化学模式

化学模式形成的危险性就是通过化合和分解等反应产生的能量失控状态，结果是造成火灾和爆炸。其过程一般分为两步，第一步为静态化学能通过化学反应转变为物理能；第二步由物理能对目标施加破坏力。化学爆炸的起因就是由于化学反应瞬时产生的大量高温气体，因受周围环境的约束而积累产生极高的压力；高压气体产生冲击波，对周围目标造成破坏。

化学模式通常有三种情况：

1）直接火灾。当可燃物质和氧气共存时，遇到火源就有可能发生火灾，这是大家所熟知的，称作直接火灾。

平时应该注意某些物质发生直接火灾的可能性，如各类粉尘，包括有机塑料粉尘、某些金属（如镁、铝等）粉尘、煤尘及谷物粉尘等，它们能和空气充分结合，有些还具有吸附空气的能力，特别是在加工、运输、储藏过程中，容易造成粉尘爆炸，产生严重的后果。

在石油和易燃液体加工过程中，液体本身很少和空气接触。但应该注意某些设备产业的易燃液体必须和空气接触的条件，如储罐的呼吸阀，当环境温度高时排出多余的蒸气，环境温度低时（夜间或雨后）则又吸入周围的空气，因而就会在储罐空间形成爆炸性的气体，遇到火花或静电时就会发生爆炸。

2）间接火灾。间接火灾是指受到外力破坏引起本身发生火灾的情况，如设备或其他容器遭受外来事故的波及，易燃物质外泄，遇火源发生事故，因此，在设计时要注意设备之间、装置之间、工厂之间的距离，就是要避免间接火灾的影响。

3）自动反应。有些化学物质本身带有含氧分子团，不需外部供氧就能发生氧化反应，如炸药、过氧化物等，性质极不稳定，遇到冲击振动或其他刺激因素，就能发生火灾、爆炸。

（2）物理模式

物理模式危险性所产生的破坏力量和化学模式不同，在常态下就以物理能的状态出现。

物理能可以以势能形式出现，如处于高处的物体，受压的弹性元件，受压气体，储存的热量、电压等；也可以动能的形式出现，如运动的机械、流动的液体等。在正常情况下，物理能受到控制做有用功，但失去控制则做破坏功。

1）物理爆炸。物理爆炸是纯粹物理现象产生的冲击波，它的特点是常常因压力容器的破坏而产生，受压弹性气体突然释放，能够造成很大的破坏。

2）锅炉爆炸。锅炉爆炸比单纯的受压气体爆炸更有破坏性，这是由于在相同的压力下，蒸汽比同体积的气体能量大许多倍。另外，由于容器破坏，里面储存的过热水变成蒸汽，从而使蒸汽中所含的热量进一步加大。

直接用火加热的锅炉破坏的可能性更大，如果炉体上有水垢并且遇到锅炉内水位过低的情况，受火焰直接加热的外壳就可超过其屈服极限而发生破裂，形成爆炸。

3）机械失控。机械把一种形式的能量转化为另一种形式的能量，例如把蒸汽的热能转变为电能，或是把机械能转变成充气、压缩、混合、成形、挤压等有用功。正在运转的机器就具有很大的动能。

关键的零部件发生故障或是超负荷运转，都可能造成机械失控，对机器本身或其附近目标做破坏功。例如，离心机由于超速发生爆炸，汽轮机的涡轮叶片超速引起的内应力超过轮筋的拉力时，就可能发生物理爆炸。

4）电气失控。由于元配件质量故障或超负荷运转而使电动机、发电机、输电线、变压器、配电设备等发生电气失控，进一步造成火灾或其他损失。

5）其他物理能量失控。另外还有一些因素如热辐射、核污染、噪声、电场、微波、激光等都会引起人员伤亡和财物损失。

2. 有害因素

在日常工作中，许多化学物质和生物有害因素都会对人体造成毒害。如在矿井中有毒气体会对人造成急性或慢性的毒害，因此在井下巷道硐室都规定了风量和风速，规定了有害气体的允许浓度，超过了规定的浓度，便被认为存在着危险性。

3. 外力因素

外力包括人为力和自然力两个方面，如井下爆破作业造成的冲击波，爆破碎片（岩石、煤块）及由于采场移动而形成的矿压造成的片帮、冒顶等危害均属人为力造成的。而地震、洪水、雷击、飓风等属于自然力，所造成的破坏是自然力破坏。

4. 人的因素

人是生产操作过程中的主体，但人的可靠性极低，往往由于生理和心理状态不佳造成违章操作而发生事故。如何对工人进行安全教育训练，提高安全意识，提高其可靠性，杜绝违章，减少事故，这是人们所必须要重视的。除此之外，还应加强人为事故预防学的研究。

7.2.2 危险性的控制

了解了危险因素性质和危险因素的种类后，就可以采取预防措施，避免发展成为事故。危险性的主要控制方法如下：

1）限制能量或使用安全能源——如使用限速装置、低电压设备、安全设备，限制生产用量等。

2）防止能量积蓄——如使用温度自动调节器、熔丝、气体检测器、锐利工具等。

3）防止能量散逸——如使用同位素的放射源铅容器、绝缘材料、安全带等。

4）能量放出缓冲装置——如使用爆破板、安全阀、保险带、冲击吸收装置等。

5）在能量放出的必经路上和放出的时间采取保护措施——如使用除尘器、防护性接地、安全联锁、安全标志、划定禁止入内区域等。

6）对能量源采取防护措施——如使用防护罩、水幕或喷水装置、过滤器、防噪声装置、隔火装置等。

7）在能量源与人之间设立防护措施——如使用玻璃视镜，设置防护栅栏、防火墙等。

8）采取个人防护措施——如使用防护眼镜、安全靴、头盔、手套、呼吸器、防护用具等。

9）提高耐受能力——如采取耐久性材料和选用适应性强的人。

10）降低损害程度——如紧急淋浴，采取急救医疗措施等。

因为一般来说，能量是危险因素的基础，所以以上这些措施大都是从能量的角度来考虑的，当然也有一些事故与能量无关，如中毒、窒息事故等。因此，对危险因素的影响和预防措施要从各方面来考虑。

7.3 预先危险性分析应用实例

【例 7-1】 某酒精有限公司生产装置预先危险性分析。根据某酒精有限公司生产装置的设计资料，结合生产工艺过程，进行该装置的预先危险性分析。以其中一种最危险的火灾爆炸事故为例，具体分析结果汇总于表 7-7。

表 7-7　分析结果

潜在事故	危险危害因素	触发事件	现象	形成事故原因事件	事故后果	危险等级	措施
火灾爆炸	产品乙醇、中间产品发酵醪、副产品沼气等易燃、可燃物泄漏	1. 故障泄漏 2. 运行泄漏 3. 明火 4. 火花	遇高热、明火燃烧甚至爆炸	1. 易燃易爆物蒸气压达爆炸极限 2. 易燃易爆物料泄漏 3. 易燃物质遇明火 4. 存在点火源、静电、高温物体等引发能量 5. 点火吸烟 6. 抢修、检修时违章动火，焊接时未按有关规定动火 7. 其他火源，电动机相间短路 8. 电气线路陈旧老化或受到损坏产生短路火花 9. 静电放电 10. 雷击（直接雷击，雷电二次作用，沿着电气线路，金属管道侵入） 11. 焊、割、打磨产生的火花等 12. 其他	财产损失、人员伤亡、停产	Ⅲ～Ⅳ	1. 控制与消除火源 2. 严格控制设备及其安装质量 3. 加强管理、严格工艺，防止易燃、易爆物料的跑、冒、滴、漏 4. 安全设施保持齐全、完好 5. 安全技术措施齐全

通过分析可知，Ⅲ～Ⅳ这类危险性极大，必须立即采取措施，结合企业实际情况，制定防范措施。

【例 7-2】 某化工装置烟囱基坑作业，开挖深度 6m 左右，在一侧基坑的边缘有一框架结构的化工装置，基坑周边埋有地下电缆管线，土质为碎石类土，土体直立性较好。其施工作业计划步骤如图 7-3 所示。图中，步骤 A_1 为场地平整测量放线，A_2 为真空井降水点，A_3 为基坑开挖 1，A_4 为基坑开挖 2，A_5 为基坑平整，B_1 为基坑支护，B_2 为基坑验槽。试对该作业过程进行预先危险性分析。

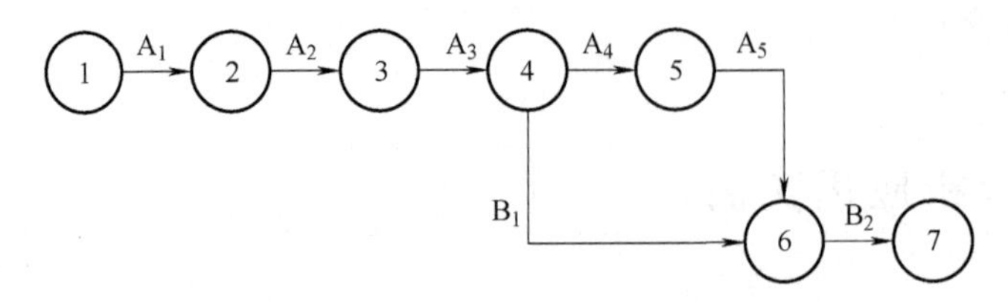

图 7-3　化工装置烟囱基坑施工作业计划步骤

基坑作业活动预先危险性分析见表 7-8。根据分析，该烟囱基坑危险性较大，施工前必须制定严密的开挖和支护专项方案，并请有关专家进行安全论证，在确定安全可靠的前提下才能进行基坑的开挖。

表 7-8　基坑作业活动预先危险性分析表

危险/意外事故	原因	后果	等级	改进措施/预防方法
电伤害	开挖时未制定保护地下电缆管线的安全技术措施	触电、装置停机、设备损坏	Ⅲ	1. 制定安全技术措施，严格按照安全操作规程作业 2. 作业人员必须经过安全教育培训 3. 开挖前一定要熟悉开挖部位的地下情况，保证作业面干燥，雨天严禁开挖，开挖时严密注意开挖地下情况，随时注意异常变化 4. 施工前技术、安全交底详细
坍塌	1. 开挖基坑周围未按基坑开挖规范放坡 2. 基坑开挖的弃土直接堆放在基坑周边 3. 基坑周边的土承载力严重不足且未按实际情况实施相应的措施 4. 机械开挖时对周围土的扰动太大，土的承载力降低	人员伤亡、装置停机、设备损坏	Ⅲ	1. 制定安全技术措施，严格按照安全操作规程作业 2. 基坑周边井点降水正常，基坑周围修筑挡水堤，基坑底挖设排水沟，沿一定距离设积水坑，定时排水。基坑开挖应按安全要求进行放坡 3. 基坑周边土的承载力要求严格验算，弃土要放在距基坑边缘一定距离处 4. 机械开挖时要有具体的施工方案，施工前，技术人员要进行详细的技术交底，施工时要严格按实施方案实施
坠落	基坑周边未设护栏或保护措施	人员伤亡	Ⅱ	1. 制定安全技术措施，严格按照安全操作规程作业 2. 基坑周边要拉设安全网、架设安全栏杆、标注明显的警示牌

【例 7-3】 某工厂有一座 20 世纪 70 年代建造的油库，由于历史原因，油库的安全性未进行过论证。运行十余年后，多次安全消防检查发现，由于油库地下室设计缺陷，造成地下室通风不良，难以保证室内油气浓度低于爆炸下限；同时因墙体未做防潮处理，导致暑期油气中的蜡质物在墙壁上凝聚；电气防爆性能已完全失效，甚至连绝缘都处于不可靠状态。此

外，油罐管道均未设防静电接地设施，也未进行电气连接。总之，该油库危险因素甚多，经研究，决定对此油库进行一次大修，以解决油库的安全问题。在此项工程的设计、施工前，先对这项工程存在的危险因素、事故发生条件、造成事故的后果进行宏观、概略的分析。其目的是预先提出防范措施，避免由于考虑不周而使工程中各类危险因素发展为事故。

油库大修预先危险性分析见表 7-9。

表 7-9 油库大修预先危险性分析表

序号	工序	危险因素	触发事件	形成事故	后果	危险等级	预防措施
1	油品清除	地下室油气浓度达到爆炸极限范围	碰撞、摩擦火花、电气火花	爆炸、火灾	人身伤亡财产损失	Ⅲ级	油品清除前打开通风，作业人员不得穿化纤衣物，鞋底不准有铁钉，作业时严禁撞击，切断室内一切电路，配用防爆灯筒
2	罐侧墙开通风洞孔	地下室油气达到爆炸极限范围	碰撞火花	爆炸、火灾	人身伤亡财产损失	Ⅲ级	油罐内注满清水，排净残油，开洞施工时边拆边浇水，室内水泥地面垫湿草袋，施工时消防配合
3	罐体要设防静电接地装置	焊接高温	罐内残油发生化学变化，溢出燃爆气体	燃烧	人身灼烫	Ⅱ级	焊接作业前测试汽油气浓度在爆炸极限范围之外，通风、焊接点尽可能远离罐壁体，作业中可靠通风、消防监护
4	罐体反接地体防腐蚀处理	防腐蚀作业中材料高温	作业区油气浓度达到爆炸极限范围	燃爆	人身灼烫	Ⅱ级	防腐作业前及作业中必须可靠通风
5	罐口改造	作业过程有金属配件更换，需要使用工具	碰撞火花	燃烧	配件发热	Ⅰ级	卸装罐盖防止火花
6	地下室通风、采光改造工程	地下室内油气聚集	明火近罐引燃	燃爆	人身灼烫	Ⅱ级	焊接作业前测试汽油气浓度在爆炸极限范围之外，通风、焊接点尽可能远离罐壁体，作业中可靠通风、消防监护

（续）

序号	工序	危险因素	触发事件	形成事故	后果	危险等级	预防措施
7	罐体抽水放水	使用外接抽水泵	设备内运行火花	燃烧、爆炸	少量火花外溢	Ⅰ级	必须使用防爆工具
8	管道连接施工	地下室及空罐内残油气	明火引燃	燃爆	人身灼烫	Ⅰ级	放空前，测试油气浓度并采取通风置换措施，使油气在爆炸极限范围之外

从上述分析可以看出，油气在地下室、空油罐内聚集，浓度超过爆炸下限和作业区内有明火、火花是最关键的两类危险因素；其次是焊接高温，只要这三个问题得到控制，这项工程就可以保证安全。表7-9中提出的预防措施是宏观的、主要的、粗略的，在工程实施时，必须按照每一工序实施的具体步骤，针对这三方面问题采取具体的控制措施。

复 习 题

1. 预先危险性分析的定义及其功能是什么？

2. 危险等级划分为几个级别？分别是什么？

3. 简述预先危险性分析的步骤。

4. 某工程地下1层，深4.5m；地上28层，高85.0m，由某省一建筑公司总承包。该公司将基坑开挖分包给某土方承包单位进行施工，土方承包单位在基坑没有做支护和放坡的情况下，指派挖掘机开始向西开挖，此时由现场土建工长安排3名工人浇筑南端基坑底的垫层。土方工程施工前未编制专项施工方案，未按有关程序报批，未安排专职安全管理人员实施现场监督管理，施工中也没有做相应的技术要求，土方开挖边坡呈直壁状，现场土建工长指挥工人到未采取放坡和加固措施的基坑下方危险区域施工。

请用预先危险性分析法对上述案例进行预先危险性评价，并提出安全技术措施。

5. 试对身边一个熟悉的系统进行预先危险性分析。

第8章 故障类型影响和致命度分析法

8.1 故障类型影响分析

故障类型影响分析（Failure Mode and Effect Analysis，FMEA），是安全系统工程中的一个重要分析方法。它既可以对故障进行定性分析，也可以定量描述事故严重程度和发生概率，是一种较受欢迎的方法。

8.1.1 基本概念

故障类型影响分析是指采用系统分割的方法，根据实际需要分析的水平，把系统分割成子系统或进一步分割成元件，然后逐个分析元件可能发生的故障和故障类型（故障呈现的状态），再分析故障类型对子系统以及整个系统产生的影响，最后采取措施加以解决的方法。它是一种归纳的分析方法。

FMEA 的目的是辨识单一设备和系统的故障模式及每种故障模式对系统或装置造成的影响。在进行故障类型和影响分析前，先来认识 FMEA 几个常用的基本概念。

1. 元件

元件是指构成系统、子系统的单元或组合件。它分为三种。功能件：由一些零部件组成，具有独立的功能。组件：由两个以上零部件组成，在子系统中保持特定的性能。零件：不能进一步分解的单个部件，具有设计规定的性能。

2. 故障

元件、子系统、系统在运行时因某种功能失效或损失而不能达到设计规定的要求，因而完不成规定的任务或完成得不好的情况就称故障。

3. 故障类型

故障类型是指故障出现的状态，也称为故障的表现形式，一般可从以下五个方面考虑：①运行过程中的故障；②系统过早动作；③规定时间内不能启动；④规定时间内不能停车；⑤运行能力降级超量受阻。

元件发生故障时，其表现形式可能不止一种，例如阀门发生故障，至少可能有：内部泄漏、外部泄漏、打不开、关不紧等现象。不同的故障类型所造成的影响不同，比如，阀门打不开，流体就无法流过阀门，系统就不能正常工作；又如，外部泄漏，就会造成浪费。因而，不同的故障类型对系统的影响程度不一样，采取预防措施也就不一样，所以要分清故障的类型。

常见的故障类型分类见表 8-1。

表 8-1 常见的故障类型分类

故障类型		元件发生故障的原因
各类故障粗分	各类故障细分	
1. 运行过程中的故障 2. 过早的启动 3. 规定时间内不能启动 4. 规定时间内不能停车 5. 运行能力降级、超量或受阻	1. 构造方面的故障、物理性咬紧、振动、不能定位、不能打开、不能关闭 2. 打开时故障、关闭时故障 3. 内部泄漏、外部泄漏 4. 高于允许偏差、低于允许偏差 5. 反向动作、间歇动作、误动作、误指示 6. 流向偏向一侧、传动不良、动作滞后 7. 不能启动、不能切换、过早启动、动作滞后 8. 输入量过大、输入量过小、输出量过大、输出量过小 9. 电路短路、电路开路 10. 漏电、其他	1. 设计上的缺陷（由于设计上的技术上先天的不足，或者设计图不完善等） 2. 制造上的缺点（加工方法不当或组装方面的失误） 3. 质量管理上的缺点（误操作或未设计操作条件） 4. 使用上的缺点（误操作或未设计操作条件） 5. 维修方面的缺点（维修操作失误或检修程序不当）

4. 故障等级

根据故障类型对系统或子系统影响程度的不同而划分的等级称为故障等级。它表示故障类型对子系统或系统影响严重程度的级别。

不同故障类型所引起的子系统或系统障碍有很大不同，因而在研究处理措施时应按轻重缓急区别对待。为此，对故障类型应进行等级划分。等级划分的方法有很多，常用的有定性划分法、半定量划分法、风险矩阵法。划分方法将在后续章节做详细介绍。

5. 故障检测机制

故障检测机制是指由操作人员在正常操作过程中，或由维修人员在检修过程中发现故障的方法和手段。

6. 故障原因

1）内在因素：系统、产品硬件设计不合理或存在潜在危险；系统产品零部件有缺陷；制造质量低，材质选用有错或不佳等；运输、保管、使用不善。

2）外在因素：环境条件和使用条件。环境条件越苛刻越容易发生故障。

7. 故障模式

故障模式是指故障是如何发生的，发生的可能性有多大。主要考虑三个方面：①对象：发生故障的实体；②外部原因：外界破坏因素，如环境、时间、人为差错；③结果：在外部原因的作用下，对象内部状态发生变化。

8. 故障率

故障率是指单位时间发生故障的次数。有了故障率数据，就可以计算事件或系统的故障概率。表 8-2 是各类设备、机械和装置的故障率示例。

表 8-2 各类设备、机械和装置的故障率示例

项目（一次性灾害）	故障率	项目（一次性灾害）	故障率
一、容器类（引燃导致火灾爆炸）		二、机械设备	
1. 法兰盘焊接部分		（1）修理需 10d 以上的	10^{-3}
（1）机器设备振动大	10^{-3}	（2）修理需 10d 的	10^{-2}
（2）机器设备有振动	10^{-4}	（3）修理需 4h 的	10^{-1}
（3）机器设备无振动	10^{-5}	三、电气设备	
2. 螺纹接口部分		（1）要求停电 4h 以下的配电部件	10^{-2}
（1）机器设备振动大	10^{-2}	（2）主配电变压器	10^{-3}
（2）机器设备有振动	10^{-3}	（3）19kW 以上电动机（修理需 36h）	10^{-3}
（3）机器设备无振动	10^{-4}	（4）4~19kW 电动机（修理需 24h）	10^{-3}
3. 有腐蚀、磨损部分		（5）4kW 以下电动机（修理需 4h）	10^{-2}
（1）机器设备振动大	10^{-1}	（6）0.8kW 的电动机（修理需 2~4h）	10^{-1}
（2）机器设备有振动	10^{-2}	四、计量设备有关部分	
（3）机器设备无振动	10^{-3}	（1）1 次控制系统故障	10^{-1}
4. 油封、可燃气少许泄漏		（2）2 次控制系统故障	10^{-2}
（1）油封（泵、搅拌机）	10^{-3}	（3）1 次停止系统和警报故障	10^{-1}
（2）其他（重大事故为 10 倍）	10^{-2}	（4）2 次停止系统和警报故障	10^{-2}

若确定了每个元件的故障发生概率，就可以确定设备、系统或装置的故障发生概率，从而定量地描述故障的影响。

8.1.2 故障等级划分方法

1. 定性划分法

简单划分法属于定性分级方法。这种方法是根据故障类型对系统功能、人员及财产损失影响的严重程度来划分的。简单划分法故障等级的划分见表 8-3。

表 8-3 故障等级的划分

故障等级	影响程度	可能造成的危害或损失
一级	致命性	可能造成死亡或系统损失
二级	严重性	可能造成严重伤害、严重职业病或主系统损坏
三级	临界性	可能造成轻伤、轻职业病或次要系统损坏
四级	可忽略性	不会造成伤害和职业病，系统不会受损

2. 半定量划分法

依据损失的严重程度、故障的影响范围、故障的发生频率、防止故障的难易程度和工艺设计等情况来确定故障等级。

（1）评点法

在难于取得可靠性数据的情况下，可以采用评点法。它从几个方面来考虑故障对系统的影响程度，用一定的点数表示程度的大小，通过计算，求出故障等级。利用式（8-1）求评点总数 C_S 以确定故障等级。

$$C_S = \sqrt[5]{C_1 C_2 C_3 C_4 C_5} \tag{8-1}$$

式中 C_1——故障影响大小，即损失严重度，取值范围为 1~10；

C_2——对系统造成影响的范围，取值范围为 1~10；

C_3——故障发生的频率，取值范围为 1~10；

C_4——防止故障的难易程度，取值范围为 1~10；

C_5——是否为新设计或新工艺，取值范围为 1~10。

评点系数 $C_i(i=1\sim5)$ 的确定可由 3~5 位有经验的专家座谈、讨论，确定 C_i 的值，这种方法又称头脑风暴法（BS）。另一个方法是德尔菲（Delphi）法，即函询调查法。将提出的问题和必要的背景材料，用通信的方式向有经验的专家提出，然后把他们答复的意见进行综合，再反馈给他们，如此反复多次，直到认为合适的意见为止。

评点总数 C_S 与故障等级见表 8-4。

表 8-4　评点总数 C_S 与故障等级

故障等级	评点总数 C_S	内容	应采取的措施
致命的（一级）	7~10	完不成任务，人员伤亡	变更设计
严重的（二级）	4~7	大部分任务完不成	重新讨论设计或变更设计
临界的（三级）	2~4	一部分任务完不成	不必变更设计
轻微的（四级）	<2	无影响	无

（2）查表法

这种方法是根据参考的评点因素（表 8-5）求出每项目的点数，按照下式求和，计算出总点数，然后按评点法中表 8-4 判断其故障等级。

$$C_S = F_1 + F_2 + F_3 + F_4 + F_5 \tag{8-2}$$

评点参考表见表 8-5。

表 8-5　评点参考表

评点因素	内容	点数
影响大小 F_1	造成生命财产损失 造成相当程度的损失 元件功能有损失 无功能损失	5.0 3.0 1.0 0.5
对系统影响程度 F_2	对系统造成两处以上重大影响 对系统造成一处以上重大影响 对系统无过大影响	2.0 1.0 0.5

（续）

评点因素	内容	点数
发生频率 F_3	很可能发生 偶然发生 不易发生	1.5 1.0 0.7
防止故障的难易程度 F_4	不能防止 能够防止 易于防止	1.3 1.0 0.7
是否新设计 F_5	内容相当新的设计 内容和过去相类似的设计 内容和过去同样的设计	1.2 1.0 0.8

3. 风险矩阵法

风险矩阵法是综合考虑故障发生的可能性和发生后引起后果严重度两个方面的因素来确定故障的等级。这种划分标准称为风险率（或危险度）。其方法是将故障概率和严重度都分为四个等级，划分原则如下。

1）严重度是指故障类型对系统功能的影响程度，严重度分级见表 8-6。

表 8-6 严重度分级

严重度等级	内容	严重度等级	内容
Ⅰ低的	1）对系统任务无影响 2）对子系统造成的影响可忽略不计 3）通过调整故障易于消除	Ⅲ关键的	1）系统的功能有所下降 2）子系统功能严重下降 3）出现的故障不能立即通过检修予以修复
Ⅱ主要的	1）对系统的任务虽有影响但可忽略 2）导致子系统的功能下降 3）出现的故障能够立即修复	Ⅳ灾难性的	1）系统功能严重下降 2）子系统功能全部丧失 3）出现的故障需经彻底修理才能消除

2）故障概率表示在一定时间内故障类型出现的次数。时间单位规定为一年或一个月，有的用大修的间隔期。故障概率的分级有定量和定性两种。故障概率等级划分见表 8-7。

表 8-7 故障概率等级划分

故障概率等级	故障类型出现的机会
Ⅰ级 概率很低	元件操作期间故障出现的机会可以忽略
Ⅱ级 概率低	元件操作期间故障不易出现
Ⅲ级 概率中等	元件操作期间故障出现的机会为 50%
Ⅳ级 概率高	元件操作期间故障容易出现

故障概率定量分级原则如下：

Ⅰ级：元件工作期间，任何单个故障类型出现的概率少于全部故障概率的 0.01。

Ⅱ级：元件工作期间任何单个故障类型出现的概率多于全部故障概率的 0.01 而少

于0.10。

Ⅲ级：元件工作期间任何单个故障类型出现的概率多于全部故障概率的0.10而少于0.20。

Ⅳ级：元件工作期间任何单个故障类型出现的概率多于全部故障概率的0.20。

故障概率和严重等级确定后，以故障概率为纵坐标，严重度为横坐标，画出风险率矩阵图，如图8-1所示。沿矩阵原点到右上角画一条对角线，以对角线为轴线，轴线两边是对称的。若已知某一故障类型的概率和严重度，将其填入矩阵图中，就可以确定其风险率或等级的大小。处在右上角方块内的故障类型风险率最大，因为该故障类型发生的概率高且后果严重。从右上方依次左移，风险率逐渐降低，因为故障类型发生的概率虽然大，但造成后果的严重度却逐渐降低；同样，从右上方依次下移，风险率逐渐降低，虽然故障类型造成的后果严重，但因为发生的概率很小，综合两方面因素风险率也就降低了。

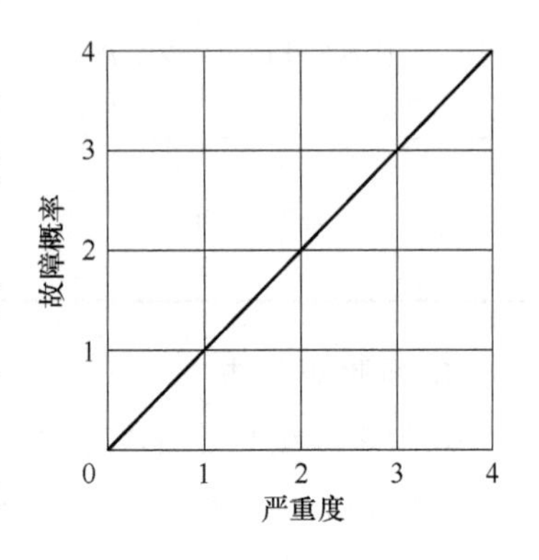

图8-1 风险率矩阵图

8.1.3 故障类型和影响分析的流程

在进行故障类型影响分析时，常按图8-2所示流程进行。

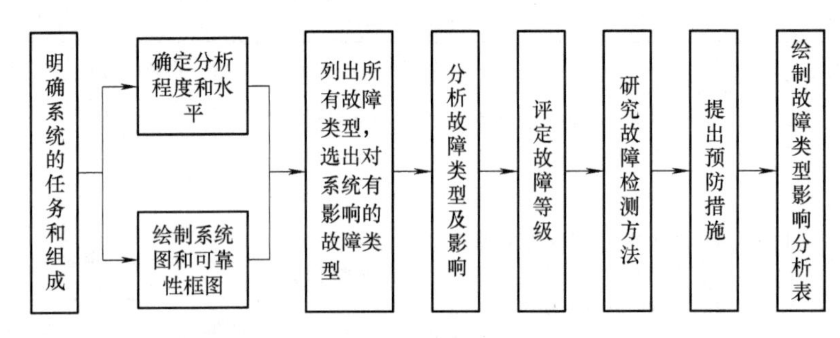

图8-2 FMEA流程

1. 明确系统的任务和组成

从设计说明及有关资料中查出系统含有多少子系统，各个子系统又含有多少元件，以明确其功能，了解各元件之间的相互关系等，为分析打下基础。确定系统的任务和组成需要了解以下内容：

1）了解作为分析对象的系统、装置或设备。

2）确定分析系统的物理边界，划清对象系统、装置、设备与子系统、设备的界线，圈定所属的元素（设备、元件）。

3）确定系统分析的边界，应明确两方面的问题：①分析时不需考虑的故障类型、运行结果、原因或防护装置等，如分析故障原因时不考虑飞机坠落到系统外和地震、龙卷风等对系统的影响；②最初的运行条件或元素状态等，例如对于初始运行条件，在正常情况下阀门是开启还是关闭的必须清楚。

4）收集元素的最新资料，包括其功能、与其他元素之间的功能关系等。

2. 确定分析程度和水平

根据所了解的系统情况，一开始要决定分析到什么水平，这是一个很重要的问题。若分析程度太浅，就会漏掉重要的故障类型，得不到有用的数据；如果分析的程度过深，一切都分析到元件甚至零部件，则会造成分析程序复杂，措施很难实施。通常，经过对系统的初步调查分析，就会知道哪些子系统关键，哪些子系统次要。对关键的子系统可以分析得深一些，不重要的分析得浅一些，甚至可以不进行分析。对一些功能部件，像继电器、开关、阀门、储罐、泵等，都可当作元件对待，不必进一步分析。

3. 绘制系统图和可靠性框图

把所要分析的系统按功能分类，做成逻辑图表示，其目的就是把所要分析的系统切割成较小的子系统，以直观表示系统、子系统、元件间的层次，输入、输出关系，有利于分析。系统逻辑框图如图 8-3 所示。

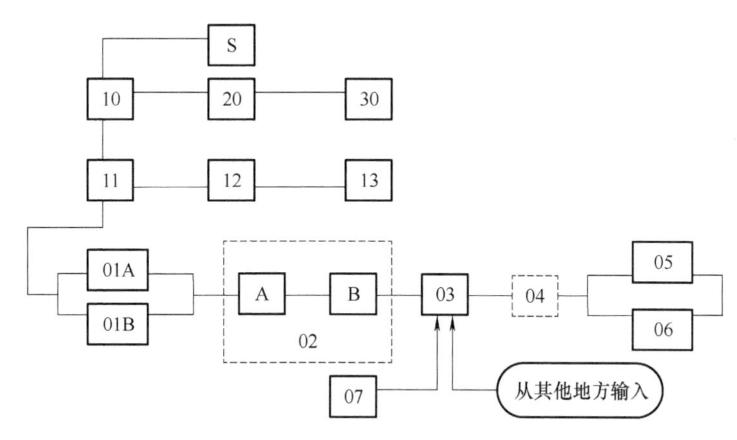

图 8-3　系统逻辑框图

逻辑框图中说明了下列问题：

主系统 S 分成了三个子系统，即 10、20、30，每一个子系统发生故障都会对主系统发生影响。

子系统 10 又分成了三个组件，即 11、12、13。

组件 11 受元件 01A、01B、02、03、04、05 与 06 的影响，它们在串联的情况下进行工作。

元件 01A 和 01B 是冗余系统，属于并联关系。

由此可知，根据系统的构成要素，从系统的顶级开始展开，依次画出所包含的子系统、元件，并将各子系统（或元件）之间串联或并联、输入或输出的相互关系用框图表示出来，就是系统的可靠性框图（逻辑框图）。简单系统可以用流程图代替系统图。

逻辑框图中的子系统（或元件）之间常见的关系有并联和串联两种。几个元件共同完成一项功能时用串联表示。串联表示构成一个系统的子系统都正常运行，系统才能正常运行；元件如有备品时则是并联关系，而并联关系只要构成系统的任何一个子系统正常，系统就能保持正常。

4. 列出所有故障类型，选出对系统有影响的故障类型

按照可靠性框图，根据经验及有关故障资料，列出各个子系统或元件的所有故障类型，然后从其中选出对子系统及系统有影响的故障类型，深入分析其影响后果、故障等级及应采取的措施。故障类型分析可从前文介绍的五个方面入手。如果经验不足，考虑得不周到，将会给分析带来影响。最好由安全技术人员、生产人员和工人三者共同完成这项技术性较强的工作。

故障类型的确定，可依据以下两方面：①分析对象是已有元素，则可以根据以往运行经验或试验情况确定元素的故障类型；②若分析对象是设计中的新元素，则可以参考其他类似元素的故障类型，或者对元素进行可靠性分析来确定元素的故障类型。

5. 分析故障类型及影响

故障类型的影响是指系统正常运行的状态下，详细地分析一个元素各种故障类型对系统的影响。

分析故障类型的影响，通过研究系统主要的参数及其变化来确定故障类型对系统功能的影响，也可以根据故障后果的物理模型或经验来研究故障类型的影响。

故障类型的影响可以从下面三种情况来分析：

1）元素故障类型对相邻元素的影响，该元素可能是其他元素故障的原因。

2）元素故障类型对整个系统的影响，该元素可能是导致重大故障或事故的原因。

3）元素故障类型对子系统及周围环境的影响。

分析故障原因，即故障的内在因素和外在因素，研究故障检测方法。

6. 评定故障等级

用简单划分法、评点法确定故障等级，衡量故障对系统、人员造成影响的尺度。对危险性特别大的故障类型，如故障等级为一级，还要进行致命度分析（CA）。致命度分析将在后续章节详细介绍。

7. 研究故障检测方法

故障检测是指操作人员或维修人员用来检测故障类型发生的方法，如目视检查、音响报警、仪器显示、机内故障自动检测（BIT）等。若没有检查方法则应注明，并采取补救措施，如改进测试性设计等。在故障检测方法中，要考虑到有时产品几个组成部分的不同故障类型可能出现相同的表现形式，此时应具体区分检测方法。故障检测也应包括对冗余系统组成部分的检测，以维持冗余系统的可靠性。

不同的故障检测方法均有其使用条件，确定故障检测方法的正确性和适用性，是分析结果正确的前提。应充分论证检测方法的适用性，并在分析结果中注明，以便结果检验。

8. 提出预防措施

根据分析结果，有针对性地提出系统失效的预防措施，以改善系统安全可靠性，并将预防措施填入故障类型影响分析表。

9. 绘制故障类型影响分析表

根据故障类型影响分析表，系统、全面和有序地进行分析，最后将分析结果汇总于表中，可以一目了然地显示全部分析内容。根据研究对象和分析的目的，故障类型影响分析表可设置成多种形式。故障类型影响分析表将汇总所有分析的结果（表 8-8）。

表 8-8　故障类型影响分析表

系统名称：　　部门：　　审查人：

图号：　　页号：　　制表人：　　完成日期：

项目号	分析项目	功能	故障类型	故障原因	影响		故障检测方法	故障等级	备注
					子系统	系统			

8.2 致命度分析

致命度分析（Critical Analysis，CA）是指在 FMEA 的基础上，把特别严重的故障类型单独拿出来进行更深入的分析。

对于特殊危险的故障类型，例如故障等级为一级的故障类型，有可能导致人员伤亡或系统损坏，因此对这类元件要特别注意，可采用致命度分析法进一步分析。

8.2.1　致命度分析的目的

进行致命度分析的目的有以下几个方面：

1）尽量消除致命度高的故障模式。

2）无法消除时尽量从设计、制造、使用和维修等方面降低其致命度和减少其发生概率。

3）故障模式不同的致命度，对零部件和产品提出不同质量要求，提高可靠性和安全性。

4）根据不同情况采取保护装置和监测系统等措施。

8.2.2　致命度指数 C_r 计算

致命度分析一般都和故障类型分析合并使用，对于还需进一步分析的故障类型，可用下式计算出致命度指数 C_r，它表示元件运行 100 万 h（万次）发生的故障次数。

$$C_r = 10^6 \sum_{n=1}^{j} (\alpha_n \beta_n k_{an} k_{en} \lambda_{gn} t_n) \tag{8-3}$$

式中　C_r——系统的致命度指数；

n——致命故障类型序号（$n = 1, 2, 3, \cdots, j$）；

j——致命故障类型总数；

λ_g——元素的基本故障率；

t——元素的运行时间；

α——导致系统重大故障或事故的故障类型数目占全部故障类型数目的比例；

β——导致系统重大故障或事故的故障类型出现时，系统发生重大故障或事故的概率，参考值见表 8-9；

k_a——元件 λ_g 的测定值与实际运行时的强度修正系数；

k_e——元件 λ_g 的测定值与实际运行时的环境条件修正系数。

表 8-9　β 参考值

影响	发生概率	影响	发生概率
实际损失	$\beta=1.00$	可能出现损失	$0<\beta<0.10$
可以预计的损失	$0.10\leqslant\beta<1.00$	没有影响	$\beta=0$

致命度等级与内容见表 8-10。

表 8-10　致命度等级与内容

等级	内容	等级	内容
Ⅰ级	有可能丧失生命的危险	Ⅲ级	涉及运行推迟和损失的危险
Ⅱ级	有可能使系统损坏的危险	Ⅳ级	造成计划外维修的可能性大

常用的致命度分析表见表 8-11。

表 8-11　致命度分析表

系统____子系统				致命度分析						日期____制表____主管________			
(1) 项目 编号	致命故障			致命度计算									
	(2) 故障 类型	(3) 运行 阶段	(4) 故障 影响	(5) 项目数	(6) k_a	(7) k_e	(8) λ_g	(9) 故障率	(10) 运转 时间或 周期	(11) 可靠性 指数	(12) α	(13) β	(14) C_r

8.2.3　故障类型影响和致命度分析（FMECA）

早期的故障类型和影响分析只能做定性分析，后来在分析中包括了故障发生难易程度的评价或发生的概率，把故障类型和影响分析从定性分析发展到定量分析，从而把它与致命度分析结合起来，构成故障类型影响及致命度分析（FMECA）。

故障类型影响及致命度分析（FMECA）也是一种归纳分析方法，用于系统安全性和可靠性的分析，尤其是在设计阶段充分考虑并提出所有可能发生的故障，分析故障的类型和严重程度，判明其对系统的影响和发生的概率等。这种方法通常分为两部分，即故障类型影响分析（FMEA）和致命度分析（CA）。

可用以下两种方法进行 FMECA 的分析：方法一，根据经验确定故障发生概率，再用概率和严重度等级的不同组合区分故障类型所导致的风险程度。方法二，用致命度指数衡量故障类型导致实际损失的频次，再将其与故障严重度相结合，对系统风险做出最终评价。

8.3 对 FMEA 的评价

8.3.1 FMEA 的优缺点

FMEA 是一种定性分析方法，其优点表现在可直观表现各元件某种形式的故障对系统的影响；FMEA 书写格式简单，可用较少的人力，且无须经过特别的训练，就可以进行分析。与 FTA 从上而下，从整体到局部，研究系统的故障是由哪些元件故障所导致的模式不同，FMEA 是从下而上，从局部到整体，研究元件故障对系统的影响。

缺点是缺乏逻辑性，难以分析各个元素之间的影响；当有两个以上元素同时发生故障时，分析比较困难。该方法中的元素通常局限于“物”的因素，使得分析人的原因变得困难。当然，某些特定元素，也可以包括人的误操作。

8.3.2 FMEA 的基本要求

使用 FMEA 方法需要如下资料：①系统或装置的设计图及一切相关的图文资料；②设备、配件一览表；③设备功能和故障模式方面的知识；④系统或装置功能及对设备故障处理方法知识。

FMEA 方法可由单个分析人员完成，但需要其他人进行审查，以保证完整性。对评价人员的要求随着评价的设备项目大小和尺度有所不同。所有的 FMEA 评价人员都应熟悉设备功能及故障模式，并了解这些故障模式如何影响系统或装置的其他部分。

8.4 故障类型影响分析应用实例

8.4.1 空气压缩机压力罐系统故障类型影响分析

【例 8-1】 图 8-4 为压缩空气系统示意图。电动机驱动空气压缩机运转。空气压缩机制造成的压缩空气被储存在压力罐中以供使用。压力罐上安装有压力表以显示气体压力；压力开关按预定的压力值自动地通电和断电以保持罐内压力稳定；安全阀是用于确保压力罐安全的一个重要部件，当罐内气体压力超过额定压力时，安全阀开启，泄放气体，使罐内压力降低以保证安全。要求对该压缩空气系统进行故障类型影响分析。

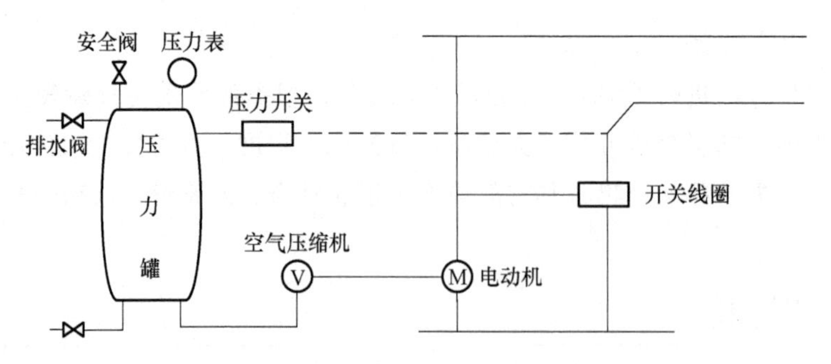

图 8-4 压缩空气系统示意图

解： 1）调查情况，明确系统的任务和组成。

根据题意可知要分析的是压缩空气系统，所以在分析前，应查阅有关该系统的设计说明书及其他有关资料，以便明确系统任务和组成。

2）确定分析程度，该系统确定分析到元件。

3）进行功能分组，绘出逻辑框图，如图 8-5 所示。

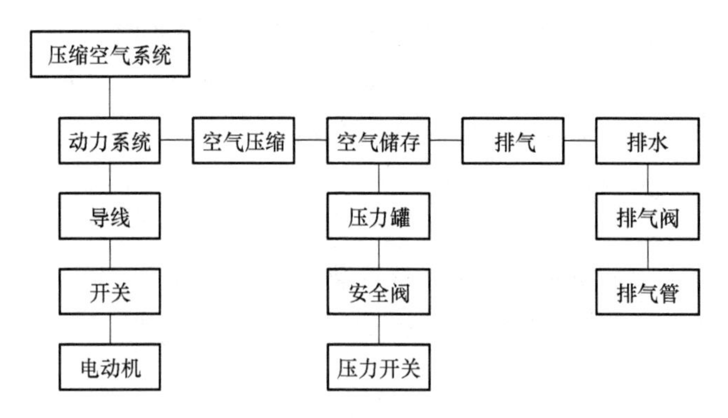

图 8-5 压缩空气系统逻辑框图

4）确定故障类型，为简单说明问题，在此仅对空气储存子系统中的元件进行分析，见表 8-12。

表 8-12 空气储存子系统故障类型分析

元件名称	故障类型	可能原因
压力罐	1. 小缝隙	罐的接口不严
	2. 大缝隙	焊缝有裂口
	3. 破裂	材料缺陷或在运输过程受到外力作用
安全阀	1. 漏气	弹簧疲劳
	2. 错误开启	弹簧折断
	3. 关闭	锈蚀、污物、阀门调节错误

5）故障影响程度分析。用简单划分法对空气储存子系统进行定性的故障影响程度划分。根据对故障类型的分析，结合故障等级的划分（表 8-3），得到该子系统的故障等级划分，见表 8-13。

表 8-13　空气储存子系统的故障等级划分

子系统分类	故障类型	故障等级	影响程度	可能造成的危害或损失
压力罐	小缝隙	三级	临界性	可造成轻伤、轻职业病或次要系统损坏
	大缝隙	二级	严重性	可能造成严重伤害、严重职业病或主系统损坏
	破裂	一级	致命性	可能造成死亡或系统损失
安全阀	小缝隙	三级	临界性	可造成轻伤、轻职业病或次要系统损坏
	大缝隙	二级	严重性	可能造成严重伤害、严重职业病或主系统损坏
	破裂	一级	致命性	可能造成死亡或系统损失

6）绘制空气储存子系统 FMEA 记录表（表 8-14、表 8-15）。

表 8-14　空气储存子系统压力罐部分 FMEA 记录表

系统：压缩空气系统				子系统：空气储存系统			部分：压力罐
1	2	3	4	5	6	7	8
编号	基本功能	故障类型	可能原因	故障辨别	故障对系统的作用和有时对环境作用描述	故障等级	备注
1.1	储气	小缝隙	罐的接口不严	压缩机换向频率增加，巡查时对噪声的辨别	通过压缩机的运行来补偿压力的下降	三级	
1.2	储气	大缝隙	焊缝有裂口	压力指示装置的显示，巡查	压力迅速下降	二级	
1.3	储气	破裂	材料缺陷或在运输过程受到外力作用	压力指示装置的显示，巡查	没有直接作用，但在超压时失去安全功能	一级	

表 8-15　空气储存子系统安全阀部分 FMEA 记录表

系统：压缩空气系统				子系统：空气储存系统			部分：安全阀
1	2	3	4	5	6	7	8
编号	基本功能	故障类型	可能原因	故障辨别	故障对系统的作用和有时对环境作用描述	故障等级	备注
2.1	常关	小缝隙	弹簧疲劳	压缩机开停频率增加，巡查时对噪声的辨别	通过压缩机的运行补偿压力的下降	三级	
2.2	常关	大缝隙	弹簧折断	压力指示装置的显示，巡查	压力迅速下降	二级	
2.3	开（超压时）	破裂	锈蚀、污物、阀门调节错误	无，只能在阀门检验时辨别故障	压力迅速下降造成压力罐周围设备的损坏	一级	

8.4.2 电动机运行系统故障类型影响分析

【例 8-2】 图 8-6 为某电动机运行系统示意图。该系统是一种短时运行系统，如果运行时间过长则可能引起电线过热或者电动机过热、短路。对系统中主要元素进行故障类型影响分析，结果列于表 8-16。

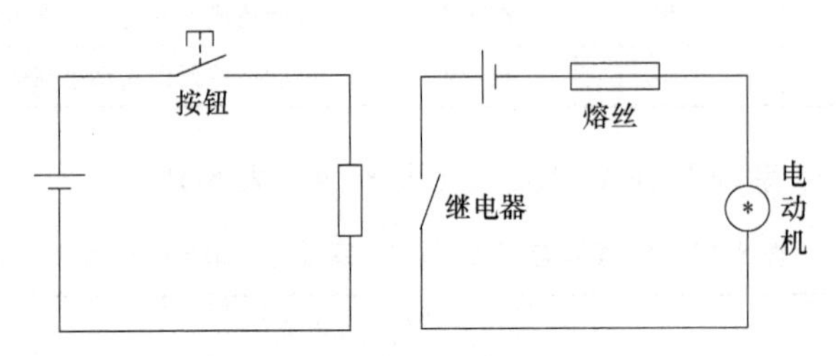

图 8-6 电动机运行系统示意图

表 8-16 电动机运行系统故障类型影响分析

<table>
<tr><th>元素</th><th>故障类型</th><th>可能的原因</th><th>对系统影响</th></tr>
<tr><td rowspan="2">按钮</td><td>卡住</td><td>机械故障</td><td rowspan="2">1. 电动机不转
2. 电动机运转时间过长
3. 短路会烧毁熔丝</td></tr>
<tr><td>接点断不开</td><td>1. 机械故障
2. 人员没有放开按钮</td></tr>
<tr><td rowspan="2">继电器</td><td>接点不闭合</td><td>机械故障</td><td rowspan="2">1. 电动机不转
2. 电动机运转时间过长
3. 短路会烧毁熔丝</td></tr>
<tr><td>接点不断开</td><td>1. 机械故障
2. 经过接点电流过大</td></tr>
<tr><td>熔丝</td><td>不熔断</td><td>1. 质量问题
2. 熔丝过粗</td><td>短路时不能断开电路</td></tr>
<tr><td rowspan="2">电动机</td><td>不转</td><td>1. 质量问题
2. 按钮卡住
3. 继电器接点不闭合</td><td>丧失系统功能</td></tr>
<tr><td>短路</td><td>1. 质量问题
2. 运转时间过长</td><td>1. 电路电流过大烧毁熔丝
2. 使继电器接点粘连</td></tr>
</table>

复 习 题

1. 什么是故障、故障类型、故障类型影响分析？
2. 简述故障类型影响分析的流程。
3. 致命度分析的目的是什么？
4. 请选择您熟悉的系统进行故障类型影响分析。

第9章 危险与可操作性研究（HAZOP）分析法

9.1 HAZOP 分析法概述

危险及可操作性研究（Hazard and Operability Study，HAZOP）是英国帝国化学工业公司（ICI）于1974年针对化工装置而开发的一种定性的系统安全分析方法。HAZOP 是一种用于辨识设计缺陷、工艺过程危害及操作性问题的结构化分析方法，方法的本质是通过系列会议对工艺图和操作规程进行分析。此方法以关键词为引导，分析讨论生产过程中工艺参数可能出现的偏差、偏差出现的原因和可能导致的后果，以及这些偏差对整个系统的影响，并有针对性地提出必要的对策措施，也是安全系统工程常用的方法之一。一般由多人组成的小组共同来完成分析，通常小组成员包括工艺、仪表、工程、设计、安全等各领域的专家，采用头脑风暴法来进行创造性的工作。

作为最佳的工业实践方法之一，HAZOP 普遍应用于石油、化工等行业。国外已颁布 HAZOP 相关标准多部（IEC61882、IEC50183 等）。国际著名的风险咨询公司对此都给予了足够的重视，如杜邦、挪威船级社（DNV）、阿美克（AMEC）等。欧洲很多国家都要求将 HAZOP 分析方法放在 SEVESO、CIMAH 或其他类似的法规内，成为石化企业提交的安全资料之一。

我国也积极倡导采用 HAZOP 进行工艺安全分析。国家安全生产监督管理总局在《危险化学品建设项目安全评价细则（试行）》中已对 HAZOP 方法的应用做出明确规定。国家安全生产监督管理总局《关于进一步加强危险化学品企业安全生产标准化工作的指导意见》（安监总管三〔2009〕124号）中第二项第11条中提到，中央企业要在推进安全生产标准化工作中发挥表率作用；有关中央企业总部要组织所属企业积极开展重点化工生产装置危险与可操作性研究分析（HAZOP），全面查找和及时消除安全隐患，提高装置本质安全化水平。2013年，安全生产行业标准《危险与可操作性分析（HAZOP 分析）应用导则》（AQ/T 3049—2013）发布实施。该标准从 HAZOP 的定义、分析步骤、在不同阶段的应用、分析过程中遇到的问题及解决思路等方面，对 HAZOP 进行了明确的规范和详细的描述，重点规定了 HAZOP 适用范围、分析原则、HAZOP 应用、分析程序、报告要求、后续跟踪和审查等方面的技术要求。该标准的制定，统一了安全工作者对 HAZOP 方法内涵的认识，提高 HAZOP 技术应用水平，为国内各行业开展 HAZOP 分析提供技术指导，同时为 HAZOP 分析的规范化和标准化奠定基础。该标准适用于石油、化工、电子等工业的 HAZOP 分析，本章主要针对化工领域应用展开阐述。

国内外大量实践已经证明，危险与可操作性研究（HAZOP）不仅适用于装置的初步设计阶段或装置改造，也适用于现有工艺装置的危险性评价，特别适合于化工领域中具有连续工艺特点的装置的分析评价。

此外，HAZOP 分析法还可以与其他一些方法结合使用，对系统进行更加深入的分析。比如 HAZOP 分析法进行危害分析的结果可作为保护层分析法（LOPA）的场景信息来源；根据《危险化学品生产装置和储存设施外部安全防护距离确定方法》(GB 37243—2019)，可采用 HAZOP 分析法对系统进行危险识别，为后续泄漏场景辨识，进而最终确定外部安全防护距离提供基础信息；当 HAZOP 分析明确表明设备某特定部分的性能至关重要，需要深入研究时，可采用故障类型和影响分析（FMEA）对该部分进行深入研究与补充；也可以与风险矩阵法结合，进一步分析偏差原因发生的概率和偏差造成后果的严重性，进而分析偏差风险大小程度等。

随着计算机技术的普及，技术发达国家从 20 世纪 70 年代后期就开始致力于采用计算机辅助危险识别。与传统的人工 HAZOP 相比，自动 HAZOP 分析具有能够节省时间和精力、减少开支，使分析更加详细，减少或排除人为错误，使分析小组集中精力到更加复杂的难于实现自动化分析的方面的优势。因此，将人和机器有机地结合在一起，利用计算机实现自动化或半自动化 HAZOP 评价已成为全球相关领域研究的热点之一。

1. HAZOP 分析法工作原理

HAZOP 分析法认为危险来源于对设计意图的偏离，如果一切按照设计意图进行生产和操作，就不可能出现危险。HAZOP 分析法的基本原理就是从工艺参数的背离（即偏差，如压力过高、压力过低、无液位、液位过高等）出发，反向查找产生背离的“原因”，正向查找背离导致的不利“后果”，识别“原因—偏差—后果”整个危险传播路径上已有的“安全措施”，如果已有安全措施不够，则提出“建议措施”，将风险降低到可接受范围（图 9-1）。

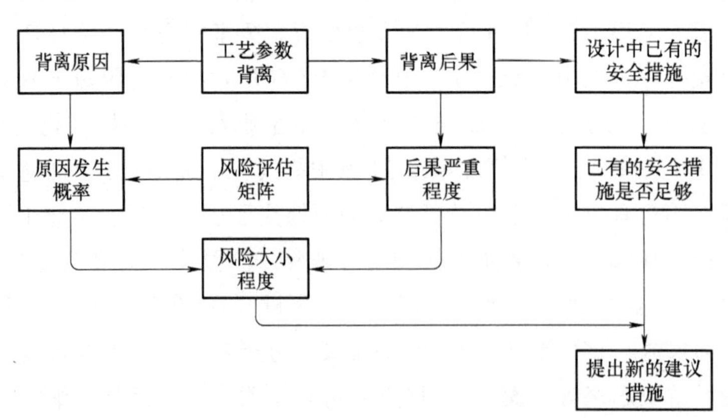

图 9-1　HAZOP 分析法基本原理

所有的事故（危害结果）都始于一个“原因”，要么是设备的某一部分的故障，要么是人为失误。这个原因产生了对系统设计条件的“偏差”，如高压或高温。接着这个偏差可能会导致一个危害“结果”，如容器破裂。当前，各种分析方法都是从这个顺序中的一个不同的点开始的。例如：故障类型和影响分析（FMEA）始于故障原因，这种自上而下的方式忽略了与其他危险的相互影响；故障树分析（FTA）则始于结果，这种自下而上的方式往往不能全面找到系统存在的所有危险；而危险与可操作性研究（HAZOP）与其他系统安全分析方法不同，它始于偏差，是一种从中间往两边分析的方法，正好能克服这两方面的不足，是一种系统化、结构化的工艺危害分析方法。

2. HAZOP 分析法常用术语

在 HAZOP 分析过程中，常用的一些术语及其意义如下：

（1）工艺单元（或分析节点）

具有确定边界的设备（如反应器、两个容器之间的管道等）单元，对单元内工艺参数的偏差进行分析。

（2）工艺指标

确定装置如何按照希望的操作而不发生偏差，即工艺过程的正常操作条件；采用一系列的表格，用文字或图表进行说明，如工艺说明、流程图、管道图、PID 等。

（3）工艺参数

与过程有关的物理和化学特性，包括概念性的项目，如反应、混合、浓度、pH 值及具体项目如温度、压力、相数及流量。

（4）引导词

用于定性或定量设计工艺指标的简单词语，引导识别工艺过程的危险。

危险与可操作性研究的基本引导词及意义见表 9-1。用引导词来描述要研究的问题可以确保 HAZOP 方法的统一性，同时能够将要研究的问题进行结构化，一套完整的引导词可以使每个可识别的偏差不被遗漏。除基本引导词外，还可能有对辨识偏差更有利的其他引导词，这类引导词如果在分析开始前已经进行了定义，就可以使用。

表 9-1 危险与可操作性研究的基本引导词及意义

引导词	意义
无（NONE）	设计或操作要求的指标和事件完全不发生，如无流量、无催化剂
过量（MORE）	同标准值相比，数值偏高，如温度、压力、流量等数值偏高
减量（LESS）	同标准值相比，数值偏低，如温度、压力、流量等数值偏低
伴随（AS WELL AS）	在完成既定功能的同时，伴随多余事件发生，如物料在输送过程中发生组分及相变化
部分（PART OF）	只完成既定功能的一部分，如组分的比例发生变化，无某些组分
相反（REVERSE）	出现和设计要求完全相反的事或物，如流体反向流动，加热而不是冷却，反应向相反的方向进行
异常（OTHER THAN）	出现和设计要求不相同的事或物，如发生异常事件或状态、开停车、维修、改变操作模式

(5) 偏差

偏差是指使用关键词系统地研究每个节点的工艺参数发生一系列偏离工艺指标的情况；偏差的通常形式为“引导词+工艺参数”。为全面进行危险识别，工艺参数应涵盖设计目的的所有相关方面，引导词应能引导出所有偏差。

引导词应与工艺参数组成有意义的偏差（表 9-2）。

表 9-2 HAZOP 分析偏差示例

引导词	工艺参数						
	流量	压力	温度	液位	浓度	黏度	反应
无（NONE）	流量无			液位无			无反应
过量（MORE）	流量高	压力高	温度高	液位高	浓度高	黏度高	反应失控
减量（LESS）	流量低	压力低	温度低	液位低	浓度低	黏度低	反应速率低
相逆（REVERSE）	逆流	真空			比例相反	固化	逆向反应
伴随（AS WELL AS）					存在其他物料		副反应
部分（PART OF）					缺少组分		部分反应
异常（OTHER THAN）					错误物料		

注：其他偏差为腐蚀/磨蚀、振动、水击、泄漏、公用工程失效等。

引导词用于两类工艺参数，一类是概念性的工艺参数，如反应、混合；另一类是具体的工艺参数，如压力、温度。当概念性的工艺参数与引导词组合成偏差时常常引起歧义，如“过量+反应”，可能是指反应速度快，或者是指生成了大量的产品。此外，有些引导词与工艺参数组合后可能无意义或不能称之为偏差，如“伴随+压力”。在具体的工艺参数与引导词组合形成偏差时，当分析人员可能发现有些偏差的意义不确切时，有必要对一些引导词进行修改。例如工艺参数“温度”，一般选取“过量”和“减量”两个引导词，此时偏差就变成了“过量温度”或“减量温度”，该偏差的意义就不确切。因此，需要拓展引导词的外延和内涵，如与工艺参数“温度”“压力”“液位”组合，引导词“过量”就是指“高”，“减量”就是指“低”；与工艺参数“时间”组合，引导词“异常”就是指“快”或“慢”等。

(6) 原因

原因是指偏差发生的原因。只有找到发生偏差的原因，才能找到偏差处理的方法。这些原因可能是硬件故障、人为失误、不可预见的工艺状态（如组分改变）、内部干扰（如动力损耗）、来自外部的破坏（如电源故障）等。

（7）后果

后果是指偏差所造成的结果。分析组常常假定发生偏差时已有安全保护系统失效，不考虑那些细小的与安全无关后果。

（8）安全保护

安全保护是指为防止各种偏差产生或由偏差造成后果而设计的工程系统和控制系统（如工艺报警、联锁、程序）。

（9）对策或建议措施

对策或建议措施是指设计变更、工艺规程变更或进一步分析研究的建议，如修改设计、操作规程，或者进一步进行分析研究（如增加压力报警、改变操作的顺序）的建议。

9.2 HAZOP 分析法工作程序

HAZOP 分析法可按分析准备、进行分析、编制分析结果报告三个步骤进行。

1. 分析准备

准备工作在 HAZOP 分析中非常重要，在该阶段需要确定分析的对象、范围和目的，成立分析小组以及获得必要的资料。

（1）确定分析的对象、范围和目标

分析的对象、范围和目标必须尽可能明确。分析对象通常是由装置或项目的负责人确定的，并得到 HAZOP 分析组的组织者的帮助。

分析范围和目的互相关联，应同时确定。两者应有清晰的描述，以明确系统边界，以及系统与其他系统和周围环境之间的界面，同时使分析小组注意力集中，不关注与分析范围和目标无关的区域。

分析范围取决于多种因素，主要包括：①系统的物理边界；②可用的设计描述及其详细程度；③系统已开展过的任何分析的范围，不论是 HAZOP 分析还是其他相关分析；④适用于该系统的法规要求。

应当按照正确的方向和既定目标开展分析的工作。通常 HAZOP 分析追求识别所有危险与可操作性问题，不考虑这些问题的类型或后果严重程度。将 HAZOP 分析的焦点严格地集中于辨识危险，能够节省精力，并在较短的时间内完成。

在确定分析目标时应考虑以下因素：①分析结果的应用目的；②分析处于系统生命周期的哪个阶段；③可能处于风险中的人或财产，如员工、公众、环境、系统；④可操作性问题，包括影响产品质量的问题等；⑤系统所要求的标准，包括系统安全和操作性能两个方面的标准。

（2）组成分析小组

HAZOP 分析需要小组成员的共同努力，每个成员均要有明确的分工。分析小组的成员一般包括组长、记录员，设计、工艺、设备、仪表、安全等方面的工程师。只要小组成员具有分析所需要的相关技术、操作技能以及经验，HAZOP 小组的规模应尽可能小。通常一个分析小组至少 4 人，很少超过 7 人。如果分析小组的规模太小，则由于参加人员的知识和经验的限制将可能得不到高质量的分析结果，规模太大则不易管理。

（3）获得必要的资料

HAZOP 分析的内容比较深入细致，因此在分析之前必须准备详细的资料，主要包括：①管道和仪表控制流程图、工艺流程图（PFD）、装置及设备平面布置图；②工艺说明、工艺技术规程及操作规程、控制及停车原理说明和相关规章制度等资料；③设备数据表、管道数据表、压力容器数据（最大压力和温度，以及临界操作温度）、必要的泵性能曲线图；④热平衡和物料平衡；⑤标有最大荷载的安全阀的规格表、铅封阀台账；⑥报警设置点和优先次序，装置报警联锁台账；⑦装置使用的危险化学品安全技术说明书（MSDS）；⑧历次事故（事件）记录或调查报告，国内同类装置的事故案例；⑨装置历次安全评价报告（包括 HAZOP 分析报告）；⑩其他相关资料。

重要的设计图和数据应在分析会议之前分发到每位分析成员手中。

（4）制订分析计划

为了让分析过程有条不紊，分析组的组织者通常要在分析会议开始之前制订详细的计划。此阶段最主要的任务是确定最佳的分析程序。

此阶段所需时间与过程的类型有关。对连续过程，工作量相对较小，对照设计图确定分析节点，并制订详细的计划。对间隙过程来说工作量较大，主要是操作过程更加复杂。

HAZOP 分析的进度表对 HAZOP 分析成功往往起决定性作用，进度表依赖于：①项目执行的日期；②可用的文件；③可用的人力资源。

（5）安排会议次数和时间

一旦有关数据和设计图收集整理完毕，组织者开始着手制订会议计划。首先需要确定分析会议所需时间，一般来说每个分析节点平均需 20~30min，若某容器有两个进口、两个出口和一个放空点，则需要 3h 左右；另外一种方法是每个设备分配 2~3h。确定了所需时间后，组织者可以开始安排会议的次数和时间，每次会议持续时间不要超过 4h（最好安排在上午），会议时间越长效率越低，而且分析会议应连续举行，以免因时间间隔太长在每次分析开始之前都需要重复上一次讨论的内容。

最好把装置划分成几个相对独立的区域，对每个区域讨论完毕后，会议组做适当修整，再进行下一区域的分析讨论。

对于大型装置或工艺过程，若由一个分析组来进行分析可能需要很长的时间，在这种情况下可以考虑组成多个分析组同时进行，由某个分析组的组织者担任协调员，协调员首先将过程分成相对独立的若干部分，然后分配给各个组去完成。

2. 进行分析

HAZOP 分析需要将工艺图或操作程序划分为分析节点或操作步骤，然后用引导词找出过程中的危险。HAZOP 分析流程如图 9-2 所示。

对一个装置可以按如下步骤：

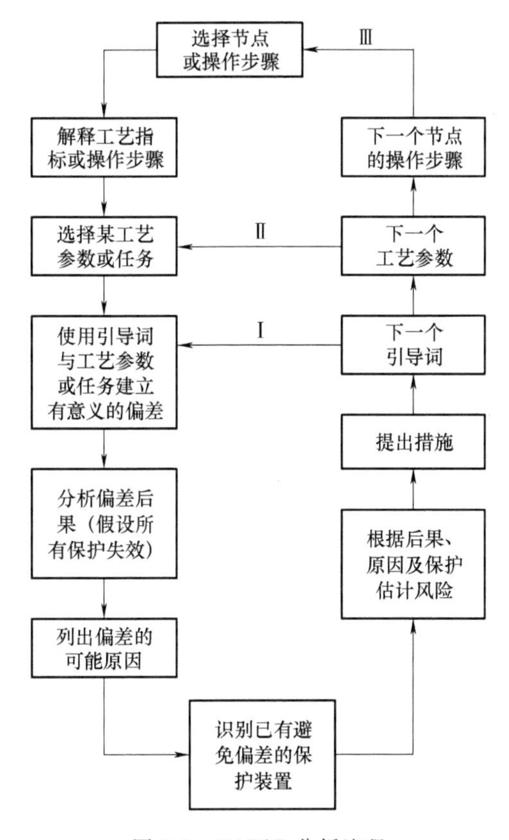

图 9-2 HAZOP 分析流程

1）为了便于分析，根据设计和操作规程将装置分成若干工艺单元（或分析节点）A_i，如反应器、蒸馏塔、热交换器、粉碎机、储槽、连接管等。

2）明确规定每一个工艺单元（或分析节点）的设计意图（或规定功能），如某功能是将物料 P 以 D 的速率输送到反应器，确定相关工艺参数。

3）选择一个工艺单元（或分析节点），根据设计意图和操作规程的要求，从一个规定功能开始，将引导词与工艺参数相结合，检查其解释，以确定是否为有意义的偏差。如果确定了一个有意义的偏差，则分析偏差发生的原因及后果。接着识别系统设计中对该偏差现有的保护措施，并根据风险的大小，采取安全对策，使风险降低到安全水平。

4）对引导词重复Ⅰ循环，直至一套引导词全部分析完成；接着对下一个工艺参数重复Ⅱ循环，直至该工艺单元（或分析节点）所有参数全部分析完成；将已分析到的工艺单元在流程图上画出，然后对没有分析到的单元逐步分析，直至装置全部被检查到（Ⅲ循环）。

分析小组对每个节点或操作步骤使用引导词进行分析，得到一系列的结果：偏差的原因、后果、保护装置、建议措施；或需要更多的资料才能对偏差进行进一步的分析。

HAZOP 分析时涉及过程的各个方面，包括工艺、设备、仪表、控制、环境等，考虑到小组人员的水平往往与实际有出入，因此对某些具体问题可听取专家的意见，必要时对某些部分的分析可延期，在获得更多的资料后再进行分析。

3. 编制分析结果文件

分析记录是HAZOP分析的一个重要组成部分，负责会议记录的人员应根据分析讨论过程提炼出恰当的结果，必须记录所有重要的意见。有些分析人员为了降低编制分析文件投入的精力，对那些不会产生严重后果的偏差不予深究或不写入文件中，一定要慎重。也可举行分析报告审核会，让分析小组对最终报告进行审核和补充。通常HAZOP分析会议以表格形式记录（表9-3）。表格的形式可根据研究的目的进行适当调整。

表9-3 HAZOP分析可操作性分析记录

<table>
<tr><td colspan="2">系统安全分析组
危险和可操作性分析</td><td colspan="2">车间/工段：××车间/××工段
系统：
任务：</td><td>日期：
代号：
页码：
设计者：
审核者：</td></tr>
<tr><td>引导词</td><td>偏差</td><td>可能的原因</td><td>后果</td><td>必要的对策</td></tr>
<tr><td></td><td></td><td></td><td></td><td></td></tr>
<tr><td></td><td></td><td></td><td></td><td></td></tr>
</table>

4. HAZOP分析的注意事项

1）HAZOP分析法的优点在于可以使分析组成员相互促进、开拓思路。因此，成功的HAZOP分析需要所有参加人员自由地陈述他们各自的观点，不允许成员之间互相批评或指责，以免压制这种创造性的思路。但是，为了让HAZOP分析过程有较高的效率和质量，整个分析过程必须有系统的规则，并按一定的程序进行。

2）在识别危险或可操作性问题时，不应考虑已有的保护措施及其对偏差发生的可能性或后果的影响。

3）对识别出的问题提出解决方案并不是HAZOP分析的主要目标，但是一旦提出解决方案，应做好记录，供设计人员参考。

4）尽管已证明HAZOP分析在不同行业都非常有用，但该技术仍存在局限性，在考虑潜在应用时需要注意：

HAZOP分析作为一种危险识别技术，它单独地考虑系统各部分，系统地分析每项偏差对各部分的影响。有时，一种严重危险会涉及系统内多个部分的相互作用。在这种情况下，需要使用事件树和故障树等分析技术对该危险进行更详细的研究。

与任何识别危险与可操作性问题所用的技术一样，HAZOP分析也无法保证能识别所有的危险或可操作性问题。因此，对复杂系统的研究不应完全依赖HAZOP分析，而应将HAZOP分析与其他合适的技术联合使用。在全面而有效的安全管理系统中，将HAZOP与其他相关分析技术进行协调使用是必要的。

很多系统是高度关联的，某一系统产生某个偏差的原因可能源于其他系统。这时，仅在一个系统内采取适当的减缓措施可能不一定消除其真正的原因，事故仍会发生。很多事故的发生是因为一个系统内做小的局部修改时未预见到由此可能引发的另一系统的连锁效应。这种问题可通过从系统的一个部分的各种偏差对另一个部分的潜在影响进行分析得以解决，但实际上很少这样做。

HAZOP 分析的成功很大程度上取决于分析组长的能力和经验，以及小组成员的知识、经验和合作。

HAZOP 分析仅考虑出现在设计描述上的部分，无法考虑设计描述中没有出现的活动和操作。

9.3 HAZOP 分析法的应用

9.3.1 反应器输送系统 HAZOP 分析

图 9-3 为某反应装置流程示意图。设 A、B 两种原料在该装置中生成产品 C。如果 B 的浓度超过 A 的浓度，则发生爆炸反应，这是绝对不允许的。

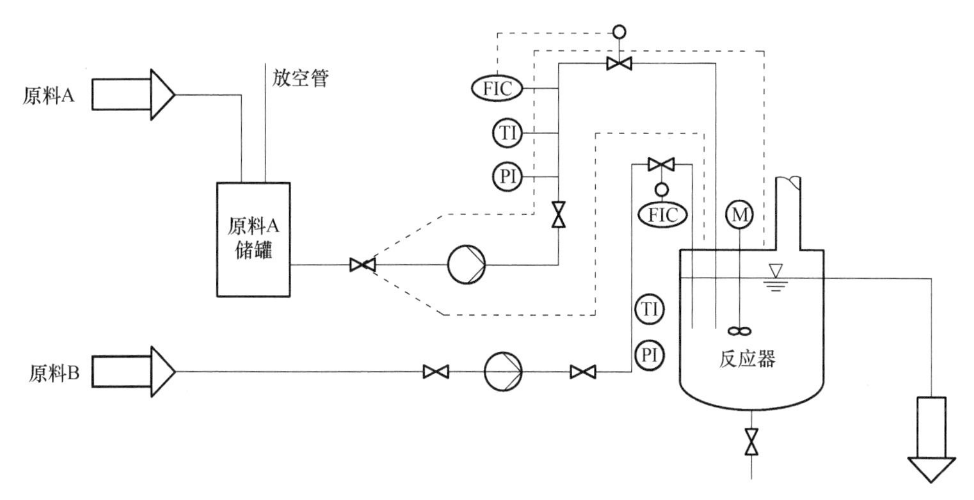

图 9-3 某反应装置流程示意图

FIC—流量调节 TI—温度调节 PI—压力调节

首先，研究图中虚线划定的部分，即原料 A 的输送部分。其规定功能是：由储罐输送原料 A（$t=20\sim25$℃，$v=3\text{m}^3/\text{h}$、$p_{max}=3\times10^3\text{Pa}$）到反应器。

针对规定意图应用第一个引导词“空白”，得到第一个偏离，即否定规定意图，没输送 A。

通过对“没输送 A”提问：“可能的原因是什么?”，并从中选出实际存在的原因。这些原因是：①储罐是空的；②泵不输送物料；③阀门关闭；④流量调节系统故障。

接着考查并确认实际可能的后果：A 的完全中断将很快造成反应器内 B 过量，相应地就会有爆炸危险。

接着转到下一个引导词“过量”。得到第二个偏离是：向反应器输送 A 过量，原因是流向调节系统可能发生故障。

输送过量是实际中可能发生的，必须考查其后果。过量输送 A 进反应器使反应混合物 A 过量，反应器内不发生爆炸，因不满足 B 的浓度大于 A 的浓度这一条件。但过量输送 A 可能由于物料在反应器内停留时间短而使反应不完全，那么，在后续设备中反应是否会在失控状态下继续进行？散热情况如何？是否存在危险？未反应的 A 在其后的工艺过程中是否存在危险？必须对规定的意图进行全部引导词分析，然后研究下一个规定意图，并做相应处理，直至把整个研究对象都审查完毕，并确定所有的重要偏离及原因。表 9-4 是反应器原料 A 输送部分的危险与可操作性研究分析记录。

表 9-4　反应器原料 A 输送部分的危险与可操作性研究分析记录

引导词	偏差	可能的原因	后果
无 (NONE)	未按设计要求输送原料 A	① 原料 A 的储罐是空的 ② 泵发生故障 ③ 管线破裂 ④ 阀门关闭	反应器内 B 的浓度大，会发生爆炸反应
过量 (MORE)	输送过量的原料 A	① 泵流量过大 ② 阀门开度过大 ③ A 储槽的压力过高	① 反应器内 A 量过剩，可能对工艺造成影响 ② 反应器发生溢流，可能引起灾害
减量 (LESS)	输送 A 原料过少	① 阀门部分关闭 ② 管线部分堵塞 ③ 泵的性能下降	与“空白”情况相同
伴随 (AS WELL AS)	输送原料的同时发生了质的变化	① 从泵吸入口阀门流进别的物质 ② 物料由泵吸入口阀门倒流出 ③ 管线和泵内发生相应的变化	可能产生危险性混合物，发生火灾、静电或腐蚀等
部分 (PART OF)	输送原料 A 量达到设计要求的一部分	① 原料中的 A 成分不足 ② 输送到其他反应器中了	产品 C 性能达不到要求，对其他反应器有影响
相逆 (REVERSE)	原料 A 的输送方向变化	反应器满了，压力上升，向管线和泵逆流	原料 A 向外泄漏
异常 (OTHER THAN)	发生了和输送原料 A 设计要求完全不同的事件	① 输送了与原料 A 不同的原料 ② 原料 A 输向别的地方了 ③ 管内原料 A 凝固了	需进一步判断后果

9.3.2 油蒸发器系统 HAZOP 分析

图 9-4 为某油蒸发器示意图。油蒸发器由包含加热盘管和燃烧室的燃油炉构成，加热炉的燃料为天然气。

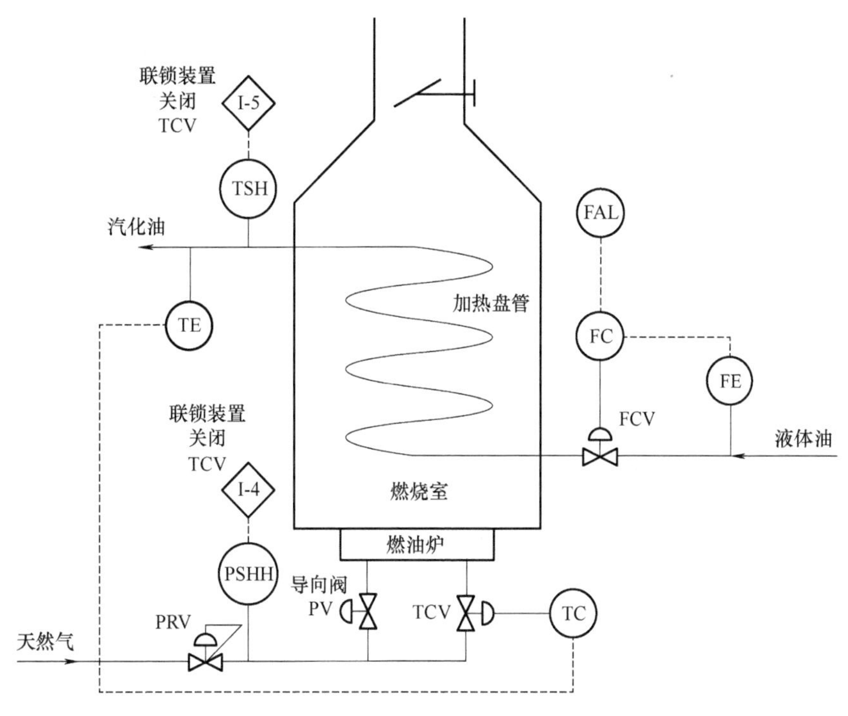

图 9-4 某油蒸发器示意图

油以液态进入加热盘管，蒸发汽化，离开加热盘管时成为过热蒸汽。

天然气和外部的空气一起进入燃烧器，燃烧产生高温火焰。燃烧产生的烟气通过烟筒排出。

油流量的控制装置包括流量控制阀 FCV、油流量检测元件 FE、流量控制器 FC 和油流量减少到一定值时的低流量报警器 FAL。

天然气流经一个自力式减压阀 PRV，到达主燃烧器控制阀 TCV、导向阀（副操作阀）PV。主燃烧器控制阀是由温控器 TC 来控制，TC 接收温度检测元件 TE 的信号，TE 测量的是油蒸气排出的温度。

高/高限压力开关 PSHH 在天然气管线上是联锁的，如果汽化气体压力过高，将通过 I-4 关闭主燃烧器控制阀 TCV。如果油被加热超过最高允许温度，汽化油出口的高温开关 TSH 将联锁关闭主燃烧器控制阀 TCV。此外，还有一个火焰探测装置（图中没有画出），它在火焰熄灭时将关闭主阀 TCV 和导向阀 PV 两个天然气阀门。

运用危险与可操作性研究对油蒸发器进行分析，结果记录于表 9-5 中。

表 9-5 油蒸发器危险与可操作性研究分析记录

分析题目：油蒸发器

设计图编号： 修订号： 日期：

小组成员： 会议日期：

分析部分：从油入口（在流量测量前）到汽化盘管，再到油气出口（在温度控制后）

设计目的：输入：油由进料线流入，由加热炉加热
功能：汽化，使其过热并将油蒸气输送到处理装置

序号	引导词	要素	偏差	可能原因	后果	已有安全措施	注释	建议安全措施	执行人
1	无（NONE）	油流量	无油流量	供料系统故障 流量控制阀 FCV 关闭	加热盘管过热并被损坏	低流量报警 FAL 高温联锁跳车 TSH	安全措施取决于操作人员的快速反应	考虑低流量元件 FE 联锁，关闭主燃烧器控制阀 TCV	
				盘管堵塞 蒸发器出口被堵塞	油在蒸发器中沸腾可能过热并导致加热盘管结焦	低流量报警 FAL 高温联锁跳车 TSH		检查这些安全措施是否足够并考虑如何方便地清洗盘管	
2	无（NONE）	加热	未加热	加热炉内火焰熄灭	未汽化的液态油进入后续加工系统	无		研究液态油对后续加工系统的影响 考虑加热炉火焰熄灭联锁关闭 FCV 考虑油输出温度低报警	
3	大（MORE）	油流量	油流量过大	油压力过大 流量控制器 FC 故障 FC 的设定值错误	使蒸发器负荷过大，导致对油不能充分加热（见第 6 点）	无		检查 FCV 控制高压油流量的性能 考虑油输出温度低报警	

4	多（MORE）	加热	加热过多	炉温过高	加热盘管过热：可能导致油结焦并堵塞	高温联锁开关 TSH 关闭主燃烧器控制阀 TCV		审查燃料气流量控制的安全措施
					温度过高的油蒸气输送到后续系统			检查油蒸气温度过高对后续加工系统的影响
5	小（LESS）	油流量	油流量过小	油压力过小	与第 4 点相同	与第 1 点相同	安全措施足够	不必采取行动	
6	少（LESS）	加热	加热不足	炉输出温度低	可能导致不能汽化，油在低温下进入后续系统	无	考虑是否构成安全问题	检查油未汽化或低温油对后续系统的影响 考虑油输出温度低报警	
7	伴随（AS WELL AS）	油	油性质改变	油混入杂质，例如：带水，固体、不挥发物、腐蚀物或不稳定的混合物	水快速沸腾可能会把液态油带入后续加工系统	无		检查油中可能存在的水分	
					可能导致盘管部分堵塞或全部堵塞（见第 1 点），积炭或腐蚀和泄漏（见第 11 点）	无		检查可能存在的杂质	

（续）

序号	引导词	要素	偏差	可能原因	后果	已有安全措施	注释	建议安全措施	执行人
8	相反（REVERSE）	油流量	反向流动	进油装置损坏可能导致油蒸气从后续加工系统倒流入盘管和进油系统	可能导致进油系统过热并损坏进油系统	无		检查单元之间内部联系并考虑安装止逆装置	
9	异常（OTHER THAN）	油	其他物质	错误地将其他物质输入蒸发器	取决于何种物质	前一工序的输入控制		检查控制措施是否合适	
10	异常（OTHER THAN）	蒸发	在炉子中可能发生爆炸	点燃天然气与空气的混合气	损坏蒸发器 导致供油系统起火	炉子上的联锁装置等	安全措施可能不够	考虑在供油系统安装火焰切断阀门 审查加热炉上防止爆炸的安全措施	
11	异常（OTHER THAN）	油流量	油气不是流向后续加工装置入口	泄漏 盘管故障	导致供油系统起火，油蒸气会从后续加工系统倒流 散发浓烟 可能损坏燃烧室	无		考虑在供油系统安装火焰切断阀门 向炉内提供紧急情况的灭火气体 考虑在烟道中安装高温报警或联锁跳车装置以切断燃料气供应 确保对盘管进行常规检查	

复 习 题

1. 什么是 HAZOP 分析法？
2. HAZOP 分析法的基本术语有哪些？分别代表什么意义？
3. 简述 HAZOP 分析法的分析过程。

第 10 章 统计图表分析法

10.1 统计图表分析法概述

10.1.1 基本概念

统计是一种从数量上认识事物的方法。如果可以运用科学的统计方法对大量的安全（或事故）资料和数据进行加工、整理、综合与分析，揭示安全（或事故）的规律，则可为做好安全工作，防止事故的发生指明方向。

把统计调查分析所得的数字资料汇总整理，按一定的形式绘制成图表，这种图表就称为统计图表。显然，统计图表分为统计图和统计表。

任何一种统计表都是表格与统计数字的结合体，利用表中的绝对指标、相对指标和平均指标，可以研究各种事故现象的规模、速度和比例关系。统计图则是一种表达统计结果的形式。它用点的位置、线的转向、面积的大小等来表达统计结果，可以形象、直观地表现事故现象的规模、速度、结构和相互关系。因而，统计图表可作为事故分析的重要工具。

利用统计图表进行安全分析，推断未来的方法称为统计图表分析法。在使用中，统计表与统计图往往联合使用，以形成统计图表。统计表往往是绘制统计图的基础。

10.1.2 统计图表的种类

以统计图表的内容、形式和结构分类，统计图表常分为：①几何图（包括条形图、平面图、曲线图等）；②象形图（人体图、年龄金字塔图等）等。

在安全管理中，常用的统计图分析方法包括比重图分析法、直方图分析法、趋势图分析法、主次图分析法、事故分布图分析法和控制图分析法。

10.1.3 统计图表法的评价

在安全管理中，统计图表分析法可以表现安全状况的分布，提供事故发生及发展的一般特点及规律，可供类比，为预测预防事故准备条件。其用于中、短期预测较为有效。

统计图表分析法的优点是直观明了、简单易行，但它不能考查事故发生及发展的因果关系，预测精度不高。使用此法的必要条件是必须有可靠的历史资料和数据，资料、数据中存在某种规律和趋势，未来的环境和过去相似。

10.2 比重图分析法

10.2.1 比重图分析法的概念

比重图是表示事物构成情况的平面图形。一般是用一个圆表示整体，圆内一层弧度的扇形面积代表各类事物所占的比例。在平面图上可以形象、直观地反映事物的各种构成所占的比例。利用比重图对事物构成情况进行适时、形象的分析的方法就称为比重图分析法。将比重图分析法应用于安全管理，即可对所研究对象的安全状况进行适时、形象的分析。

10.2.2 比重图绘制

绘制比重图，首先要收集分析对象的资料，其次要对收集到的数据进行整理、归纳和分类，并在此基础上进行统计计算，求出各类别所占比例，再绘制图形。

【例 10-1】 某工厂发生工伤事故 25 次。受伤工人工龄结构：工龄 5 年以下的 12 人，占 48%；工龄 5~10 年的 6 人，占 24%；工龄 10~20 年的 2 人，占 8%；工龄 20~25 年的 2 人，占 8%；25 年以上的 3 人，占 12%。受伤部位结构：手部 16 人，占 64%；足部 9 人，占 36%。

根据上述事例，画出该工厂工伤事故的工龄结构和受伤部位结构图，如图 10-1 所示。

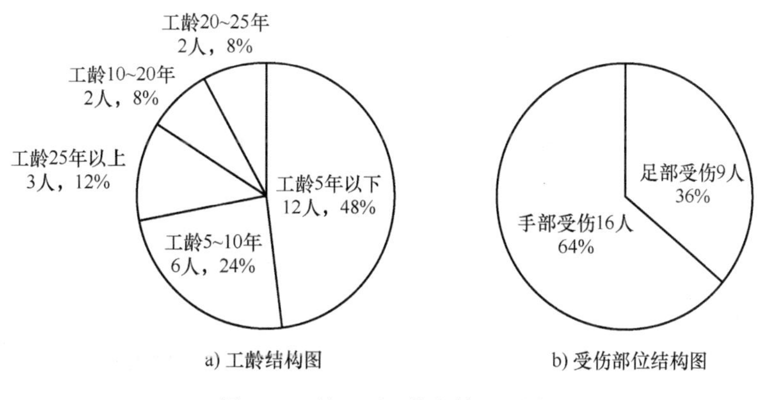

图 10-1 某工厂工伤事故比重图

10.2.3 比重图的分类

针对安全管理分析的需要，可将比重图分为事故类型比重图、事故地点比重图、事故人员比重图、事故时间比重图、事故月份比重图、事故季节比重图等。下面以事故类型比重图和事故人员比重图为例说明绘制过程。

（1）事故类型比重图

按引起生产安全事故的类型进行统计，将排在前 10 位的事故类型在比重图中逐一绘出；排在第 11 位及其以后的所有事故类型合起来，绘在比重图中，并用“其他”表示。图 10-2 为某年各种道路类型的事故死亡人数构成情况示意图。

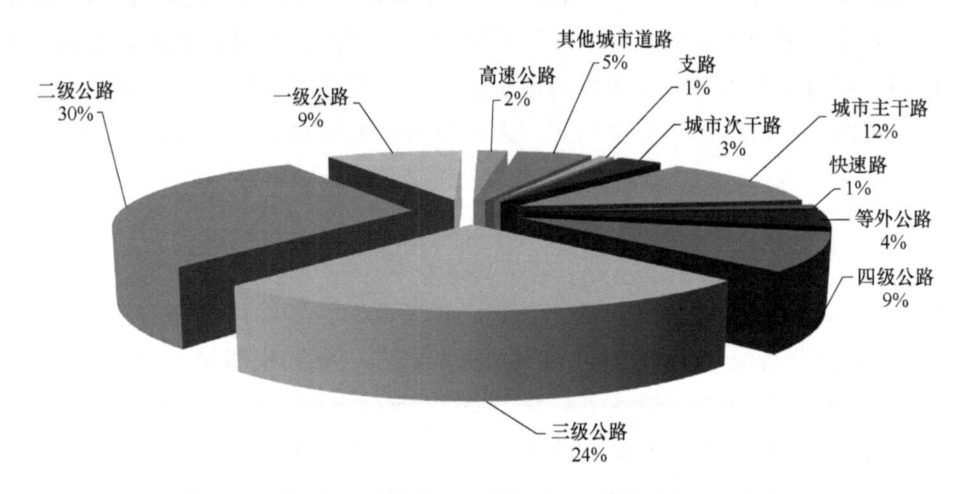

图 10-2 某年各种道路类型的事故死亡人数构成情况示意图

（2）事故人员比重图

按引起生产安全事故的人员进行统计，然后按事故类型比重图的方式进行处理，作出生产安全事故的人员比重图，如图 10-3 所示。

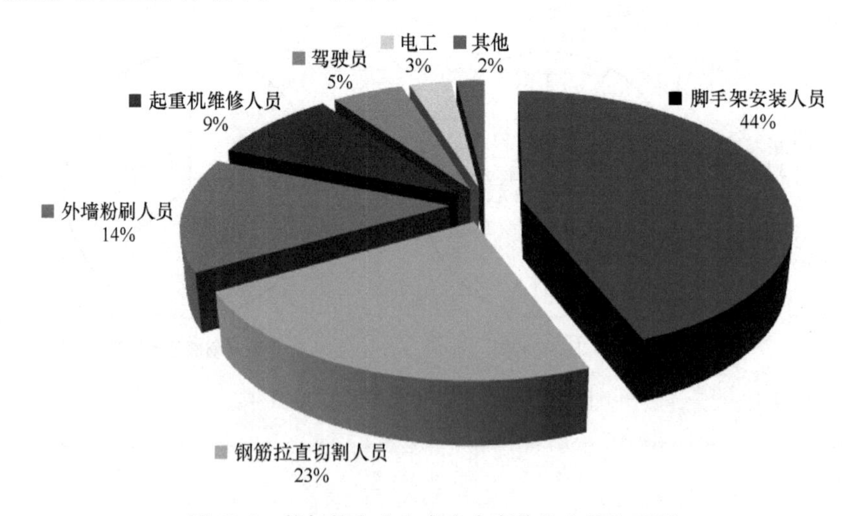

图 10-3 某年某企业生产安全事故的人员比重图

10.3 直方图分析法

10.3.1　直方图分析法的概念

直方图是安全分析中较为常用的统计图表。它由建立在直角坐标系上的一系列高度不等的柱状图形组成，因而也被称为柱状图。直角坐标系的横坐标表示需要分析的各种因素，柱状图形的高度则代表了对应于横坐标的某一指标（因素）的数值。采用直方图进行安全统计分析，可以直观、形象地表示出各种因素对安全状态的影响程度。图 10-4 所示为是 1986~1998 年某道路交通事故万车死亡率的情况。

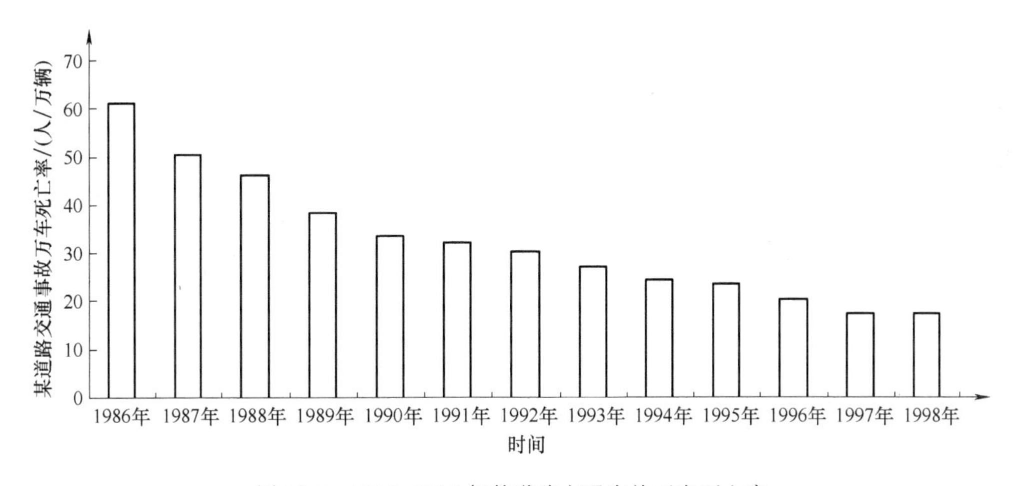

图 10-4　1986~1998 年某道路交通事故万车死亡率

10.3.2　直方图绘制

绘制直方图，首先要收集资料，其次对所收集的资料进行分类分析，用一个表格表示各种因素及其所对应的数字，然后绘制图形。

直方图分析法的显著优点是可以直观地确定安全工作的重点。

【例 10-2】　表 10-1 是经归纳、分析、整理的某煤矿某年事故统计。表中列出了各种因素及其所对应的数字。以事故原因归类序号为横坐标（表示不同的事故原因），伤亡人次百分数为纵坐标画出直方图（图 10-5）。

表 10-1　某煤矿某年事故统计

事故原因归类序号	事故原因归类	伤亡人次数（次）	伤亡人次百分数（%）
1	难以预计的灾害	10	1.35
2	劳动组织不合理	16	2.15

（续）

事故原因归类序号	事故原因归类	伤亡人次数（次）	伤亡人次百分数（%）
3	设备维护不良	136	18.30
4	规章制度不健全	52	7.00
5	保护设备不全	36	4.85
6	三违	265	35.67
7	安全教育不足	203	27.32
8	安全技术措施欠缺	15	2.02
9	劳动环境恶劣	10	1.35

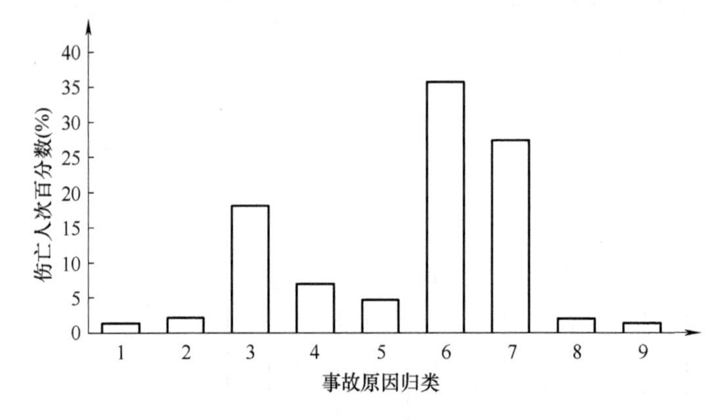

图 10-5　某煤矿某年伤亡人次百分数

从图 10-5 中可以很直观地看出，由原因 3（设备维护不良）、原因 6（三违）、原因 7（安全教育不足）所造成的伤亡人数之和为 604 人次，占总受伤害人次的 81.29%。这样很明确确定了安全工作的改进方向，也就是做好设备维护检修，加强安全教育和技术培训，提高矿工安全素质、严格执行安全法规，以及整顿和加强劳动纪律，事故伤亡次数就会显著下降，安全生产状况将会得到改善。

【例 10-3】 本例是交通事故原因直方图分析。

第一步，明确要分析的安全特性是交通事故。

第二步，收集影响交通事故的因素，如车辆超限行驶、疲劳驾驶、麻痹大意、违章驾驶、酒后驾驶、驾驶与准驾车型不符的车辆、不熟悉驾驶的车辆的性能等，统计各因素下的事故比例（表 10-2）。

表 10-2　交通事故比例统计

影响因素	违章驾驶	车辆超限行驶	酒后驾驶	疲劳驾驶	麻痹大意
事故比例	48.15%	29.46%	10.77%	9.3%	2.32%

第三步，画出直方图（图 10-6）。

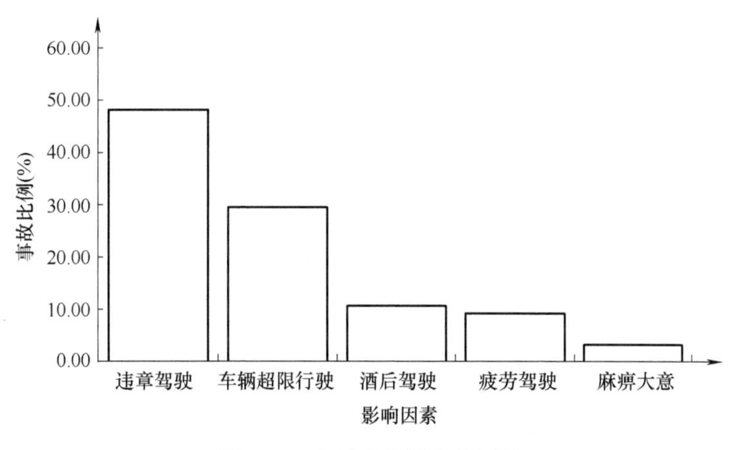

图 10-6 交通事故因素分析图

从图 10-6 可以看出，车辆超限行驶和违章驾驶在交通事故因素中占重要比例，应在这方面予以加强。采用直方图进行交通事故统计分析，可以直观、形象地表示出各种因素对交通事故的影响程度。

10.4 趋势图分析法

10.4.1 趋势图的概念

趋势图是按一定的时间间隔统计数据，利用曲线的连续变化来反映事物动态变化过程的图形。人们可通过对趋势图连续曲线的升降变化分析，预测事物未来的变化趋势。如果统计分析的资料和数据是安全或事故资料和数据，则这种趋势图就称为安全或事故趋势图。

【例 10-4】 设某省 5 年间共发生一般以上交通事故 13506 起，死亡人数 3032 人，受伤人数 9771 人，直接经济损失达 7191. 07 万元。具体指标变化情况见表 10-3，据此可以做出交通事故四项指标变化趋势图（图 10-7）。

表 10-3 某交通事故四项指标一览表

年度	事故起数（起）	同比增长/降低	死亡人数（人）	同比增长/降低	受伤人数（人）	同比增长/降低	直接损失（万元）	同比增长/降低
2001 年	3246	—	482	—	1857	—	1547. 9	—
2002 年	3135	-3. 42%	470	-2. 49%	1480	-20. 3%	1149. 42	-25. 74%
2003 年	1812	-42. 2%	434	-7. 66%	1692	-12. 53%	1376. 72	-16. 51%
2004 年	2049	13. 08%	610	40. 55%	1818	7. 45%	1224. 9	-11. 03%
2005 年	3264	59. 3%	1036	69. 84%	2924	60. 84%	1892. 13	54. 47%

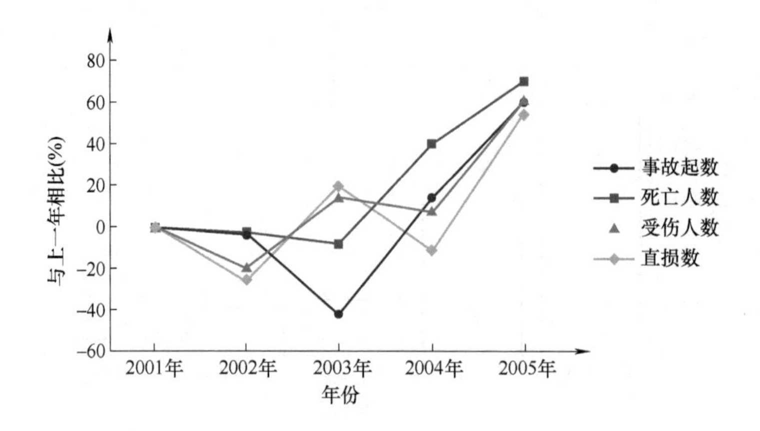

图 10-7　交通事故四项指标变化趋势

安全或事故趋势图包括安全（事故）趋势的动态曲线图和对数曲线图两种。

1. 动态曲线图

使用直角坐标表示，横轴上表示时距，纵轴上表示安全状况或事故数量尺度，根据安全状况或事故动态数列资料，在直角坐标上确定各图示点，然后将各点连接起来所形成的图即为安全（事故）趋势图。

【例 10-5】　依据某单位某年的事故频次与时间的关系（表 10-4）画事故趋势图。

表 10-4　某单位某年的事故频次表

时刻	0 时	3 时	6 时	9 时	12 时	15 时	18 时	21 时	24 时
事故频次（次）	2	5	10	1	5	8	6	15	2

根据表 10-4 所示数据画图，如图 10-8 所示。

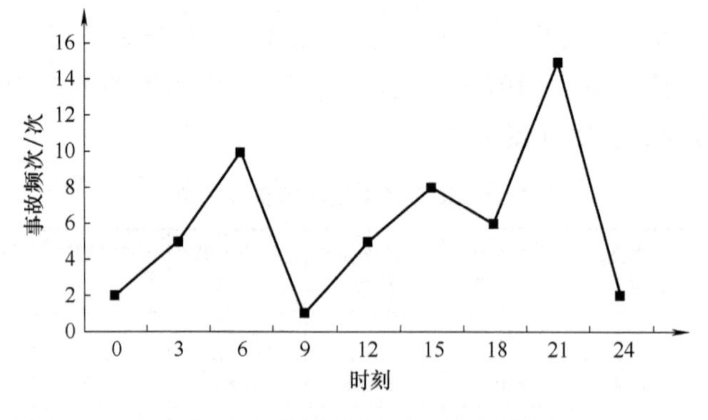

图 10-8　某单位某年事故趋势图

2. 对数曲线图

对数曲线图是安全（事故）趋势图的一种特殊形式，用于变量变化范围很大的情况。

其横坐标表示时距，以等差数列为尺度，纵坐标表示各类事故数据，以对数数列为尺度。

【例 10-6】 设某企业某年职工轻伤人数见表 10-5，用对数曲线图表示，画出其事故趋势图。

表 10-5 假设某企业某年职工轻伤人数表

年份	2001 年	2002 年	2003 年	2004 年	2005 年	2006 年	2007 年	2008 年	2009 年
轻伤人数（人）	832	1920	3032	5812	6847	10773	16420	18530	20332
对数值	2.92	3.28	3.48	3.76	3.84	4.03	4.22	4.27	4.31

根据表 10-5 数据做出轻伤人数趋势图如图 10-9 所示。

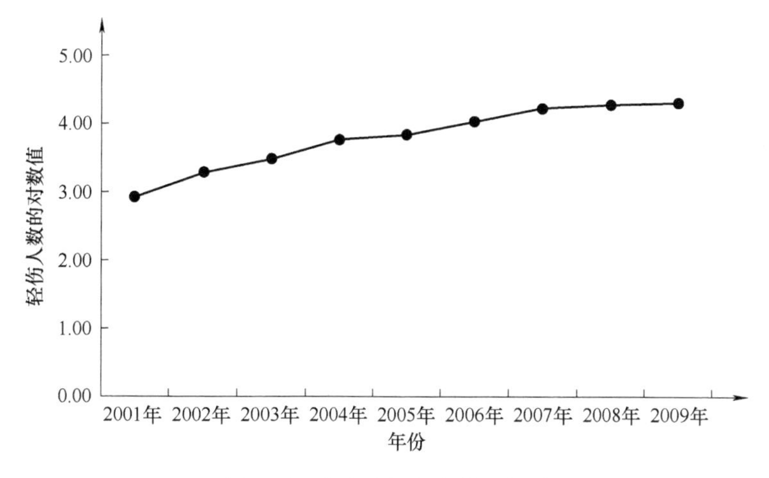

图 10-9 某企业轻伤人数趋势图

采用对数作纵坐标，可以将变化幅度很大的数列（如本例中从 832 变化至 20332，增大 23.4 倍），变换成变化幅度较小的数列（本例中由 2.92 变化至 4.31，仅增大了 47.6%），而保持总趋势不变。这就解决了作图的技术困难。

10.4.2 趋势图分析法的作用

趋势图分析法的作用之一是探索事故规律。通过对事故统计资料分析，就可以查明事故与时间（月份或季节）、年龄及作业环境之间的关系，以便采取相应措施，改善安全生产状况。

【例 10-7】 某城市在 6 年中共发生道路交通事故 5639 人次，按月份统计的事故伤亡人数百分比见表 10-6。试画出趋势图并加以分析。

以月份为横坐标，伤亡人数百分比为纵坐标作趋势图（图 10-10）。

表 10-6　某城市事故伤亡人数百分比

月份	伤亡人数	百分比（%）	月份	伤亡人数	百分比（%）
1	589	10.09	7	510	8.74
2	649	11.12	8	543	9.30
3	487	8.34	9	363	6.22
4	397	6.80	10	409	7.01
5	363	6.22	11	464	7.95
6	486	8.33	12	576	9.87

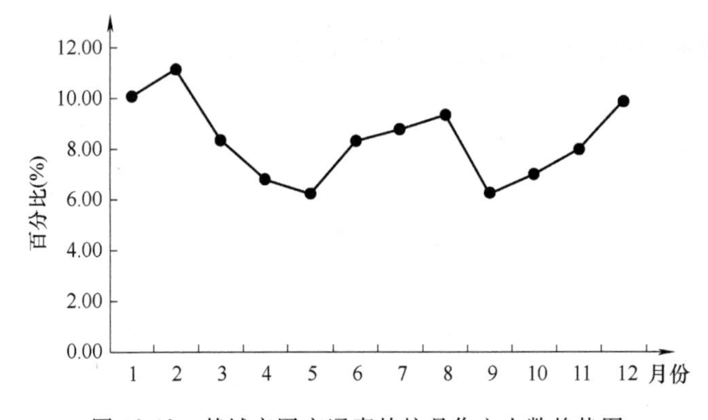

图 10-10　某城市因交通事故按月伤亡人数趋势图

由图 10-10 可见，道路事故高峰期有两个：一个是 6~8 月期间；另一个是 11~2 月期间。6~8 月期间，正值高温多雨季节，气温高，驾驶人易疲劳；多雾多雨，路面湿滑、条件差，容易发生判断错误和操作失误，所以事故伤亡人次多。11~2 月期间，由于道路积雪成冰，路面滑刹车不灵；而且春节假期客流量大，路面车辆多，导致事故量增多。针对这两个事故高峰期，应该做好道路疏通工作，改善路面交通条件。此外，将分析对象不同时期的事故绘制在同一张坐标图上，可以对比不同时期的安全工作水平，分析事故变化趋势。

10.5 主次图分析法

10.5.1　主次图分析法的概念

主次图是主次排列图的简称，又称为分层排列图或排列图。主次图是按数量多少依次排列的条形图与累计百分比曲线图相结合的坐标图形。

主次图用双直角坐标系表示，横坐标为所分析的对象，如工龄、工种、事故类别、事故原因、发生地点、发生时间、受伤部位等，按影响程度的大小（即出现频数多少）从左到右排列。左侧纵坐标表示频数，为事故的数量；右侧纵坐标表示频率，为累计百分比。分析线表示累积频率，横坐标表示影响安全的各项因素。通过对主次图的观察分析可以抓住影响安全的主要因素。

主次图十分形象地反映出意大利学者巴拉特提出“极其重要的多数和无关紧要的少数”这个客观规律，这就是主次图的精髓。分析事故发生的原因时，用主次图可以清楚地、定量地反映出各个因素影响程度的大小，帮助安全工作者及企业管理者找出主要原因，即抓住安全工作中的主要矛盾。

表 10-7 列出了某年因车辆各种机械故障所造成的交通事故次数及其比例，据此可绘出反映当年不同机械故障所引起事故分析主次图，如图 10-11 所示。

表 10-7　不同机械故障造成交通事故次数及其比例

机械故障类型	事故次数（次）	比例（%）
制动不良	5442	40.3
制动失效	3545	26.3
转向失效	1299	9.6
灯光失效	688	5.1
其他	2520	18.7
合计	13494	100

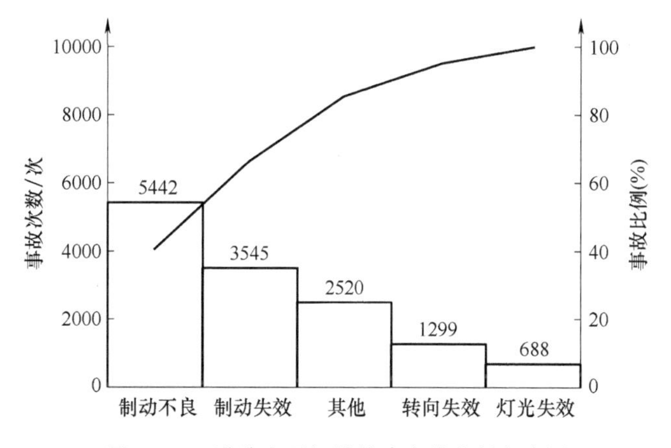

图 10-11　道路交通机械故障事故分析主次图

10.5.2　主次图的绘制

1. 主次图实例

【例 10-8】 某建筑企业 1999~2005 年共发生事故 295 人次，其中，机器工具伤害伤亡数为 70 人次；车辆伤害伤亡数为 15 人次；高处坠落伤亡数为 135 人次；物体打击伤亡数为

43人次；触电伤亡数为5人次；起重伤害伤亡数为27人次。请用主次图法对该组统计数据进行分析。

（1）对已有数据进行排序和统计。

按事故伤亡人次从大到小排序：高处坠落、机器工具伤害、物体打击、起重伤害、车辆伤害、触电。

（2）计算各类事故所占比例。

高处坠落占总事故人次比例为

$$\frac{135}{295}\times100\%=45.76\%$$

机器工具伤害占总事故人次比例为

$$\frac{70}{295}\times100\%=23.73\%$$

物体打击占总事故人次比例为

$$\frac{43}{295}\times100\%=14.58\%$$

起重伤害占总事故人次比例为

$$\frac{27}{295}\times100\%=9.15\%$$

车辆伤害占总事故人次比例为

$$\frac{15}{295}\times100\%=5.08\%$$

触电占总事故人次比例为

$$\frac{5}{295}\times100\%=1.69\%$$

（3）计算结果汇总。

将计算结果汇总在表格里，并计算出主次累计百分比（表10-8）。

表10-8　某建筑企业1999—2005年发生事故情况

事故类型	伤亡数（人次）	比例（%）	所占主次顺序	累计百分比（%）
高处坠落	135	45.76	Ⅰ	45.76
机器工具伤害	70	23.73	Ⅱ	69.49
物体打击	43	14.58	Ⅲ	84.07
起重伤害	27	9.15	Ⅳ	93.22
车辆伤害	15	5.08	Ⅴ	98.31
触电	5	1.69	Ⅵ	100.00
合计	295	100	—	—

(4) 绘制主次图。

依据表中数据，绘成主次图，如图 10-12 所示。

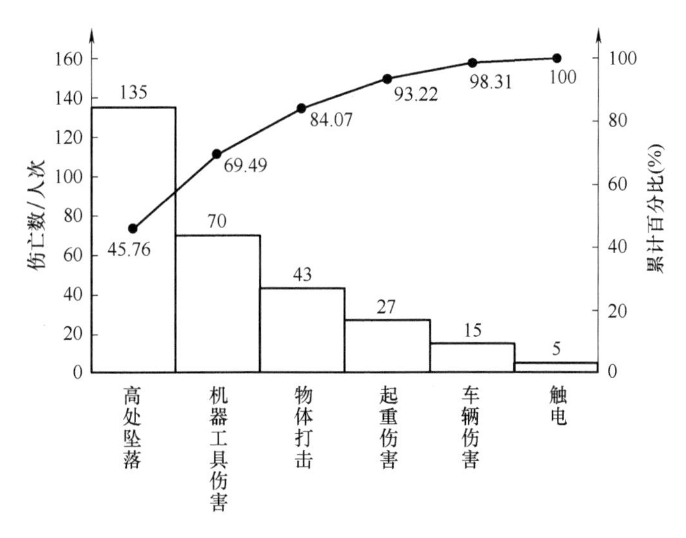

图 10-12 某建筑企业 1999~2005 年发生事故类型主次图

(5) 对所绘制的主次图进行简单分析与总结。

图 10-12 可一目了然地看出某企业五年的事故类型的排序，揭示出在今后安全管理工作中事故防范的重点。高处坠落、机器工具伤害与物体打击三项的累计频率为 84.07%，所以应列为关键因素给予重点防范，后三项为次要因素，应采取相应措施予以防范。

【例 10-9】 某炼钢企业 5 年内的事故类型情况见表 10-9。请根据数据进行主次图分析。

根据表 10-9 数据，绘出主次图（图 10-13）。图 10-13 中明确表现：事故发生最主要的部门是炼钢，依次是辅助、轧钢、矿山、机修、冶炼。前三项的累计频率为 79.4%，应列为关键因素予以重点防范，后三项为次要因素，应采取相应措施予以防范。

表 10-9 某炼钢企业 5 年内的事故类型情况

部门	伤亡人数（人）	比例（%）	所占主次顺序	累计百分比（%）
炼钢	96	36.0	Ⅰ	36.0
辅助	62	23.2	Ⅱ	59.2
轧钢	54	20.2	Ⅲ	79.4
矿山	29	10.9	Ⅳ	90.3
机修	16	6.0	Ⅴ	96.3
冶炼	10	3.7	Ⅵ	100.0
合计	267	100.0	—	—

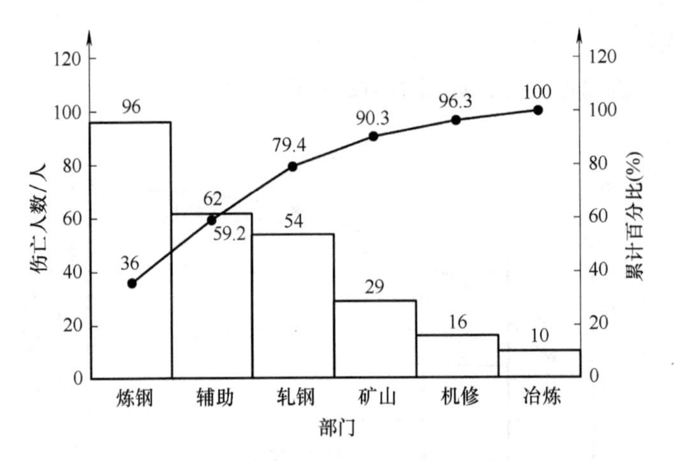

图 10-13　某炼钢企业 5 年工伤死亡主次图

【例 10-10】 表 10-10 列出了某年不同驾龄的驾驶人肇事所造成的伤亡人数，据此可绘出反映当年不同驾龄的驾驶人肇事情况的主次图（图 10-14）。

表 10-10　某年不同驾龄的驾驶人肇事所造成的伤亡人数统计表

类型		伤亡人数（人）	比例（%）	累计百分比（%）
驾龄（年）	<1	8586	21.7	21.70
	1~3	10691	27.04	48.74
	3~5	7620	19.27	68.01
	5~8	5469	13.82	81.83
	8~10	1752	4.38	86.21
	10~15	3061	7.76	93.97
	15~20	1392	3.53	97.50
	>20	989	2.5	100
合计		39560	100	—

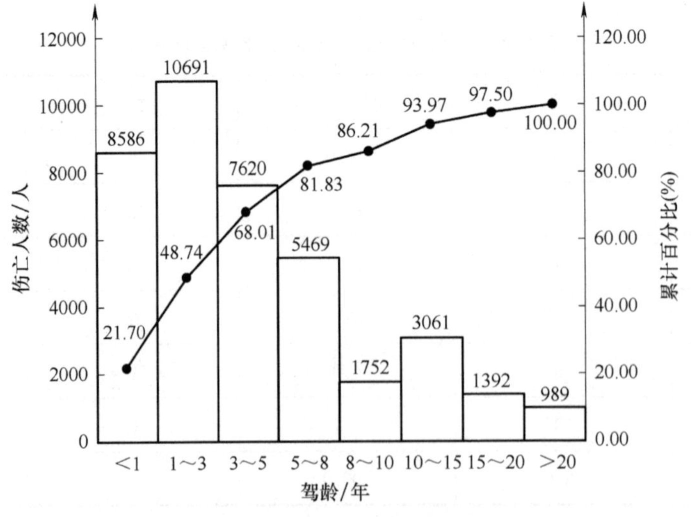

图 10-14　某年不同驾龄的驾驶人肇事分析主次图

从图 10-14 知，驾龄小于 8 年的驾驶人肇事所造成的伤亡人数达到 80%以上，所以将这部分驾龄人员列为关键因素，对上述人员应重点教育与控制，如可加强对他们的安全意识教育和技术培训；将驾龄为 8~15 年的驾驶人列为事故发生的次要因素，应采取相应措施予以防范，以减少交通事故伤亡率。

2. 主次图的绘制与分析步骤

上述实例用主次图分析事故的过程可叙述如下：

1）收集事故数据，要求真实可靠、准确无误。

2）确定统计分组，如事故原因、事故类别、发生时间、工种、工龄、年龄、伤害部位等。

3）按分组统计，计算各类所占的比例。

4）按所占比例（%），确定主次顺序，并用罗马字标示。

5）按主次顺序计算累计百分比。

6）将统计计算数据列表。

7）按表列数据绘制主次图。

8）通过主次图分析，找出事故主要（关键）影响因素，制定防止事故的措施。

事故主次图分析，可以帮助安全工作者及企业管理者抓住主要矛盾，掌握问题的关键。运用主次图分析影响安全的主要原因时，应将累计百分比在 0~80%区间所对应的因素列为关键因素，并予以重点控制；将累计百分比在 80%~90%区间所对应的因素列为次要因素，采取相应措施给予防范。

10.6 事故分布图分析法

事故分布图可以分为事故平面分布图和人体负伤部位图两种。

10.6.1　事故平面分布图

根据事故统计资料，将发生事故的地点在厂区平面图上形象地标示出来，可以得到事故平面分布图。

依据事故平面分布图可以制定巡回安全检查的路线，为制定防范措施提供依据，并可确定安全管理的重点部位。图 10-15 是某厂的事故分布图。

10.6.2　人体负伤部位图

工伤事故对人体造成伤害，其伤害部位很不相同，因此可以根据不同的伤害部位，采取相应的防护措施。图 10-16 为人体负伤部位图。

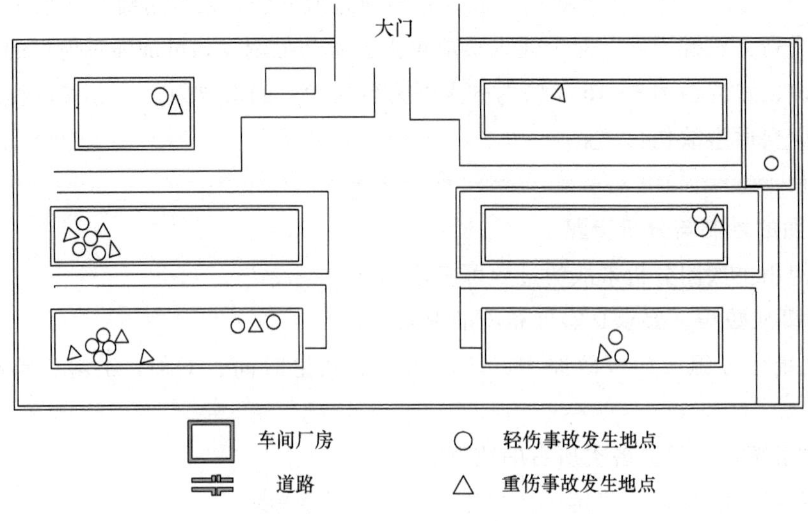

图 10-15　某厂的事故分布图

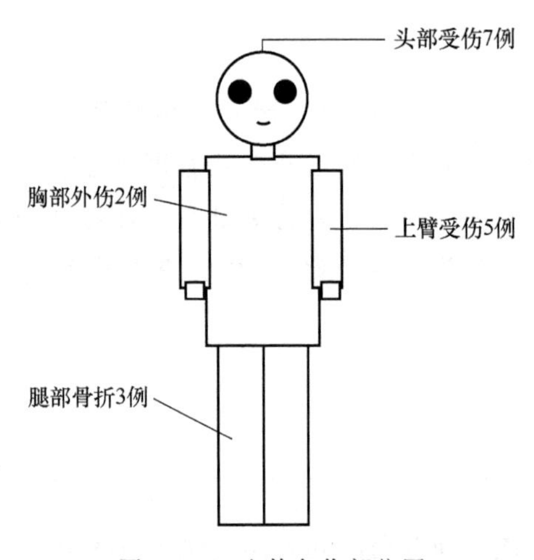

图 10-16　人体负伤部位图

10.7　控制图分析法

10.7.1　控制图分析法的概念

控制图是根据概率论数理统计学原理制作的一种图形，其作用是从动态上反映过程是否处于正常稳定的状态，并且为保证过程在预期的时间内始终处于正常稳定状态而进行统计控制。将控制图应用于安全风险指标的统计分析，可以对风险指标的发展变化趋势做出科学的判断，评价系统安全状态是否有明显好转或恶化，用以检验安全管理及技术措施是否有效，所以控制图又称为管理图。

10.7.2　控制图的基本形式及其作用

控制图的基本形式如图 10-17 所示。横坐标为样本（安全因素）序号或抽样时间，纵坐标为被控制对象（即被控制的安全因素）特性值。控制图上一般有三条横线：在上面的一条虚线称为上控制界限（UCL）；在下面的一条虚线称为下控制界限（LCL）。中心线（CL）标志着安全特性值分布的中心位置，上下控制界限标志着安全因素特性值允许的波动范围。

在生产过程中通过收集整理安全因素特性值的数据，把这些数据的统计量描在图上来分析判断安全因素状态或是事故。如果点子随机地落在上控制界限和下控制界限内，则表明系统运行正常，安全因素处于稳定状态，不会发生生产安全事故，如果点子超出控制界限，或点子排列有缺陷，则表明运行条件发生了异常变化，系统处于失控状态，易发生生产安全事故。

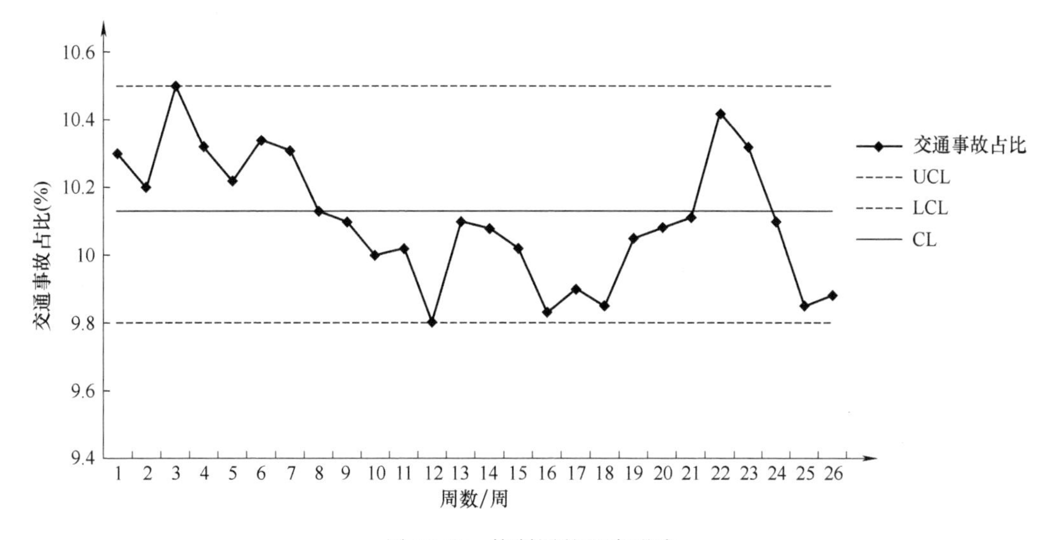

图 10-17　控制图的基本形式

10.7.3　控制图的原理

任何一个系统，不论客观条件多么稳定，不安全因素都不可能彻底地消除，依然存在安全问题。造成事故发生的主要因素来自于人、机、环境三大系统，归纳起来为两类原因：一类是偶然性原因，另一类是系统性原因。偶然性原因是对安全系统经常起作用的因素，其具有随机性的特点，如工人操作时的微小失误，机械设备、检测仪器性能的微小改变等。系统性原因是指如机械设备、检测仪器过度磨损或发生故障，工人不遵守操作规程，管理体制严重错误等，它对系统安全影响很大。在这些原因共同影响下的安全特性是离散型随机变量，当样本量较大时也近似服从正态分布、泊松分布、二项式分布等，具备运用控制图表示的数据基础。

根据离散型随机变量的概率特性可知，当系统安全稳定时，安全特性样本统计量值通常不会超出其分布的三倍标准差；如果发生了样本统计量值超出其分布的三倍标准差的小概率事件，则判定过程稳定的前提不成立，也就是系统过程出现了不安全的异常因素。

因此，应用控制图不仅可以收集系统安全特性指标值，还可以直观地观测和监控系统的安全状态，故其是安全系统工程的工具之一。

10.7.4 控制图的种类

1. 按用途分类

1）分析用控制图。主要用来调查工序是否处于控制状态。绘制分析用控制图时，一般需连续抽取20~25组安全因素分析数据，计算控制界限。

2）管理用控制图。主要用来控制工序，使之经常保持在稳定状态下。当根据分析用控制图判明工程实施过程处于稳定状态时，一般都是把分析用控制图的控制界限延长作为管理用控制图的控制界限，判断工序是否有异常因素影响。

2. 按安全数据特点分类

1）计量值控制图。主要适用于安全特性值属于计量值的控制，如时间、长度、质量、强度等连续型变量。

2）计数值控制图。通常用于安全数据中属于计数值的控制，如工程所用的不合格电动机数量、每天高速路上超速车次等离散型变量数据。根据计数值的不同，可分为计件值控制图和计点值控制图。

10.7.5 控制图的设计步骤

不同控制图的设计过程大同小异，可概括为五个步骤：

1. 采集数据

分析系统运行条件，连续采集系统运行数据，并按时间顺序将数据分为若干组。

2. 确定控制界限

首先对每组样本求得安全特性指标值，然后计算所有样本组的观测值的平均值，最后根据平均值确定控制图的中心线数值（CL）、上控制界限数值（UCL）及下控制界限数值（LCL）。

3. 绘制控制图

根据计算求得的CL、UCL、LCL数值绘制控制图，在实际应用中，常为使用控制图的岗位预先设计好标准的控制图表格，以便现场填写和绘图。

4. 控制界限的修正

虽然在事先已对工序能力进行了验证，但实际采集数据构造样本时，生产过程的受控状态可能会有所变化，个别数据的测试和记录也可能会有差错，以致所得样本不能正确地表现质量总体的分布特征。因此，需要把所得各样本统计量观测值标在控制图上，找出异常点（如超出控制界限的点），分析原因，再根据剩下的那些样本统计量观测值，重新计算控制界限数值，绘制控制图。

5. 控制图的使用和改进

对于修正后的控制图，在实际使用中应当继续改进，以更好地保证和提高安全控制的能力和水平。

10.7.6 控制界限的确定

1. 千分之三法则确定法

根据数理统计学原理和经济原则，采用的是三倍标准偏差法来确定控制界限，即将中心线定在被控制对象的平均值上，以中心线为基准向上、下各量三倍被控制对象的标准偏差作为上、下控制界限，可以在最经济的条件下，实现工程实施控制，达到安全保障的目的。

2. 数据服从泊松分布时的确定法

当数据服从泊松分布时，根据统计学原理，控制界限可按以下公式确定：

$$\mathrm{CL}=\overline{P}_n \tag{10-1}$$

$$\mathrm{UCL}=\overline{P}_n+2\sqrt{\overline{P}_n} \tag{10-2}$$

$$\mathrm{LCL}=\overline{P}_n-2\sqrt{\overline{P}_n} \tag{10-3}$$

式中 $\overline{P}_n$——第 n 种被监测的安全特性指标值的平均值，$n=1$，2，3，…。

3. 数据服从二项式分布时的确定法

当数据服从二项式分布时，根据统计学原理，控制界限可按以下公式确定：

$$\mathrm{CL}=\overline{P}_n \tag{10-4}$$

$$\mathrm{UCL}=\overline{P}_n+2\sqrt{\overline{P}_n(1-\overline{P})} \tag{10-5}$$

$$\mathrm{LCL}=\overline{P}_n-2\sqrt{\overline{P}_n(1-\overline{P})} \tag{10-6}$$

式中 $\overline{P}$——某一被监测的安全特性指标的年平均发生率。

【例 10-11】 某路段在某年全年交通量为 383.2 万辆，交通事故总次数为 186 次，各月的交通量和发生的交通事故次数见表 10-11 所示。试绘制出事故次数控制图。

表 10-11 某路段某年各月的交通量和发生的交通事故次数表

月份	交通事故次数（次）	月交通量（万辆）	月份	交通事故次数（次）	月交通量（万辆）
1	9	28.5	7	15	33.4
2	8	23.7	8	21	36.7
3	13	33.6	9	20	36.9
4	10	28.7	10	16	31.4
5	19	33.2	11	14	27.9
6	26	37.0	12	15	32.2
全年合计				186	383.2

解：（1）计算控制界限

1）求年平均事故发生率 $\overline{P}$：

$$\overline{P}=\frac{\text{统计时期的事故总次数}}{\text{统计时期内的月份数}\times\text{统计时期内的月平均交通量}}$$

$$\text{统计时期内的月平均交通量}=\frac{383.2\text{ 万辆}}{12\text{ 月}}=31.9\text{ 万辆/月}$$

$$\therefore\ \overline{P}=\frac{186\text{ 次}}{(12\times31.9)\text{ 万辆}}=0.486\text{ 次/万辆}$$

2）求每月交通事故发生次数平均值：$\overline{P}_n=\dfrac{186\text{ 次}}{12\text{ 月}}=15.5\text{ 次/月}$

3）中控制界限数值：CL＝15.5

4）上控制界限数值：$UCL=\overline{P}_n+2\sqrt{\overline{P}_n(1-\overline{P})}=21.1$

5）下控制界限数值：$LCL=\overline{P}_n-2\sqrt{\overline{P}_n(1-\overline{P})}=9.9$

（2）绘制控制图

以横坐标表示时间（月），纵坐标表示交通事故起数，用实线表示中线，以虚线表示上、下控制界限。上控制界限为 21.1，下控制界限为 10。这样可得到交通事故次数控制图，如图 10-18 所示。

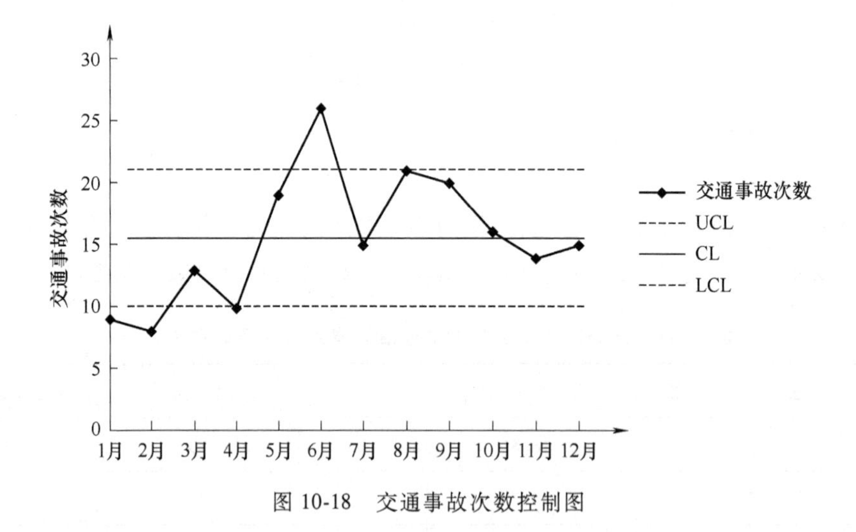

图 10-18　交通事故次数控制图

（3）结果分析

从事故次数控制图可清晰观察到每个月的交通事故发生量及其分布情况，让人做到心中有数，掌握情况。它可警示人们当数据发生异常时就要及时采取有效措施将其控制在合理的范围内，以减少事故的发生。

总而言之，在进行控制图分析时，可注意以下几点：当数据值超过上控制界限时，说明有新的或突出的不安全因素起了作用，需对其产生的原因进行分析，并采取适当的措施加以控制；当数据不断上升时，说明不安全因素不仅存在，而且还在持续起作用，或陆续有新的不安全因素出现，必须分析原因，采取措施加以控制；当数据存在周期性变化时，说明存在周期性起作用的因素；当数据不断下降，并降到下控制界限以下时，说明安全状况良好，需总结经验，巩固成果，切不可麻痹大意。

复　习　题

1. 统计图表法的定义是什么？它主要有哪些类型？
2. 什么是比重图分析法？它的特点是什么？
3. 什么是直方图？它有什么优点？
4. 请说出主次图分析法的定义及其分析步骤。
5. 对一个熟悉的事故统计数据运用主次图分析法进行统计图表分析。

第 11 章 情景分析法

事故是生产过程中某些人们不希望发生的状态。它是安全系统工程分析的对象之一。事故的发生是多个事件情景相互关联相互制约，相互影响和演变的最终结果，它具有因果性、偶然性、潜伏性和预测性。这些特点使得情景分析法在进行安全系统分析时有特殊的契合性。情景分析法能够不依赖概率，通过对影响系统势态发展的驱动因素所构成情景的分析呈现事态的各种可能发展趋势，进而从根本驱动力量入手，采取措施应对各种态势发展。可以说，事故的最终发生是具有“情景依赖”的。情景分析法可以用来对安全生产状态进行分析和推演，形成未来生产状况的可能情景，以便人们找到最佳应对策略，降低风险。

11.1 情景与情景分析法概述

11.1.1 情景与情景分析法的来源与定义

“情景”（Scenario）一词由 Herman Kahn 和 Wiener 于 1967 年提出。他们认为：未来是多样的，几种潜在的结果都有可能在未来实现；通向这种或那种未来结果的途径也不是唯一的，对可能出现的未来以及实现这种未来途径的描述构成一个情景。“情景”就是对未来情形以及能使事态由初始状态向未来状态发展的一系列事实描述。其中“态”是指事故当前所处的状态，是事故在过去的时段里发展到现在的一个结果，这个结果是由事故自身的发生、发展规律以及事件发生、发展过程中人为干扰所共同决定的，回答的是“发生了什么”这一问题。“势”是指事故在当前状态（即“态”）的基础上，在未来的发展趋势。未来时点上事故所处的状态序列构成了“势”。“势”是当前状态发展到未来的一个结果，回答的是“如果……会怎么样”这一问题。在安全生产决策中，决策主体必须在对“态”充分认识，并通过科学的手段以及个人或集体的洞察力在对未来“势”充分预测、评估的基础上，做出决策。因此，在安全生产决策中，可以将情景定义为决策主体正在面对的事故发生、发展的态势。

基于“情景”的情景分析（Scenario Analysis）法是指在对经济、产业或技术的重大演变提出各种关键假设的基础上，通过对未来详细、严密的推理和描述来构想未来各种可能的方案。情景分析法的最大优势是使管理者能发现未来变化的某些趋势，避免两个最常见的决策错误：过高或过低估计未来的变化及其影响。情景分析法在西方已有好几十年的历史。

情景分析法是一种灵活的、能应对不确定环境的动态战略规划思想。和许多科学成果和技术方法一样，情景分析法最早被用于军事领域。在第二次世界大战前后，美国兰德公司的赫尔曼·卡恩（Herman Kahn）将“情景”概念运用于商业分析。其后，皮埃尔·瓦克（Pierre Wack）将这一方法引入壳牌石油公司，使其成为情景分析的先锋实践者。20 世纪 70~80 年代，壳牌公司运用危机情景分析（Crisis Scenario）成功预测了中东石油危机和全球的石油过剩，并采取积极的措施避免了这两场危机爆发给公司带来的各方面损失。起初，情景分析基本上沿用了传统规划所采用的“预测与控制”（Predict and Control）方法，不同的是，它不是进行单一、线性的预测，而是对未来的多种可能性进行评估，然后提出一个最有可能的行动方案。

经过多年的发展，情景分析过程已不再依赖可能性展开，而是深入探究影响社会系统变动的驱动力、结构要素以及因果关系，使其能够更具洞察力且有效地处理那些技术、经济以及其他社会事物交织在一起的复杂体和不确定性事物。

11.1.2 情景分析法理论体系

情景分析更多地侧重于技术的发展与创新，在理论方面相对薄弱，到目前为止，没有形成相对系统的体系，各种观点也多有不同之处。不过，经过几十年的发展，情景分析在借鉴多个学科理论的基础上，也逐步形成了基本的理论架构。

1. 基础理论

情景分析基础理论主要是指能支持情景分析法，使之具有科学性、合理性的理论，主要包括情景与情景分析的概念、内涵、特点等基础理论；情景规划理论；各情景分析流派（如直觉逻辑学派、概率修正趋势学派和远景学派等）的理论基础；情景类型学理论；情景思考理论（如心智模式、认知图、系统思考）等。在对情景与情景分析的认知方面，出现了大量理论研究成果，如 Kahn 提出的关于情景的口号“思考不可思考的”。

很多学者及管理者对情景分析理论的研究主要围绕情景规划展开。专著《学习规划与规划学习》中提出了三条挑战传统规划的概念：承认不确定性、包容错误以及深度自我思考。

作为预测方法中的一种，情景分析法的主要目的是应对不确定的未来，有效识别关键不确定性是情景分析的关键步骤。因此，不确定性理论、预测理论是情景分析的重要基础理论。

2. 方法论理论

情景分析法没有确定的过程，但却有一些经常采用的步骤，主要包括明确决策焦点、识别关键因素、驱动力分析、按重要性及不确定性进行驱动力排序、构建情景逻辑、充实情景内容、战略含义分析、选择主要指标和标准、情景内容反馈、讨论战略选择、形成执行规划、传播情景内容。

情景分析法的每个步骤都需要相关学科或方法论理论的支持，主要有情景轴理论、情景描述（脚本方法）、SPEET 清单相关理论、SWOT 分析理论、利益相关者分析理论、专家评价理论（德尔菲法等）、敏感性分析理论、风险理论、概率理论、模型理论、模拟与仿真理论等。情景分析法理论体系包括情景分析的基础理论体系、情景分析方法论理论体系和应用领域理论体系三个方面，其架构如图 11-1 所示。

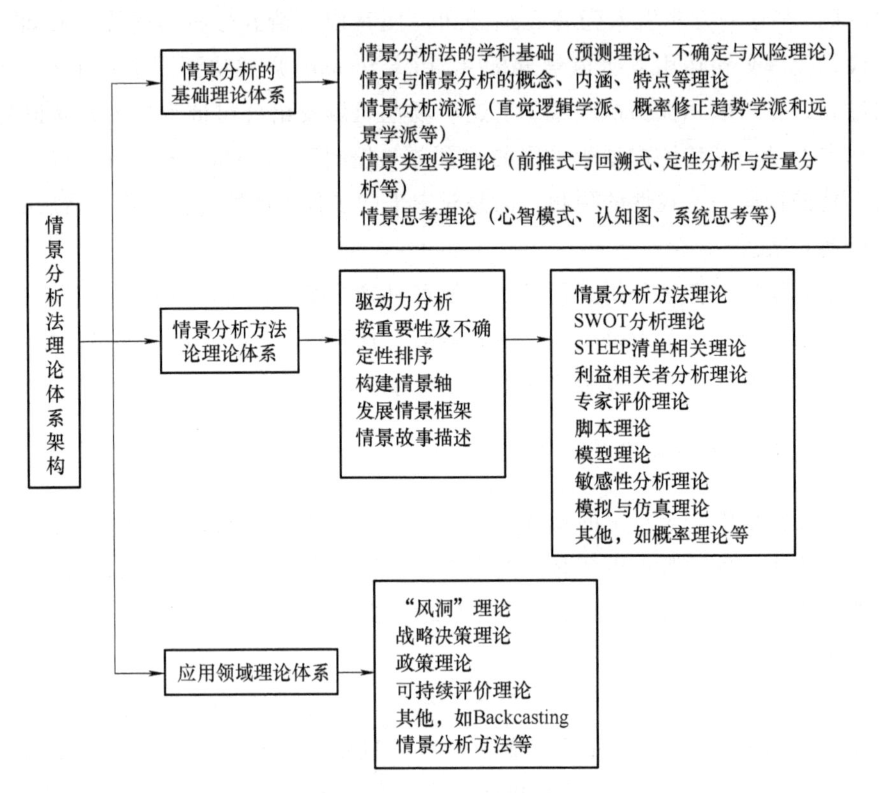

图 11-1　情景分析法理论体系架构

3. 国内情景分析方法研究

我国对情景分析法的研究起步较晚，20 世纪 90 年代以前，国内学者发表的几篇有关情景分析的文章多是介绍性的，如 1987 年发表在《科学学研究》，第四期上的《情景分析：一种灵活而富于创造性的软系统方法》一文，这期间的理论成果和应用都较少。20 世纪 90 年代后，我国一些学者开始相对系统地介绍情景分析的理论与方法，如 1994 年 3 月发表在我国《预测》杂志上的《战略预测中的情景分析法》一文等。2000 年以来，国内学者从多个角度对情景分析法的理论、方法等方面进行了广泛的研究。论文方面，主要有杨渝玲、岳珍、于红霞、曾忠禄、孙知明、田光明等人所做的一些研究成果。专著方面，主要有《情景规划：未来与战略之间的整合》《情景规划：为不确定的世界规划未来》《情景规划》等几部译著，另外，《技术管理与技术预测》等国内相关专著中，也有对情景分析方法的研究或介绍。

我国学者在研究情景分析方法时，主要借鉴国外的方法及步骤，同时对情景分析方法进行了一些创新。如 20 世纪 90 年代末，中国能源研究所朱跃中研究员借鉴壳牌集团国际公司副总裁 Ged Davis 先生的做法，将情景分析步骤分为六步。但整体来说，我国学者关于情景分析方法的研究大都是一些简单介绍，还缺乏整体性、系统性、深入性的研究及应用成果。

11.2 事故关键情景演变突变模型及应用

突变理论（Catastrophe Theory）是勒内·托姆于 20 世纪 60 年代提出的一种拓扑学理论，它能直接处理不连续性的问题。他将系统内部状态的整体性“突跃”称为突变，其特点是过程连续而结果不连续。突变理论提供了一种研究所有跃迁、不连续性和突然质变的更普遍的数学方法，被称为研究不连续变化的数学模型。突变理论可以被用来认识和预测复杂的系统行为。突变理论研究了初等函数的分类问题，通过建立微分方程与函数之间的联系，对梯度系统中的奇点进行了分类。

突变理论的应用不仅局限在数学、物理等自然科学领域中，而且还推广到安全系统工程领域。1993 年，加拿大的一些安全学者在研究交通运输事故时，发现突变模型明显优越于其他模型，应用突变理论能很好地回答车流量、路面的车辆占有率与车辆运行速度三者之间的关系，为高速公路的运营管理提供了科学的依据。1976 年，日本学者 Pmuhn 和 HondM 等人研究交通运输安全时，引入突变理论分析由人失误导致的交通事故。此后，安全工作者发现突变理论可对事故过程进行连续分析，同时在系统安全分析中的某些应用取得了一定进展，形成了多种形式的突变分析方法。在国内，钱新明等人较早地系统地应用突变理论研究系统安全问题，把系统的一类危险源和二类危险源作为控制变量，并把系统的功能作为状态变量，从而建立了危险评价的尖点突变模型，成功地分析了石化企业的危险状态。

11.2.1 事故关键情景突变模型

1. 系统演化突变

系统演化的状态空间中必然具有多个稳定定态，因而在改变变量时，系统才可能出现从一个稳态向另一个稳态的跃迁，即发生突变；在不同稳定的定态中存在着不稳定的定态，系统从一个稳态向另一个稳态跃迁的过程中直接跨过了这个态，不稳定的定态在实际中不可能达到；控制变量的不同取值使系统发生变化，而从一个稳态向另一个稳态的转变是突然完成的。

初等突变论研究的是势系统。严格力学意义上的势是一种相对的保守力场的位置能。在热力学系统中，热力学势是自由能，系统演化的方向由它决定。势的概念也可以适当推广到其他领域，如情景分析领域。如可把“势”看作系统具有采取某种趋向的能力。势是由系统各个组成部分的相对关系、相互作用以及系统与环境的相对关系决定的，因此系统势可以通过系统行为变量（状态变量）和外部控制参量描述系统的行为。

突变理论根据一个系统的势函数把它的临界点分类，研究各类临界点附近非连续变化状态的特征，从而归纳出七个初等突变模型。每一种突变都是由一个势函数决定的，平衡曲面为满足势函数的一阶导数（或两个一阶偏导数）为零的所有点的集合。某种类型的突变过程的全貌可通过其相应的平衡曲面来描述。由于我们所处的时空是四维的，因此，四维控制空间是很重要的，托姆已经证明了，当控制变量不大于四个时，最多有七种突变形式，我们一般称这七种突变为七种初等突变。它们分别为折叠突变、尖点突变、燕尾突变、椭圆脐点突变、双曲脐点突变、蝴蝶形突变、抛物脐点突变。当控制变量不大于五个时，最多有十五种突变形式。但是，应用得最多的还是七种初等突变（表 11-1）。

表 11-1　初等突变模型

突变模型	状态变量	控制变量	势函数
折叠突变	1	1	$F(x)=x^3+ux$
尖点突变	1	2	$F(x)=x^4+ux^2+vx$
燕尾突变	1	3	$F(x)=x^5+ux^3+vx^2+wx$
椭圆脐点突变	2	3	$F(x)=\left(\frac{1}{3}\right)x^3-xy^2+w(x^2+y^2)-ux+vy$
双曲脐点突变	2	3	$F(x)=x^3+y^3+wxy-ux-vy$
蝴蝶形突变	1	4	$F(x)=x^6+tx^4+ux^3+vx^2+wx$
抛物脐点突变	2	4	$F(x)=xy^2+y^4+wx^2+ty^2-ux-vy$

2. 事故情景突变分析模型

鉴于事故系统具有典型的突变特性，可通过建立突变模型进行情景突变分析，从而为研究事故情景演变机理、制定有效应急措施提供支持。

在隧道事故情景演变过程中，当情景从 S_i 突变跃迁至 S_{i+1}，则 S_i 和 S_{i+1} 分别对应系统突变演化的两个状态。而这个突变过程是由一个势函数决定的，平衡曲面为满足势函数的一阶导数（或两个一阶偏导数）为零的所有点的集合。情景突变过程的全貌可通过其相应的平衡曲面来描述。基于此，在隧道事故情景突变分析过程中，可以分析情景状态演变的 n 种影响因素，并将其确定为情景状态变量或控制变量，构建势函数，建立相应突变模型。同时，通过求解模型得到平衡曲面方程，计算分歧集，进而分析情景突变过程，明晰突变机理，给出应急过程中改变情景突变过程的措施，促使情景向乐观趋势演变。分析模型如图 11-2 所示。

11.2.2　车辆爆炸事故尖点突变模型

以隧道火灾为例，车辆火灾由一般火燃烧情景演变为爆炸情景的过程，应用尖点突变模型进行分析。

把车辆火灾系统中的一般内在情景要素作为系统状态变量，将影响火灾从一般燃烧演变

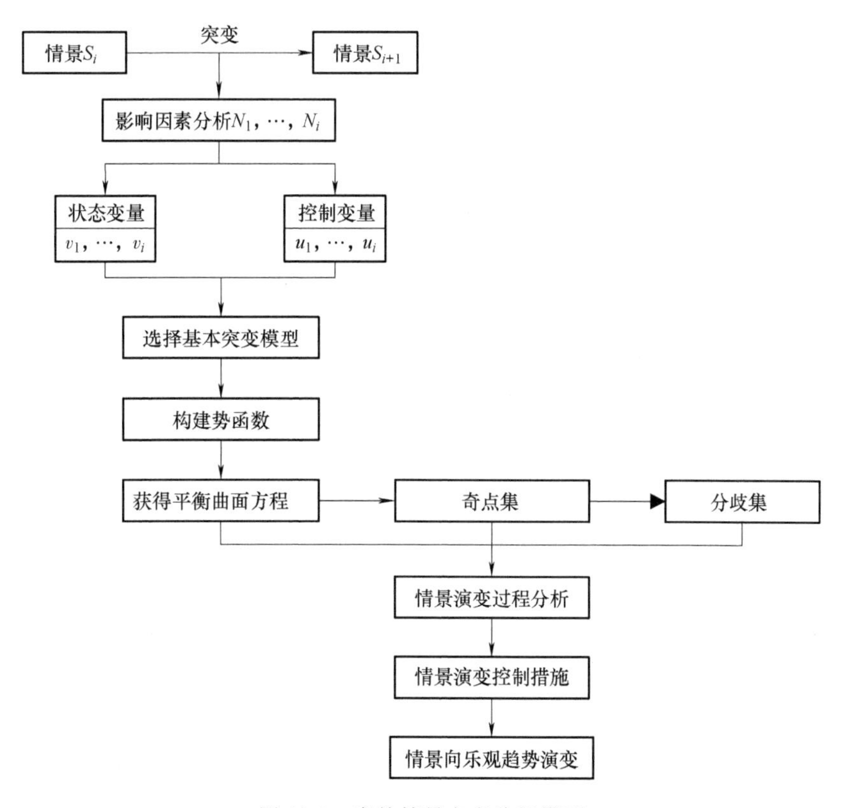

图 11-2　事故情景突变分析模型

为爆炸的人工的因素（包括应急措施干预、人的应急行为、通风策略等）作为控制变量 v，将情景演变过程中影响情景跃迁的物的因素（包括隧道结构、应急装备、环境条件等）作为控制变量 u，根据尖点突变模型，可建立隧道火灾情景演变的尖点突变势函数。

$$F(x)=x^4+ux^2+vx \tag{11-1}$$

对势函数求导可得到临界点方程，即平衡曲面 M 的方程：

$$F'(x)=4x^3+2ux+v=0 \tag{11-2}$$

临界方程求导后可得奇点集 S：

$$F''(x)=12x^2+2u=0 \tag{11-3}$$

联立以上两式，求解可得：

$$\Delta=8u^3+27v^3 \tag{11-4}$$

分解表达式可得：

$$\begin{cases}u=-6x^2\\v=8x^3\end{cases} \tag{11-5}$$

尖点突变平衡曲面与分歧集如图 11-3 所示。系统的状态是由（x，u，v）为坐标的三维空间点表示的，相点一定落在平衡曲面 M 处的位置，代表着系统所处的状态。平衡曲面 M 上各点所处的位置代表着系统所处的状态。

平衡曲面 M 上褶皱处的两条折痕 OD 和 OE 就是奇点集 S，OD 和 OE 在 u—v 平面上的

投影 $O'D'$ 和 $O'E'$ 就是分歧集 B，平衡曲面上 OD 和 OE 所夹部分称为中叶，中叶以上和以下部分分别为顶叶和底叶。表示系统状态的相点一定落于顶叶或是底叶上，因为顶叶和底叶是稳定平衡区，系统状态在中叶会发生非连续变化，中叶是不稳定平衡区。由图 11-4 可以看出，系统状态在平衡曲面 M 上的变化有渐变和突变两种方式。当控制变量 u 一直大于零时，系统状态位于奇点集的另一侧，状态变量 x 从顶叶过渡到底叶，或是从底叶过渡到顶叶都是渐变的；当控制变量 u 小于零时，系统沿着 ABC 的路径变化时，系统的状态也是渐变的，系统沿着 $AB'C$ 的路径变化时，系统会跨过奇点集，控制变量 u 和 v 满足公式的关系时，状态变量 x 会从顶叶跨过中叶跳跃到底叶，或是从底叶跨过中叶跳跃到顶叶，系统状态发生突变。图 11-4 是沿系统变化路径截取的剖面，给出了渐变与突变的直观图形。

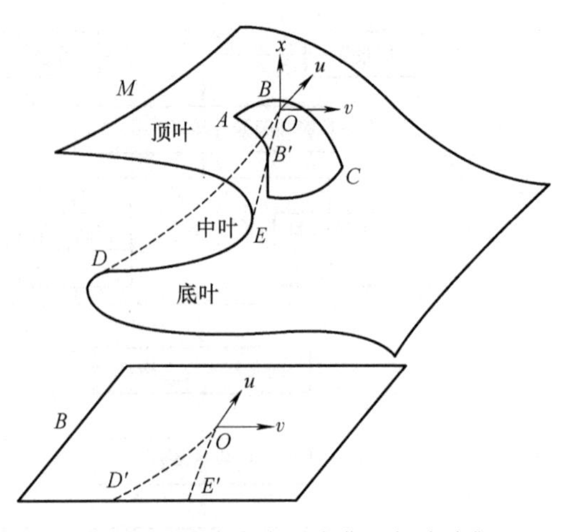

图 11-3　尖点突变平衡曲面与分歧集

隧道爆炸事故情景演变过程的尖点突变模型中，曲面的顶叶和底叶都是趋于平稳的，对应该模型的情景稳定状态；中叶对应模型的不稳定状态。在情景发展过程中，从顶叶到底叶或者从底叶到顶叶，如果相点恰好在曲面终止的边缘上，即在曲面折痕面中叶处，则它必会跳跃到另一叶上，引起状态变量 x 的突变，即从火灾情景突变为爆炸情景。当控制变量 u 和 v 的变化路径从顶叶到底叶或者从底叶到顶叶的过程中，不经过折叠线，尽管也会导致系统熵态 x 的变化，但不会致其发生突跳，即不会发生情景的突变，而产生新的情景（如往乐观方向发展的情景）。在此演变过程中，人的不安全状态是主导，物的不安全因素是触发器。由模型可知，只有人的因素发生巨大变化时，虽然系统熵态发生很大变化，但其变化路径并未经过折叠线，所以并未发生突变，当物的不安因素出现，致使系统熵态经过了折叠线，才会导致事件的发生，因此要解决该类事故，需要从人的方面出发，通过一定的措施控制人的恐慌心理。

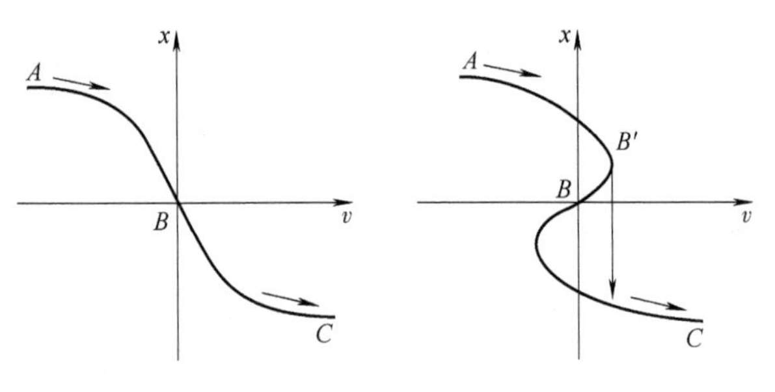

图 11-4　渐变与突变

11.3 事故情景演变网络模型及应用

11.3.1　事故情景演变网络模型

事故发生的高不确定性、处理时间紧迫性、后果严重性，决定其必须采用一种高效、直观的情景演变表达方式，以便进行情景演变分析及决策优化。网络表达是指通过符号化、网络化的方式表达出情景的要素、要素间的逻辑关系、情景的状态、情景的演变过程以及情景演变的结果。通过网络表达，人们能够对事件当前的状态以及未来可能的发展趋势、影响事态发展的因素、驱动这些因素发挥作用的力量等有直观、概略的了解，使人们能够在紧迫的时间约束下，做出安全效益最佳的决策。

对于每一个具体的事故应急处置过程，应采取一定的处置措施以达到设定的目标。通常对于中间情景其目标为快速向乐观情景演变直到结束情景，缩短情景演变过程使事故后果最小化。在以人为本的应急决策过程中，应急目标底线为保证人的安全。因此，人的安全可以看作应急处置措施和决策的基本约束条件。同时，人们为考虑整体应急效率，通常决策过程即为约束条件下的整体应急效益最优决策，而非局部最优。如在应急疏散过程中，需在保证人员不受超量烟气伤害的基本约束下，针对各区域疏散个体采用不同的疏散策略，使整个隧道区域疏散效率最高，从而保证整体疏散效果。

应急处置措施从功能模块主要分为人员疏散与救援模块、事故控制与消除模块；从措施工程属性分为工程性措施和非工程性措施。工程性措施主要是隧道建立的通风、消防、排水等各种防灾工程设施。而非工程性措施主要是指应急策略、应急决策、应急资源动员与调用、应急教育与演练、应急预警、应急诱导、应急信息和应急法规等。

在隧道事故演变过程中，情景 S_i 在当前态势属性下，确定应急目标 G_i，并在自我演变属性和应急处置措施共同驱动下，向情景 S_{i+1} 演变。情景 S_{i+1} 有可能为情景 S_i 的目标情景，也有可能非情景 S_i 的目标情景。此时，新的情景即 S_{i+1} 同样具有新的态势属性，并有新的应急目标 G_{i+1+1}，进入下一阶段处置程序，并在自我演变影响下向情景 S_{i+1+1} 演变。通过如此往复作用，情景最终发展为最终情景，事故情景演变结束，同时事故应急结束。因此，在隧道事故情景演变过程中，存在四个要素，分别是情景、处置目标、应急处置措施以及事件自身的演变，这里事件自身的演变是指事故按照其自身发生、发展机理的变化过程以及结果。为方便进行隧道事故情景演变的网络表达，对四个要素图形表达确定为：

○表示情景　　□表示处置目标

△表示应急处置措施　　◎表示事件自身的演变

图 11-5 是情景演变中的一个基本单元，简称情景元。情景元表达了情景经由事件自身的演变以及处置措施多重因素驱动作用下是否实现了决策主体的处置目标，通常包括四个基本要素，即情景、处置目标、事件自身的演变以及应急处置措施。

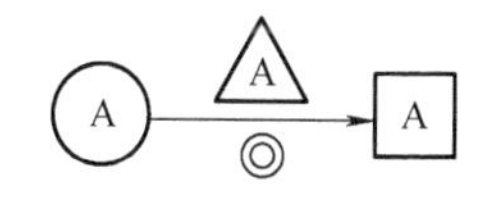

图 11-5　情景演变网络表达中的情景元

在情景的演变过程中，演变的网络表达如图 11-6 所示。横向箭头表示目标实现，纵向箭头表示目标没能实现。其中，虚横线表示所有处置目标都按决策主体的预期实现，代表了情景演变中最乐观情景演变线路；纵向虚线则表示所有处置目标都未能按照决策主体的预期实现，代表了情景演变中的最悲观情景演变线路。情景演变始于初始情景，终止结束于情景，图中标号为 7、13、17、25、29、33、39 的情景是情景演变过程中各个演变线路的结束情景。情景演变网络表达中各个元素的编号以及各个演变线路结束情景的编号遵循一定的规则，即针对某一条情景演变线路，后续情景元的编号要大于前置情景元的编号。结束情景的编号应当是某条情景演变线路中最大的编号。为便于对情景演变的网络表达进行修改，各个元素之间的编号应有间隔，如按1、3、5、7、…排列。

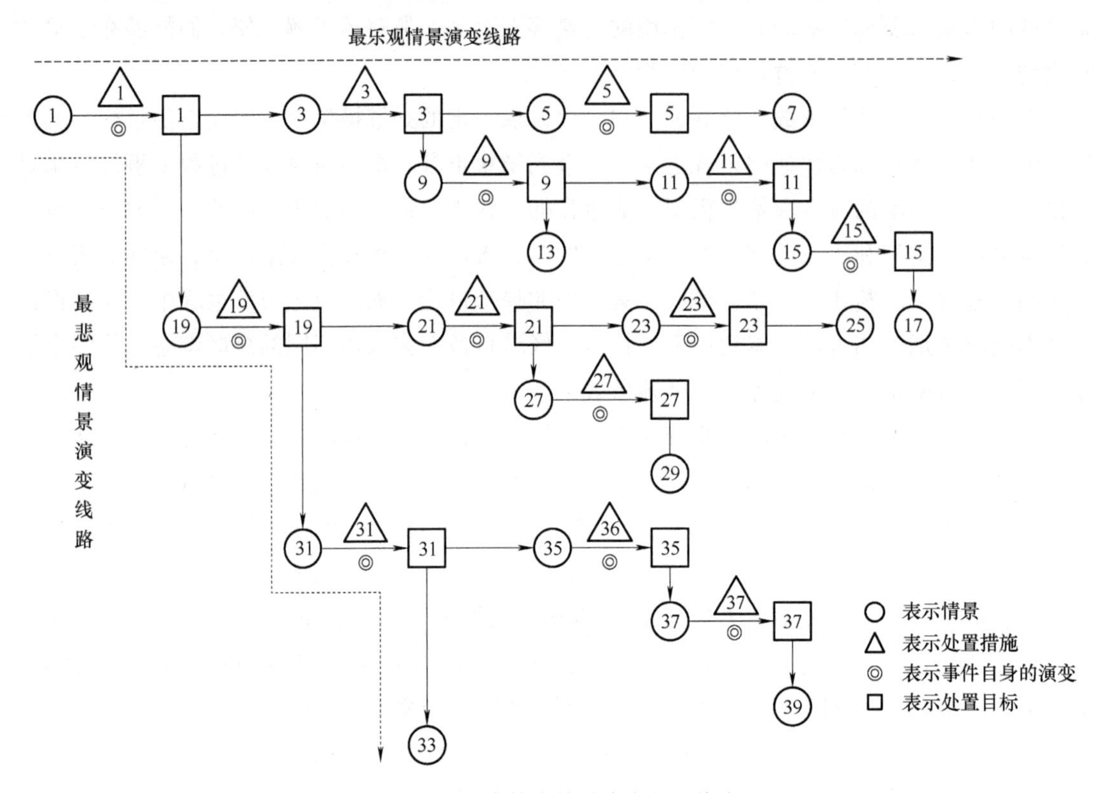

图 11-6　应急决策中情景演变的网络表达

11.3.2　事故情景演变网络模型应用——以隧道火灾为例

某海底隧道发生火灾，火灾的演变过程中，在确定的火灾初始情景下，中间情景和结束情景因突发事件的演变会受到多种影响因素的干扰而存在多种演变路径。主要干扰因素有人工灭火的有效性、自动喷淋系统的有效性、人员逃生、外部救护力量的到达、消防灭火的力量大小和效率等。分析其已有的应急资源和应急预案，结合火灾事故发生发展的机理和规律，运用已有情景案例的分析、现场资源分析和规则推理，建立事故情景演变分析网络模型，如图 11-7 所示。

通过演变模型可以看出，海底隧道火灾事故情景演变有多种路径，其中，极限情况的情景演变路线主要有两条：

1）虚横线表示所有处置目标都按决策主体的预期实现，代表了情景演变中最乐观情景演变线路，其时间最短；

$$S_{\min}=S_{1-3}+S_{3-5}+S_{5-7}+S_{7-9}$$

2）纵向虚折线则表示所有处置目标都未能按照决策主体的预期实现，代表了情景演变

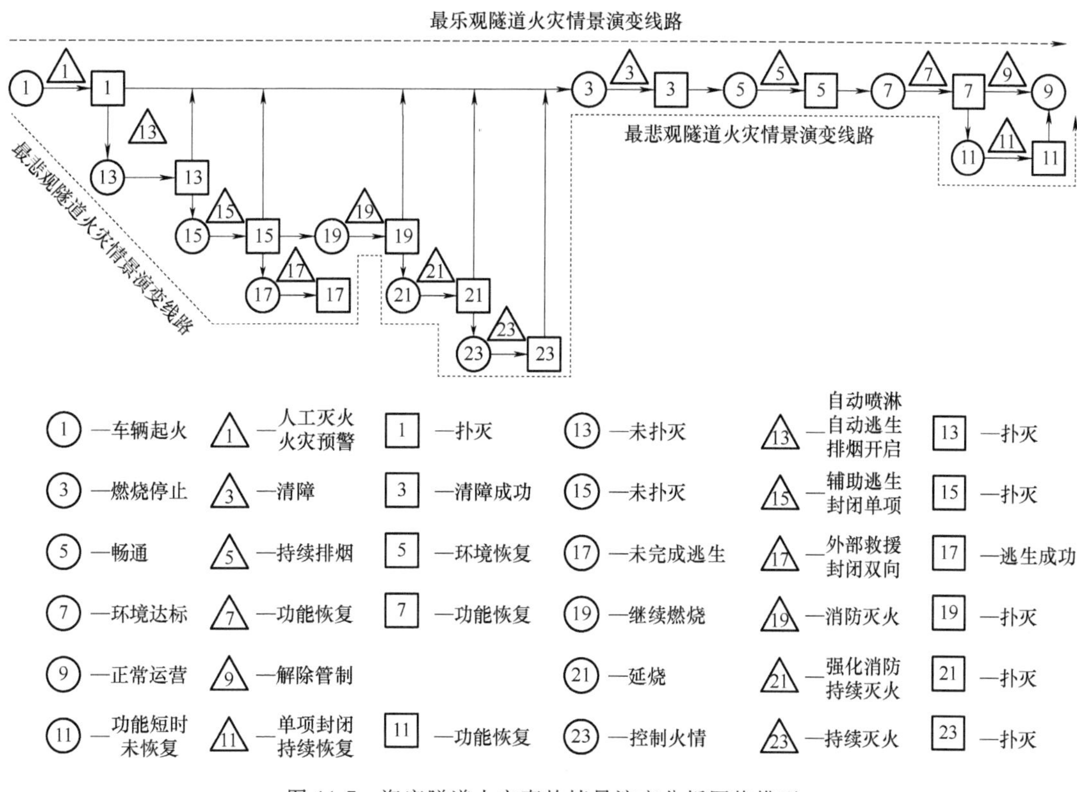

图 11-7 海底隧道火灾事故情景演变分析网络模型

中的最悲观情景演变线路，其时间最长：

$$S_{max}=S_{1-13}+S_{13-15}+S_{15-17}+S_{17-19}+S_{19-21}+S_{21-23}+S_{3-5}+S_{5-7}+S_{7-9}$$

11.4 事故情景演变与优化理论的融合应用

通过事故情景演变分析，可宏观概略地了解事故的演进过程，但这不是安全系统工程分析的终点，人们还应关注在事故发生后应急救援行动的开展和优化实施，以达到减少伤亡降低损失的目的。因此，需要优化理论方法在事故情景演变分析过程中的融合和应用。

11.4.1 优化算法介绍

在事故应急救援过程中，人们重点关注的是那些关键点所处的具体情景及需要进行的决策优化，如应急疏散优化和救援搜索优化。在区域内，按照一定条件，获得最优的应急疏散方案或最优的救援搜索和资源配备，蚁群算法是较为实用的一种算法工具。

蚁群算法最初由意大利学者于 1991 年首次提出，其本质上是一个复杂的智能系统，它具有较强的鲁棒性（Robust）、优良的分布式计算机制、易于与其他方法结合等优点。如今这一新兴的仿生优化算法已经成为人工智能领域的一个研究热点。目前对其研究已渗透到多个应用领域，并由解决一维静态优化问题发展到解决多维动态组合优化问题。应急救援决策过程也是解决多维动态组合优化问题。

仿真学表明，蚂蚁运动时通过在路径上释放出的特殊分泌物——信息素来寻找路径，蚂蚁行经路径越长，释放的信息素越小，后续蚂蚁行经该路口时选择信息素量大的路径概率较大，从而形成一个正向反馈机制，使最优路径上的信息素量越来越大，而其他路径上的信息素量却会随着时间衰减，最终使蚁群找出最优路径。同时，蚁群还能够适应环境的变化，当蚁群的运动路径上突然出现障碍物时，蚂蚁也能很快地重新找到最优路径。虽然单只蚂蚁的选择能力有限，但是通过信息素的作用使整个蚁群行为具有非常高的自组织性，蚂蚁之间交换着路径信息，最终通过蚁群的集体自催化行为找出最优路径。蚁群算法机理具有以下特点：

（1）分布式计算

蚁群算法来源于蚁群整体行为的抽象，具有群体行为的分布式特征。在优化问题中，基本蚁群算法可视为分布式的多智能体系统，在问题空间的多点同时独立地进行解搜索，不仅使得算法具有较强的全局搜索能力，也增加了算法的可靠性。

（2）自组织

蚂蚁个体作用简单，协作特征明显，个体互相协作完成某项工作任务，体现出很强的自组织特性。人工蚂蚁间通过信息激素的作用，自发地趋向于寻找到接近最优解的一些解，这就是无序到有序的过程。

（3）强鲁棒性

蚁群算法对初始路线要求不高，即蚁群算法的求解结果不依赖于初始路线的选择，而且在搜索过程中不需要进行人工的调整。算法不需要对待求解问题的所有方面都有所认识，优化应用的问题范围广。

（4）正反馈

蚁群信息素的累积为正反馈过程，保证了相对优良的信息能够被保存下来。正反馈的过程使得初始的不同得到不断的扩大，同时引导整个系统向最优解的方向进化，使得算法演化过程得以进行。

在求解海底隧道应急疏散优化问题时，其疏散路径寻优过程与蚁群路径寻优过程有高度的相似性，可根据海底隧道的特点进行改进，提高搜索效率与算法性能，发挥其解决动态组合优化问题的优势，为应急决策提供优化方案。

基本蚁群算法流程如图 11-8 所示。

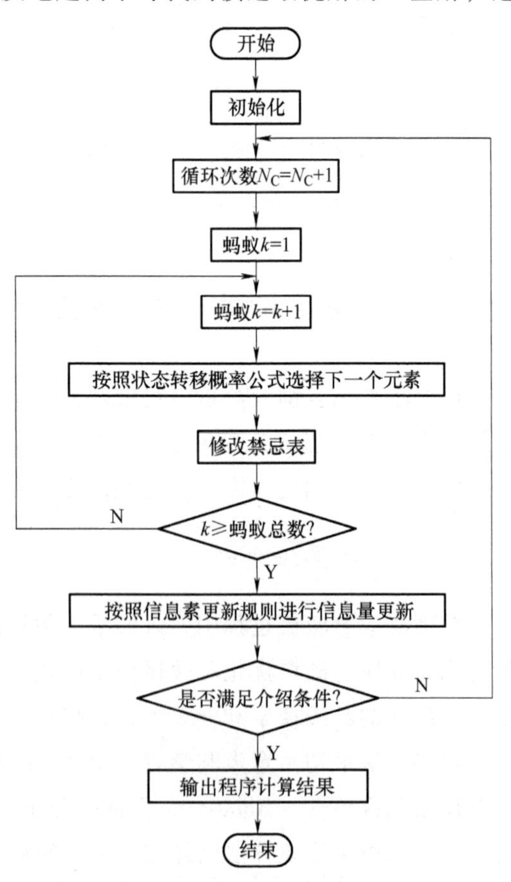

图 11-8　基本蚁群算法流程

以旅行商问题（TSP）为例，基本蚁群算

法的主要步骤如下：

步骤 1：参数初始化。令时间 $t=0$ 和循环次数 $N=0$，设置最大循环次数 $N_{C_{max}}$，将 m 蚂蚁置于 n 个元素（城市）上，令有向图上每条边 (i, j) 的初始化信息量 $\tau_{ij}(t)$ = const，其中，const 表示常数，且初始时刻 $\Delta\tau_{ij}(0)=0$。

步骤 2：循环次数 $N_C \leftarrow N_C+1$。

步骤 3：蚂蚁的禁忌表索引号 $k=1$。

步骤 4：蚂蚁数目 $k \leftarrow k+1$。

步骤 5：蚂蚁个体根据状态转移概率公式计算的概率选择元素（城市）j 并前进，$j \in \{C-\mathrm{tabu}_k\}$。

步骤 6：修改禁忌表指针，即选择好之后将蚂蚁移动到新的元素（城市），并把该元素（城市）移动到该蚂蚁个体的禁忌表中。

步骤 7：若集合 C 中元素（城市）未遍历完，即 $k<m$，则跳转到步骤 4，否则执行步骤 8。

步骤 8：根据信息素更新规则更新每条路径上的信息量。

步骤 9：若满足结束条件，即如果循环次数 $N_C \geqslant N_{C_{max}}$，则循环结束并输出程序计算结果，否则清空禁忌表并跳转到步骤 2。

通过对蚁群算法分布式计算、自组织、鲁棒性、正反馈等特性的分析可知，运用蚁群算法可以获得在有限区域内有条件下的应急救援最优方案。下面以某海底隧道应急疏散为例说明优化理论和算法应用。

11.4.2 海底隧道火灾应急疏散过程情景演变分析

本节结合某海底隧道的现状，以隧道内火灾为例，介绍详细的海底隧道火灾应急疏散情景演变分析，如图 11-9 所示。

隧道内发生火灾后，火灾自动控制及灭火系统产生作用，应急预案进入响应阶段，火灾自动报警系统和手动报警系统联运，在 60s 内探测并传回监控中心，监控中心接到火灾报警信号立即通过闭路电视监视系统等手段确认，与火灾自动喷淋系统及人工控制系统联动，系统自动或人工控制进行喷淋灭火，若灭火无效则进行火势扩大，达到预警级别则应急疏散方案启动。

进入 S_{1-3} 情景时，利用监控设施发布信息，利用有线广播指引就近灭火及疏导隧道内外车辆驶离危险区域，启用隧道内远程终端控制系统的预置方案，启动车辆疏散情景交通控制方案。关闭火灾隧道，并根据交通流及阻塞情况对另一隧道进行交通管制；事故下游车辆按正常方式驶离隧道，事故上游车行横洞防火门自动开启，同时指示灯闪烁。对向隧道入口实行管制，对向车道内车辆加速驶离，事故车道内车辆通过该隧道顺行、逆行、车行横洞、人行横洞和服务隧道等各向进行疏散逃生。若车辆疏散阶段由于交通冲突、环境、车辆二次碰撞等因素导致隧道内部分区域陷入无序或拥塞，则应急疏散进入人车混合疏散情景。

进入 S_{1-5} 情景时，隧道内未拥塞路段和已驶入对向隧道、服务隧道车辆继续加速驶离，

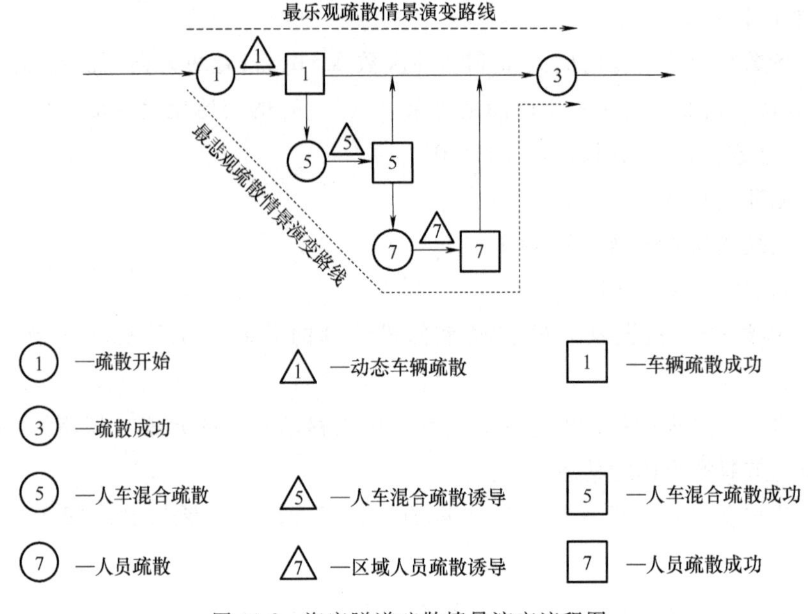

图 11-9　海底隧道疏散情景演变流程图

拥塞路段车辆人员进行步行逃生。当可驶离车辆疏散完成，则余下被疏散车辆内人员及已进行步行疏散人员共同进行持续步行逃生情景。

进入 S_{5-7} 情景时，海底隧道内不同区域人员选择不同的通道、出口进行逃生，直至到达安全区域。

在应急疏散过程中，火灾隧道开启高速风机，增大功率，按照火灾工况排烟预案进行排烟，控制烟的扩散。受到与火灾位置差异、排风方案等因素影响，各区域的烟气、CO 浓度存在着较大差异，在疏散过程中，人员可能由于吸入大量烟气或 CO 而受伤、窒息甚至死亡。

11.4.3　海底隧道应急疏散优化模型构建

海底隧道的特性和事故情景演变分析决定了其应急疏散不能完全依赖于车辆疏散，而是经历从车辆疏散阶段→人车混合疏散→人员疏散的疏散演变过程。同时，由于海底隧道长度长，为地下局限空间，可充分利用服务隧道、逆向车道、横通道等构成的局部路网。在逃生过程中，由于火灾烟气会对人员产生伤害，应考虑整体最优，即既要保证整体的疏散效率最高（时间、路径最短），又要保证 CO 对人体健康的影响在可接受的范围内。

海底隧道应急疏散优化问题可描述为：在一定规模的疏散人员和车辆下，基于车辆疏散→人车混合疏散→人员疏散的分阶段疏散过程，考虑隧道疏散路网的分布、承载能力、几何结构特性，安排合适的疏散路线，保证疏散人员的伤害在可接受的程度，进行合理的疏散决策与实施，使人员或车辆到达目标疏散区域（通常为隧道口），在满足约束条件限制前提下，使疏散多个目标同时得到满足。疏散优化问题可总结为多目标多阶段疏散总体最优模型构建。

1. 目标函数

$$f(x)=\min f(P_{S_{1-2}}+P_{S_{2-3}}+P_{S_{3-e}}) \tag{11-6}$$

式中 S_{1-2}——车辆疏散阶段；

S_{2-3}——人车混合疏散阶段；

S_{3-e}——人员疏散阶段。

公式表示疏散阶段的最终目标是最小化疏散成本，疏散优化综合效益由三个情景演变阶段效率累加组成。

$$P_{S_{i-j}}=\sum C_{ij} \tag{11-7}$$

式中 $P_{S_{i-j}}$——ij 情景疏散成本；

C_{ij}——疏散情景 i 向 j 演变过程中的人、车疏散成本指数。

表示任意疏散阶段疏散成本，由疏散情景过程中的人车疏散成本指数的累加而成。

2. 约束条件

$$\frac{\sum_{ij\in w} r_{ij}^{k} t_{ij}}{R_z} < 1 \tag{11-8}$$

该约束条件为 w 疏散方案中任意区域的被疏散车辆人员或自由疏散人员 k 累积摄入 CO 值不超过人员 CO 累计伤害阈值 R_z。

$$\frac{Q_{ij}(t)}{C_{ij}t}\leqslant 1 \tag{11-9}$$

式（11-9）所示约束条件为 t 时间路径 ij 上的上的人车应急负荷 $Q_{ij}(t)$ 不超过通行能力 $C_{ij}t$。

海底隧道火灾事故后，环境条件的伤害因素主要为 CO。CO 与血红蛋白（Hb）可逆性结合引起缺氧，一般认为一氧化碳与 Hb 的亲和力比氧与 Hb 的亲和力大 230~270 倍，因此把血液内氧合血红蛋白（HbO_2）中的氧排挤出来，形成一氧化碳血红蛋白 HbCO，又由于 HbCO 的离解比 HbO_2 解离慢 3600 倍，故 HbCO 较 HbO_2 更稳定。HbCO 不仅本身无携带氧的功能，而且还影响 HbO_2 的离解，使组织受双重缺氧作用，最终导致组织缺氧和二氧化碳潴留，产生中毒症状。鉴于 CO 对人体健康的危害性，它被作为隧道内污染物的主要控制对象。隧道 CO 浓度控制的主要影响因素通常包括暴露时间和工况两个指标。

（1）国外隧道内 CO 限值标准

国外隧道内 CO 限值相关标准见表 11-2。

表 11-2 国外隧道内 CO 限值标准

标准发布单位	体积比限值/(cm^3/m^3)	时间
美国地矿局	推荐限值为 400	20 世纪 20 年代
美国环境保护局	公路隧道限值 125	1975 年

（续）

标准发布单位	体积比限值/(cm^3/m^3)	时间
美国联邦公路局和美国国家环保局	最大暴露时间 15min 内限值 120 最大暴露时间 30min 内限值 65 最大暴露时间 60min 内限值 35	1989 年
世界道路协会（PIARC）世界卫生组织	≥200 时，隧道关闭 拥堵状态限值 100 正常运营时间内限值 70 养护作业限值 20	2011 年
美国职业健康与卫生管理局（OSHA）	8h 极权平均限值 55	2011 年
美国工业卫生师协会（ACGIH）	最大暴露时间 15min 内限值 25 特殊状态下阈值漂移上限不超过 3 倍，总接触时间不超过 30min	2012 年

从表 11-2 可以看出，随着社会对职业健康要求的不断提高，隧道内 CO 浓度控制也变得越来越严格。而纵观关于隧道内 CO 限值标准的规定，大多限于正常工作状态或维护状态下的要求，对于隧道应急环境下的 CO 体积比和暴露时间的要求尚未明确。

（2）隧道内人员浓度限值研究

国内外对 CO 伤害的阈值进行了一些相关研究，邓顺熙等通过对某特长隧道建立 CO 浓度设计限值的剂量—反应方程，确定了不同行驶速度下隧道的 CO 浓度设计限值。Bellasion 和 Shinichi 等通过对隧道内的空气质量进行数值分析，获取环境达标的通风量计算模型。Oettl 等提出了隧道口污染物浓度分布的计算模型。Chow 等测定了不同温度下 11 座隧道车内和车外的 CO 浓度，并对照标准评价了各隧道 CO 浓度对人体健康的影响水平。高建平等根据血液中碳氧血红蛋白浓度与暴露时间之间的关系，建立了人车混行和汽车专用隧道 CO 浓度限值模型。从上述分析可知，现有隧道浓度限值的研究，大部分基于隧道内空气质量对于人体健康水平的影响，对于隧道内火灾等事故应急情况下的伤害阈值较少涉及。

（3）海底隧道内应急群体的 CO 伤害阈值

对于海底隧道，受制于水下工程的特性，其应急通风条件通常受到限制。因此，必须考虑 CO 对人体伤害机理、事故情景演变过程、应急通风特性和人员行为特性，基于标准规定的伤害阈值确定海底隧道内应急群体的 CO 伤害阈值。

ACGIH 是由工业卫生师组成的专家协会，致力于职业劳动保护与健康，其发布的职业接触阈限值依据大量科学研究和文献资料确定，具有较强的科学性和影响力，也是美国劳工部职业安卫生管理局相关标准的主要参考依据。鉴于此，海底隧道应急伤害阈值确定以《ACGIH 化学物质阈限值》(2012 版）为标准基础，考虑相关因素作用确定。

在海底隧道应急过程中，由于应急状态下疏散人员的剧烈运动和慌张情绪作用，其单位时间 CO 摄入量较一般工作状态要大得多。医学研究表明，在运动状态下，每次呼吸吸入空气达 2500mL，肺通气量可达静止状态下的 4 倍，为一般工作状态的 2 倍以上。同时，需考虑人员的慌张情绪的叠加影响（负影响），车辆疏散阶段为非运动状态（正影响）。

据《ACGIH 化学物质阈限值》(2012 版)，考虑以上分析要素，计算累计伤害阈值 R_z，则：

$$R_z = R_z^0 \alpha_1 \alpha_2 t_r \tag{11-10}$$

式中 R_z^0——标准 CO 阈值，根据《ACGIH 化学物质阈限值》(2012 版)，则最大暴露时间 15min 内限值 $R_z^0 = 25\text{cm}^3/\text{m}^3$；

α_1——运动系数，与人员运动强度和紧张情绪成反比，当疏散为车辆疏散过程时运动系数较高，而为人员步行疏散时系数较低，取 [0，1]；

α_2——阈值飘移系数，根据《ACGIH 化学物质阈限值》(2012 版)，特殊状态（如事故状态）下阈值漂移上限不超过 3 倍，即取 [0，3]；

t_r——阈值时间系数，根据《ACGIH 化学物质阈限值》(2012 版)，总接触时间不超过 30min，即取 [0，30]。

在不同事故情景下的伤害阈值可以以上述标准为计算方式，根据情景要素进行适当调整。

11.4.4 海底隧道事故动态车辆疏散优化模型

在海底隧道灾害事故情景下的车辆疏散问题，主要是充分利用现有的路网，在其承载能力的范围内，使疏散时间最短，且确保疏散过程中的风险在允许范围内。在路网特征显著的海底隧道内，发生事故后进入应急疏散过程，则根据情景演变首先进入情景 S_{1-2}车辆疏散阶段。在 S_{1-2}疏散阶段，如何在第一时间内将隧道内的车辆清空至 6 个安全出口，同时满足疏散路径上的流量限制要求，避免受高浓度 CO 的长时间影响，合理制定车辆疏散方案，进行时空路径的合理分配，以实现最安全、最有效的车辆疏散是一个急待解决的问题。该问题为典型的多约束的应急疏散组合优化问题。

在海底隧道灾害应急疏散车辆疏散阶段，各路段由于受流量限制与冲突会产生动态变化，静态疏散方案容易由于冲突导致拥堵，影响疏散效率，通过动态的交通流分配优化，可根据疏散演进变化而生成最优方案，保证模型目标实现，同时不致在实际疏散时产生拥塞，更具实用性。

应急疏散过程的动态交通流分配（Dynamic Traffic Assignment，DTA）问题是根据疏散需求点和疏散目标点位置，在可用疏散交通路网环境下，按照确定的优化目标（如疏散时间最短、疏散阻力最小、冲突最少等）确定从疏散点至安全出口的最优化路径，车辆在该路径上按照一定规则行驶；在此基础上，考虑路网内各可用路径的承载能力，合理规划和分配各个路径上的交通流，提高路网的综合使用效率，保证疏散网络的可靠性，降低疏散过程的交通延误，保证疏散过程人员的伤害在限值内，并且使应急疏散综合效益最大化。

1. 目标函数

在车辆疏散情景下，目标函数可描述为使海底隧道疏散过程的总成本最低，可表达为：

$$\min S_{1-2} = \sum_{ij \in w} \int_0^k C_{ij}(x)\,\mathrm{d}x \tag{11-11}$$

式中 w——车辆 x 的疏散路段集合；

k——海底隧道中所需疏散的车辆数；

$C_{ij}(x)$——车辆 x 在疏散路段 ij 上的出行费用。

式（11-1）表达的意义为：应急疏散系统优化问题研究海底隧道区域内总数为 k 的被疏散车辆，对于 x 车辆有疏散方案 W，其个体疏散综合成本为疏散方案 W 执行过程总出行费用，通过求解 k 辆被疏散车辆累积综合成本最低使应急疏散系统整体效益最优。

在海底隧道动态疏散过程中，主要的疏散成本为交通阻抗，其组成为通过固定路径所需的时间与克服路径上流量及变化产生阻抗所需时间，可表达为

$$C_{ij}(x)=\tau_{ij}+t_{ij}^{k} \tag{11-12}$$

式中　τ_{ij}——当前时刻路径（i，s）上的克服路阻函数（车流量）值所需的时间成本；

t_{ij}^{k}——常规状态下车辆通过路径（i，j）所需的时间成本。

2. 约束条件

（1）流量守恒约束

对于任一流量节点，节点流入流量值与流出流量值相等。而在任一节点上的可能产生的新流量，可为流入流量，即为流量守恒约束，可表达为

$$\sum_{a\in A_l}V_a^s(t)+g_l^s(t)=\sum_{b\in B_l}U_a^s(t)\quad(\forall\, l\neq s,s) \tag{11-13}$$

式中　A_l——以节点 l 为目的地的所有路段的集合；

$V_a^s(t)$——车辆在 t 时刻进入路段 a 并以节点 s 作为目的地的车辆流入率；

$g_l^s(t)$——车辆在 t 时刻产生于节点 l 并以节点 s 作为目的地的交通量；

B_l——以节点 l 为出发点的所有路段的集合；

$U_a^s(t)$——车辆在 t 时刻驶入路段 a 并以节点 s 作为目的地的车辆流入率。

如果某个节点 l 是完全的起始节点，在这个节点，没有别的路段的流量进入，那么 $\sum_{a\in A_l}V_a^s(t)=0$。

（2）车流量限制

对于海底隧道可用疏散路网，左线、右线、服务隧道等各可供使用的疏散路段在应急状态下的通行能力存在差异。在应急疏散车流量分配时，需考虑各路段可承受的最大交通流，通常用单位时间内可承载的最大车辆数表示。此时，将路段上的车辆视为静止、连续分布，可承载最大流量即表达为给定时间内某一路段的最大车辆数。当车辆选择是否驶入某路段时，首先要判断该路段的车流量是否已经达到其承载能力的上限，若未达到，则列为可进入路段；若超过上限，则将该路段列为不可选择路段。车流量限制表达式如下：

$$\frac{Q_{ij}(t)}{C_{ij}}\leqslant 1 \tag{11-14}$$

式中　$Q_{ij}(t)$——t 时刻路段（i，j）上的车流量；

C_{ij}——路段 ij 可承载最大流量。

$$Q_{ij}(t)=\sum_{a\in A_l}V_a^s(t)+g_l^s(t)-\sum_{b\in B_l}U_a^s(t) \tag{11-15}$$

（3）交通流分配规则

在疏散过程的动态交通流分配中，必须确定交通流中的车辆分配顺序。Carey 于 1992 年首次提出了动态网络交通流分配的先进先出规则：对于确定路段，进入路段的车辆先后顺序与离开该路段的顺序一致。基于海底隧道应急情景特性，模型选择先进先出规则为基础交通流分配规则。

（4）CO 伤害限制

车辆在路网中行进时，累计所受 CO 伤害值不能超过限制，否则疏散车辆内人员因身体伤害超限，会导致死亡或不可逆伤害，同时导致车辆疏散过程中止或受阻。

$$\frac{\sum_{ij \in w} r_{ij} t_{ij}}{R_z} < 1 \tag{11-16}$$

式中 r_{ij}——路径上人员单位时间 CO 摄入量；

R_z——累积伤害限值。

（5）非负约束

$$\begin{cases} Q_{ij}(t) \geqslant 0 \\ g_l^s(t) \geqslant 0 \\ V_a^s(t) \geqslant 0 \\ U_a^s(t) \geqslant 0 \end{cases}$$

3. 模型算法设计

根据模型的特性，结合海底隧道应急疏散特点，基于蚁群算法进行计算，设计模型算法与步骤。主要改进如下：

（1）禁忌规则

蚁群算法解决 TSP 问题要求每个目标节点必须且只经过一次，且各节点之间都有边相连。使用禁忌表可以很好地加快搜索速度，并避免同一个路径节点经过两次的情况发生。但在海底隧道车辆疏散过程中，各节点间的连接由海底隧道的路网结构决定，若仍然使用禁忌表，搜索过程极易陷入无路可走的境地，即存在蚂蚁找不到出口的情况。因此，在本书算法中引入新的禁忌规则，允许蚂蚁有限制地访问已经过的节点，为每个节点设置访问表，记录该蚂蚁对每个节点的访问次数，规定只有当一前节点的邻接节点未达到规定的访问次数且蚂蚁路径无回路的情况下，将该邻接节点作为该蚂蚁的允许访问节点。

（2）启发式信息

在基本蚁群算法中，仅考虑了两个搜索点间路径长度为蚂蚁转移的期望，比较单一。结合海底隧道应急疏散的特点，改进启发式信息，在车辆疏散过程中，除了考虑各路径长度对于蚂蚁路径选择的影响外，还应考虑蚂蚁与出口距离、路径疏散流量、路径 CO 浓度等因素的影响。

1）出口距离的影响。在海底隧道车辆疏散过程中，存在着多个疏散出口。本例中的海底隧道中，车辆可能疏散出口含左线、右线、服务隧道出入口等，第 n 个疏散对象最终疏散撤离至哪个出口具有不确定性，为使车辆能够快速找到出口，除了基本蚁群算法中将路径行程时间设定为启发式信息外，将车辆与各第 n 个出口的位置距离引入启发式信息，使车辆的搜索更具方向性，加快收敛过程。

2）路径疏散流量的影响。考虑车辆疏散过程中交通流动态属性，在启发式信息中引入流量路阻，适时更新路径流量，诱导车辆向路径流量未超限且相对空闲路段疏散，提高疏散路网的整体效率。

3）CO 浓度的影响。在车辆疏散过程中，致伤度较高的火灾烟雾（如含 CO 的火灾烟雾）会对疏散人员造成伤害，伤害与吸入烟气浓度、吸入量等紧密相关。在车辆疏散过程中，应优先选择 CO 浓度较低的疏散路径，降低人员伤害。

路径（i，j）上的启发式信息定义如下：

$$\eta_{ij}=\frac{1}{Q_{ij}D_{ij}t_{ij}^{k}\min\{d_1,d_2,\cdots,d_k\}} \tag{11-17}$$

式中 i——当前位置节点；

j——i 的邻接可达节点；

k——疏散出口的个数；

D_{ij}——车辆在疏散路径（i，j）上的危险值；

d_k——车辆位置与出口 k 的距离。

4）状态转移规则。为了提高算法的全局搜索能力，引入确定性选择和随机选择相结合的选择策略，并且在最优解的搜索过程中自适应地调整确定性选择的概率。这种选择方式称为伪随机比例状态转移规则，车辆 k 由节点 i 转移到节点 j 的规则如下：

$$j=\begin{cases}\underset{s\in \text{allowed}_k}{\arg\max}\{\tau_{is}\cdot\eta_{is}^{\beta}\} & q\leqslant q_0\\ j & \text{其他}\end{cases} \tag{11-18}$$

式中 $\underset{s\in \text{allowed}_k}{\arg\max}\{\tau_{is}\cdot\eta_{is}^{\beta}\}$ ——可选的下一节点集合中；

$\tau_{is}\cdot\eta_{is}^{\beta}$——结果最大的节点标号；

q——在（0，1）区间内均匀分布的随机数；

q_0——在［0，1］区间的任一给定参数。

j 的取值可以根据下面的公式得出：

$$j=p_{ij}^{k}(t)=\begin{cases}\dfrac{[\tau_{ij}(g)]^{\alpha}[\eta_{ik}(t)]^{\beta}}{\sum\limits_{s\in \text{allowed}_k}[\tau_{is}(g)]^{\alpha}[\eta_{is}(t)]^{\beta}} & j\in \text{allowed}_k\\ 0 & \text{其他}\end{cases} \tag{11-19}$$

式中 η_{is}——边（i，s）的可见度；

α——先验路径的相对重要度；

β——可见度的相对重要度；

g——表示目标节点的车流量。

5）信息素局部更新规则。车辆 k 由节点 i 转移到节点 j 后，边（i，j）上的信息素量按下式进行更新：

$$\tau_{ij}(t+n) = (1-\rho) g\tau_{ij}(t) + \rho\Delta\tau_{ij}(t) \tag{11-20}$$

$$\Delta\tau(i,\ j) = \tau_0 \quad 或 \quad \Delta\tau(i,\ j) = \gamma^{*\max}_{a\in \text{allowed}_k}\tau(i,s) \tag{11-21}$$

式中　ρ——给定参数；

$\tau(i,\ s)$——边（i，s）的信息素量；

$\Delta\tau(i,\ j)$——边（i，j）的信息素增加量；

τ_0——常数。

6）信息素全局更新规则。在每一拨车辆均找到它们各自的最优路径后，将最短路径长度进行比较，找出长度最小的路径轨迹，并仅对这条全局最优路径上的信息素进行更新，具体更新规则如下：

$$\tau(i,j) = (1-\alpha)\tau(i,\ j) + \alpha\Delta\tau(i,\ j) \tag{11-22}$$

$$\Delta\tau(i,\ j) = \begin{cases} 1/\text{Lglobalbest} & (i,\ j) \in \text{bolbal\_best} \\ 0 & 其他 \end{cases} \tag{11-23}$$

全局更新规则可以使搜索过程更具指导性，车辆的搜索集中在就目前为止所找到的最优路径的范围内，提高搜索的效率，其收敛速度由 α 来决定。

4. 车模疏散仿真

以该海底隧道客车自燃事故为例，假设自燃点位于隧道中部 62 号消防箱，于火灾演变至 S_5 情景开始进行车辆疏散，进行车辆疏散优化。

（1）构建简化 OD 表

结合海底隧道路网结构特征，根据模型研究需要，将研究区域抽象映射并简化为疏散网络 $G=(V,\ E,\ f)$。其中 V 为节点集合，包括疏散起点、中间节点和目的地，E 为各节点间的连接边，为疏散路径的抽象；f 是 $V\times V$ 上的一个映射。单条疏散路径由疏散起点、中间节点、目的地和相应连接边组成。

为方便车辆疏散模型运算与求解，构建简化 OD 表，并匹配 CO 探测器所探测的 CO 浓度，如图 11-10 所示。

车辆在疏散阶段，由于人员处于非运动状态，只考虑紧张情绪影响，且为保证应急驾驶指令能够正确执行，取海底隧道应急状态下 CO 吸入量修正系数 $\alpha_1=0.75$，$\alpha_2=2$，$t_r=20\text{min}=1200\text{s}$，则有：

$$R_z = R_z^0\times 0.75\times 1200\times 2 = 25\text{cm}^3/\text{m}^3\times 1200\text{s}\times 2 = 45000\text{cm}^3/\text{m}^3\cdot\text{s} = 45000\times 10^{-6}\text{s}$$

疏散车辆速度常数为 $V_p=18\text{km/h}=5\text{m/s}$；

（2）模拟疏散

根据海底隧道特点，结合前人研究经验，取交通流批次为 10 批，蚁群模型中蚂蚁的数量 $m=30$，最大循环次数 $N_{C_{\max}}=100$；$\alpha=1$；$\beta=1$；$\rho=0.9$。假设隧道内车辆数为 500 辆，原始状态分布如图 11-11a 所示；运行 MATLAB 程序，可得疏散过程分布，如图 11-11b 所示。

疏散车辆路径分布如图 11-12 所示，不同线型代表不同拨次车队路径。

10 拨次车辆疏散信息见表 11-3。

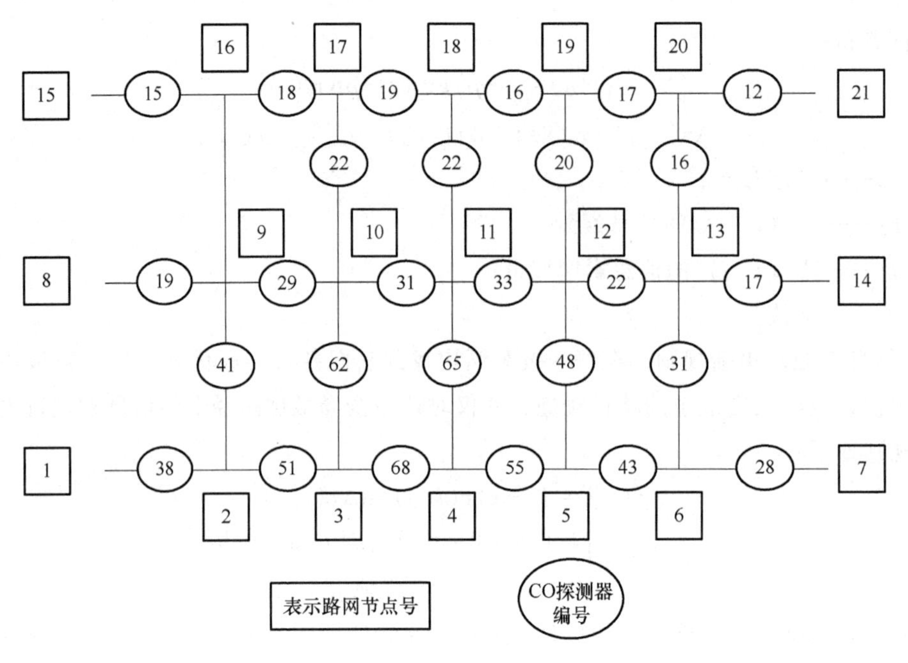

图 11-10　路网 OD 图

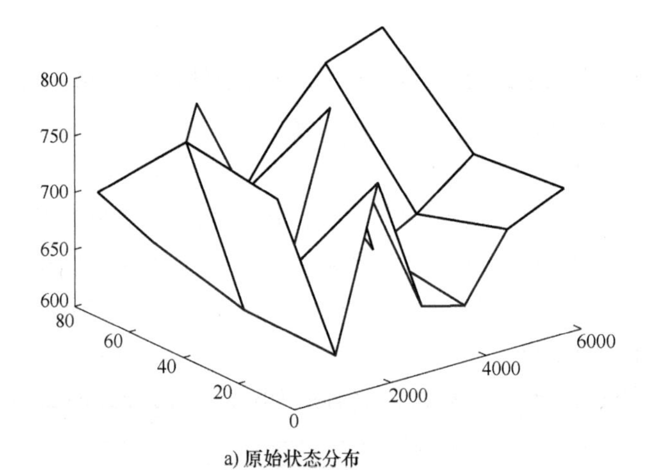

a) 原始状态分布

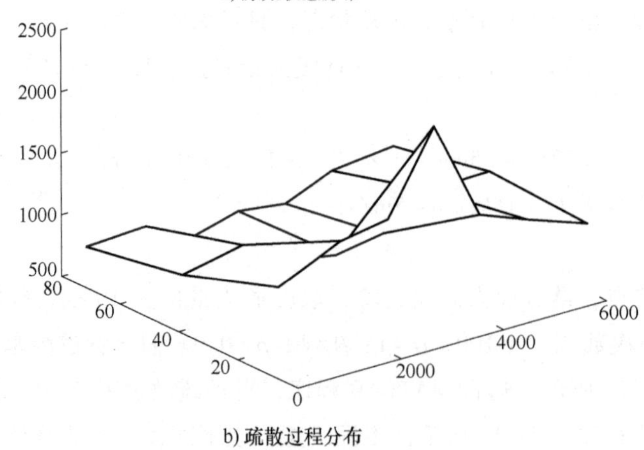

b) 疏散过程分布

图 11-11　车辆分布图对比

表 11-3　车辆疏散信息表

车队序号	车队出口	车辆路径	累加 CO 吸入值	CO 超限调整次数
1	2	4→3→2→9→8	7493.9	270
2	3	4→3→10→9→16→15	7561.8	187
3	2	4→3→2→1→8	4828.9	170
4	5	4→5→6→13→14	7991.3	96
5	5	4→5→6→7→14	7035.7	18
6	6	4→5→12→13→20→21	6782.4	23
7	4	4→5→6→7	6944.8	21
8	2	4→3→2→1→8	4828.9	186
9	1	4→3→2→1	4727.6	199
10	5	4→5→6→13→14	7991.3	11

在疏散过程中，人工蚂蚁共避开 CO 超标路径 1181 次。

（3）结果分析

从模拟结果可以看出，通过动态交通流疏散，车辆在考虑路径和时间最短目标的同时，动态分配不同批次的交通流，保证整体疏散效率，且避免了多车同时拥入同一通道导致拥堵，路网负荷分布合理，满足路网承载的约束条件；在路径设计选择方面，避免累积 CO 摄入值超限，有效避免人员伤害，并保证车辆疏散过程持续进行。

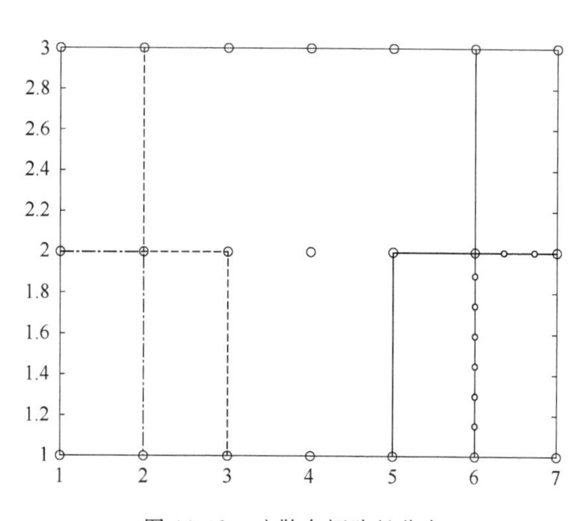

图 11-12　疏散车辆路径分布

复　习　题

1. 简述情景分析法的概念。
2. 简述情景分析法适用于安全的特性。
3. 简述情景分析法在安全领域的应用。

12

第 12 章 系统安全评价

12.1 安全评价概述

安全系统工程认为，在一定条件下，对危险性失去控制或防范不到位，便会导致危险，即事故的发生。为了消除或抑制系统存在的危险性，人们就必须对系统存在的危险性有充分的认识，在充分揭示危险的存在、发生可能性及后果严重程度的基础上，对危险性进行分析评价，分析风险程度，以便提出有针对性的技术措施，保障安全生产。

12.1.1 安全评价的定义

在《安全评价通则》中给出的安全评价的定义是：以实现系统安全为目的，应用安全系统工程原理和方法，辨识与分析工程、系统、生产经营活动中的危险、有害因素，预测发生事故或造成职业危害的可能性及其严重程度，提出科学、合理、可行的安全对策措施建议，做出评价结论的活动。安全评价可针对一个特定的对象，也可针对一定区域范围。

归纳上述要点，可以看出安全评价的实质：用系统科学的理论和方法，对系统的安全性进行预测和分析——辨识危险，先定性，后定量认识危险，寻求最佳的对策，控制事故(危险的控制与处理)，达到系统安全的目的——控制危险性能力的评价。

12.1.2 安全评价的目的

安全评价的目的是评价系统危险的可能性及其后果严重程度，以寻求最低事故率、最少的损失和最优的安全投资效益。通过安全评价，对所评价的系统潜在事故进行定性、定量分析和预测，从根本上避免可能发生危险的技术路线等，提升系统本质安全化程度。通过安全评价，人们可以对系统全生命周期进行系统详细的了解，实现全过程安全管控；可确定系统存在的危险及其分布部位、数目，预测系统发生事故的概率及其严重度，进而提出应采取的安全对策措施等。决策者可以根据评价结果选择系统安全最优方案和进行管理决策。通过对设备、设施或系统在生产过程中的安全性是否符合有关技术标准、规范相关规定的评价，对照技术标准、规范找出存在的问题和不足，实现安全技术和安全管理的标准化、科学化。

12.1.3 安全评价的意义

安全评价的意义在于可有效地预防事故发生，减少财产损失和人员伤亡和伤害。通过安全评价可确认生产经营单位是否具备了安全生产条件，有助于对生产经营单位的安全生产实行宏观控制，有助于安全投资的合理选择，有助于提高生产经营单位的安全管理水平，有助于生产经营单位提高经济效益。

12.2 安全评价的分类

目前我国将安全评价根据工程、系统生命周期和评价的目的分为安全预评价、安全验收评价、安全现状评价。

1. 安全预评价（Safety Assessment Prior to Start）

在建设项目可行性研究阶段、工业园区规划阶段或生产经营活动组织实施之前，根据相关的基础资料，辨识与分析建设项目、工业园区、生产经营活动潜在的危险、有害因素，确定其与安全生产法律法规、标准、行政规章、规范的符合性，预测发生事故的可能性及其严重程度，提出科学、合理、可行的安全对策措施建议，做出安全评价结论的活动。

2. 安全验收评价（Safety Assessment upon Completion）

在建设项目竣工后、正式生产运行前或工业园区建设完成后，通过检查建设项目安全设施与主体工程同时设计、同时施工、同时投入生产和使用的情况或工业园区内的安全设施、设备、装置投入生产和使用的情况，检查安全生产管理措施到位情况，检查安全生产规章制度健全情况，检查事故应急救援预案建立情况，审查确定建设项目、工业园区建设满足安全生产法律、法规、标准、规范要求的符合性，从整体上确定建设项目、工业园区的运行状况和安全管理情况，做出安全验收评价结论的活动。

安全验收评价是为安全验收进行的技术准备，最终形成的安全验收评价报告将作为建设单位向政府安全生产监督管理机构申请建设项目安全验收审批的依据。另外，通过安全验收，还可检查生产经营单位的安全生产保障，确认《安全生产法》的落实情况。

在安全验收评价中，要查看安全预评价在初步设计中的各项安全措施落实的情况，施工过程中的安全监理记录，安全设施调试、运行和检测情况等，以及隐蔽工程等安全落实情况，同时落实各项安全管理制度措施等。

3. 安全现状评价（Safety Assessment in Operation）

针对生产经营活动中、工业园区的事故风险、安全管理等情况，辨识与分析其存在的危险、有害因素，审查确定其与安全生产法律、法规、规章、标准、规范要求的符合性，预测发生事故或造成职业危害的可能性及其严重程度，提出科学、合理、可行的安全对策措施建议，得出安全现状评价结论的活动。

安全现状评价既适用于对一个生产经营单位或一个工业园区的评价，又适用于某一特定的生产方式、生产工艺、生产装置或作业场所的评价。

当前，在具有资质的安全评价机构受托对某个组织或某个项目进行安全评价时，主要是指《安全评价通则》(AQ 8001—2007）中的安全预评价、安全验收评价、安全现状评价。

安全评价的分类方法有很多，除上述分类外，还有一些常用的分类方法。按评价对象系统的阶段分类，可分为事先评价、中间评价、事后评价和跟踪评价；按评价性质分类，可分为系统固有危险性评价、系统安全状况评价和系统现实危险性评价；按评价的内容分类，可分为设计评价、安全管理评价、生产设备安全可靠性评价、行为安全性评价、作业环境评价和重大危险、有害因素危险性评价；按评价对象分类，可分为劳动安全评价和劳动卫生评价；按评价方法的特征分类，可分为定性评价、定量评价和综合评价。

12.3 安全评价的原理和原则

12.3.1 安全评价的原理

在进行安全评价过程中，虽然评价的对象、领域、方法不同，而且被评价系统的特性、属性、特征也千差万别，但安全评价思维方式却有类似之处，从中可归纳出四个基本原理，即相关原理、类推原理、惯性原理和量变到质变原理。

1. 相关原理

一个系统的属性、特征与事故和职业危害存在着因果的相关性，这就是系统因果评价方法的理论基础。

在评价系统中，找出事物在发展过程中的相互关系，利用历史、同类情况的数据等建立起接近真实情况的数学模型，则评价会取得较好的效果，而且越接近真实情况效果越好。

2. 类推原理

类比推理是根据两个或两类对象在某些属性上相同或相似，推出它们的其他属性也相同或相似的一种推理方法。亦即，若两个或两类事物类似（即许多属性相同或类似），当一个或一类事物产生一种事件时（先导事件），那么另一个或另一类事物也有可能产生相同或相似的事件（迟发事件）。两个或两类对象的属性越相同或越相似，则从先导事件来类推迟发事件的可能性也越大，迟发事件与先导事件越相似，类推越精确。

常用的类推方法有平衡推算法、代替推算法、因素推算法、抽样推算法、比例推算法、概率推算法等。

3. 惯性原理

事物的发展会与其过去的行为有所联系，过去的行为不仅影响到现在，还会影响到将来，这表明任何事物的发展都带有一定的延续性，这种延续性称为惯性。例如，从一个企业当前以及过去的安全生产状况、事故统计等资料中找出安全生产与事故发展的变化趋势，可以推测其未来的安全状态。惯性越大，影响越大，反之则影响越小。惯性表现为延续性，如安全投资以过去的安全损失大小为依据，通过合理投资后，未来的安全损失必然降低。

利用事物发展具有惯性这一特征进行评价是有条件的，一般是以系统的稳定性为前提。也就是说，只有在系统稳定时，事物之间的内在联系及基本特征才有可能延续下去。但是，由于生产环境非常复杂，系统的安全又易受各种偶然因素的影响，绝对稳定的系统是不存在的。一般只在认为系统处于相对稳定状态，或者评价对象处于相对稳定阶段的情况下，才应用惯性原理去进行评价。而且，即使在这种条件下，系统的发展也不会是历史的重复，而只是保持其基本的发展趋势。这样，在系统的发展保持大方向不变的同时，还有可能发生与过去不完全一致的现象，即发生偏离。因此，在应用惯性原理进行评价时，一方面要抓住惯性发展的主要环节，另一方面要研究可能出现的偏离现象及偏离程度，并做出适当的修正，才能使评价结论更符合发展的实际结果。

4. 量变到质变原理

任何一个事物在发展变化过程中都存在着从量变到质变的规律。同样，在一个系统中，许多有关安全和卫生的因素也都存在着量变到质变的规律。因此，在进行安全评价时，考虑各种危险、有害因素对人体的危害，以及对采用的评价方法进行等级划分时，均需要应用从量变到质变的原理。

上述原理是人们经过长期研究和实践总结出来的。在实际评价工作中，人们综合应用这些基本原理指导安全评价，并创造出各种评价方法，进一步在各个领域中加以运用。

掌握评价的基本原理可以建立正确的思维程序，对于评价人员开拓思路、合理选择和灵活运用评价方法都是十分必要的。由于世界上没有一成不变的事物，评价对象的发展不是过去状态的简单延续，评价的事件也不会是类似事件的机械再现，相似不等于相同，因此在评价过程中，还应对客观情况进行具体细致的分析，以提高评价结果的准确程度。

12.3.2　安全评价的原则

安全评价是关系被评价项目能否符合国家规定的安全标准，能否保障劳动者安全与健康的关键性工作。由于这项工作不但具有较复杂的技术性，而且还有很强的政策性，因此，必须以被评价项目的具体情况为基础，以国家安全法规及有关技术标准为依据，抱着严肃的科学态度，认真负责、全面仔细地深入开展和完成评价任务。在工作中必须自始至终遵循合法性、科学性、公正性和针对性原则。

1. 合法性

安全评价是国家以法规形式确定下来的一种安全管理制度，安全评价机构和评价人员必须由国家应急管理部门予以资质核准和资格注册，只有取得了认可的单位才能依法进行安全评价工作。政策、法规、标准是安全评价的依据，政策性是安全评价工作的灵魂。所以，承担安全评价工作的单位必须在国家应急管理部门的指导、监督下严格执行国家及地方颁布的有关安全的方针、政策、法规和标准等。在具体评价过程中，全面、仔细、深入地剖析评价项目或生产经营单位在执行产业政策、安全生产和劳动保护政策等方面存在的问题，并且在评价过程中主动接受国家应急管理部门的指导、监督和检查，力争为项目决策、设计和安全运行提出符合政策、法规、标准要求的评价结论和建议，为安全生产监督管理提供科学依据。

2. 科学性

安全评价涉及学科范围广，影响因素复杂多变。安全预评价在实现项目的本质安全上有预测、预防性；安全现状综合评价在整个项目上具有全面的现实性；安全验收评价在项目的可行性上具有较强的客观性；专项安全评价在技术上具有较高的针对性。为保证安全评价能准确地反映被评价项目的客观实际和结论的正确性，在开展安全评价的全过程中，必须依据科学的方法和程序，以严谨的科学态度全面、准确、客观地进行工作，提出科学的对策措施，得出科学的结论。

危险、有害因素产生危险、危害后果需要一定条件和触发因素，要根据内在的客观规律分析危险、有害因素的种类、程度，产生的原因及出现危险、危害的条件及其后果，才能为安全评价提供可靠的依据。

现有的评价方法均有其局限性。评价人员应全面、仔细、科学地分析各种评价方法的原理、特点、适用范围和使用条件，必要时，还应用几种评价方法进行评价，进行分析综合、互为补充、互相验证，提高评价的准确性，避免局限和失真；评价时，切忌生搬硬套、主观臆断、以偏概全。

从收集资料、调查分析、筛选评价因子、测试取样、数据处理、模式计算和权重值的给定、提出对策措施，直至得出评价结论与建议等，每个环节都必须严守科学态度，用科学的方法和可靠的数据，按科学的工作程序一丝不苟地完成各项工作，努力在最大程度上保证评价结论的正确性和对策措施的合理性、可行性和可靠性。

受一系列不确定因素的影响，安全评价在一定程度上存在误差。评价结果的准确性直接影响到决策是否正确，安全设计是否完善，运行是否安全、可靠。因此，对评价结果进行验证十分重要。为不断提高安全评价的准确性，评价单位应有计划、有步骤地对同类装置、国内外的安全生产经验、相关事故案例和预防措施以及评价后的实际运行情况进行考察、分析、验证，利用建设项目建成后的事后评价进行验证，并运用统计方法对评价误差进行统计和分析，以便改进原有的评价方法和修正评价的参数，不断提高评价的准确性和科学性。

3. 公正性

评价结论是评价项目的决策依据、设计依据、能否安全运行的依据，也是国家应急管理部门在进行安全监督管理的执法依据。因此，对于安全评价的每一项工作都要做到客观和公正，既要防止受评价人员主观因素的影响，又要排除外界因素的干扰，避免出现不合理、不公正的情况。

评价的正确与否直接涉及被评价项目能否安全运行；国家财产和声誉会不会受到破坏和影响；被评价单位的财产会不会受到损失，生产能否正常进行；周围单位及居民会不会受到影响；被评价单位职工乃至周围居民的安全和健康。因此，评价单位和评价人员必须严肃、认真、实事求是地进行公正的评价。

安全评价有时会涉及一些部门、集团、个人的某些利益。因此，在评价时，必须以国家和劳动者的总体利益为重，要充分考虑劳动者在劳动过程中的安全与健康，要依据有关标准、法规和经济技术的可行性提出明确的要求和建议。评价结论和建议不能模棱两可、含糊其辞。

4. 针对性

进行安全评价时，首先应针对被评价项目的实际情况和特征，收集有关资料，对系统进行全面的分析；其次要对众多的危险、有害因素及单元进行筛选，针对主要的危险、有害因素及重要单元应进行重点评价，并辅以重大事故后果和典型案例进行分析、评价，由于各类评价方法都有特定适用范围和使用条件，要有针对性地选用评价方法；最后要从实际的经济、技术条件出发，提出有针对性的、操作性强的对策措施，对被评价项目做出客观、公正的评价结论。

12.4 安全评价的内容、指标、要素及程序

12.4.1 安全评价的内容

根据安全评价的定义，可归纳出安全评价内容，如图 12-1 所示。安全评价包括危险性确认和危险性评价两部分。其中，危险有害辨识至关重要，需全面、透彻地找出系统中的危险有害因素，还需关注系统危险性变化和引入的新危险，是危险性确认的关键环节。对于危险性的大小，应尽量给出量的概念，以便进行横向比较，这就需要进行危险性定量评价，明确事故发生概率的大小及后果的严重度，这是危险性确认的重要组成部分。为了客观衡量危险性，需要一个标准，这就是安全指标，或是标准规范确定的安全指标。把反复校验过的危险性定量结果和安全指标（评价标准）进行比较，界限值以内即认为是安全的，界限值以外则必须采取措施，降低危险性或消除危险源，并根据反馈信息进行再评价。

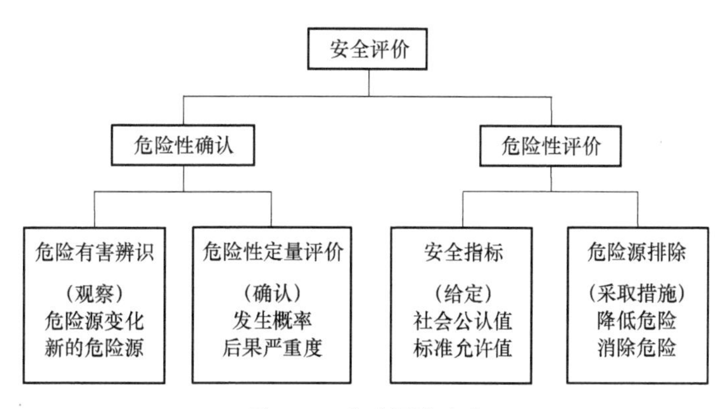

图 12-1 安全评价内容

12.4.2 安全指标

安全指标也称为风险指标（下简称指标）或判别准则，其目标值是用来衡量系统风险大小以及危险、危害性是否可接受的尺度。无论是定性评价，还是定量评价，若没有指标，

评价者将无法判定系统的危险和危害性是高还是低，是否达到了可接受的程度，以及改善到什么程度系统的安全水平才可以接受，定性、定量评价也就失去了意义。

常用的指标有安全系数、失效概率等。例如，人们熟悉的安全指标有事故频率、财产损失率和死亡率等。

在判别指标中，特别值得说明的是风险的可接受指标。世界上没有绝对的安全，所谓安全就是事故风险达到了合理可行并尽可能低的程度。减少风险是要付出代价的，无论减少危险发生的概率还是采取防范措施使可能造成的损失降到最小，都要投入资金、技术和劳务。通常的做法是将风险限定在合理、可接受的水平上。例如，美国根据交通事故的统计资料，得出小汽车的年交通死亡率为 2.5×10^{-4}，这就意味着每 10 万美国人因乘坐小汽车每年有 25 人死亡的风险率，但是美国人没有因害怕这个风险而放弃使用小汽车，说明这个风险能够被美国社会所接受，所以这个风险率就可以作为美国人使用小汽车作交通工具的安全标准。

因此，在安全评价中不是以危险性、危害性为零作为可接受标准，而是以合理的、可接受的指标作为可接受标准。指标不是随意规定的，而是根据具体的经济、技术情况和对危险、危害后果、危险、危害发生的可能性（概率、频率）和安全投资水平进行综合分析、归纳和优化，通常依据统计数据，有时也依据相关标准，制定出的一系列有针对性的危险危害等级、指数，以此作为要实现的目标值，即可接受风险。

可接受风险是指在规定的性能、时间和成本范围内达到的最佳可接受风险程度。显然，可接受风险指标不是一成不变的，它随着人们对危险根源的深入了解、技术的进步和经济综合实力的提高而变化。需要指出，风险可接受并非说我们就放弃对这类风险的管理，因为低风险随时间和环境条件的变化有可能升级为重大风险，所以应不断进行控制，使风险始终处于可接受范围内。

随着与国际并轨的需要，在安全评价中经常采用一些国外的定量评价方法，其指标反映了评价方法制定国（或公司）的经济、技术和安全水平，一般是比较先进的，采用时必须考虑二者之间的具体差异，进行必要的修正，否则会得出不符合实际情况的评价结果。

12.4.3 安全评价要素

安全评价要素是安全评价工作中首先需要确定的一个重要内容，其重要性直接关系到评价结果的准确性，故应予以重视。一般而言，评价要素的确定应采用系统工程的理论和方法，对系统中的人、机、环境各子系统及其相互间的关系进行研究分析得到。图 12-2 为某新建工厂安全评价要素示意图，从图可见，首先确立系统的评价总目标，然后对人、机、环境各子系统逐一分解，再根据相关原理，由上往下（或由左往右），给出功能层次，对于往下层次（单项评价要素），尚需围绕结构的核心掌握好整体性再做进一步的确定。

12.4.4 安全评价的程序

《安全评价通则》(AQ 8001—2007) 对安全评价的程序进行了规范，安全评价过程主要

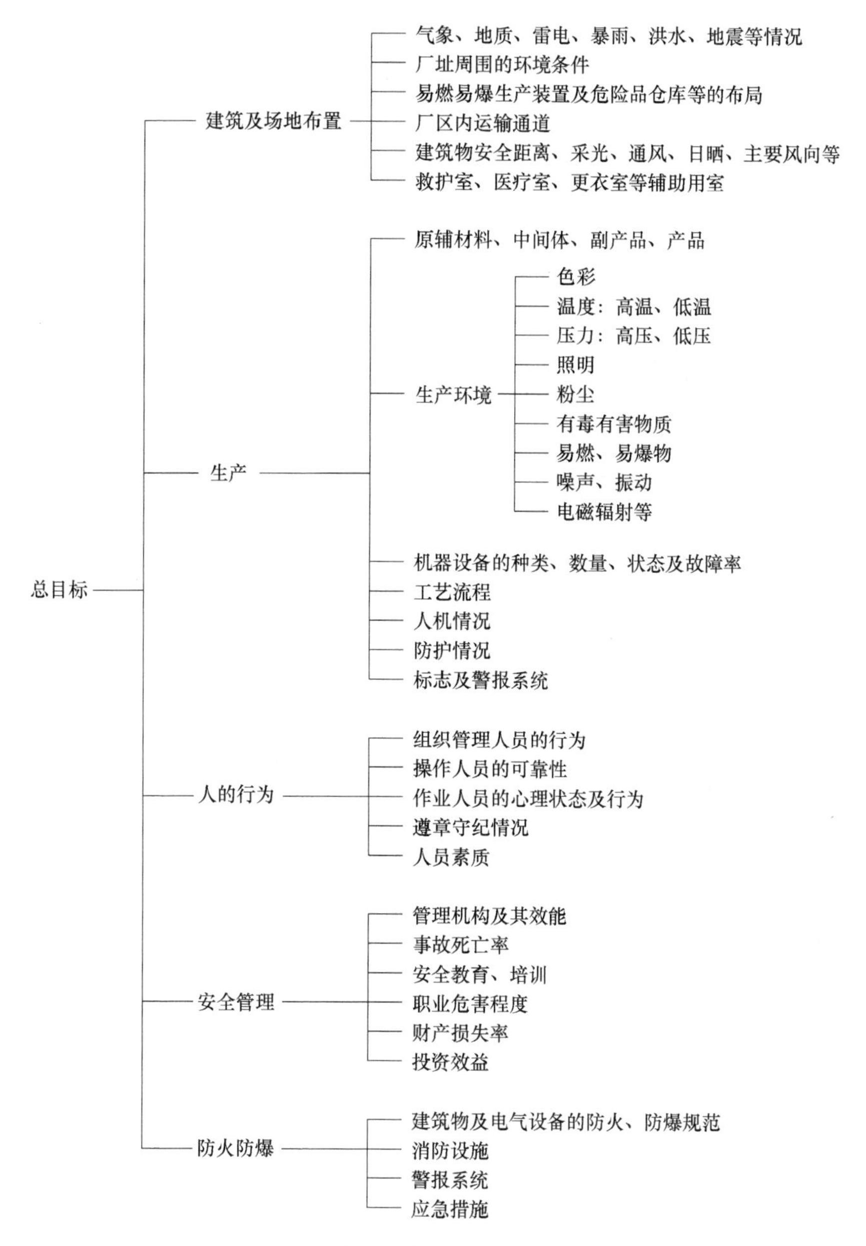

图 12-2 某新建工厂安全评价要素示意图

包括前期准备，辨识与分析危险、危害因素，划分评价单元，定性、定量评价，提出安全对策措建议，得出评价结论等几个部分，如图 12-3 所示。

1. 前期准备

明确评价对象和范围，组建评价组，掌握评价项目概况，收集国内外相关法律法规、标准、规章、规范等资料，制定评价工作计划和方案。

2. 危险有害因素辨识

危险辨识是指找出可能引发事故导致不良后果的材料、系统、生产过程或场所的特征。

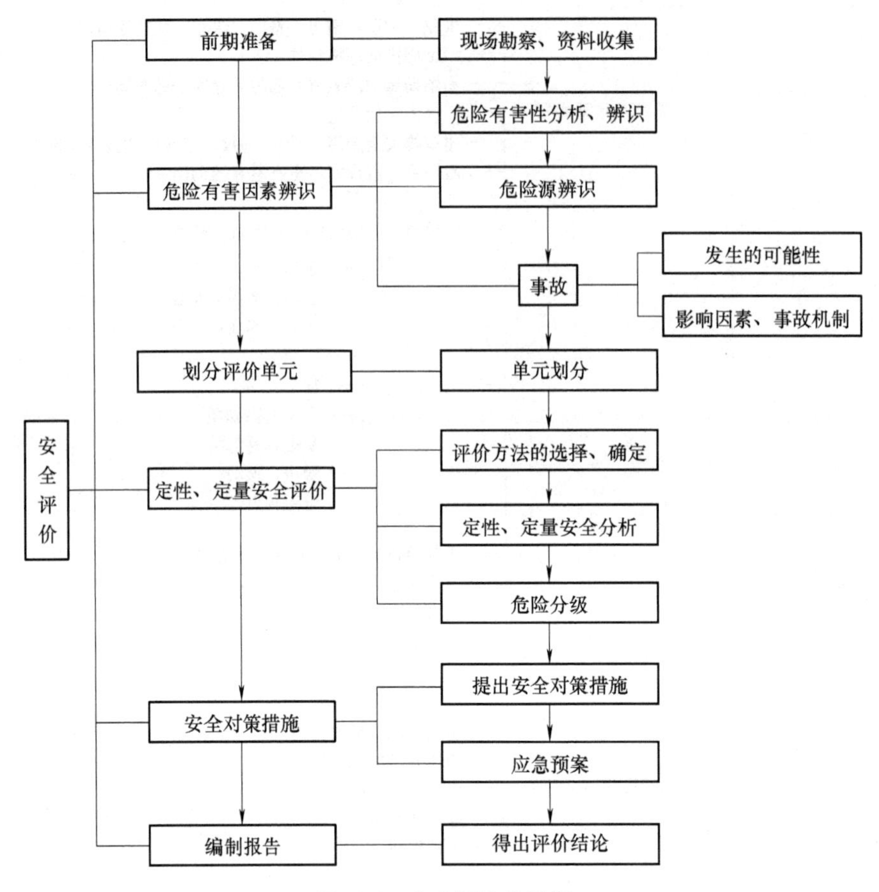

图 12-3　安全评价的程序

确定危险、有害因素的内容、性质、范围、条件、分布、伤害方式等，进而确定主要的危险有害因素和确定重大危险、危害因素。

3. 划分评价单元

为便于评价工作进行，提高安全评价的准确性，合理、有序开展安全评价，应进行安全评价单元的划分。评价单元的划分应遵循科学、合理、便于实施评价、相对独立且具有明显的特征界限原则。

4. 定性、定量安全评价

根据每个评价单元的评价内容和评价目的，合理选择安全评价方法，对评价对象发生事故的可能性及其后果严重程度进行定性、定量评价，并得出明确结论。

5. 提出安全对策措施

依据危险有害因素辨识结果与定性、定量评价结果，遵循针对性、技术可行性、经济合理性的原则，提出消除、降低风险的技术和管理对策措施建议，并将风险控制在可接受范围；对策措施建议应具体翔实、具有可操作性。

6. 得出安全评价结论

应根据客观、公正、真实的原则，严谨、明确地得出安全评价结论。安全评价结论的内容应包括高度概括评价结果，从风险管理角度给出评价对象在评价时与国家有关安全生产的法律法规、标准、规章、规范的符合性结论，给出事故发生的可能性和严重程度的预测性结论，以及采取安全对策措施后的安全状态等。

12.5 安全评价方法

当前，在国内外已经提出并应用的安全评价方法不下几十种，这些安全评价方法都有其适用条件和范围，在安全评价中合理选择一种或多种评价方法十分重要。根据安全评价的对象和目的不同，可以采用各种不同的方法开展安全评价工作。具体系统安全评价工作中，应合理设计（或选用）恰当的安全评价方法，即采用定性安全评价、定量安全评价，或定性与定量相结合的系列（或综合）安全评价方法，对具体对象开展安全评价，以客观、真实地评定其实际安全状况，为事故预防和风险控制提供准确、可靠的依据。定性安全评价与定量安全评价是安全评价方法设计和应用的基础，本节对它们的基本情况做介绍。

12.5.1 安全评价方法分类及其特点

1. 定性安全评价方法

定性评价是最基本、也是目前应用最广泛的安全评价方法。定性安全评价方法主要是借助于对事物的经验知识及其发展变化规律的了解，根据经验和直观判断，对生产系统的工艺、设备、设施、环境、人员和管理等方面的状况进行科学的定性分析、判断的一类方法。因此，定性安全评价的方法是定性的，评价结果也是一些定性的指标，如是否达到了某项安全标准、某类事故发生的可能性、安全性（危险性）的大小，以及安全程度（危险程度）的等级划分等。

定性安全评价可以按次序揭示系统、子系统中存在的所有危险，并能大致按重要程度对危险性进行分类，以便区别轻重缓急，采取适当的措施控制事故。同时，定性安全评价的结果还可以为定量安全评价做好准备。

安全系统工程中的各种定性系统安全分析方法，均可进行安全评价工作，均属于定性安全评价方法。常用定性安全评价方法有安全检查表、故障假设分析法、预先危险性分析、故障类型和影响分析、危险与可操作性研究、作业危害分析、蝶形图分析等。

2. 定量安全评价方法

通过安全评价，查明系统中存在的危险性，并对危险性进行定量化处理，为评价提供数量依据及结果，即为定量安全评价。

定量安全评价方法是运用基于大量试验结果和广泛统计资料分析获得的指标或规律（数学模型），对生产系统的工艺、设备、设施、环境、人员和管理等方面的状况，按照有关标准，应用科学的方法构造和解算数学模型，进行定量评价的一类方法。评价结果是一些定量的指标，如事故发生的概率、风险率、事故的伤害（或破坏）范围、定量的危险等级、事故致因因素的关联度或重要度等。

各种定量系统安全分析方法（如事故树分析、事件树分析、因果分析、致命度分析等）均可进行定量安全评价工作，均属于定量安全评价方法。常用定量安全评价方法有事故树分析，事件树分析，因果分析，致命度分析，马尔科夫过程分析，管理失误与风险树分析，道化学公司火灾、爆炸指数评价法，化工企业六阶段安全评价法，重大危险源评价法，风险矩阵法，作业条件危险性评价法（LEC），保护层分析法，模糊数学综合评价法，人员可靠性分析法等。

定量安全评价方法主要划分为概率安全评价法和危险指数评价法两种类型，也代表了定量安全评价两个主要发展趋势。

（1）概率安全评价法

概率安全评价法是以可靠性、安全性为基础，对系统运行各个水平上的损害及不期望后果进行辨识和定量分析，计算和预测事故发生概率，做出定量评价结果的方法，也称为概率风险评价或概率风险分析。

概率风险评价方法的具体做法是，采用合理、有效方法（事故树分析法、事件树分析法等）计算出事故的发生概率，进而计算出风险率，并和社会允许的风险率数值（即安全指标）进行比较，确定被评价系统的安全状况。

概率风险评价是定量风险评价方法的典型代表。定量风险评价是对某一设施或作业活动中事故发生频率和后果进行定量分析，并与风险可接受标准进行比较的系统方法。可以看出，概率风险评价（PRA）和定量风险评价（QRA）在处理问题思路和出发点等方面本质上是一致的。因此，许多学者认为两者基本相同。当然，一般说来，PRA 主要围绕事故概率进行研究、评价，QRA 处理问题则更为宽泛。

上述定量安全评价方法中，事故树分析、事件树分析、因果分析、致命度分析、马尔科夫过程分析、管理失误与风险树分析等属于概率风险评价方法。这类方法的评价精度较高，但需要足够的基础数据，且需要一定的数学基础，有时需要做较为复杂的数学计算，所以该方法比较复杂也较难掌握。

（2）危险指数评价法

危险指数评价法简称指数法或评分法，是通过评价物质、操作等状况，评定、计算危险（安全）分数，综合确定危险等级的安全评价方法。道（Dow）化学公司火灾、爆炸指数评价法，化工企业六阶段安全评价法，英国 ICI 公司蒙德（Mond）火灾、爆炸、毒性指数评价法等，都属于危险指数评价法。这类方法计算简单，使用起来比较容易，但评价精度稍差。

另外，定量安全评价方法也可以按照评价得出的定量结果的类别，划分为概率风险评价法、伤害（或破坏）范围评价法和危险指数评价法。伤害（或破坏）范围评价法是根据事故的数学模型，计算事故对人员的伤害范围或对物体的破坏范围的安全评价方法。常用的伤害（或破坏）范围评价法有液体泄漏模型、气体泄漏模型、两相流动泄漏模型、毒物泄漏扩散模型、液体扩散模型、喷射扩散模型、绝热扩散模型、池火火焰与辐射强度评价模型、喷射火伤害模型等。

3. 综合评价法

实际安全评价工作中，根据评价对象和评价的深度、广度要求，经常将两种或数种不同的安全评价方法结合应用，以使安全评价工作更加完善。这样的安全评价方法也称为综合评价法，是把定性方法和定量方法综合在一起应用于安全评价，有时则是两种以上定量评价方法的综合应用，如安全检查表法同指数法相结合、指数法同概率风险评价法相结合等。由于各种评价方法都有其适用范围和局限性，所以综合应用几种评价方法就会取长补短，提高评价结果的精度和可靠性。

4. 主要安全评价方法的特点

不同类型的企业由于涉及的物质、生产工艺、设备和设施不同，因此它们的安全生产具有不同的特点，存在不同的危险、有害因素，其事故类型和事故模式也不尽相同，很难使用同一种安全评价方法完成评价任务。为此，需要根据企业安全生产的特点，采用合适的安全评价方法，甚至是多种方法的组合，相互弥补、相互验证进行评价。部分安全评价方法简介列于表 12-1 中，可参考选用。

12.5.2 安全评价方法选择的原则

在进行安全评价时，应该在认真分析并熟悉被评价系统的前提下，选择安全评价方法。选择安全评价方法应遵循充分性、适应性、系统性、针对性和合理性原则。

1. 充分性原则

充分性是指在选择安全评价方法之前，应该充分分析并熟悉被评价系统的内容及构成特点，掌握足够多的安全评价方法，并充分了解各种安全评价方法的优缺点、适用条件和范围，准备好充分的资料，供选择评价方法时参考和使用。

2. 适应性原则

适应性是指选择的安全评价方法应该适应被评价系统。被评价系统可能是由多个子系统构成的复杂系统，各子系统评价的特点可能有所不同，应该根据系统和子系统、工艺、装置的特点，选择与之相适应的安全评价方法。

3. 系统性原则

系统性是指安全评价方法与被评价系统的初值和边值条件应互相协调一致，即可信的安全评价结果必须建立在真实、合理和系统的基础数据之上，被评价的系统应该能够提供所需的系统化的数据和资料。

4. 针对性原则

针对性是指所选择的安全评价方法应该能够提供所需的针对性强、准确性高的评价结果。由于评价的目的不同，需要安全评价提供的结果可能是危险危害因素识别、事故发生的原因、事故发生概率、事故后果或系统的危险性等。只有安全评价方法能够给出所要求的结果时，该方法才能被选用。

表 12-1　部分安全评价方法简介

名称	评价目的	适用范围	编制和使用方法	资料准备	特点
安全检查表	检查系统是否符合标准要求	从设计、建设一直到生产各个阶段	有经验和专业知识的人员协同编制，经常使用	有关规范标准	定性，辨识危险性并使系统保持与标准一致，能做到标准化和规范化，但检查表的质量易受编制人员的知识水平和经验影响
专家现场询问观察法	检查是否达到安全要求、危险程度分级、事故类别、危险有害因素	从设计、建设一直到生产各个阶段	专家根据经验和知识直观判断，定性分析	系统设备资料、标准规范等	定性，易理解，过程简单，便于掌握，但依赖于专家知识和经验
因果图分析法	找出造成失效原因的各种因素	表现为失效或异常的现象	从导致失效的原因入手找失效原因的各种因素	设施、设备的数据、失效的资料	定性
工作任务分析法	识别工作现场有关危险源	工作现场	对施工现场工作的任务进行分析，找出所涉及的危害，进而识别有关的危险源	工作方法、现场机械设备、工艺工序资料	定性，受识别人员经验和知识影响较大
预先危险性分析	开发阶段，早期辨识出危险性，避免走弯路	开发时分析原材料、工艺、主要设备设施以及能量失控时出现的危险性	分析原料、装置等发生危险的可能性及后果，按规定表格填入	物质特性数据、危险性表、设备说明书	把分析工作做在行动之前，得出供设计考虑的危险性一览表，避免由于考虑不周而造成损失
如果……怎么办	设想出危险性及其处理措施	研究、设计、建设、维修、操作的开发阶段或更新改造时	提出设想的问题，可在现场询问操作者	工艺流程操作规程	定性，找出减少危险性的方法
故障类型和影响分析	辨识单个故障类型造成的事故后果	主要用于设备和机器故障的分析，也可用于连续生产工艺、设备设计和预防性维修等环节	将系统分解，求出零部件发生各种故障类型时，对系统或子系统产生的影响	系统和子系统的工作原理图、示意图、操作、设备表、说明书	以功能为中心，以逻辑推理为重点的分析方法，定性并可进一步定量，找出故障类型对系统的影响

事故树分析	找出事故发生的基本原因和基本原因组合	分析事故或设想事故	由顶上事件用逻辑推导，逐步推出基本原因事件	有关生产工艺及设备性能资料、故障率数据	图形演绎方法，由果分因，可定性也可定量，能发现事故发生的基本原因和防止事故的可能措施
事件树分析	辨识初始事件发展成为事故的各种过程及后果	设计时找出适用的安全装置，操作时发现设备故障及误操作将导致的事故	各事件发展阶段均有成功和失败两种可能，由初始事件经过各事件、阶段，一直分析出事件发展的最后各种结果	有关初始事件和各种安全措施的知识	归纳法，可定性也可定量，找出初始事件发展的各种结果，分析其严重性，可在各发展阶段采取措施使之朝正确方向发展
作业条件危险性分析法	确定危险有害因素危险等级	各类生产作业条件	按规定对系统的事故发生可能性、人员暴露状况、危险程序赋分，计算后评定危险性等级	系统及各因素工作原理、参数等	定性，简便、实用，受分析评价人员主观因素影响
危险与可操作性研究（HAZOP）	查明装置、工艺参数及控制操作可能出现的偏差，分析原因和后果，找出对策	新建项目、在役装置，尤其适应于化工装置设计审查和运行中的危险性分析	以关键词为引导，找出过程中工艺状态的变化（即偏差），然后分析找出偏差的原因、后果及可采取的对策	工艺流程图、操作规程、仪表控制图、逻辑图、设备制造手册	定性，研究的侧重点是工艺部分或操作步骤，需要由一个多方面专业的、熟练的人组成小组来完成
原因-结果分析	辨识事故的可能结果及其原因	设计、操作时	综合应用事件树和事故树的技术进行分析	系统装置、设备说明，紧急处理程序及安全措施	定性及定量
指数评价法（Dow法、Mond法）	对工厂、车间、生产、工艺、单元进行危险度分级	设计时找出薄弱环节，生产时提供危险性信息	按规定方法求出火灾爆炸指数、毒性指标及各种附加系数、补偿系数，最后计算出危险度等级及经济损失	物质特性数据、工艺流程、操作条件等	定性及定量，可定出工厂、车间、生产、工艺、单元危险度等级

（续）

名称	评价目的	适用范围	编制和使用方法	资料准备	特点
日本劳动省化工企业六阶段安全评价法	采用定性与定量结合，层层筛选的方式识别、分析、评价化工企业的危险性，并采取措施修改设计，消除危险	它是一种周到的评价方法，除化工厂外，还可以用于其他行业的安全评价	综合应用安全检查表、定量危险性评价、事故信息评价、故障树分析以及事件树分析等方法，分成六个阶段采取逐步深入评价	建厂条件，原料和产品的物化性质，有关法规标准，反应过程，制造工程概要，流程图，流程机械表，配管、仪表系统图，安全设备种类及设置地点，运转要点，人员配置图，安全教育训练计划等其他有关资料	综合运用检查表、基准局法、定量评价法、类比法、事故树、事件树反复评价，准确性高，但工作量大
风险矩阵评价法	确定关键工艺装置或风险区域风险量	分析项目潜在的风险，也可分析采取某种方法的潜在风险	选择关键工艺装置或风险区域，评定系统风险的规模和属性	风险的基准标准，项目的数据资料	定量，简单易掌握，考虑到严重度和故障概率，以风险矩阵反映风险
单元危险性快速排序法	危险性等级	生产、储存、处理燃爆、化学活泼性、有毒物质的工艺过程及其他有关工艺系统	划分单元，确定物质和毒性系数，计算工艺危险系数和火灾爆炸指数，确定危险等级	物质特性数据、工艺流程、操作条件等	是 Dow 法的简化方法，简捷方便、易于推广
人的因素分析	辨识可能的失误和原因及其影响	设计和操作时	观察操作者失误行为，分析其可能产生的后果	操作法、控制盘布置及各种安全系统	定性，找出正常时或紧急时人的误操作类型以改进设备、控制盘等的人机工程特性
数学模型计算	计算出火灾、爆炸、中毒后果可能伤害、破坏范围	设计和现场	按照数学模型计算	物质特性参数	定量，可算出人员伤害和财产损失的范围
模糊综合安全评价	安全等级	各类生产作业条件	利用模糊矩阵运算的科学方法，对于多个子系统和多因素进行综合评价	各因素参数，系统、子系统和各因素原理的资料	简便、实用，受分析评价人员主观因素影响

5. 合理性原则

在满足安全评价目的、能够提供所需的安全评价结果的前提下，应该选择计算过程最简单、所需基础数据最少和最容易获取的安全评价方法，使安全评价工作量和要获得的评价结果都是合理的，不要使安全评价出现无用的工作和不必要的麻烦。

12.5.3 常用的系统安全评价方法

1. 故障假设/检查表分析

（1）故障假设/检查表分析的原理

故障假设/检查表分析是由具有创造性的假设分析方法与安全检查表分析方法相结合而成的方法，该方法弥补了单独使用时各自方法的不足。其目的在于识别潜在危险，考虑工艺或活动中可能发生事故的类型，定性评价事故的可能后果，确定现有的安全设施是否能够防止潜在事故发生。通常，评价人员还应提出降低或消除工艺操作危险的措施。

（2）故障假设/检查表分析的基本内容

评价小组应用安全检查表分析法编制检查表，用故障假设分析法辅助分析潜在的事故和后果，这样做弥补了检查表编制时可能存在的经验不足，同时检查表把故障假设分析方法更系统化。通常结果是编制一张潜在事故类型、影响、安全措施及响应对策的表格。

（3）故障假设/检查表分析步骤及要点

故障假设/检查表分析步骤如图 12-4 所示，其具体过程如下：

1）分析的准备。分析前，应对分析的项目情况进行简单介绍，同时收集分析所需的技术资料。需要准备的资料包括重点装置图、设计说明书、工艺流程图、操作程序和操作记录、维修程序和维修记录、以往的危险分析报告、装置所有工艺物料的危险性数据、装置布置图、相关法规标准、以往事故记录等。评价小组应由评价负责人员、工艺工程师、安全人员、相关专家组成。

2）分析的实施。分析之前，分析人员到访问现场，并对现场的情况进行检查，制定安全检查表。之后，以会议形式进行分析。评价小组成员都提出问题和回答问题，将所有的问题都记录下来，然后将问题分门别类，直到小组没有其他问题或要回答的疑问涉及以前相同的情况时才结束。

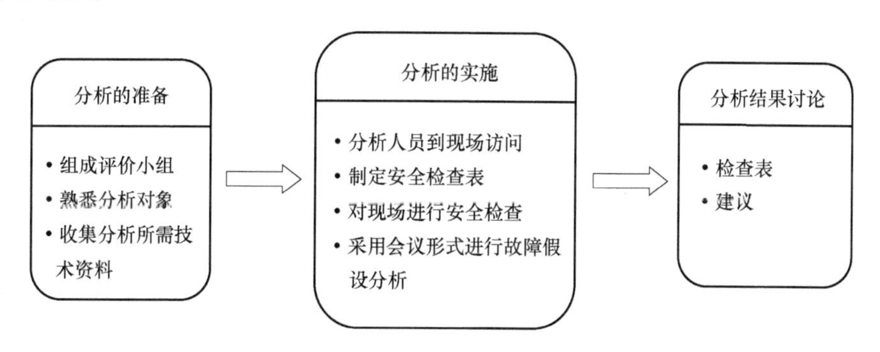

图 12-4 故障假设/检查表分析步骤

3）分析结果讨论。故障假设和检查表分析结果包括检查表项目、建议表。建议表由评价小组负责人根据分析记录完成。可以只记录那些分析组建议进行修改的地方。在分析报告中所有的检查表项目、故障假设问题都要进行分析。

大多数情况下，使用故障假设/检查表分析方法时，要求评价人员熟悉工艺设计、操作、维护及工艺过程有关的资料。完成这项工作所需的人数取决于工艺的复杂程度，在某种程度上，取决于被评价工艺所处的阶段（例如设计、运行等）。一般需要的评价人数和会议时间比 HAZOP 分析方法少。

2. 原因-后果分析方法

（1）概述

原因-后果分析（Cause Consequence Analysis，CCA）方法是把事件树“顺推”特点和故障树“逆推”特点融为一体的方法，该方法表示了事故与众多可能的基本事件的关系。其优点是采用了一个简单的模型，从两个方面展开的图解法，向前的是事件的结果，向后的是事件的基本原因，相对于故障树和事件树来说比较简单。

原因-后果分析的结果是一个事故后果和基本原因之间的相互关系的因果图，对一个具体的事故序列来说，原因后果的求解是事故序列的最少割集。与故障树的最小割集类似，这些割集表示产生每个事故系列的基本原因。

（2）原因-后果分析步骤

进行 CCA 分析一般分为六个步骤：①选择评价的事件；②确定影响事故进程的安全功能（系统、作业人员的行动等）；③提出事故扩展的路径（事件树分析）；④找出起始事件和安全功能失败事件，并确定基本原因（故障树分析）；⑤确定事故序列的最小割集；⑥排列或评价分析结果。

在各步骤中具体工作有：

1）选择评价的事件。选择因果分析的事件可以从顶上事件（如 FTA）和初发事件（如 ETA）这两个方面提出。

所考虑的事件是故障事件或设备事件时，可以使用故障树和事件树分析法确定安全功能，并提出事故路径，该步与事件树分析法相同，按照成功和失败的先后次序构筑不同的事故路径。

事件树和原因后果分析的不同之处主要是树图中使用的符号不一致。

图 12-5 表示出原因-后果分析图中事件树节点符号。这个符号包括的安全功能通常写在事件树支点上。图 12-6 表示原因-后果图中后果符号，用来表示产生的后果。在事件树图中一般没有相应的符号。

2）展开初始事件和安全功能失败事件，以便确定基本原因。在这一步骤中，当需要在原因-后果图的事件树部分表述初始事件和安全功能失败事件时，分析人员应准确使用故障树分析法，将每一个故障都按故障树顶上事件进行处理。在原因-后果格式中，分析人员应描述出每一序列的结果。

3）确定事故序列的最小割集。确定事故序列最小割集的方法，与确定故障树最小割集所用的方法大致相同。事故序列是由一系列事件组成的，每一事件都是某一故障树的顶上事件，而每个故障树又都是原因-后果图的一部分。若要某一事故序列发生，则该序列的所有事件必然发生。用发生的事故序列作为新的顶上事件，将所有安全功能失败（事件）用“与门”连接起来，就构成了一棵事故序列的故障树。然后，用标准故障树求解方法，求出事故序列故障树的最小割集。可将这种方法重复地用于 CCA 所确定的每一个事故序列。

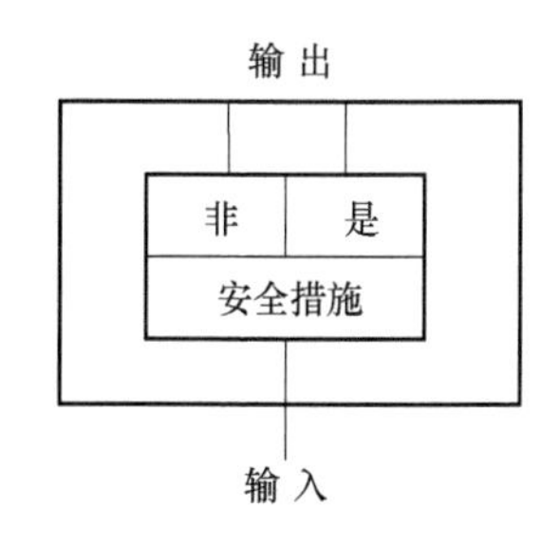

图 12-5 原因-后果分析图中事件树节点符号

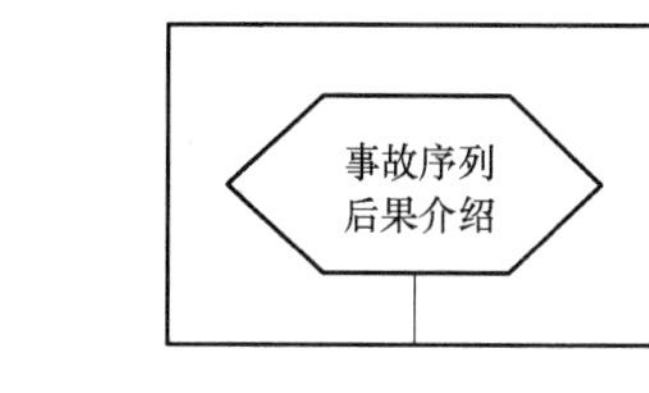

图 12-6 原因-后果分析图中后果符号

CCA 所得结果的处理，可分成两步：首先，按照事故序列的严重度和它对工厂安全的重要性，将各事故序列排序；然后，对每一重要的事故序列排出其最小割集，用以确定出最重要的基本事件。

4）编制评价结果。评价的结果为有关的系统分析说明，包括确定初始事件的讨论、一系列假设、原因后果图、确定的事故序列最小割集、事故序列顺序的讨论、事故序列最小割集的重要性的评价。列出从 CCA 找出的安全建议措施。

3. 作业条件危险性评价法

作业条件危险性评价法也称格雷厄姆危险度评价法，最早由美国安全专家格雷厄姆（Graham）和金尼（Kinney）提出，是一种评价操作人员在具有潜在危险性环境中作业时危险性的半定量评价方法。它用与系统风险有关的三个因素指标值之积来评价系统人员伤亡风险的大小，并将所得作业条件危险性数值 D 与规定的作业条件危险性等级比较，从而确定作业条件的危险程度。这三个因素分别是发生事故的可能性大小 L、人体暴露在这种危险环境中的频繁程度 E 和一旦发生事故可能造成的损失后果 C。

$$D=LEC \tag{12-1}$$

作业条件危险性评价法简单易行、操作性强，危险程度的级别划分比较清楚。使用该方法有利于掌握企业内部危险点的危险情况，促进企业整改措施的实施。由于该方法是根据经验来确定三个因素的分数值及划分危险程度等级的，因此具有一定的局限性，只能作为作业的局部评价，不能普遍适用。

（1）评价步骤

该方法评价步骤如下：

1）以类比作业条件比较为基础，由熟悉作业条件的人员组成评价小组。

2）由评价小组成员按照规定标准给 L、E、C 分别打分，取三组分值集的平均值作为 L、E、C 的计算分值，用计算的危险性分值 D 来评价作业条件的危险性等级。

由于采用专家打分方法进行评价，评价结果的准确性会受到专家经验、判断能力的影响。因此，组成评价小组时应慎重，以避免评价结果失真。

（2）赋分标准

1）事故发生的可能性 L。事故发生的可能性用概率来表示时，绝对不可能发生的事故概率为0，而必然发生的事故概率为1。然而，从系统安全的角度考虑，绝对不发生事故是不可能的，所以人为地将发生事故可能性极小的分数定为0.1，而必然要发生的事故的分数定为10，以此为基础介于这两种情况之间的情况指定为若干中间值（表12-2）。

表12-2　事故发生可能性 L 分值表

分值	事故发生的可能性	分值	事故发生的可能性
10	一定发生、完全会被预料到	0.5	可以设想、很不可能
6	相当可能	0.2	极不可能
3	可能、但不经常	0.1	实际上不可能
1	完全意外、很少可能		

由于本方法中事故发生的可能性只有定性概念，没有定量的标准，评价时很可能在取值上因人而异，影响评价结果的准确性。因此，在应用本方法时，建议在评价开始之前确定定量的取值标准，例如“完全可以预料”是平均多长时间发生一次；“相当可能”是多长时间一次等。这样，就可以按统一的标准来评价企业各子系统的危险程度。

2）人员暴露于危险环境的频繁程度 E。人员暴露于危险环境中的频繁程度越高，受到伤害的可能性越大，相应的危险性也越大。规定人员连续出现在危险环境的情况定为10，而非常罕见地出现在危险环境中定为0.5，介于两者之间的各种情况规定若干个中间值（表12-3）。

表12-3　暴露于危险环境的频繁程度 E 分值表

分值	人员暴露于危险环境的频率	分值	人员暴露于危险环境的频率
10	连续暴露于危险环境中	2	每月暴露一次
6	每天工作时间内暴露	1	每年暴露一次
3	每周一次或偶然暴露	0.5	极少暴露

3）发生事故可能造成的后果 C。事故造成的人员伤害和财产损失的范围变化很大，所以规定分数值为1~100。把需要治疗的轻微伤害或较小财产损失的分数规定为1，把造成多人死亡或重大财产损失的分数规定为100，其他情况的数值在1~100（表12-4）。

表12-4　发生事故可能造成的后果 C 分值表

分值	可能的后果	分值	可能的后果
100	大灾难、许多人死亡，或造成重大财产损失	40	灾难，数人死亡，或造成很大财产损失

（续）

分值	可能的后果	分值	可能的后果
15	非常严重，一人死亡，或造成一定财产损失	3	重大，致残，或造成很小的财产损失
7	严重，重伤，或造成较小的财产损失	1	引人注目，需要救护

4）危险性等级划分标准。根据经验，危险性分值在 20 分以下为低危险性，这样的危险比日常生活中骑自行车去上班还要安全些；如果危险性分值在 70～160，有显著的危险性，需要采取措施整改；如果危险性分值在 160～320，有高度危险性，必须立即整改；如果危险性分值大于 320，极度危险，应立即停止作业，彻底整改。危险性等级的划分是凭经验判断，难免带有局限性，不能认为是普遍适用的，应用时需要根据实际情况予以修正。按危险性分值划分危险性等级的标准见表 12-5。

表 12-5 危险性等级划分标准

分值	危险程度	安全措施	分值	危险程度	安全措施
>320	极其危险	停止作业	20～70	一般危险	需要注意
160～320	高度危险	立即整改	<20	稍有危险	可被接受
70～160	显著危险	需要整改			

（3）应用示例

以非煤矿山整个系统为例，使用作业条件危险性评价法进行定量评价，从而可以确定矿井的主要和次要的危险、有害因素。

选择矿山容易发生事故的作业地点作为评价对象，得出矿山风险评价表，见表 12-6。

表 12-6 矿山风险评价表

序号	评价对象	危险源及潜在危险	风险值 $D=LEC$				结论
			L	E	C	D	
1	采掘工作面	爆破事故	3	6	40	720	极其危险，需有特别措施
2	斜井提升及平巷运输	提升运输事故	3	6	40	720	极其危险，需有特别措施
3	采掘工作面及采空区	冒顶片帮	3	3	40	360	极其危险，需有特别措施
4	采掘工作面及采空区	中毒窒息	1	6	40	240	高度危险，需立即整改
5	斜井及采矿工作面	高处坠落	1	6	15	90	显著危险，需有整改
6	炸药库	火药爆炸	1	6	15	90	显著危险，需有整改
7	凿岩机、空气压缩机及卷扬机附近	机械伤害	3	6	3	54	一般危险，需要注意
8	矿井	触电	1	3	15	45	一般危险，需要注意

（续）

序号	评价对象	危险源及潜在危险	风险值 $D=LEC$				结论
			L	E	C	D	
9	矿石装卸、采掘工作面、天井、溜井放矿口	物体打击	1	6	7	42	一般危险，需要注意
10	主运输大巷、斜井井口、矿石或废石运输线路上	车辆伤害	1	6	7	42	一般危险，需要注意
11	矿井	矿山火灾	1	3	15	45	一般危险，需要注意
12	矿井	水灾	1	6	7	42	一般危险，需要注意
13	空气压缩机房	容器爆炸	1	6	7	42	一般危险，需要注意
14	矿井	地面塌陷	1	3	15	45	一般危险，需要注意
15	采掘工作面、装载及卸载点、回风巷	粉尘	3	6	3	54	一般危险，需要注意
16	空气压缩机及通风机房、凿岩及爆破工作面、局扇安装地点	噪声与振动	3	3	3	27	一般危险，需要注意

根据计算结果，对照危险性等级划分标准，可以得出以下结论：爆破事故、提升运输事故、冒顶片帮是该矿井的极度危险，中毒窒息是该矿井的高度危险，高处坠落、火药爆炸是该矿井的显著危险，机械伤害、触电、物体打击、车辆伤害、矿山火灾、水灾、容器爆炸、地面塌陷、粉尘、噪声与振动是该矿井的一般危险。因此，可根据计算结果采取不同程度的安全措施预防事故发生。

4. 严重伤害事故发生可能性的评价法

严重伤害事故是指重伤和死亡事故，它是人与环境的相互作用的结果，具体来说，严重伤害事故是由于人的操作因素控制欠佳造成暴露于危险条件的机会较多，和从事特殊的作业（非常规作业、非生产性作业、高危险性作业和其他特别作业）时造成的。系统运转需要能量，但当能量失控时就成为不希望能流，作业时不希望能流的高能量是发生严重伤害事故的必要条件。为了控制严重伤害事故，应对作业条件引起严重伤害事故的可能性进行评价，以便采取安全防范措施。

（1）作业条件引起严重伤害事故的可能性评价法

严重事故发生取决于环境条件（特殊作业和作业时的高能量）和操作因素控制的综合影响。有时即使环境条件很差，但由于操作因素控制很强，人员暴露于危险环境的机会很少，故严重伤害不易发生。有时虽然环境条件不是很差，但由于操作因素控制欠佳，故容易发生严重伤害。因此，可根据上述两个方面进行评价。

1）用严重伤害潜势评价生产作业的环境条件（用符号 N 表示）。它的分数用下式计算：

$$N=A+E_1+E_2 \tag{12-2}$$

式中　N——严重伤害潜势的分数；

A——作业种类分数；

E_1——能量输入分数；

E_2——能量形式分数。

2）用操作因素控制度评价操作因素控制情况（用符号 D 表示）。其实质上是对人的因素进行评价，而人的因素包括人的生理和心理特征及安全管理状况。作为生理缺陷的视力、听力不良、动作迟缓及条件反射、疲劳、身体抵抗受伤力差等，作为心理缺陷的无知、忽视、不安心工作、缺乏经验、冒险的倾向等，都是引起严重伤害的原因。人的生理和心理特征因人而异，与人的遗传因素、年龄、工作社会经历、受教育程度、技术水平等密切相关。安全管理是从操作规程、人员培训与安全教育、劳动组合、安全监督检查等方面减少人暴露于危险环境的机会，对人的操作因素进行控制。安全管理缺陷造成操作因素控制欠佳，使人员暴露于危险环境的机会增多，往往是引起严重伤害的基本原因。

3）用控制水平来评价作业条件严重伤害发生的可能性（用符号 L_e 表示），它等于严重伤害潜势的分数与操作因素控制度的分数之比，即

$$L_e = N/D = (A+E_1+E_2)/D \tag{12-3}$$

当 $L_e<1.0$ 时，操作因素控制卓有成效，严重伤害发生的可能性很小。

当 $L_e>1.0$ 时，发生严重伤害的可能性较大，应该进一步采取措施。

4）确定严重伤害潜势中各评价因素的分值。

采用打分评比法确定各评价因素的分值具体方法如下：

① 事先规定作业种类、能量输入、能量形式和操作因素控制的具体项目，每一项分配 1 分。

② 按被研究的作业包括的项目多少计算总得分。例如，对于更新扩建的立井井框作业，确定该作业的作业种类分数时，由于它是非生产性的，不常见的非常规作业，作业时又具有类似建筑的高度危险，因此它的作业种类分数为 3 分。

（2）评价示例

某矿为瓦斯矿井，现在矿井运输大巷进行焊接工作，试按作业条件严重伤害事故发生的可能性评价。

1）确定作业种类分数。在瓦斯矿井的运输大巷进行焊接工作，是一种非生产性的、不常见的作业，在此种作业中潜存有引燃瓦斯或煤尘爆炸的特别危险，因此其作业种类分数 $A=3$。

2）确定能量输入分数。井下焊接工作要求操作人员进入井巷，将材料的两部分焊接在一起，要求材料在同一水平上移动，故能量输入分数 $E_1=3$。

3）确定能量形式分数。井下瓦斯、煤尘具有化学能，焊接工作又有电能，故能量形式分数 $E_2=2$。

4）计算严重伤害潜势分数。

$$N=A+E_1+E_2=3+3+2=8$$

5）确定操作因素控制度分数。进行井下焊接作业时，有进行该项作业的作业规程，履

行了焊接作业审批手续，操作者受过充分训练，操作者掌握该工种的足够知识，每次作业前班组长也进行认真检查，故操作因素控制度 $D=5$。

6）计算控制水平。

$$L_e=N/D=8/5=1.6>1.0$$

说明进行这种井下焊接作业具有较高的发生严重伤害的可能性，应在原有措施的基础上增加控制操作因素的措施。

7）增加控制操作因素的措施。根据井下实际情况，在原有措施的基础上，可增加下列措施：

① 开展危险预知活动，使工人了解作业的危险性，执行作业规程的若干规定。

② 编制焊接作业的安全检查表，每个工人都必须清楚安全检查表的内容。

③ 每次作业设专人在场监督检查。

④ 焊接地点用不燃性支架，安设供水管路分支，专人负责喷水，设置两个以上灭火器。

⑤ 有瓦斯检查员在场，检查瓦斯浓度。

采取以上措施后，操作因素控制度分数达到10，此时控制水平为

$$L_e=N/D=8/10=0.8<1.0$$

说明增加控制措施后，井下焊接工作发生严重伤害的可能性已明显降低，可以满足安全生产的要求。

5. 矿山工程安全评价法

井工开采存在的主要危险是瓦斯、水、火、冒顶。矿山工程安全评价法是对各主要危险分别给出不同的评价函数，根据情况确定评价函数中评价因子的数值，然后计算评价函数的函数值，最后根据函数值的大小和危险分级采取预防措施。此法最早在日本隧道工程安全评价中使用。

（1）矿山工程安全评价函数

1）瓦斯爆炸评价函数。

$$f_G=g(l+a+s) \tag{12-4}$$

式中 f_G——瓦斯爆炸评价函数；

g——地质因子；

l——延伸距离因子；

a——巷道断面因子；

s——巷道状况因子。

2）水灾评价函数。

$$f_W=g(l+a+s) \tag{12-5}$$

3）火灾评价函数。

$$f_F=l+a+s \tag{12-6}$$

4）冒顶评价函数。

$$f_R=2g+l+a \tag{12-7}$$

（2）评价因子的评分标准

各评价因子的评分标准见表 12-7。

表 12-7　各评价因子的评分标准

评价因子	条件	取值			
		瓦斯爆炸函数 f_G	水灾评价函数 f_W	火灾评价函数 f_F	冒顶评价函数 f_R
地质因子 g	整个巷道	3	2		3
	部分地段危险	2	1		2
	无危险	0	0		1
延伸距离因子 l	长度大于 1000m	3	3	3	3
	长度在 300~1000m	2	2	2	2
	长度小于 300m	1	1	1	1
巷道断面因子 a	断面面积小于 $10m^2$	3	1	3	1
	断面面积为 $10 \sim 50m^2$	2	2	2	2
	断面面积大于 $50m^2$	1	3	1	3
巷道状况因子 s	竖井	3	3	3	
	斜井	2	2	2	
	平巷	1	1	1	

（3）矿山工程危险分级

根据表 12-7 确定各评价因子的数值后，按公式计算，然后按表 12-8 对矿山工程的危险进行分级。

表 12-8　矿山工程危险分级

评价函数	Ⅰ最危险	Ⅱ高度危险	Ⅲ危险	Ⅳ无危险
瓦斯爆炸 f_G	≥11	7~10	1~6	0
水灾 f_W	≥13	9~12	1~8	0
火灾 f_F	≥8	5~7	1~4	0
冒顶 f_R	≥10	7~9	4~6	≤3

在危险等级确定之后，可结合工程计划确定安全对策，采取安全可靠的防范措施。

（4）评价示例

某矿-480m 水平开拓主石门，石门总长 510m，断面 $12.6m^2$，石门要穿过一落差为 38m 的正断层，断层破碎带宽度 30m，该断层积蓄有瓦斯，并与含水层有水力联系，石门经过其他岩层地质条件良好，试评价其危险性。

1）评价瓦斯爆炸危险性。根据石门条件和表 12-7，取 $g=2$，$l=2$，$a=2$，$s=1$，

$$f_G = g(l+a+s) = 2\times(2+2+1) = 10$$

由表 12-8，石门接近断层破碎带时瓦斯爆炸处高度危险状态。

2）评价水灾危险性。由表 12-7，取 $g=1$，$l=2$，$a=2$，$s=1$，

$$f_W=g(l+a+s)=1\times(2+2+1)=5$$

由表 12-8，石门接近断层时水灾处于危险状态。

3）评价火灾危险性。由表 12-7，取 $l=2$，$a=2$，$s=1$，

$$f_F=l+a+s=2+2+1=5$$

由表 12-8，石门中作业，火灾也处于高度危险状态。

4）评价冒顶事故危险性。由表 12-7，取 $g=2$，$l=2$，$a=2$，

$$f_R=2g+l+a=4+2+2=8$$

由表 12-8，石门掘进时冒顶事故也处于高度危险状态。

6. 概率评价法

概率评价法是一种定量评价法。此法是先求出系统发生事故的概率，如用故障类型影响和致命度分析、事故树定量分析、事件树定量分析等方法，在求出事故发生概率的基础上，进一步计算风险率，以风险率大小确定系统的安全程度。系统危险性的大小取决于两个方面，一是事故发生的概率，二是造成后果的严重度。风险率是综合了两个方面因素，它的数值等于事故的概率（频率）与严重度的乘积。其计算公式如下：

$$R=SP \tag{12-8}$$

式中 R——风险率，事故损失/单位时间；

S——严重度，事故损失/事故次数；

P——事故发生概率（频率），事故次数/单位时间。

由此可见，风险率表示单位时间内事故造成损失的大小。单位时间可以是年、月、日、小时等；事故损失可以用人的死亡、经济损失或是工作日的损失等表示。

计算出风险率就可以与安全指标比较，从而得知危险是否降到人们可以接受的程度。要求风险率必须首先求出系统发生事故的概率，因此下面就概率的有关概念和计算进行简述。

生产装置或工艺过程发生事故是由组成它的若干元件相互复杂作用的结果，总的故障概率取决于这些元件的故障概率和它们之间相互作用的性质，故要计算装置或工艺过程的事故概率，必须首先了解各个元件的故障概率。

（1）元件的故障概率及其求法

构成设备或装置的元件工作一定时间就会发生故障或失效。所谓故障就是指元件、子系统或系统在运行时达不到规定的功能，对可修复系统的失效就是故障。

元件在两次相邻故障间隔期内正常工作的平均时间，叫作平均故障间隔期，用 τ 表示。如某元件在第一次工作时间 t_1 后出现故障，第二次工作时间 t_2 后出现故障，第 n 次工作 t_n 时间后出现故障，则平均故障间隔期为

$$\tau=\frac{\sum_{i=1}^{n} t_i}{n} \tag{12-9}$$

τ 一般通过实验测定几个元件的平均故障间隔时间的平均值得到。

元件在单位时间（或周期）内发生故障的平均值称为平均故障率，用 λ 表示，单位为故障次数/时间。平均故障率是平均故障间隔期的倒数，即

$$\lambda = \frac{1}{\tau} \tag{12-10}$$

故障率是通过实验测定出来的，实际应用时受到环境因素的不良影响，如温度、湿度、振动、腐蚀等，因此应给予修正，即考虑一定的修正系数（严重系数 k）。部分环境下严重系数 k 的取值见表 12-9。

表 12-9　严重系数值举例

使用场所	k	使用场所	k
实验室	1	火箭试验台	60
普通室	1.1~10	飞机	80~150
船舶	10~18	火箭	400~1000
铁路车辆、牵引式公共汽车	18~30		

元件在规定时间内和规定条件下完成规定功能的概率称为可靠度，用 $R(t)$ 表示。元件在时间间隔（0，t）内的可靠度符合下列关系：

$$R(t) = e^{-\lambda t} \tag{12-11}$$

式中　t——元件运行时间。

元件在规定时间内和规定条件下没有完成规定功能（失效）的概率就是故障概率（或不可靠度），用 $P(t)$ 表示。故障概率是可靠度的补事件，用下式得到：

$$P(t) = 1 - R(t) = 1 - e^{-\lambda t} \tag{12-12}$$

两个只适用于故障率 λ 稳定的情况。许多元件的故障率随时间变化，显示出如图 12-7 所示的故障率曲线（又称浴盆曲线）。

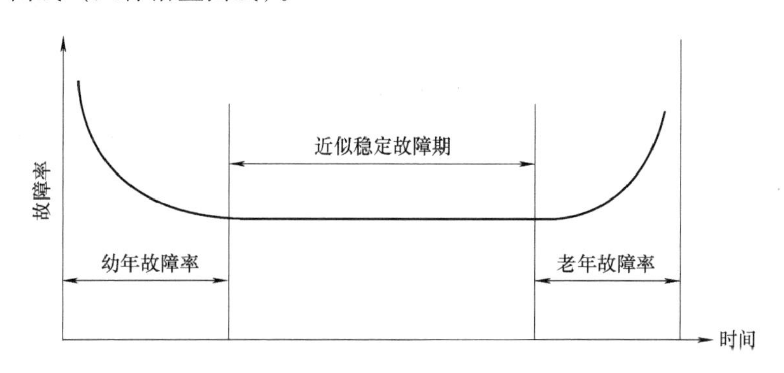

图 12-7　故障率曲线

由图可见，元件故障率随时间变化有三个时期，即幼年故障期（早期故障期）、近似稳定故障期（偶然故障期）和老年故障期（损耗故障期）。元件在幼年期和老年期故障率都很

高。这是因为元件在新的时候可能内部有缺陷或调试过程被损坏，因而开始故障率较高，但很快就下降了。当使用时间长了，由于老化、磨损，功能下降，故障率又会迅速提高。如果设备或元件在老年期之前，更换或修理即将失效部分，则可延长使用寿命。在幼年和老年两个周期之间（偶然故障期）的故障率低且稳定，两个公式都适用。

表 12-10 列出了部分元件的故障率。

表 12-10　部分元件的故障率

元件	故障（次/年）	元件	故障（次/年）
控制阀	0.60	压力测量	1.41
控制器	0.29	泄压阀	0.022
流量测量（液体）	1.14	压力开关	0.14
流量测量（固体）	3.75	电磁阀	0.42
流量开关	1.12	步进电动机	0.044
气液色谱	30.6	长纸条记录仪	0.22
手动阀	0.13	热电偶温度测量	0.52
指示灯	0.044	温度计温度测量	0.027
液位测量（液体）	1.70	阀动定位器	0.44
液位测量（固体）	6.86		
氧分析仪	5.65		
pH 计	5.88		

（2）元件的连接及系统故障（事故）概率计算

生产装置或工艺过程是由许多元件连接在一起构成的，这些元件发生故障常会导致整个系统故障或事故的发生。因此，可根据各个元件故障概率和它们之间的连接关系计算出整个系统的故障概率。

元件的相互连接有串联和并联两种情况。

1）串联连接的元件用逻辑或门表示，意思是任何一个元件故障都会引起系统发生故障或事故。串联元件组成的系统，其可靠度 R 计算公式如下：

$$R=\prod_{i=1}^{n} R_i \tag{12-13}$$

式中　R_i——每个元件的可靠度；

n——元件的数量。

系统的故障概率 P 由下式计算：

$$P=1-\prod_{i=1}^{n}(1-P_i) \tag{12-14}$$

式中　P_i——每个元件的故障概率。

只有 A 和 B 两个元件组成的系统，上式展开为

$$P(A\text{ 或 }B)=P(A)+P(B)-P(A)P(B) \tag{12-15}$$

如果元件的故障概率很小，则 $P(A)P(B)$ 项可以忽略。可简化为：

$$P(A\text{ 或 }B)=P(A)+P(B) \tag{12-16}$$

则：

$$P=\sum_{i=1}^{n} P_i \tag{12-17}$$

当元件的故障概率不是很小时，不能用简化公式计算总的故障概率。

2）并联连接的元件用逻辑与门表示，意思是并联的几个元件同时发生故障，系统就会故障。并联元件组成的系统故障概率 P 计算公式如下：

$$P=\prod_{i=1}^{n} P_i \tag{12-18}$$

系统的可靠度计算公式如下：

$$R=1-\prod_{i=1}^{n}(1-R_i) \tag{12-19}$$

（3）系统故障概率的计算举例

某反应器内进行的是放热反应，当温度超过一定值后，会引起反应失控而爆炸。为及时移走反应热，在反应器外面安装了夹套冷却水系统。由反应器上的热电偶温度测量仪与冷却水进口阀连接，根据温度控制冷却水流量。为防止冷却水供给失效，在冷却水进水管上安装了压力开关并与原料进口阀连接，当水压小到一定值时，原料进口阀会自动关闭，停止反应。反应器的超温防护系统如图 12-8 所示。试计算这一装置发生超温爆炸的故障率、故障概率、可靠度和平均故障间隔期。假设操作周期为一年。

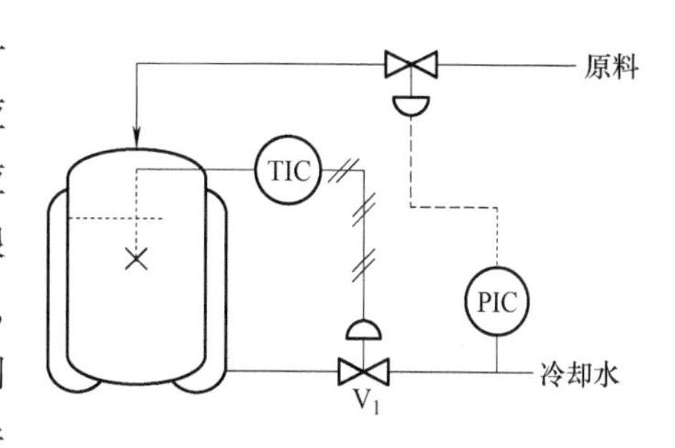

图 12-8　反应器的超温防护系统

由图 12-8 可以知道，反应器的超温防护系统由温度控制和原料关闭两部分组成。温度控制部分的温度测量仪与冷却水进口阀串联，原料关闭部分的压力开关和原料进口阀也是串联的，而温度控制和原料关闭两部分则为并联关系。

由表 12-10 查得热电偶温度测量、控制阀、压力开关的故障率分别是 0. 52、0. 60、0. 14。首先，计算各个元件的可靠度和故障概率。

热电偶温度测量仪：$R_1=e^{-0.52\times1}=0.59$；$P_1=1-R_1=1-0.59=0.41$

控制阀：$R_2=e^{-0.60\times1}=0.55$；$P_2=1-R_2=1-0.55=0.45$

压力开关：$R_3=e^{-0.14\times1}=0.87$；$P_3=1-R_3=1-0.87=0.13$

温度控制部分：$R_A=R_1R_2=0.59\times0.55=0.32$；$P_A=1-R_A=1-0.32=0.68$

$$\lambda_A=-\ln R_A/t=-\ln 0.32/1=1.14$$

$$\tau_A=1/\lambda_A=1/1.14=0.88\text{（年）}$$

原料关闭部分：$R_B = R_2 R_3 = 0.55 \times 0.87 = 0.48$；$P_B = 1 - R_B = 1 - 0.48 = 0.52$

$$\lambda_B = -\ln R_B / t = -\ln 0.48/1 = 0.73$$

$$\tau_B = 1/\lambda_B = 1/0.73 = 1.37 \text{（年）}$$

超温防护系统：$P = P_A P_B = 0.68 \times 0.52 = 0.35$；$R = 1 - P = 1 - 0.35 = 0.65$

$$\lambda = -\ln R / t = -\ln 0.65/1 = 0.43$$

$$\tau = 1/0.43 = 2.3 \text{（年）}$$

由计算说明，预计温度控制部分每 0.88 年发生一次故障，原料关闭部分每 1.37 年发生一次故障。两部分并联组成的超温防护系统预计 2.3 年发生一次故障，防止超温的可靠性明显提高。

计算出安全防护系统的故障率，就可进一步确定反应器超压爆炸的风险率，从而可比较它的安全性。

在事故树分析中，若知道了每个基本事件发生的概率，可求出顶上事件发生概率，根据概率或风险率评价系统的安全性。

下面以图 12-9 所示的事故树为例，说明顶上事件发生概率的计算。

假设事故树中基本事件的故障概率分别是：

$P(X_1) = 0.01$；$P(X_2) = 0.02$；$P(X_3) = 0.03$；$P(X_4) = 0.04$；

$P(X_5) = 0.05$；$P(X_6) = 0.06$；$P(X_7) = 0.07$

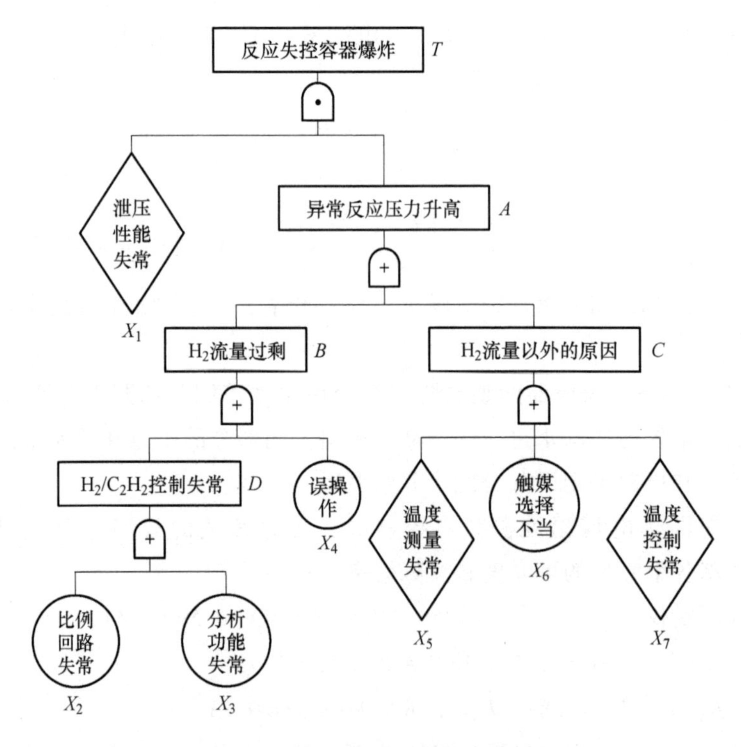

图 12-9　反应失控容器爆炸事故树图

首先求出中间事件 D 的故障概率，逐层向上推算，最后可计算出顶上事件的发生概率。

$$P(D) \approx P(X_2)+P(X_3)=0.02+0.03=0.05$$

$$P(B) \approx P(D)+P(X_4)=0.05+0.04=0.09$$

$$P(C) \approx P(X_5)+P(X_6)+P(X_7)=0.05+0.06+0.07=0.18$$

$$P(A) \approx P(B)+P(C)=0.09+0.18=0.27$$

$$P(T) \approx P(X_1)P(A)=0.01\times0.27=0.0027$$

以上是近似计算的结果，各基本事件的故障概率都很小，且事故树中没有重复事件出现。

7. 单元危险性快速排序法

（1）概述

国际劳工组织（ILO）在《重大事故控制实用手册》中推荐荷兰劳动总管理局的单元危险性快速排序法。该法是道化学公司的火灾爆炸指数法的简化方法，使用起来简捷方便。该法主要用于评价生产装置火灾、爆炸潜在危险性大小，找出危险设备、危险部位。

（2）单元危险性快速排序法程序

单元危险性快速排序法程序如图 12-10 所示，在每一个程序中具体工作如下：

1）单元划分。首先将生产装置划分成单元，该法建议按工艺过程可划分成如下单元：供料部分、反应部分、蒸馏部分、收集部分、破碎部分、泄料部分、骤冷部分、加热/制冷部分、压缩部分、洗涤部分、过滤部分、造粒塔、火炬系统、回收部分、存储装置的每个罐、储罐、大容器、存储用袋、瓶、桶盛装的危险物质的场所。

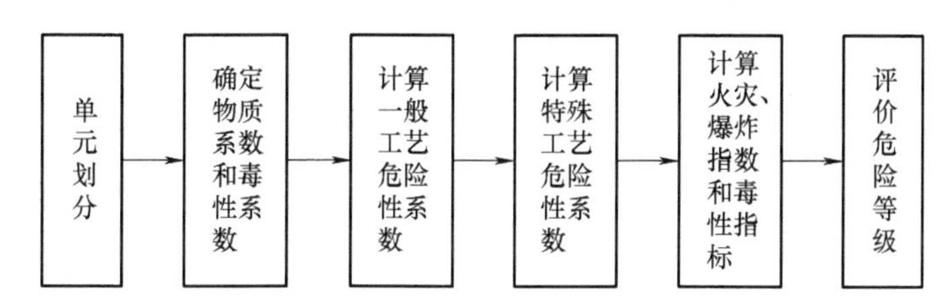

图 12-10 单元危险性快速排序法程序

2）确定物质系数和毒性系数。根据美国防火协会的物质系数表直接查出被评价单元内危险物质的物质系数，并由该表查出健康危害系数。按表 12-11 转换为毒性系数。

表 12-11 健康危害系数与毒性系数

健康危害系数	毒性系数 T_n
0	0
1	50
2	125
3	250
4	325

3）计算一般工艺危险性系数（GPH）。由以下工艺过程对应的分数值之和求出一般工艺危险性系数。

① 放热反应：表 12-12 列出了各种放热反应及其相应的系数值。

② 吸热反应：燃烧（加热）、电解、裂解等吸热反应取 0.20；利用燃烧为煅烧、裂解提供热源时取 0.40。

表 12-12　放热反应危险性系数

系数	0.2	0.3	0.5	0.75	1.0	1.25
放热反应	固体、液体、可燃性混合气体燃烧	加氢 水解 烷基化 异构化 磺化 中和	酯化 氧化 聚合 缩合 异物化（不稳定、强反应性物质）	酯化（较不稳定、较强反应性物质）	卤化 氧化（强氧化剂）	硝化 酯化（不稳定、强反应性物质）

③ 存储和输送：危险物质的装卸取 0.50；在仓库、庭院用桶、运输罐储存危险物质，储存温度在常压沸点之下取 0.30；储存温度在常压沸点以上取 0.60。

④ 封闭单元：在闪点之上、常压沸点下的可燃液体取 0.30；在常压沸点之上的可燃液体或液化石油气取 0.50。

⑤ 其他方面：用桶、袋、箱盛装危险物质，使用离心机，在敞口容器中批量混合，同一容器用于一种以上反应等取 0.50。

4）计算特殊工艺危险性系数（SPH）。由下列各种工艺条件对应的分数值之和求出特殊工艺危险性系数。

① 工艺温度：在物质闪点之上取 0.25；在物质常压沸点以上取 0.60；物质自燃温度低，且可被热供气管引燃取 0.75。

② 负压：向系统内泄漏空气无危险不考虑；向系统内泄漏空气有危险取 0.50；氢收集系统取 0.50；绝对压力 67kPa 以下的真空蒸馏，向系统内泄漏空气或污染物有危险取 0.75。

③ 在爆炸范围内或爆炸极限附近操作：a. 露天储存罐可燃物质，在蒸汽空间中混合气体浓度在爆炸范围内或爆炸极限附近取 0.50；b. 接近爆炸极限的工艺或需用设备和/或氮、空气清洗、冲淡以维持在爆炸范围以外的操作取 0.75；c. 在爆炸范围内操作的工艺取 1.00。

④ 操作压力：操作压力高于大气压力时需考虑压力系数。

a. 可燃或易燃液体查图 12-11 或按下式计算相应系数：

$$y = 0.435\lg p \tag{12-20}$$

式中　p——减压阀确定的绝对压力（bar）（1bar = 105kPa）。

b. 高黏滞性物质 0.7y。

c. 压缩气体 1.2y。

d. 液化可燃气体 1.3y；挤压或模压不考虑。

⑤ 低温：

a. −30～0℃的工艺取 0.30；

b. 低于−30℃的工艺取 0.50。

⑥ 危险物质的数量：

a. 加工处理工艺中，由图 12-12 查出相应的系数。能量在计算时应考虑事故发生时容器或一组相互连接的容器的物质可能全部泄出。

b. 储存中，由图 12-13 查出加压液化气体 A 和可燃液体 B 的相应系数。

⑦ 腐蚀：腐蚀有装置内部腐蚀和外部腐蚀两类，如加工处理液体中少量杂质的腐蚀，油层和涂层破损而发生的外部腐蚀，衬的缝隙、接合或针洞处的腐蚀等。局部剥蚀，腐蚀率为 0.5mm/a，取 0.10；腐蚀率大于 0.5mm/a、小于 1mm/a 取 0.20；腐蚀率大于 1mm/a 取 0.50。

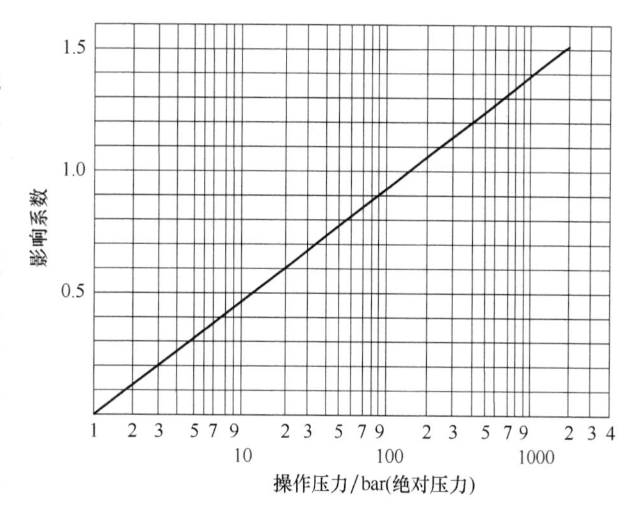

图 12-11 操作压力的影响系数曲线

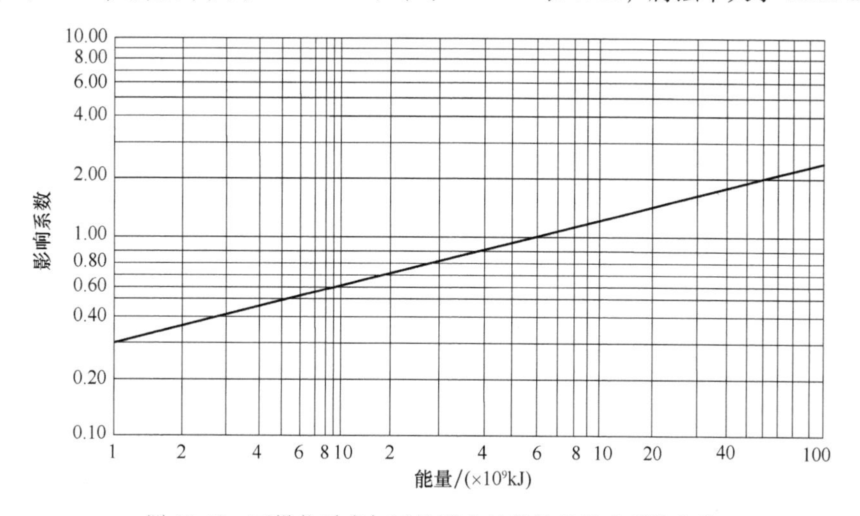

图 12-12 可燃物质在加工处理中的能量的影响系数曲线

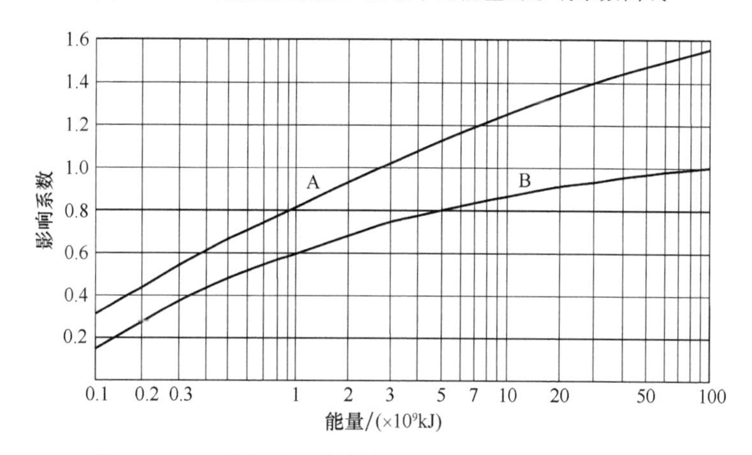

图 12-13 可燃物质在储存中出现的能量的影响系数曲线

A—加压液化气 B—可燃液体

⑧ 接头或密封处泄漏：泵和密封盖自然泄漏取 0.10；泵和法兰定量泄漏取 0.20；液体透过密封泄漏取 0.40；观察玻璃、组合软管和伸缩接头取 1.50。

5）计算火灾、爆炸指数和毒性指标。

① 火灾、爆炸指数 F：

$$F=\mathrm{MF}(1+\mathrm{GPH})(1+\mathrm{SPH}) \tag{12-21}$$

式中　MF——物质系数；

GPH——一般工艺危险性系数；

SPH——特殊工艺危险性系数。

② 毒性指标 T：

$$T=\frac{T_n+T_s}{100}(1+\mathrm{GPH}+\mathrm{SPH}) \tag{12-22}$$

式中　T_n——物质毒性系数；

T_s——考虑有毒物质最高容许浓度（MAC）的系数，见表 12-13。

6）评价危险等级。该方法把单元危险性划分为三级，评价时取火灾爆炸指数和毒性指标相应的危险等级中最高的作为单元危险等级。表 12-14 为单元危险等级划分情况。

表 12-13　有毒物质 MAC 的系数

等级	火灾、爆炸指数 F	毒性指标 T
Ⅰ	$F<65$	$T<6$
Ⅱ	$65\leqslant F<95$	$6\leqslant T<10$
Ⅲ	$F\geqslant 95$	$T\geqslant 10$

表 12-14　单元危险等级

MAC 值/(mg/m^3)	T_s
<5	125
5	75
>50	50

8. 危险化学品重大事故伤害模型及其后果分析

（1）概述

事故后果分析是安全评价的一个重要组成部分，其目的在于定量地描述一个可能发生的重大事故对工厂、厂内职工、厂外居民，甚至对环境造成危害的严重程度。分析结果为企业或企业主管部门提供关于重大事故后果的信息，为企业决策者和设计者提供关于决策采取何种防护措施的信息，如防火系统、报警系统或减压系统等的信息，以达到减轻事故影响的目的。

火灾、爆炸、中毒是常见的重大事故，可能造成严重的人员伤亡和巨大的财产损失，影响社会安定。本节简要介绍有关火灾、爆炸和中毒事故（热辐射、爆炸波、中毒）后果分析，在分析过程中运用一些数学模型。通常一个复杂的问题或现象用数学模型来描述，往往是在一系列的假设前提下按理想的情况建立的，有些模型经过小型试验的验证，有的则可能与实际情况有较大出入，但对事故后果分析来说是可参考的。

（2）泄漏事故模型及其分析

1）泄漏后果。一旦发生泄漏事故，后果不单与物质的数量、易燃性、毒性有关，而且与泄漏物质的相态、压力、温度等状态有关。这些状态可有多种不同的结合，在后果分析中，常见的可能结合有四种：常压液体、加压液化气体、低温液化气体、加压气体。泄漏物质的物性不同，其泄漏后果也不同。

① 可燃气体泄漏。可燃气体泄漏后与空气混合达到燃烧极限时，遇到引火源就会发生燃烧或爆炸。泄漏后起火的时间不同，泄漏后果也不相同：

a. 立即起火。可燃气体从容器中往外泄出时即被点燃，发生扩散燃烧，产生喷射性火焰形成火球，它能迅速地危及泄漏现场，但很少会影响到厂区的外部。

b. 滞后起火。可燃气体泄出后与空气混合形成可燃蒸气云团，并随风飘移，遇火源发生爆燃或爆炸，能引起较大范围的破坏。

② 有毒气体泄漏。有毒气体泄漏后形成云团在空气中扩散，有毒气体的浓密云团将笼罩很大的空间，影响范围大。

③ 液体泄漏。一般情况下，泄漏的液体在空气中蒸发而生成气体，泄漏后果与液体的性质和储存条件（温度、压力）有关：

a. 常温常压下液体泄漏。这种液体泄漏后聚集在防液堤内或地势低洼处形成液池，液体由于地表面风的对流而缓慢蒸发，如遇引火源就会发生池火灾。

b. 加压液化气体泄漏。一些液体泄漏时将瞬时蒸发，剩下的液体将形成一个液池，吸收周围的热量继续蒸发。液体瞬时蒸发的比例决定于物质的性质及环境温度。有些泄漏物可能在泄漏过程中全部蒸发。

c. 低温液体泄漏。这种液体泄漏时将形成液池，吸收周围热量蒸发，蒸发量低于加压液化气体的泄漏量，高于常温常压下液体泄漏量。无论是气体泄漏还是液体泄漏，泄漏量的多少都是决定泄漏后果严重程度的主要因素，而泄漏量又与泄漏时间长短有关。

2）泄漏量的计算。当发生泄漏的设备的裂口是规则的，而且裂口尺寸及泄漏物质的有关热力学、物理化学性质及参数已知时，可根据流体力学中的有关方程式计算泄漏量。当裂口不规则时，可采取等效尺寸代替；当遇到泄漏过程中压力变化等情况时，往往采用经验公式计算。

① 气态物质（气体与蒸气）泄漏：气态泄漏发生在加压气体的容器或长管道、加压储槽槽顶的释压阀、液体油池的沸腾或蒸发、可燃性物质受热分解等情况。气体或蒸气的泄漏公式原理可由伯努利定律、连续性公式和气体状态公式等导出。计算从泄出口流出的气体泄漏速度可根据下式计算：

$$G_p = C_d A p \psi \sqrt{\frac{M}{RT}} \tag{12-23}$$

式中　G_p——气体泄漏速度（kg/s），即单位时间的泄漏物质的质量；

C_d——气体的泄漏系数（圆形取 1，三角形取 0.9，长方形取 0.85）；

A——泄漏口面积（m^2）；

ψ——流量系数，无量纲；

T——气体温度（K）；

R——理想气体普适比例常数，$R = 8.3145 J/(mol \cdot K)$；

M——气体的分子质量（kg/mol）。

流量系数 ψ 由物质泄漏时的强度而定：

a. 亚音速，即当$\frac{p}{p_0}\leqslant\left(\frac{\kappa+1}{2}\right)^{\frac{\kappa}{\kappa-1}}$时：

$$\psi=\left\{\frac{2\kappa^2}{\kappa-1}\left(\frac{p_0}{p}\right)^{\frac{2}{\kappa}}\left[1-\left(\frac{p_0}{p}\right)^{\frac{\kappa-1}{\kappa}}\right]\right\}^{\frac{1}{2}} \tag{12-24}$$

b. 音速，即当$\frac{p}{p_0}\geqslant\left(\frac{\kappa+1}{2}\right)^{\frac{\kappa}{\kappa-1}}$时：

$$\psi=\kappa\left(\frac{2}{\kappa+1}\right)^{\frac{\kappa+1}{2(\kappa-1)}} \tag{12-25}$$

式中 p——容器内介质压力（Pa）；

p_0——外界环境压力（Pa）；

κ——气体绝热指数$\left(\frac{c_p}{c_V}\right)$，常在 1.1～1.67。

当气体从释压阀泄出时，其气体的泄漏率可用下式计算：

$$G_{rv}=\frac{Q_f}{h_{fg}} \tag{12-26}$$

式中 G_{rv}——释压阀泄出的气体泄漏速度（kg/s）；

Q_f——热通量（J/s）；

h_{fg}——在释放压力时的汽化潜热（J/kg）。

热通量是危险物质储存容器发生火灾时所接受的热。气态物质的泄漏还要考虑它是绝热还是等温状况，并分辨是否有紧急泄漏状况发生。

② 液体泄漏：以大气压力储存的液体容器或管路破裂，或加压的液体在正常沸点下的泄漏，都属纯液体泄漏。计算这种泄漏，常利用伯努利方程和连续性公式。容器内是等温状态时，计算方法较简单，可导出泄漏液体的强度值（作为时间的函数），从原先的强度值呈直线减小。如果容器内是绝热状态时，计算方法比较复杂，因为在泄漏时，有一些液体会汽化。如果考虑这些蒸发的液体，必须进一步计算绝热泄漏物的强度。

液体泄漏速度可用下式计算：

$$G_L=C_dA\rho\left[\frac{2(p-p_0)}{\rho}+2gh\right]^{\frac{1}{2}} \tag{12-27}$$

式中 G_L——液体泄漏速度（kg/s）；

C_d——泄漏系数，无量纲，雷诺数及泄漏口形状不同，液体泄漏系数也不相同，见表 12-15；

A——泄漏口面积（m^2）；

ρ——液体密度（kg/m^3）；

p——液体储存压力（Pa）；

p_0——外界环境压力（Pa）；

g——重力加速度，一般取 $g=9.8\text{m/s}^2$；

h——泄漏口上方液体的高度（m）。

表 12-15 液体泄漏系数 C_d 的取值

雷诺数 Re	泄漏口形状		
	圆形（多边形）	三角形	长方形
>100	0.65	0.60	0.55
≤100	0.5	0.45	0.4

③ 两相流泄漏量：两相泄漏发生在加压储槽或者装有温度在介质正常沸点以上的液体的管道破裂；此外，释压阀因失控而紧急排放或黏稠的泡沫液体急泻而出，也有这种现象。计算两相泄漏量，可使用下式：

$$Q_0=C_dA\sqrt{2(p-p_c)\rho} \tag{12-28}$$

式中 Q_0——两相流泄漏速度（kg/s）；

C_d——两相流泄漏系数，取 0.8；

A——裂口面积（m^2）；

p——两相混合的压力（Pa）；

p_c——临界压力（Pa），取 0.55Pa；

ρ——两相混合物的平均密度（kg/m^3），由下式计算：

$$\rho=\frac{1}{\dfrac{F_V}{\rho_1}+\dfrac{1-F_V}{\rho_2}} \tag{12-29}$$

式中 ρ_1——液体蒸发的蒸汽密度（kg/m^3）；

ρ_2——液体密度（kg/m^3）；

F_V——蒸发的液体占容器内实际存放液体总量的体积分数。

F_V 由下式计算：

$$F_V=c_p\frac{(T-T_c)}{H} \tag{12-30}$$

式中 c_p——两相混合物的比定压热容［J/(kg·K)］；

T——两相混合物的温度（K）；

T_c——临界温度（K）；

H——液体的汽化热（J/kg）。

当 $F_V>1$ 时，表明液体将全部蒸发成气体，这时应按气体泄漏公式计算；如果 F_V 很小，则可近似地按液体泄漏公式计算。

3）泄漏后的扩散。如前所述，泄漏物质的特性多种多样，而且受原有条件的强烈影响，但大多数物质从容器中泄漏出来后，都将发展成弥散的气团向周围空间扩散。可燃气体如果遇到引火源会着火。这里仅讨论气团原形释放的开始形式，即液体扩散、喷射扩散和绝热扩散。

① 液体扩散：液体泄漏后立即扩散到地面，一直流到低洼处或人工边界，如防火堤、岸墙等，形成液池。液体泄漏出来不断蒸发，当液体蒸发速度等于泄漏速度时，液化中的液体量将维持不变。如果泄漏的液体是低挥发度的，则从液池中蒸发量较少，不易形成气团，对厂外人员没有危害；如果着火则形成池火灾；如果渗透进土壤，有可能对环境造成影响。如果泄漏的是挥发性液体或低温液体，泄漏后液体蒸发量大，大量蒸发在液池上面后会形成蒸气云，并扩散到厂外，对厂外人员有影响。

如果泄漏的液体已达到人工边界，则液池面积即为人工边界围成的面积。如果泄漏的液体未达到人工边界，则可假设液体的泄漏点为中心呈扁圆柱形在光滑平面上扩散，这时液池半径 r 用下式计算：

a. 瞬时泄漏（泄漏时间不超过 30s）时：

$$r=\left(\frac{8gm}{\pi\rho}\right)^{\frac{\sqrt{t}}{4}} \tag{12-31}$$

b. 连续泄漏时：

$$r=\left(\frac{32gmt^{3}}{\pi\rho}\right)^{\frac{1}{4}} \tag{12-32}$$

式中 r——液池半径（m）；

m——泄漏的液体质量（kg）；

g——重力加速度，$g=9.8\text{m/s}^2$；

t——泄漏时间（s）。

液池内液体蒸发按其机理可分为闪蒸、热量蒸发和质量蒸发三种，下面分别介绍。

闪蒸：过热液体泄漏后由于液体的自身热量而直接蒸发称为闪蒸。发生闪蒸时液体蒸发速度 Q 可由下式计算：

$$Q=F_{V}m/t \tag{12-33}$$

热量蒸发：当 $F_{V}<1$ 时，液体闪蒸不完全，有一部分液体在地面形成液池，并吸收地面热量而汽化称为热量蒸发。其蒸发速度 Q 按下式计算：

$$Q=\frac{kA_1(T_0-T_b)}{H\sqrt{\pi at}}+\frac{kNuA_1(T_0-T_b)}{HL} \tag{12-34}$$

式中 A_1——液池面积（m^2）；

T_0——环境温度（K）；

T_b——液体沸点（K）；

H——液体蒸发热（J/kg）；

L——液池长度（m）；

a——分子热扩散率（m^2/s）；

k——导热系数［J/(m·K)］；

t——蒸发时间（s）；

Nu——努塞尔（Nusselt）数。

质量蒸发：当地面传热停止时，热量蒸发终了，转而由液池表面之上的气流运动使液体蒸发，称为质量蒸发，其蒸发速度 Q 为

$$Q = aSh\frac{A}{L}\rho_l \tag{12-35}$$

式中 a——分子热扩散率（m^2/s）；

Sh——舍伍德数（Sherwood）；

A——液池面积（m^2）；

L——液池长度（m）；

ρ_l——液体的密度（kg/m^3）。

② 喷射扩散。气体泄漏时从裂口喷出形成气体喷射。大多数情况下，气体直接喷出后，其压力高于周围环境大气压力，温度低于环境温度。在进行喷射计算时，应以等价喷射孔口直径来计算。等价喷射的孔口直径按下式计算：

$$D = D_0\sqrt{\frac{\rho_0}{\rho}} \tag{12-36}$$

式中 D——等价喷射孔径（m）；

D_0——裂口孔径（m）；

ρ_0——泄漏气体的密度（kg/m^3）；

ρ——周围环境条件下气体的密度（kg/m^3）。

如果气体泄漏能瞬间达到周围环境的温度、压力情况，既 $\rho_0=\rho$，则 $D=D_0$。

喷射的浓度分布：在喷射轴线上距离孔口 x 处的气体浓度。$c(x)$ 由下式计算：

$$c(x) = \frac{\dfrac{b_1+b_2}{b_1}}{0.32\dfrac{x}{D}\dfrac{\rho}{\rho_0}+1-\rho} \tag{12-37}$$

式中 b_1，b_2——分布函数，$b_1=50.5+48.2\rho-9.95\rho^2$，$b_2=23+41\rho$。

在过喷射轴线上点 x 且垂直于喷射轴线的平面内任一点处的气体浓度为

$$\frac{c(x,y)}{c(x)} = e^{-b_2(y/x)^2} \tag{12-38}$$

式中 $c(x,y)$——与裂口距离 x 且垂直于喷射轴线的平面内 y 点的气体浓度（kg/m^3）；

$c(x)$——喷射轴线上距离裂口 x 处的气体的浓度（kg/m^3）；

b_2——分布参数；

y——目标点到喷射轴线的距离（m）。

喷射轴线上的速度分布：喷射速度随着轴线距离增大而减小，直到轴线上的某一点喷射速度等于风速为止。该点称为临界点，临界点以后的气体运动不再符合喷射规律。沿喷射轴线的速度分布由下式得出：

$$\frac{v(x)}{v_0}=\frac{\rho_0}{\rho}\frac{b_1}{4}\left[0.23\frac{x}{D}\frac{\rho_0}{\rho}+1-\rho\right]\left(\frac{D}{x}\right)^2 \tag{12-39}$$

式中 ρ_0——泄漏气体的密度（kg/m^3）；

ρ——周围环境条件下气体的密度（kg/m^3）；

D——等价喷射孔径（m）；

b_1——分布参数；

x——喷射轴线上与裂口某点的距离（m）；

$v(x)$——喷射轴线上距离裂口 x 处一点的速度（m/s）；

v_0——喷射初速（m/s），等于气体泄漏时流经裂口时的速度。

$$v_0=\frac{Q_0}{C_d\rho\pi\left(\frac{D_0}{2}\right)^2} \tag{12-40}$$

式中 Q_0——气体泄漏速度（kg/s）；

C_d——气体泄漏系数；

D_0——裂口直径（m）。

当临界点处的浓度小于允许浓度（如可燃气体的燃烧下限或有害气体最高允许浓度）时，只需按喷射扩散来分析；当该点浓度大于允许浓度时，则需要进一步分析泄漏气体在大气中扩散的情况。

③ 绝热扩散。闪蒸液体或加压气体瞬时泄漏后，有一段快速扩散时间，假定此过程相当快，以致在混合气团和周围环境之间来不及热交换，则此扩散称为绝热扩散。根据荷兰国家应用科学院（TNO）1979 年提出的绝热扩散模式，泄漏气体（或液体闪蒸形成的蒸气）的气团呈半球形向外扩散。根据浓度分布情况，把半球分成内外两层，内层浓度均匀分布，且具有 50%的泄漏量；外层浓度呈高斯分布，具有另外 50%的泄漏量。

绝热扩散过程分为两个阶段：第一阶段，气团向外扩散至大气压力，在扩散过程中，气团获得动能，称为“扩散能”；第二阶段，扩散能再将气团向外推，使紊流混合空气进入气团，从而使气团范围扩大。当内层扩散速度降到一定值时，可以认为扩散过程结束。

气团扩散能：在气团扩散的第一阶段，扩散气体（或蒸气）的内能一部分用来增加动能，对周围大气做功。假设该阶段的过程为可逆绝热过程，并且是等熵的。

气体泄漏扩散能，根据内能变化得出扩散能计算公式如下：

$$E=c_V(T_1-T_2)-0.98p_0(V_2-V_1) \tag{12-41}$$

式中 E——气体扩散能（J）；

c_V——比定容热容［J/(kg·K)］；

T_1——气团初始温度（K）；

T_2——气团压力降至大气压力时的温度（K）；

p_0——环境压力（Pa）；

V_1——气团初始体积（m^3）；

V_2——气团压力降至大气压力时的体积（m^3）。

闪蒸液体泄漏扩散能，蒸发的蒸气团扩散能可以按下式计算：

$$E=[H_1-H_2-T_b(S_1-S_2)]W-0.98(p_1-p_0)V_1 \tag{12-42}$$

式中　E——闪蒸液体扩散能（J）；

H_1——泄漏液体初始焓（J/kg）；

H_2——泄漏液体最终焓（J/kg）；

T_b——液体的沸点（K）；

S_1——液体蒸发前的熵［J/(kg·K)］；

S_2——液体蒸发后的熵［J/(kg·K)］；

W——饱和液体的质量（kg）；

p_1——初始压力（Pa）；

p_0——周围环境压力（Pa）；

V_1——初始体积（m^3）。

气团半径与浓度：在扩散能的推动下气团向外扩散，并与周围空气发生紊流混合。

内层半径与浓度：气团内层半径 R_1 和浓度 c 是时间 t 的函数，表达式如下：

$$R_1=2.72\sqrt{k_d t} \tag{12-43}$$

$$c=\frac{0.00597V_0}{\sqrt{(k_d t)^3}} \tag{12-44}$$

式中　t——扩散时间（s）；

V_0——在标准温度、压力下气体体积（m^3）；

k_d——紊流扩散系数，$k_d=0.0137\sqrt[3]{V_0}\sqrt{E}\left(\frac{\sqrt[3]{V_0}}{t\sqrt{E}}\right)^{\frac{1}{4}}$。

如上所述，当中心扩散速度（dR/dt）降到一定值时，第二阶段才结束。临界速度的选择是随机的且不稳定的。设扩散结束时扩散速度为 1m/s，则在扩散结束时内层半径 R_1 和浓度 c 可按下式计算：

$$R_1=0.08837E^{0.3}V_0^{\frac{1}{3}} \tag{12-45}$$

$$c=172.95E^{-0.9} \tag{12-46}$$

外层半径与浓度：第二阶段末气团外层的大小可根据试验观察得出，即扩散终结时外层气团半径 R_2 由下式求得：

$$R_2=1.456R_1 \tag{12-47}$$

式中　R_1，R_2——气团内层、外层半径（m）。

外层气团浓度自内层向外呈高斯分布，如图 12-14 所示。对连续性泄漏和瞬时性泄漏模式，分别采用高斯烟羽模型和高斯烟团模型进行扩散数值模拟分析。

高斯烟羽模型的数学表达式为

$$c(x,y,z)=\frac{Q}{\pi\sigma_v\sigma_z u}\exp\left[-\frac{1}{2}\left(\frac{y^2}{\sigma_y^2}+\frac{z^2}{\sigma_z^2}\right)\right] \tag{12-48}$$

高斯烟团模型的数学表达式为

$$c(x,y,z,t)=\frac{2Q}{(2\pi)^{\frac{3}{2}}\sigma_y\sigma_z\sigma_x}\exp\left[-\frac{1}{2}\left(\frac{(x-ut)^2}{\sigma_x^2}+\frac{y^2}{\sigma_y^2}+\frac{z^2}{\sigma_z^2}\right)\right] \tag{12-49}$$

式中 $c(x, y, z, t)$——瞬时排放时，点（x，y，z）和时间 t 的污染浓度（mg/m^3）；

$c(x, y, z)$——连续排放时，点（x，y，z）的污染浓度（mg/m^3）；

Q——物料质量/流量（mg 或 mg/s）；

u——平均风速（m/s）；

t——瞬时排放时，污染物的运行时间（s）；

x——下风向距离（m）；

y——横风向距离（m）；

z——离地面的距离（m）；

σ_x，σ_y，σ_z——x，y，z 方向扩散参数，具体计算采用 Giford 和 Pasquill 提出的有关大气稳定度等级的划分方法和相应扩散系数的计算公式得到。

式（12-48）与式（12-49）仅适用于扩散时间小于或等于 10min 的情况。如果扩散时间超过 10min，那么点发生源下风浓度比较低，因为这时风向可能发生转变。

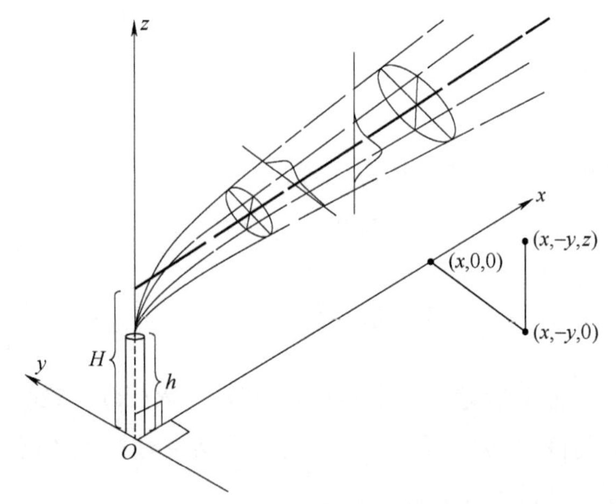

图 12-14　较高处持续点发生源的高斯分布

（3）火灾事故

易燃、易爆气体、液体泄漏后遇到引火源就会被点燃而着火燃烧，燃烧方式有油池火灾、喷射火灾、爆燃和火球、固体火灾和突发火。

1）油池火灾。油池火灾是一种从容器或其他设备泄漏出去的易（可）燃物，在地面上或水面上形成油池而被引燃的火灾。油池火灾属于一种扩散火灾，燃烧速度不高，其主要危害来自辐射热。常以下列参数来衡量油池火灾的热危害。

① 燃烧率：

$$M_b=\frac{0.001H_c}{c_p(T_b-T_0)+H} \tag{12-50}$$

式中 M_b——单位表面积燃烧率［$kg/(m^2 \cdot s)$］；

H_c——液体燃烧热（J/kg）；

H——液体汽化热（J/kg）；

c_p——液体的比定压热容［$J/(kg \cdot K)$］；

T_b——液体的沸点（K）；

T_0——环境温度（K）。

当液体的沸点低于周围环境时，如加压液化气或冷冻液化气，其单位面积的燃烧率为

$$M_b = \frac{0.001H_c}{H} \tag{12-51}$$

火灾持续时间 t 为

$$t = \frac{W}{M_b} \tag{12-52}$$

② 油池大小与火焰高度：油池的大小可由其直径估计。但油池形状不一定是圆形，有时是不规则形状。为计算方便，常假设其为圆形，因此其他形状的油池要转化成圆形，其直径为

$$D = 2\sqrt{\frac{S}{\pi}} \tag{12-53}$$

火焰的高度 h 为

$$h = 42D\left(\frac{M_b}{\rho_0\sqrt{gD}}\right)^{0.6} \tag{12-54}$$

式中 h——火焰在油池上的高度（m）；

D——油池直径（m）；

M_b——燃料质量燃烧率［$kg/(m^2 \cdot s)$］；

ρ_0——周围空气密度，一般取 $1.2kg/m^3$；

g——重力加速度，一般取 $9.8m/s^2$。

③ 火焰的倾斜或吹曳关系式：火焰常受到风的强度和方向的影响，其对某受热面的辐射热，量化风险分析时，应根据实际情况，考虑是否需要评价火焰的倾斜（Flame Tilt）或吹曳（Drag or Trailing）。若火焰旁边有人或物，则火焰倾斜或下斜都可能造成危害。火焰倾斜角度由风的强度和火的大小而定。Welker 和 Sliepcevich（1966）发展的关系式如下：

$$\frac{\tan\theta}{\cos\theta} = 3.2\left(\frac{DU\rho_a}{\mu_a}\right)^{0.07}\left(\frac{U^2}{Dg}\right)^{0.7}\left(\frac{\rho_g}{\rho_a}\right)^{-0.6} \tag{12-55}$$

式中 D——油池的直径（m）；

U——风速（m/s）；

θ——火焰倾斜度（°）；

ρ_a——空气密度（kg/m^3）；

ρ_g——沸点时燃料蒸气密度（kg/m^3）；

μ_a——空气黏度 [kg/(m·s)]；

g——重力加速度，一般取 9.8m/s^2。

④ 表面辐射热：计算由油池表面辐射出去的热通量的方法有多种。若计算大型火灾，如 50t 液化石油气（LPG）火灾，可使用下式（Wesson 和 Welker，1975）：

$$Q=\frac{D\eta_1 M_b \eta_2 H_c}{(D+h)} \tag{12-56}$$

式中 Q——来自表面的热通量（W/m^2）；

η_1——燃烧效率；

η_2——热辐射系数，可取 0.15。

大型液化天然气（LNG）火灾辐射出来的热通量的值有时高达 200kW/m^2 以上，比其他易燃性碳氢化合物（如 LPG、煤油）产生的热通量高些。这是因为 LNG 燃烧时，不会产生浓烟遮蔽其火焰，而 LPG 或煤油等碳氢化合物则产生大量黑烟。直径越大的火，烟越多。所以这些化合物热通量常低于 170kW/m^2。

油池火灾燃烧的热能只有一部分以辐射的方式释放出来，通常不超过 50%，例如 H_2 为 25%，丁烷为 27%，苯为 36%，LNG 为 23%。

⑤ 几何视系数：最简单的视系数是使用点源模型。这是假设辐射源为一点，向四面八方辐射出去，而受热面则垂直于火焰辐射线，则点源视系数为

$$F_p=\frac{1}{4\pi x^2} \tag{12-57}$$

式中 F_p——点源视系数（m^2）；

x——点源至受热物体的距离（m）。

⑥ 大气传输系数：大气吸收的热辐射量由火焰性质、大气状况及传输路径的长度而定。空气中的粉尘或水分子也会分散辐射热，但对于小区域的火灾危害，因为传输路径太短而可忽略这种分散。大气吸收热辐射，以水蒸气吸收为主，CO_2 次之。在 100m 以内大气吸收或分散的热辐射量大约为总热辐射量的 20%~40%。下列关系式可用以估计大气传输系数。

$$T=2.02(p_w X)^{-0.09} \tag{12-58}$$

式中 T——大气传输系数，0~1；

p_w——水分压（Pa）；

X——大气传输路径长度，从火源表面到受热面的距离（m）。

⑦ 受热物体接受的热通量：油池火灾的火焰辐射出去，到达受热物体（人或物），此物体接受的热通量，可假设是来自于一个圆柱体、球体或圆锥体的表面放射出去的（图 12-15）。

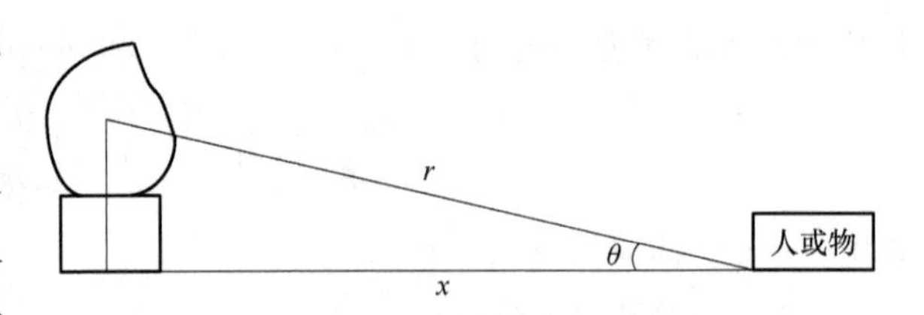

图 12-15 储槽火灾产生的辐射热

$$Q_x=\tau E F_p \tag{12-59}$$

$$或\quad Q_x = \frac{Q_R \cos\theta}{4\pi r^2} \tag{12-60}$$

式中　Q_x——距离 x 接受的热通量（kW/m^2）；

τ——大气传输系数；

E——每单位面积放射出去的辐射热（kW/m^2）；

Q_R——辐射出去的全部热量（kW）；

θ——辐射线与水平线间的角度（°）；

F_p——点源视系数，为$\frac{1}{4\pi r^2}$。

2）喷射火灾。从破裂的开口（如法兰）或管路喷射出易燃性液体或气体而被引燃的火灾，即喷射火灾。由于内外压力差较大，所以喷出的火焰长度较长。与油池火灾不同的是，喷射火灾的火焰不受风的影响。其燃烧时间取决于燃料的多少及燃料的泄漏率。燃料若是液体或气-液两相，则部分液体会流泄为油池火灾。

预估计辐射通量的方法不少，这里所用的喷射火辐射热计算方法是一种包括气流在内的喷射扩散模型的扩展。把整个喷射火看成由沿喷射中心线上的全部点热源组成，每个点热源的热辐射通量相等。

点热源模型的热辐射通量计算公式如下：

$$q = \eta Q_0 H_c \tag{12-61}$$

式中　q——点热源热辐射通量（W）；

η——效率因子，一般可取 0.35；

Q_0——泄漏速度（kg/s）；

H_c——燃烧热（J/kg）。

从理论上讲，喷射火的火焰长度等于从泄漏口到可燃混合气燃烧下限（LFL）的射流轴线长度。对表面火焰热通量，则集中在射流轴线长度的三分之二处。n 点的划分可以是随意的，对危险评价分析一般将射流轴线长度分为 5 段，即 $n=5$。

射流轴线上某点热源 i 到距离该点 x 处一点的热辐射强度为

$$I_i = \frac{qR}{4\pi x^2} \tag{12-62}$$

式中　I_i——点热源 I 到目标点 x 处的入辐射强度（W/m^2）；

q——点热源的辐射通量（W）；

R——辐射率，可取 0.2；

x——点热源到目标点的距离（m）。

某一目标点处的入射辐射强度等于喷射火的全部点热源对目标的热辐射强度的总和：

$$I = \sum_{i=1}^{n} I_i \tag{12-63}$$

式中　n——计算时选取的点热源数，一般取 $n=5$。

3）爆燃（BLEVE）和火球。爆燃是指沸腾液体扩展蒸气爆炸（Boiling Liquid Expanding Vapor Explosion，BLEVE）。爆燃发生在装液化气体，加压容器内。容器外如果有火焰加在液面上，立即使液体汽化，容器内压力随升高而开启释压阀。但若外面的火焰仍不停地燃烧，此时液面逐渐下降，容器的金属外如果不再有液体来转移热量，金属将变脆弱。最后内部压力超过金属破坏强度，造成容器爆炸。残留的液体及气体强力释出，金属外壳碎片能飞到几百米甚至几千米远的地方。容器内的加压液化气体如果是易燃性物质，则上飘成火球。

火球中的易燃性物质在引燃之前，来不及与空气充分混合，属于扩散性的燃烧。其燃烧过程首先是外泄物质迅速膨胀，产生动能，接着由于浮力引起紊流而与空气混合。混合气体若被引燃（常立即被引燃），由于热膨胀而浮力增加，行成球形的火体猛然垂直上冲，被卷入的空气加剧，火球变形膨胀扩大，直到燃料烧尽。

当然火球不一定全是球体，有时是半球体，常在地面形成，这不是 BLEVE 造成的，而是较接近地面的大量易燃物泄漏的结果。也有的呈圆柱体，这与外泄时物质的压力和泄漏方式有关，例如大型容器破裂泄漏时可能发生这种情况。这些火焰形状较少见，但在爆炸现场也出现过。

与油池火灾相比，至今为止人们对火球的研究仍然有限。较理想的火球燃烧模型应该能预测受热物体的热辐射强度，并且要考虑以下因素：①易燃物的性质与种类；②随时间而变化的火球形状；③受热面的方向（角度）、位置。现有的模型还没有形成这么完整的预估模型，只能用较简略的方式说明。

用于 BLEVE 火球的危害评价公式如下：

火球的最大直径

$$D_{\max}(m)=6.48m^{0.325} \tag{12-64}$$

火球的维持时间

$$t(s)=0.825m^{0.26} \tag{12-65}$$

火球的中心高度

$$H(m)=0.75D_{\max} \tag{12-66}$$

上面式子中 m 为燃烧反应物的质量（kg）。一般来说，如果是气态外泄物，常使用外泄物质的全部质量；若是液态外泄物，则使用液态物质量的两倍来计算。

BLEVE 产生辐射热在受热面的热通量：

$$Q_{R}=\tau EF_{21} \tag{12-67}$$

式中 Q_R——黑体受热物接受的热通量（kW/m^2）；

τ——大气传输系数，无量纲；

E——火球射出的热通量（kW/m^2）；

F_{21}——几何可视系数，无量纲。

大气传输系数 τ 可由下式计算：

$$\tau=2.02(p_{w}x)^{-0.09} \tag{12-68}$$

式中 τ——大气传输系数（能量传输部分：0~1）；

p_w——水的分压（N/m^2）；

x——传输路径长度（m），从火焰表面到受热物体的距离。

BLEVE 火球射出的热通量在 200~350kW/m^2，比油池火灾产生的热通量（185~224kW/m^2）大得多。式（12-67）的 E 由式（12-69）计算，但是还要注意由此式求出的 E 值的不确定性相当大。

$$E=\frac{F_{rad}mH_c}{\pi(D_{max})^2t} \tag{12-69}$$

式中 E——火球射出的热通量（kW/m^2）；

m——LPG 在 BLEVE 的质量（kg）；

H_c——燃烧热（kJ/kg）；

D_{max}——火球的最大直径（m）；

F_{rad}——辐射百分比（0.25~0.4）；

t——火球维持的时间（s）。

几何视系数可用下式计算：

$$F_{21}=\frac{D^2}{4x^2} \tag{12-70}$$

式中 F_{21}——火球与受热物体表面之间的几何视系数；

D——火球的最大直径（m）；

x——火球中心到受热物体间的距离（m）。

BLEVE 的危害除火球的热危害之外，还有压力波及碎片的损害。压力容器破裂释出的压力为

$$E=1.43\times10^{-6}\frac{(p_2-p_1)V}{k-1} \tag{12-71}$$

式中 E——TNT 当量（t）；

p_2——压力容器尚未破裂前的压力（kPa）；

p_1——外在压力（大气压力）(kPa)；

k——气体绝热指数；

V——压力容器容积（m^3）。

BLEVE 火球边缘的压力有 14~21kPa。这种压力产生的压力波不大。因为液体汽化的过程不是很激烈，压力上升不大。如果在容器爆开的瞬间能知道液面上蒸气的空间的体积，就可以估计出最大压力波的强度。BLEVE 的压力波对邻近的危险物品储存容器有连锁效应，对厂外社区的伤害较小。

BLEVE 后容器的碎片对它附近的人或设备所造成的伤害很大。碎片在四面八方不平均飞散，在容器两端的轴向，碎片较多，80%的碎片落在距容器 300m 范围内。碎片的总数是容器容积的函数：

$$碎片总数=-3.77+0.0096\times容器容积(容积在 700\sim2500m^3) \tag{12-72}$$

碎片在容器爆炸后获得初速，其飞行受到地心引力和流体动力的影响。流体动力则与碎片的形状及移动方向有关。碎片飞行速度约为340m/s。

4）固体火灾。固体火灾的热辐射参数按点源模型估计。此模型认为火焰射出的能量为燃烧的一部分，并且辐射强度与目标至火源中心距离的平方成反比：

$$q_r = f M_c H_c / (4\pi x^2) \tag{12-73}$$

式中 q_r——目标接收到的辐射强度（W/m^2）；

f——辐射系数，可取 $f=0.25$；

M_c——燃烧速率（kg/s）；

H_c——燃烧热（J/kg）；

x——目标至火源中心间的水平距离（m）。

5）突发火。泄漏的可燃气体、液体蒸发的蒸气在空中扩散，遇到火源发生突然燃烧而没有爆炸。此种情况下，主要是确定可燃混合气体的燃烧上、下极限的轮廓线及其下限随气团扩散到达的范围。为此，可按气团扩散模型计算气团大小和可燃混合气体的浓度。

6）火灾损失。火灾通过辐射热的方式影响周围环境，当火灾产生的热辐射强度足够大时，可使周围物体燃烧或变形，强烈的热辐射可能烧毁设备甚至造成人员伤亡等。

火灾损失估算建立在辐射通量和损失等级的相应关系的基础上。表12-16为不同入射通量造成伤害或损失的情况。

表12-16　热辐射的不同入射通量所造成的伤害或损失

入射通量/(kW/m^2)	对设备的损害	对人的伤害
37.5	操作设备全部损坏	1%死亡/10s 100%死亡/min
25	在无火焰、长时间辐射情况下，木材燃烧的最小能量	重大损伤1/10s 100%死亡/min
1.25	有火焰时，木材燃烧，塑料熔化的最低能量	1度烧伤/10s 1%死亡/min
4.0	无	20s以上感觉疼痛，未必起泡
1.6	无	长期辐射无不舒服感

（4）爆炸事故

爆炸是物质急剧的物理、化学变化，也是大量能量在短时间内迅速释放或急剧转化成机械功的现象。

一般说来，爆炸现象具有以下特征：爆炸过程进行得很快；爆炸点附近压力急剧升高，产生冲击波；发出或大或小的响声；周围介质发生震动或邻近物质遭受破坏。

一般将爆炸过程分为两个阶段：第一阶段是物质的能量以一定的形式（定容、绝热）转变为强压缩能；第二阶段强压缩能急剧绝热膨胀对外做功，引起作用介质变形、移动和破坏。

按爆炸性质可分为物理爆炸和化学爆炸。物理爆炸就是物质状态参数（温度、压力、体积）迅速发生变化，在瞬间放出大量能量并对外做功的现象。物理爆炸的特点是：在爆炸现象发生过程中，造成爆炸发生的介质的化学性质不发生变化，发生变化的仅是介质的状态参数，例如锅炉、压力容器和各种气体或液化气体钢瓶的超压爆炸。化学爆炸就是物质由一种化学结构迅速转变为另一种化学结构，在瞬间放出大量能量并对外做功的现象。

从工厂爆炸事故来看，有以下几种化学爆炸类型：① 蒸气云团的可燃混合气体遇火源突然燃烧，是在无限空间中的气体爆炸；②受限空间内可燃混合气体的爆炸；③化学反应失控或工艺异常造成压力容器爆炸；④不稳定的固体或液体爆炸。

发生化学爆炸时会释放出大量的化学能，爆炸影响范围较大，而物理爆炸仅释放出机械能，其影响范围较小。

1）物理爆炸的能量。物理爆炸如压力容器破裂时，气体膨胀所释放的能量（即爆破能量）不仅与气体压力和容器的容积有关，而且与介质在容器内的物性相态有关。有的介质以气态存在，如空气、氧气、氢气等，有的以液态存在，如液氨、液氯等液化气体、高温饱和水等。容积与压力相同而相态不同的介质，在容器破裂时产生的爆破能量也不同，爆炸过程也不完全相同，其能量计算公式也不同。

① 压缩气体与水蒸气容器爆破能量：当压力容器中介质为压缩气体，即以气态形式存在而发生物理爆炸时，其释放的爆破能量为

$$E_g=\frac{pV}{\kappa-1}\left[1-\frac{0.1013^{\frac{\kappa-1}{\kappa}}}{p}\right]\times10^3 \tag{12-74}$$

式中　E_g——气体的爆破能量（kJ）；

p——容器内气体的绝对压力（MPa）；

V——容器的容积（m^3）；

κ——气体的绝热指数，即气体的比定压热容与比定容热容之比。

常用气体的绝热指数见表 12-17。

表 12-17　常用气体的绝热指数

气体名称	κ值	气体名称	κ值
空气	1.4	二氧化碳	1.295
氮气	1.4	一氧化氮	1.4
氧气	1.397	二氧化氮	1.31
氢气	1.412	氨气	1.32
甲烷	1.36	氯气	1.35
乙烷	1.18	过热蒸汽	1.3
乙烯	1.22	饱和蒸汽	1.135
丙烷	1.13	氰化氢	1.31
一氧化碳	1.395		

从表 12-17 中可以看出，空气、氮气、氧气、氢气等气体的绝热指数大部分都为 1.4 或接近 1.4，故将 κ 值代入计算，则得到气体的爆破能量为

$$E_g = 2.5pV\left[1-\left(\frac{0.1013}{p}\right)^{0.2857}\right]\times 10^3 \tag{12-75}$$

可令 $C_g = 2.5p\left[1-\left(\frac{0.1013}{p}\right)^{0.2857}\right]\times 10^3$，则上式可简化为

$$E_g = C_g V \tag{12-76}$$

式中　C_g——常用气体爆破能量系数（kJ/m^3）。

常用压力下的干饱和蒸汽容器的爆破能量可按下式计算：

$$E_s = C_s V \tag{12-77}$$

式中　E_s——水蒸气的爆破能量（kJ），即 $\kappa = 1.135$ 时 E_g 的值；

V——水蒸气的体积（m^3）；

C_s——干饱和水蒸气爆破能量系数（kJ/m^3）。

常用压力下的干饱和水蒸气容器爆破能量系数见表 12-18。

表 12-18　常用压力下的干饱和水蒸气容器爆破能量系数

压力 p/MPa	0.3	0.5	0.8	1.3	2.5	3.0
爆破能量系数 $C_s/(kJ/m^3)$	4.37×10^2	8.31×10^2	1.5×10^3	2.75×10^3	6.24×10^3	7.77×10^3

② 介质全部为液体时的爆破能量：通常用液体加压时所做的功作为常温液体压力容器爆炸时释放的能量，计算公式如下：

$$E_L = \frac{(p-1)^2 V\beta_t}{2} \tag{12-78}$$

式中　E_L——常温液体压力容器爆炸时释放的能量（kJ）；

p——液体的压力（Pa）；

V——容器的容积（mm^3）；

β_t——液体在压力 p 和温度 t 下的压缩系数（Pa^{-1}）。

③ 液化气体与高温饱和水的爆破能量：液化气体和高温饱和水一般在容器内以气液两态存在，当容器破裂发生爆炸时，除了气体的急剧膨胀做功外，还有过热液体激烈的蒸发过程。在大多数情况下，这类容器内的饱和液体占有容器介质的绝大部分，它的爆破能量比饱和气体大得多，一般计算时不考虑气体膨胀做的功。过热状态下液体在容器破裂时释放出爆破能量可按下式计算：

$$E = [(H_1-H_2)-(S_1-S_2)T_1]W \tag{12-79}$$

式中　E——过热状态液体的爆破能量（kJ）；

H_1——爆炸前液化液体的焓（kJ/kg）；

H_2——在大气压力下饱和液体的焓（kJ/kg）；

S_1——爆炸前饱和液体的熵 [kJ/(kg·℃)];

S_2——在大气压力下饱和液体的熵 [kJ/(kg·℃)];

T_1——介质在大气压力下的沸点 (℃);

W——饱和液体的质量 (kg)。

饱和水容器的爆破能量 E_W 按下式计算:

$$E_W = C_W V \tag{12-80}$$

式中 V——容器内饱和水所占的容积 (m^3);

C_W——饱和水爆破能量系数 (kJ/m^3)。

各种常用压力下饱和水爆破能量系数见表 12-19。

表 12-19 常用压力下饱和水爆破能量系数

压力 p/MPa	0.3	0.5	0.8	1.3	2.5	3.0
爆破能量系数 $C_W/(kJ/m^3)$	2.38×10^4	3.25×10^4	4.56×10^4	6.35×10^4	9.56×10^4	1.06×10^5

2) 爆炸冲击波及其伤害、破坏作用。压力容器爆破时，爆破能量在向外释放时以冲击波能量、碎片能量和容器残余变形量三种形式表现出来。根据介绍，后两者所消耗的能量只占总爆破能量的 3%~15%，就是说大部分能量产生空气冲击波。

冲击波是由压缩波叠加形成的，是波阵面以突进形式在介质中传播的压缩波。容器爆裂时，容器内的高压气体大量冲出，使它周围的空气受到冲击而发生扰动，使其状态（压力、密度、温度等）发生突跃变化，其传播速度大于扰动介质的声速，这种扰动在空气传播就成为冲击波。在离爆破中心一定距离的地方，空气压力会随时间迅速发生悬殊的变化。开始时，压力突然升高，产生一个很大的正压力，接着又迅速衰减，在很短时间内正压降至负压。如此反复循环数次，压力渐次衰减。开始时产生的最大正压力即是冲击波波阵面上的超压。多数情况下，冲击波的伤害-破坏作用是由超压引起的。超压可以达到数个甚至数十个大气压。

冲击波伤害-破坏作用准则有超压准则、冲量准则、超压冲量准则等。

① 超压准则：超压准则认为，只要冲击波超压达到一定值，便会对目标造成一定伤害或破坏。冲击波超压对建筑物的破坏和对人体的伤害作用见表 12-20。

表 12-20 冲击波超压对建筑物的破坏和对人体的伤害作用

超压/MPa	破坏与伤害情况
0.005~0.006	门、窗玻璃部分破碎
0.006~0.015	受压面的门、窗玻璃大部分破碎
0.015~0.02	窗框损坏
0.02~0.03	墙裂缝，人员轻伤
0.04~0.05	墙出现大裂缝，屋瓦掉下，人员听觉器官损伤或骨折，中等伤

（续）

超压/MPa	破坏与伤害情况
0.06~0.07	木建筑厂房房柱折断，房架松动，人员重伤或死亡
0.07~0.10	砖墙倒塌，人员重伤或死亡
0.10~0.20	防震钢筋混凝土破坏，小房屋倒塌，大部分人员死亡
0.20~0.30	大型钢筋结构破坏，绝大部分人员死亡

冲击波波阵面上的超压与产生冲击波的能量有关，也与距离爆炸中心的远近有关。冲击波的超压与爆炸中心距离的关系如下：

$$\Delta p \propto R^{-n} \tag{12-81}$$

式中 Δp——冲击波波阵面上的超压（MPa）；

R——距爆炸中心的距离（m）；

n——衰减系数，取 1.5~3。

冲击波超压的实验室测定：不同数量的同类炸药发生爆炸时，如果与爆炸中心的距离之比与炸药量之比的三次方根相等，则所产生的冲击波超压相同，用公式表示如下：

$$\frac{R}{R_0}=\sqrt[3]{\frac{q}{q_0}}=\alpha \tag{12-82}$$

式中 R——目标与爆炸中心距离（m）；

R_0——目标与基准爆炸中心的相当距离（m）；

q_0——基准炸药量（kg），TNT；

q——爆炸时产生冲击波所消耗的炸药量（kg），TNT；

α——炸药爆炸试验的模拟比。

利用上式就可以根据某些已知药量的试验所测的超压来确定在各种相应距离下任意药量爆炸时的超压。

冲击波超压也可通过由量纲分析和爆炸相似率推导的经验公式计算。根据量纲分析，可以推导出冲击波超压 Δp 为

$$\Delta p=f\left(\frac{\sqrt[3]{\omega}}{r}\right)=A_0+A_1\frac{\sqrt[3]{\omega}}{r}+A_2\left(\frac{\sqrt[3]{\omega}}{r}\right)^2+A_3\left(\frac{\sqrt[3]{\omega}}{r}\right)^3+\cdots \tag{12-83}$$

由边界条件，$r\to\infty$ 时，$\Delta p\to 0$，可得到 $A_0=0$，若取展开式中的前三项作为计算公式，可得到：

$$\Delta p=A_1\frac{\sqrt[3]{\omega}}{r}+A_2\left(\frac{\sqrt[3]{\omega}}{r}\right)^2+A_3\left(\frac{\sqrt[3]{\omega}}{r}\right)^3 \tag{12-84}$$

式中 ω——TNT 当量；

r——与爆源的距离。

系数 A_1、A_2、A_3 可由实验室拟合得到，这里采用我国国防设计规范中采用的参数，$A_1 = 0.084$，$A_2 = 0.27$，$A_3 = 0.7$。

② 冲量准则：破坏效应不但取决于冲击波超压，而且与超压持续时间直接相关，以冲量 I 作为衡量冲击波破坏的效应的参数，这就是冲量准则。

冲量 I 的表达式如下：

$$I = \int_0^T \Delta p(t)\,\mathrm{d}t \tag{12-85}$$

式中 Δp——冲击波超压（Pa）；

t——时间（s）。

冲量准则认为，只要作用与目标的冲击波冲量达到某一临界值，就会引起该目标相应等级的破坏。由于它同时考虑了超压与超压作用持续时间和波形，因此比超压准则更合理。但冲量准则并不考虑目标破坏存在一个最小超压。如果超压低于这个值，即便作用时间再长、冲量再大，目标也不会被破坏。

③ 超压冲量准则：超压冲量准则认为，破坏效应应由超压 Δp 与冲量共同决定，它们的不同组合如果满足如下条件式，就产生相同的破坏效应：

$$(\Delta p - p_{cr})(I - I_{cr}) = C \tag{12-86}$$

式中 Δp——冲击波超压（Pa）；

p_{cr}——引起目标破坏的最小临界超压（Pa）；

I_{cr}——目标被破坏的临界冲量；

C——常数，与目标性质和破坏等级有关。

一般在估计死亡区半径时，使用超压冲量准则；在估计重伤和轻伤时，使用超压准则。

3）爆炸伤害区域的划分。爆炸的伤害区域即为人员的伤害区域。为了估计爆炸所造成的人员伤亡情况，一种简单但较为合理的预测方法是将危险源周围划分为死亡区、重伤区、轻伤区和安全区。根据人员因爆炸而伤亡概率的不同，将爆炸危险源周围由里向外依次划分。

① 死亡区：死亡区内的人员如果缺少防护，则被认为将无例外地蒙受严重伤害或死亡，其内径为零，外径记为 $Rd_{0.5}$，表示外圆周处人员因冲击波作用导致肺出血而死亡的概率为 0.5，它与爆炸量的关系由下式确定：

$$Rd_{0.5} = 13.6\left(\frac{W_{TNT}}{1000}\right)^{0.37} \tag{12-87}$$

$$W_{TNT} = \frac{E}{Q_{TNT}} \tag{12-88}$$

式中 W_{TNT}——爆源的 TNT 当量（kg）；

E——爆源总能量（kJ）；

Q_{TNT}——TNT 爆炸热（kJ/kg），取 $Q_{TNT} = 4520\text{kJ/kg}$。

如果认为该圆周内没有死亡的人数正好等于圆周外死亡的人数，则可以假设死亡区的人员将全部死亡，而死亡区外的人员将无一死亡。这一假设能够极大地简化危险源评估的计算而不会带来显著的误差，因为在破坏效应随距离急剧衰减的情况下，该假设是近似成立的。需要说明的另一个假设是，在考虑这些区域时，已假设冲击波在这些区域传播时没有任何障碍。在一般情况下，不考虑障碍物时得到的伤害分区将给出最保守的结果。

② 重伤区：重伤区内的人员如果缺少防护，则绝大多数将遭受严重伤害，极少数人可能死亡或受轻伤。其内径就是死亡半径 $R_{0.5}$，外径记为 $Rd_{0.5}$，代表该处人员因冲击波作用耳膜破裂的概率为 0.5，它要求的冲击波峰值超压为 44000Pa。

③ 轻伤区：轻伤区内的人员如果缺少防护，则绝大多数人员将遭受轻微伤害，少数人将受重伤或平安无事，死亡的可能性极小。轻伤区内径为重伤区的外径 $Rd_{0.5}$，外径为 $Rd_{0.01}$，表示外边界处耳膜因冲击波作用破裂的概率为 0.01，它要求的冲击波峰值超压为 17000Pa。这里同样应用的是超压准则。

④ 安全区：安全区内人员即使无防护，绝大多数人也不会受伤，死亡的概率几乎为零。安全区内径为轻伤区的外径 $Rd_{0.01}$，外径为无穷大。

⑤ 建筑物的破坏区域划分：爆炸能不同程度地破坏周围的建筑物和构筑物，造成直接经济损失。根据爆炸破坏模型，可估计建筑物的不同破坏程度，据此可将危险源周围划分为几个不同的区域。我国建筑物破坏等级划分见表 12-21。

表 12-21　我国建筑物破坏等级划分

破坏等级	常数 $C/(\mathrm{bar}^2 \cdot \mathrm{ms})$	破坏情况
1	≈0	玻璃偶尔开裂或震落
2	0.082	玻璃部分或全部破坏
3	0.739	玻璃破坏，门窗部分破坏，砖墙出现小裂缝（5mm 以内）和稍有倾斜，瓦屋面局部掀起
4	2.684	门窗大部分破坏，墙有 5~50mm 裂缝和倾斜，钢筋混凝土屋顶开裂，瓦屋面掀起，大部分破坏
5	3.610	门窗摧毁，墙有 50mm 以上裂缝，倾斜很大，甚至部分倒塌，钢筋混凝土屋顶严重开裂，瓦屋面塌下
6	4.536	砖墙倒塌，钢筋混凝土屋顶塌下

注：$1\mathrm{bar}=10^5\mathrm{Pa}$。

4）蒸气云爆炸的冲击波伤害——破坏半径。爆炸性气体以液态储存，如果瞬时泄漏后遇到延迟点火或气态储存时泄漏到空气中遇到火源，则可能发生蒸气云爆炸。导致蒸气云形成的力来自容器内含有的能量或可燃物含有的内能，或两者兼而有之。“能”主要形式是压缩能、化学能或热能。一般只有压缩能和热能才能单独形成蒸气云。

根据荷兰国家应用科研院（TNO）建议（1979），可按下式预测蒸气云爆炸的冲击波损害半径：

$$R=C_s(NE)^{\frac{1}{3}} \tag{12-89}$$

$$E=VH_c \tag{12-90}$$

式中 R——损害半径（m）；

E——爆炸能量（kJ）；

V——参与反应的可燃气体的体积（m^3）；

H_c——可燃气体的高燃烧热值；

N——效率因子，其值与燃料浓度持续展开所造成损耗的比例和燃料燃烧所得机械能的数量有关，一般取 $N=10\%$；

C_s——经验常数，取决于损害等级。

（5）中毒事故

有毒物质泄漏后生成有毒蒸气云，在空气中飘移、扩散，直接影响现场人员并可能波及居民区。大量剧毒物质泄漏可能带来严重的人员伤亡和环境污染。

毒物对人员的危害程度取决于毒物的性质、毒物的浓度和人员与毒物接触时间等因素。有毒物质泄漏初期，其毒气形成气团密集在泄漏源周围，随后由于环境温度、地形风力和湍流等影响气团飘移、扩散，扩散范围变大，浓度减小。在后果分析中，往往不考虑毒物泄漏的初期情况，即工厂范围内的现场情况，主要计算毒气气团在空气中飘移、扩散的范围、浓度、接触毒物的人数等。

1）描述毒物泄漏后果的概率函数法。概率函数法是通过人们在一定时间接触一定浓度毒物所造成影响的概率来描述毒物泄漏后果的一种表示法。概率与中毒死亡百分率有直接关系，二者可以互相换算，概率值在 0~9。

概率值 Y 与接触毒物浓度 c 及接触时间 t 的关系如下：

$$Y=A+B\ln(c^n t) \tag{12-91}$$

式中 A，B，n——取决于毒物的性质的常数；

c——接触毒物的浓度（$\times10^{-6}$）；

t——接触毒物的时间（min）。

使用概率函数表达式时，必须计算评价点的毒性负荷（$c^n t$），因为在一个已知点，其毒性浓度随着气团的通过和稀释而不断变化，瞬时泄漏就是这种情况。

2）有毒液化气体容器破裂时的毒害区估算。液化介质在容器破裂时会发生蒸气爆炸。当液化介质为有毒物质，如液氯、二氧化硫、氢氰酸等，爆炸后如果不燃烧，会造成大面积毒害区域。

设有毒液化气体质量为 W，容器破裂前器内介质温度为 t，液体介质比热容为 c，当容器破裂时，器内压力降至 1atm（0.1MPa），处于过热状态的液体温度迅速降至标准沸点 t_0，假设此时液体所放出的热量全部用于器内液体的蒸发，则其蒸发量为

$$W'=\frac{Wc(t-t_0)}{q} \tag{12-92}$$

式中 W'——蒸发的气体质量（kg）；

W——液化气体质量（kg）；

c——液体平均比热容［kJ/(kg·℃)］；

t——容器破裂前气体温度（℃）；

t_0——物质标准沸点（℃）；

q——液体的汽化热（kJ/kg）。

若介质的相对分子质量为 M，则在沸点下蒸发蒸汽的体积 $V_g(\mathrm{m}^3)$ 为

$$V_g=\frac{22.4W'}{M}\frac{273+t_0}{273} \tag{12-93}$$

若已知有毒物质危险浓度，则可求出其在危险浓度下的有毒空气体积为

$$V=V_g/C' \tag{12-94}$$

式中 V_g——有毒介质的蒸气体积（m^3）；

C'——有毒介质在空气中危险浓度（%）。

假设这些毒气空气以半球体向地面扩散，可以求出该有毒气体的扩散半径 $R(\mathrm{m})$ 为

$$R=(V_g/2.9044)^{\frac{1}{3}} \tag{12-95}$$

式中 R——有毒气体的半径（m）；

V_g——有毒介质的蒸气体积（m^3）。

9. 风险矩阵法

（1）风险矩阵法概述

风险矩阵法是一种能够把危险发生的可能性和伤害的严重程度综合评估的风险评估分析方法；是一种通过定义后果和可能性的范围，对风险进行展示和排序的工具。它将决定危险事件的风险的两种因素，即危险事件的严重性和危险事件发生的可能性，按其特点相对地划分等级，形成风险评价矩阵，并赋以一定的加权值，定性衡量风险的大小，主要用于风险评估领域。

风险矩阵法分析的基本思路为明确评估主体及需求，对其进行系统分析，辨识出每个作业单元可能存在的危害，并判定这种危害可能产生的后果及产生这种后果的可能性，二者相乘，得出所确定危害的风险。然后进行风险分级，根据不同级别的风险，采取相应的风险控制措施。

（2）风险矩阵法分析过程

1）确定危险事件后果严重性等级。风险矩阵法将危险事件后果的严重程度相对地、定性地划分为四级（表 12-22）。分析由系统、子系统或设备的故障、环境条件、设计缺陷、操作规程不当、人为差错引起的有害后果，对照表 12-22，确定危险事件严重性等级。

表 12-22 危险事件严重性等级

等级	等级说明	事故后果说明
Ⅳ	灾难性的	人员死亡或系统报废
Ⅲ	严重的	人员严重受伤、严重职业病或系统严重损坏

（续）

等级	等级说明	事故后果说明
Ⅱ	轻度的	人员轻度受伤、轻度职业病或系统轻度损坏
Ⅰ	轻微的	人员受伤和系统损坏轻于Ⅲ级

2）确定危险事件发生可能性等级。风险矩阵法将危险事件发生的可能性根据其出现的频繁程度定性地划分为五个等级，见表 12-23。对照表 12-23，确定危险事件发生可能性等级。

表 12-23　危险事件可能性等级

等级	可能性大小	单个项目具体发生情况	总体发生情况
A	频繁	频繁发生	连续发生
B	很可能	在寿命期内会出现若干次	频繁发生
C	有时	在寿命期内可能有时发生	发生若干次
D	极少	在寿命期内不易发生，但有可能发生	不易发生，可预期发生
E	不可能	很不容易发生，以至于可认为不会发生	不易发生，但有可能

3）确定危险事件的风险评价指数。将危险严重性和可能性等级编制成矩阵，并分别给以定性的加权指数，即形成风险矩阵，见表 12-24。

表 12-24　风险评价指数矩阵

可能性等级	严重性等级			
	Ⅳ（灾难的）	Ⅲ（严重的）	Ⅱ（轻度的）	Ⅰ（轻微的）
A（频繁）	1	2	7	13
B（很可能）	2	5	9	16
C（有时）	4	6	11	18
D（极少）	8	10	14	19
E（不可能）	12	15	17	20

矩阵中的加权指数称为风险评价指数，指数 1～20 是根据危险时间可能性和严重性水平综合确定的。通常将最高风险指数定为 1，对应于危险事件是频繁发生的并具有灾难性后果；最低风险指数为 20，则对应于危险事件几乎不可能发生而且后果是轻微的。中间的各个数值，则分别表达了不同的风险大小。

此处风险评价指数的具体数字是为了便于区别各种风险的档次。实际安全评价工作中，需要根据具体分析对象来确定风险评价指数。

4）确定风险等级。根据风险评价指数，确定风险等级，见表 12-25。

表 12-24 风险评价指数矩阵中的 1～20 数字等级划分只是一种常用划分方式，表 12-25 风险等级划分标准也只是与之相适应的风险等级划分标准。实际工作中，风险的严重程度划

分、风险事件发生的可能性划分及风险等级划分均有不同的方式和等级标准，需要根据评价对象具体情况及实际需要灵活运用。

表 12-25 风险等级

风险指数	风险等级	危险程度
18~20	4	安全的，不需评审即可接受
10~17	3	临界的，处于事故状态边缘，暂时尚不会造成人员伤亡或财产损失，是有控制接受的危险，应予排除或采取措施
6~9	2	危险的，会造成人员伤亡或财产损失，是不希望有的危险，要立即采取措施
1-5	1	会造成灾难性事故，不可接受的危险，必须立即进行排除

5）根据风险等级确定相应的风险控制措施。

（3）风险矩阵法应用示例

在《福建省危险化学品企业安全风险分级评估指南（试行）》中，单元动态风险评价部分，为了提高评价的科学性和可操作性，对危险化学品生产、经营企业危险事件后果的严重程度 S 从人员伤亡情况、财产损失、停工时间和对企业声誉的影响五个方面进行细化，见表 12-26。评价中取五项得分最高的分值作为其最终的 S 值。对危险事件发生的可能性 L 从事故发生频率、安全检查、操作规程、防范控制措施、现场隐患排查、法律法规及其他要求六个方面进行细化，见表 12-27。评价中取六项得分的最高的分值作为其最终的 L 值。风险等级划分见表 12-28。

表 12-26 事件后果严重性 S 判别准则

分数	人员伤亡程度	财产损失（直接）	停工时间	对企业声誉的影响
5	死亡 终身残疾 丧失劳动能力	≥100 万元	≥30 天	引起国内公众的反应；持续不断的指责，国家级媒体的大量负面报道
4	部分丧失劳动能力 职业病 慢性病 住院治疗	≥30 万元	≥5 天	引起整个区域公众的关注；大量的指责，当地媒体大量的反面报道；国内媒体负面报道，当地或地区或国家政策的可能限制措施
3	需要去医院治疗，但不需住院	≥10 万元	≥1 天	一些当地公众表示关注，受到一些指责；一些媒体有报道和政治上的重视
2	皮外伤 短时间身体不适 接触性反应	小于 1 万元	半天	公众对事件有反应，但是没有表示关注
1	没有受伤	无	没有误时	没有公众反应

R 值为 1~3 时，风险等级为蓝色低风险；R 值为 4~8 时，风险等级为黄色一般风险；R 值为 9~15 时，风险等级为橙色较大风险；R 值为 16~25 时，风险等级为红色重大风险。

表 12-27 事故发生的可能性 L 判断准则

分数	事件发生频率	安全检查	操作规程	防范控制措施	现场隐患排查情况	法律法规及其他要求
5	每天发生，经常	从来没有检查	没有操作规程	无任何防范或控制措施	存在可能直接导致火灾、爆炸、中毒事故、导致人员死亡的重大隐患	违反法律、法规和标准中强制性条款的
4	每月发生	偶尔检查	有操作规程，但只是偶尔执行	防范、控制措施不完善	存在可能导致火灾、爆炸、中毒事故蔓延的重大隐患	违反法律、法规和标准中非强制性条款
3	每年发生	月检	有操作规程，只是部分执行	有，但没有完全使用（如个人防护用品）	存在可能导致人员重伤、致残的一般隐患	不符合上级公司或行业的安全方针、制度、规定等
2	偶尔或一年以上发生	周检	有操作规程，偶尔不执行	有，偶尔失去作用或出差错	存在可能导致人员轻伤的一般隐患	不符合企业的安全操作程序、规定
1	从未发生，极不可能	日检	有操作规程，而且严格执行	有效防范控制措施	现场检查不存在隐患	完全符合

表 12-28 风险度 R 判定准则

可能性 L	严重度 S				
	1	2	3	4	5
1	1	2	3	4	5
2	2	4	6	8	10
3	3	6	9	13	15
4	4	8	12	16	20
5	5	10	15	20	25

运用以上准则对某危险化学品储存场所接卸作业进行分析（表 12-29）。

表 12-29 某危险化学品储存场所接卸作业分析

工作步骤	危害或潜在事件	主要后果	可能性 L	严重性 S	风险度 R	风险等级	建议改正/控制措施
接到罐车到库预报	无法及时安排罐车停靠库区	造成不良影响	4	3	12	橙色较大风险	加强部门之间的协调
卸货	未穿防护服、防静电胶鞋	人身伤亡	5	3	15	橙色较大风险	严格执行制度
过磅计量	未计量	财产损失	3	3	9	橙色较大风险	严格管理
	不按章操作	财产损失	3	3	9	橙色较大风险	严格管理

（续）

工作步骤	危害或潜在事件	主要后果	可能性 L	严重性 S	风险度 R	风险等级	建议改正/控制措施
接静电接地线	不接静电接地线	火灾爆炸	1	5	5	黄色一般风险	
	静电接地栓接地不良	火灾爆炸	2	5	10	橙色较大风险	加强巡查
接卸货软管	法兰连接不密封	泄漏、污染	2	3	6	黄色一般风险	加强巡查
	软管破损渗漏	泄漏、污染	2	4	8	黄色一般风险	加强巡查
卸货现场监护	输送软管破损渗漏	泄漏、污染	3	4	12	橙色较大风险	加强巡查
	管线、阀门等渗漏	泄漏、污染	2	4	8	黄色一般风险	加强巡查
	打雷闪电	火灾爆炸	2	5	10	橙色较大风险	打雷时严禁卸货
	进油时车上维修作业	火灾爆炸	2	5	10	橙色较大风险	卸货时禁止维修作业
拆卸输送软管	管内有残余液体	泄漏、污染	3	2	6	黄色一般风险	严格按操作规程操作
拆卸静电接地线	忘拆静电接地线	设备损坏、丢失	2	2	4	黄色一般风险	严格按操作规程操作

复 习 题

1. 什么是安全评价？
2. 简述安全评价的分类。
3. 简述安全评价的原则。
4. 简述安全评价的程序。
5. 常用的评价方法有哪些？简述它们的差别。

第 13 章 系统安全控制

如果仅对系统进行危险辨识和评价，而对所辨识出的危险有害因素没有进行控制，系统的安全状态是无法得到改善的。所以，只有通过对系统危险的辨识和评价，找出系统中所存在的危险源并确定危险等级后，再提出对其进行控制的措施并予以实施，才能使系统的安全状况得到改善。因此，可以认为对系统危险有害因素的控制与消除，实现系统的安全是安全系统工程的最终目的。

13.1 系统安全控制概述

13.1.1 系统安全控制的概念及目的

认识危险的最终目的是控制和消除危险。针对系统危险辨识和安全评价阶段发现的系统中的危险有害因素、薄弱环节或潜在危险，基于现有安全科学技术水平，结合系统或工程的现实安全要求，采用控制论基本原理与方法对其提出调整、修正、消除等安全措施并加以实施，以消除事故的发生或使发生的事故得到最大限度控制，这一过程称为系统安全控制或系统危险控制。只有这样才能使系统的安全状况得到改善，实现系统安全最优化。系统安全控制具体有以下两个目标：①降低事故发生频率；②降低事故严重程度及每次事故的经济损失。

13.1.2 系统安全控制技术的分类

系统安全控制技术按控制对象不同分为宏观控制和微观控制两大类。宏观控制技术以整个研究系统为控制对象。采用的技术手段主要有法制手段（政策、法令、规章）、经济手段（奖、罚、惩、补）和教育手段（长期的、短期的、学校的、社会的）；微观控制技术以具体危险源为控制对象。采用的手段主要是工程技术措施和管理措施。宏观控制与微观控制互相依存，互为补充，互相制约，缺一不可。

另外，按照控制措施出现在危险显现的前后，系统安全控制技术广义上又可分为事前控制、事中控制和事后控制三类。事前控制包括安全预评价、岗前安全教育培训、在设备产品设计阶段采取的措施等；事中控制包括安全现状评价、安全现场管理等；事后控制包括安全应急管理、事故应急救援等。

13.1.3 系统安全控制的原则

在系统安全控制的过程中，应遵循以下原则：

（1）闭环控制原则

闭环控制系统是以系统输出影响系统输入的，所以闭环系统包括输入、输出及信息反馈（图 13-1）。只有闭环控制才能达到优化的目的，其关键是必须要有信息反馈和控制措施。

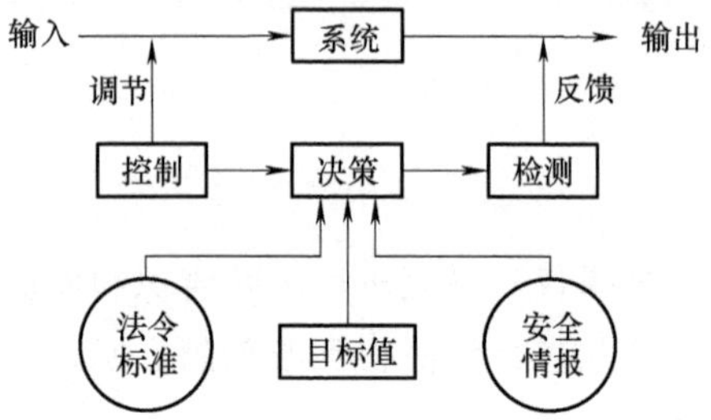

图 13-1 闭环控制图

（2）动态控制原则

系统是运动、变化的，只有正确、适时地对系统进行控制，才能收到预期效果。

（3）归口分级控制原则

根据系统的组织结构和危险的特点、分类规律，采取归口分级控制的原则，使得目标分解，责任分明，最终实现系统总控制。

（4）多层次控制原则

多层次控制可以增加对事故危险控制的可靠程度。一般包括五个层次：根本的预防控制、补充性控制、防止事故扩大的预防性控制、经常性控制以及紧急性控制。各层次控制采取的具体内容随危险性质不同而不同。在实际应用中，是否采取五个层次，视事故的危险程度和严重性而定。

13.1.4 系统安全控制的途径

系统安全控制的内容如图 13-2 所示。

对危险源的控制可从三方面进行：技术控制、人的行为控制和管理控制。

1. 技术控制

控制危险源主要通过技术手段来实现。危险源控制技术包括防止事故发生的安全技术和减少或避免事故损失的安全技术。采取技术措施对危险源进行控制，即尽量做到防患于未然；另一方面也应做好充分准备，一旦发生故障、事故时，能防止事故扩大或引起其他事故，把事故造成的损失限制在尽可能小的范围。技术控制的手段主要有消除、控制、防护、隔离、监控、保留和转移等。

2. 人的行为控制

控制人为失误，减少人的不正确行为对危险源的触发作用。人为失误主要表现为操作失误、指挥错误、不正确的判断或缺乏判断、粗心大意、厌烦、懒散、疲劳、紧张、疾病或生理因素，错误使用防护用品和防护装置等。人的行为控制首先是加强教育培训，做到人的安全化；其次应做到操作安全化。

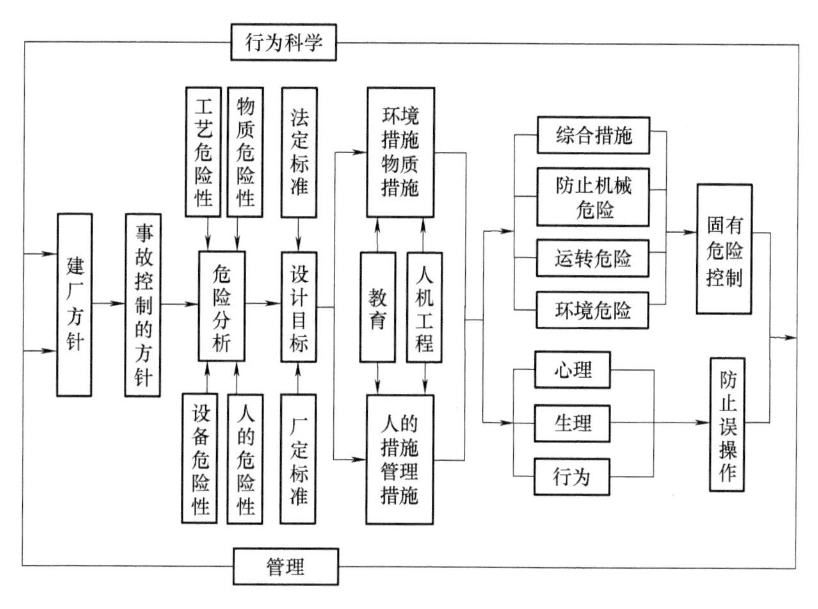

图 13-2 系统安全控制的内容

3. 管理控制

实行科学的安全管理对危险源进行控制，也是非常重要的手段。通过一系列有计划、有组织的安全管理活动，也可以达到对危险源控制的目的。

13.2 系统安全控制措施

事故的风险主要取决于事故发生的概率和事故造成后果的严重程度，而事故的发生是由多种因素综合作用的结果。因此，事故发生的概率和事故的严重程度与系统中存在的危险因素及其危害程度有着密切关系。由此可见，要减少事故就必须控制系统中的危险因素。危险控制主要有降低事故发生概率、降低事故严重度、加强安全管理三个基本措施。

13.2.1 降低事故发生概率

影响事故发生概率的因素很多，如系统的可靠性、系统的抗灾能力、人为失误和“三违”等。在生产作业过程中，既存在自然的危险因素，也存在人为的生产技术方面的危险因素。这些因素能否转化为事故，不仅取决于组成系统各要素的可靠性，而且受到企业管理水平和物质条件的限制。因此，降低系统事故的发生概率，最根本的措施是设法使系统达到本质安全，使系统中的人、物、环境和管理安全化。要做到系统的本质安全化，应采取以下综合措施：

1. 提高设备的可靠性

要控制事故的发生概率，基础工作是要提高设备的可靠性。为此，可采取以下五个方面的措施：

(1) 提高元件的可靠性

设备的可靠性取决于组成元件的可靠性。要提高设备的可靠性，必须加强对元件的质量控制和维修检查。一般有两种方式：①使元件的结构和性能符合设计要求和技术条件，选用可靠性高的元件代替可靠性低的元件；②合理规定元件的使用周期，严格检查维修，定期更换或重建。

(2) 增加备用系统

增加备用系统，保证意外事件发生时能随时启用，不致中断系统运行，有利于系统抗灾救灾。为保持系统的高可靠性，必须确保备用系统转换机构稳定可靠，能及时发现在用系统故障，并迅速更换、调整为可用的备用系统。

(3) 利用平行冗余系统

实际上，平行冗余系统也是一种备用系统，其是指在系统中选用多台单元设备，每台单元设备都能完成同样的功能，一旦其中一台或几台设备发生故障，系统仍能正常运转。只有当平行冗余系统的全部设备都发生故障时，系统才可能失败，故系统的可靠性大大增加。

(4) 对处于恶劣环境下运行的设备采取安全保护措施

通过控制温度、湿度和风速来改善设备周围的气象条件；对振动大的设备应加强防振、减振和隔振等措施；对有摩擦、腐蚀、侵蚀和辐射等环境条件的设备，应采取相应的防护措施。

(5) 加强预防性维修

通过预防性维修可以消除设备的潜在危险、排除事故隐患、提高设备可靠性。为此，应制定相应的维修制度，并认真贯彻执行。

2. 选用可靠的工艺技术，降低危险因素的感度

危险因素的存在是事故发生的必要条件。危险因素的感度是指危险因素转化成为事故的难易程度。虽然物质本身所具有的能量和发生性质不可改变，但危险因素的感度是可以控制的，其关键是选用可靠的工艺技术。

3. 提高系统的抗灾能力

可通过提高系统受到外界事物或危险事件干扰时，自动抵抗干扰，将事态控制在可承受范围的能力，也能达到降低事故发生概率的目的。例如，在煤炭行业，为提高煤矿生产系统的抗灾能力，应该建立健全通风系统，实行独立通风，建立隔爆水棚，采用安全防护装置，如风电闭锁装置、漏电保护装置、提升保护装置、斜井防跑车装置、安全监测和监控装置等；矿井主要设备实行双回路供电、选择备用设备等。

4. 减少人为失误

很多事故是由于人的失误造成的，因此减少人的失误是降低系统事故发生概率的一个重要途径。可以通过对人进行充分的安全知识、安全技能、安全态度等方面的教育与训练；改善工作环境，为工人提供安全性较高的劳动生产条件；提高生产机械化程度，尽可能用机器操作代替人工操作，减少危险环境下人员工作时间；利用人机工程学原理改善人机接口的安全状况；注意使工作性质与所用工作人员的性格特点一致等措施提升人的可靠度，从而降低系统的事故发生概率。

5. 加强监督检查

建立健全各种自动制约机制，加强专职与兼职、专管与群管相结合的安全检查工作。对系统中的人、事、物进行严格的监督检查，在各种劳动生产过程中都是必不可少的。当技术手段或经济条件有限的情况下，更应该加强安全检查工作，才可能有效地保证安全生产。

6. 工作场所的合理布局和整洁

合理的标准包括工序符合操作顺序、工艺流程，搬运路线要短、通道要通畅、距离适当，物质摆放要整齐、稳固、清洁。

13.2.2 降低事故严重度

事故严重度是指因事故造成的人员伤亡、财产损失或环境破坏的严重程度。事故的发生是由系统中的能量失控造成的，事故的严重度与系统中危险因素转化为事故时释放的能量有关，释放的能量越大，事故的严重度越大；也与系统本身的抗灾能力有关，抗灾能力越大，事故的严重度越小。因此，降低事故严重度可采取如下措施：

1. 限制能量的措施

为了减少事故损失，必须对危险因素的能量进行限制。例如，国家对仓库储存危险化学品的类型和数量有严格的规定。

2. 分散风险的措施

分散风险的办法是把大的事故损失化为小的事故损失。如在煤矿把“一条龙”通风方式改造成并联通风，每一矿井、采区和工作面均实行独立通风，可达到分散风险的效果。

3. 防止能量逸散的措施

防止能量逸散就是设法把有毒、有害、有危险的能量源储存在允许范围内，而不影响其他区域的安全，如化工厂电气设备采用的防爆设备的外壳、井下的防爆设备、堵水、密闭墙、密闭火区、密闭采空区等。

4. 加装缓冲能量的装置

在生产中，设法使危险源能量释放的速度减慢，来降低能量意外释放带来的破坏。这种使能量释放速度减慢的装置称为缓冲能量装置。

5. 避免人身伤亡的措施

避免人身伤亡的措施包括两方面的内容，一是防止发生人身伤害；二是一旦发生人身伤害，采取相应的急救措施。采用遥控操作、提高机械化程度、使用整体或局部的人身个体防护都是避免人身伤害的措施。在生产过程中及时注意观察各种灾害的预兆，以便采取有效措施，防止发生事故，即使不能防止事故发生，也可及时撤离人员、避免人员伤亡。

13.2.3 加强安全管理

1. 建立健全安全管理机构

应依法建立健全各级安全管理机构，配置足够的精明强干、技术过硬的安全管理人员以及相关设备。充分发挥安全管理机构的作用，并使其与设计、生产、人事等职能部门密切配合，形成一个有机的安全管理机构，全面贯彻落实“安全第一，预防为主，综合治理”的安全生产方针。

2. 建立健全安全生产责任制

安全生产责任制是企业岗位责任制的一个组成部分，是企业中最基本的一项安全制度，也是企业安全生产、劳动保护管理制度的核心。企业的主要负责人要对本企业的安全生产负责，主要负责人是否能落实安全生产责任制是搞好安全生产的关键。

3. 建立安全生产监督检查制度，并认真贯彻实施

进行安全监督检查是贯彻安全生产方针，揭露和消除事故隐患，交流安全生产经验，推动劳动保护工作的有效措施之一。安全监督检查的内容分为查思想、查现场、查隐患、查管理、查制度等几方面。安全监督检查的形式有定期检查、普遍检查和专业检查等，一般把企业自查与上级部门、劳动和卫生部门联合检查相结合。对查出的问题，要切实采取相应解决措施，做到条条有着落、事事有交代。

4. 编制安全技术措施计划，制定安全操作规程

编制和实施安全技术措施计划，有利于有计划、有步骤地解决重大安全问题，合理地使用国家资金。也可以吸收工人群众参加安全管理工作。制定安全操作规程是安全管理的一个重要方面，是事故预防措施的一个重要环节，可以限制作业人员在作业环境中的违规行为，调整人与自然的关系。

5. 加强职工安全教育

通过安全教育，使员工熟悉和掌握劳动安全法律法规和安全生产方面的技术知识，树立安全生产的思想。职工安全教育的内容主要包括政治思想教育、劳动纪律教育、方针政策教育、法制教育、安全技术培训以及典型经验和事故教训的教育等。职工安全教育不仅可提高企业各级领导和职工搞好安全生产的责任感和自觉性，而且能普及和提高职工的安全技术知识，使其掌握不安全因素的客观规律，提高安全操作水平。

职工安全教育的主要形式有三种，即三级安全教育、经常性教育和特殊工种教育。三级安全教育是对新工人的教育，内容主要是基本安全知识，包括厂级安全教育（公司级）、车间安全教育（部门级）和岗位安全教育（班组级）。经常性教育是职工业务学习的内容，也是安全管理中经常性的工作，进行方式有多种多样，如班前会、班后会、安全月、广播、黑板报、看录像等。特殊工种教育是对那些技术比较复杂、岗位比较重要的特殊作业人员（如绞车驾驶员、通风员、瓦斯检查员、电工等）进行的专门教育和训练，经考试合格，取得操作资格证书的，方可上岗作业。

6. 营造重视安全生产的企业文化

文化因素对安全生产起到潜移默化的作用。在重视安全生产的企业文化氛围中，员工会在无形之中更加重视安全生产，有利于提高企业的安全生产水平。

13.2.4 生产安全事故应急救援

为了防止事故扩大，有效控制危险源，抢救受害人员，指导人员防护，组织群众撤离，以及做好事故现场清消、消除危害后果等，需要做好生产安全事故应急救援工作。

1. 生产安全事故应急救援的基本形式和特点

生产安全事故应急救援按事故波及范围及其危害程度，可采取事故单位自救和社会救援两种形式。

（1）事故单位自救

事故单位自救是一些危险性比较大的企业最基本、最重要的救援形式。因为事故单位最了解事故的现场情况，专业性强，即使事故危害已经扩大到事故单位以外区域，事故单位仍需全力组织自救，特别是尽快控制危险源，抢救出受伤及被困人员。如一些危险性较大的矿山企业要求设立专业的矿山救护队，负责事故时的应急救援。同时，应急救援队伍除对本单位提供应急救援服务外，一旦同类相邻单位发生事故，也为其提供应急救援服务。

（2）社会救援

当事故达到一定级别，靠单位自救无法完成，必须借助外部社会力量完成救援。社会救援的优势在于能够将各方面的力量组织起来，成立救援指挥部，并在指挥部的统一领导下，密切配合，协同作战，迅速、有效地组织和实施应急救援。社会救援还能承担波及面广、影响大、专业性很强的应急救援任务。

2. 生产安全事故应急救援管理过程

生产安全事故应急救援管理是对重大事故的全过程管理，贯穿于事故发生前、中、后的各个过程，充分体现了“预防为主，常备不懈”的应急救援思想。应急救援管理是一个动态的过程，包括预防、准备、响应和恢复四个阶段。四个阶段相互关联，构成了重大事故应急救援管理的循环过程。

（1）预防

预防是指通过安全管理和安全技术等手段，尽可能防止事故的发生，或在假定事故必然发生的前提下，通过预先采取的措施降低或减小事故的影响或后果严重程度。

（2）准备

准备是指针对可能发生的事故，为迅速有效地开展应急行动而预先所做的各种准备，包括应急机构的设立和职责的落实，预案的编制，应急队伍的建设，应急设备（设施）、物资的准备和维护，预案的演练，与外部应急力量的衔接等，目标是保持重大事故应急救援所需的应急能力。

（3）响应

响应是指事故发生后立即采取救援行动，包括事故报警与通报、人员紧急疏散、急救与医疗、消防和工程抢险措施、信息收集与应急决策和外部求援等，目标是尽可能抢救受害人员，保护可能受威胁的人群。

（4）恢复

恢复是指事故发生后立即进行恢复工作，使事故影响区域恢复到相对安全的基本状态，然后逐步恢复到正常状态。立即进行的恢复工作包括事故损失评估、原因调查、清理废墟等。短期恢复中应注意避免出现新的紧急情况；长期恢复包括厂区重建和受影响区域的重新规划和发展。

3. 生产安全事故应急救援体系的建立

构建应急救援体系，应贯彻顶层设计和系统论的思想，以事件为中心，以功能为基础，分析和明确应急救援工作的各项需求，在应急能力评估和应急资源统筹安排的基础上，科学地建立规范化、标准化的应急救援体系，保障各级应急救援体系的统一和协调。

一个完整的生产安全事故应急救援体系应包括组织体制、运作机制、法制基础和应急保障系统四个部分构成，如图 13-3 所示。

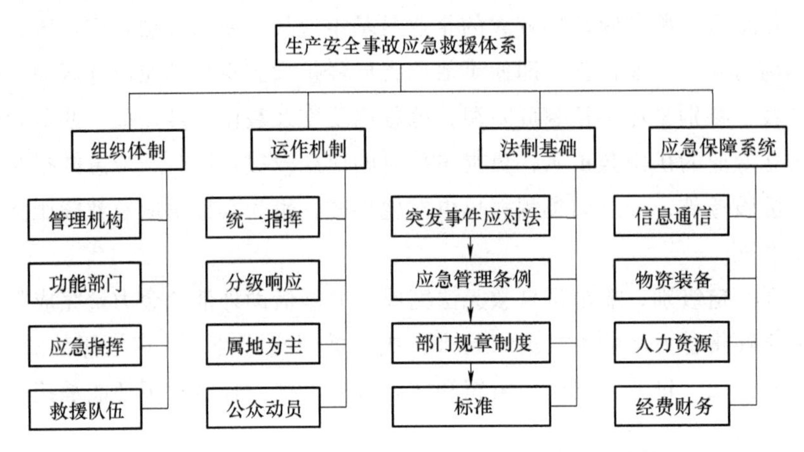

图 13-3　生产安全事故应急救援体系基本框架结构

生产安全事故应急救援系统的应急响应程序按过程可分为接警、判断响应级别、应急启动、救援行动、应急恢复和应急结束等几个过程，如图 13-4 所示。

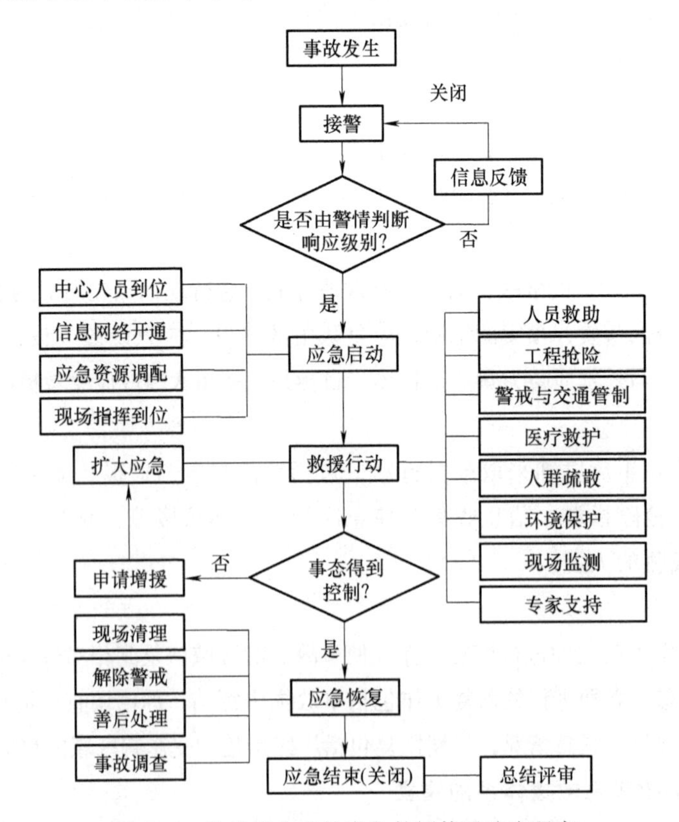

图 13-4　生产安全事故应急救援体系响应程序

4. 生产安全事故应急救援预案的策划与编制

生产安全事故应急救援预案是针对可能发生的重大事故及其影响和后果严重程度，为应急准备和应急响应的各个方面所预先做出的详细安排，是开展及时、有序和有效的事故应急救援工作的行动指南。应急救援预案明确了应急救援的范围和体系，使应急准备和应急管理有据可查、有章可循，有利于做出及时响应，降低事故后果，成为各类突发重大事故的应急救援基础。

由于企业可能面临多种类型突发事故或灾害，为保证各种类型预案之间的整体协调性和层次，实现共性与个性、通用性与特殊性的结合，将各种类型生产安全事故应急救援预案有机组合在一起，对生产安全事故应急救援预案合理地划分层次是有效的方法。生产安全事故应急救援预案可分为综合预案、专项预案、现场预案三个层次，如图 13-5 所示。

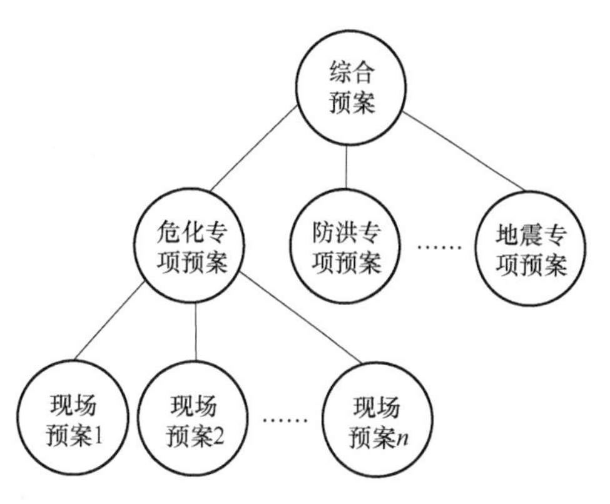

图 13-5 应急救援预案组成

生产安全事故应急救援预案的编制主要包括五个过程：①成立由各有关部门组成的预案编制小组，指定负责人；②分析危险和评估应急能力；③编制应急救援预案；④评审与发布应急救援预案；⑤应急救援预案的实施。

生产安全事故应急救援预案是整个应急管理体系的反映，不仅包括事故发生过程中的应急响应和救援措施，还包括事故发生前的各种应急准备和事故发生后的紧急恢复，以及预案的管理与更新等。一个完善的生产安全事故应急救援预案按相应的过程可分为六个核心要素，包括：①方针与原则；②应急策划；③应急准备；④应急响应；⑤现场恢复；⑥预案管理与评审改进。

5. 生产安全事故应急救援预案的演练

生产安全事故应急演练是检验、评价和保持应急能力的一个重要手段。其重要作用突出地体现在：可在事故真正发生前暴露预案和程序的缺陷；发现应急资源的不足（包括人力和设备等）；改善各应急部门、机构、人员之间的协调；增强公众应对突发重大事故救援的信心和应急意识；提高应急人员的熟练程度和技术水平；进一步明确各自的岗位与职责；提高各级预案之间的协调性；提高整体应急反应能力。

生产安全事故应急演练主要有桌面演练、功能演练和全面演练三种类型。应急演练的组织者或策划者可根据以下因素确定采取哪种类型的演练方法：①应急预案和响应程序制定工作的进展情况；②本辖区面临风险的性质和大小；③本辖区现有应急响应能力；④应急演练成本及资金筹措状况；⑤有关部门对应急演练工作的态度；⑥应急组织投入的资源状况；⑦国家及地方政府部门颁布的有关应急演练的规定等。

生产安全事故应急演练结束后，需要对演练的效果做出评价，并提交演练报告，详细说明演练过程中发现的问题。按照对应急救援工作及时有效性的影响程度，将演练过程中发现的问题分为不足项、整改项和改进项三种类型。

13.3 体系化安全控制

隐患是导致事故发生的原因，隐患不除，事故难控，只有采取安全风险预控和隐患排查治理，才能从根本上预防和遏制事故的发生，才能实现系统真正意义上的本质安全。为此，我国目前采取了诸如 HSE 管理体系、安全标准化体系、风险分级管控和隐患排查治理机制等体系化管理来控制事故的发生。

13.3.1 HSE 管理体系

1. HSE 管理体系概述

HSE 管理体系指的是健康（Health）、安全（Safety）和环境（Environment）三位一体的管理体系，横有宽度，纵有广度，横向为全员、全过程、全方位、全天候的四位一体的管理模式，纵向为健康、安全、环境三方直线统一的模式，是系统化安全控制措施的典型代表。它关注人员的个人身心健康（Health），要求不管在什么工作环境下，都要首先保证员工的健康、安全；同时，保证生产过程的安全（Safety），重视生产过程中的风险控制、技术操作及与之相关的社会、工作环境（Environment）安全，实现可持续发展。

我国在借鉴和引入国际职业健康安全管理体系的基础上，结合我国实际，于 1999 年 10 月，国家经贸委颁发了《职业安全卫生管理体系试行标准》；2001 年 12 月，国家经贸委颁发了《职业安全健康管理体系指导意见》和《职业安全健康管理体系审核规范》。中国石油天然气总公司于 1997 年颁布了石油天然气行业标准《石油天然气工业健康、安全与环境管理体系》(SY/T 6276—1997)。2007 年 8 月，中石油集团认真总结过去 HSE 管理工作的经验和教训，围绕构建中国石油特色的 HSE 管理体系这一目标，发布了企业标准《健康、安全与环境管理体系　第 1 部分：规范》(Q/SY 1002.1—2007)。

随着 HSE 管理体系在国内的不断完善与发展，企业也不断提高管理水平，提高管理队伍的素质，改善企业与周边居民、周边环境的关系，在保证安全平稳生产和减少人员伤亡的同时，使我国企业能有效地与国际接轨，并逐步树立良好的企业形象，提高企业在国际市场上的竞争力，使企业更加系统化、规范化、国际化。

2. HSE 管理体系的构成要素

HSE 管理体系的七要素如图 13-6 所示，分别是①领导和承诺；②方针和战略目标；③组织结构、资源和文件；④评价和风险管理；⑤规划（策划）；⑥实施和监测；⑦审核和评审。它们相互联系，并在实际工作中发挥引领和指导作用，使安全管理与控制

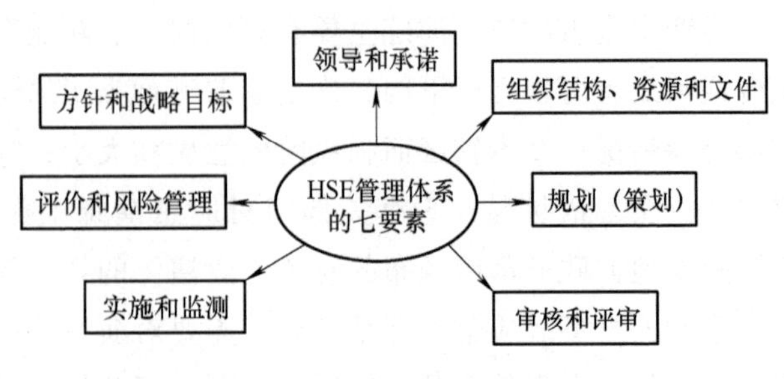

图 13-6　HSE 管理体系的七要素

更完善、更系统。

（1）领导和承诺

领导和承诺是 HSE 管理体系的核心，是体系运转的动力，对体系的建立运行和保持具有十分重要的意义。

各部门负责人都有领导和动员全体员工来实现健康、安全与环境的目标和指标的责任。领导的作用是通过展示正确的 HSE 行为，通过确定 HSE 职责和义务，通过提供所需的资源，通过考核和审核来不断改善 HSE 体系。此要素要求领导在 HSE 管理体系建立和实施过程中体现如下几个方面：①通过全方位的身体力行树立 HSE 榜样，支持正确行为；②就 HSE 方面的有关问题与员工、承包商和其他相关方进行明确的双向交流；③将 HSE 要求综合反映到业务发展计划中去，确保建立成文的管理要求；④从思想、组织和制度上保证 HSE 管理体系按照既定方针和目标运行，并兼顾生产、业务等其他方面；⑤建立明确的 HSE 目标、标准、职责、业绩考核办法，配备相应的人力和物力资源；⑥在本公司内根据年度目标对各单位主管领导进行考核，考核时还应征求各方面的意见；⑦将上级公司建立的 HSE 方针、目标落实到本公司的业务活动中，如外部认证、可持续发展、保护生物多样性等；⑧促进 HSE 经验的内外部交流。

（2）方针和战略目标

方针和战略目标是由高层领导为公司制定的 HSE 管理的指导思想和行为准则，是健康、安全与环境管理的意图、行动的原则，改善 HSE 表现的目标，是体系建立和运行的依据和指南。健康、安全与环境管理是密不可分的整体，制定的 HSE 方针不应是相互独立的，而应是综合性的。

（3）组织机构、资源和文件

组织机构、资源和文件是体系运行的组织保障和物质基础，是保证 HSE 表现良好的必要条件。组织机构是指企业管理系统负有 HSE 管理责任的部门和人员的构成，是企业 HSE 管理体系的具体管理机构组织状况。资源主要是指可供使用的人力、财力、物力、技术、设备等内部资源，是 HSE 管理体系建立和运行的重要物质保障。

（4）评价和风险管理

防止事故发生，将危害及影响降低到可接受的最低限度是 HSE 管理体系运行的最直接目的，对风险的正确而科学地识别、评价和有效管理是达到此目的的关键。风险管理是一个不间断的过程，是所有 HSE 要素的基础，应定期对存在的危害进行检查，并评估业务活动中的相关风险。

（5）规划（策划）

规划（策划）是落实 HSE 风险管理的重要内容，是实施 HSE 计划管理的重要方面。HSE 规划是公司整体规划的一部分，应分层次围绕 HSE 目标和表现准则，通过危害和影响管理程序确定降低危害的措施，落实专门资金、必要的设备和资源，形成具有可操作性的规划。

（6）实施和监测

实施和监测是 HSE 管理体系实施的关键。HSE 管理体系要求：员工和工作相关方在开始接触任何一项工作时，都必须熟悉相关 HSE 控制措施，依据规划阶段所建立的程序、作业指南及相关的 HSE 政策实施工作，并进行监测。

（7）审核和评审

审核和评审是 HSE 管理体系的最后一环，是定期对 HSE 管理体系的表现、有效性和持续适用性所进行的评估，是体系持续改进的必要保证。HSE 审核和评审是公司管理应履行的职责，所有现场和生产过程中实施的规范都应定期进行检查和审核，评价 HSE 管理标准和相关法规的遵守情况，提出持续改进的领域。

HSE 管理体系是一套科学化、规范化的管理体系，也是经过实践并得到验证的行之有效的管理模式，是以系统理论为指导的现代安全管理方法。虽然 HSE 管理体系是针对石油天然气工业的健康、安全与环境管理，但它的指导思想和组织方式具有一定的通用性，在其他企业（如煤炭、金属、非金属矿山等企业）的健康、安全与环境管理中具有一定的借鉴作用。HSE 管理体系建立了一个管理系统的框架，应在此标准的框架基础上，结合各自行业特点建立符合实际的执行标准和实施细则。

13.3.2 安全生产标准化

1. 安全生产标准化概述

安全生产标准化是指通过建立安全生产责任制，制定安全管理制度和操作规程，排查治理隐患和监控重大危险源，建立预防机制，规范生产行为，使各生产环节符合有关安全生产法律法规和标准规范的要求，人（人员）、机（机械）、料（材料）、法（工法）、环（环境）、测（测量）处于良好的生产状态，并持续改进，不断加强企业安全生产规范化建设。安全生产标准化建设内在要素关系（图 13-7）是指通过资源（资金、人员、信息等），规范设备运行、教育培训等企业的安全生产条件，优化人、机器设备、材料、管理环境、劳动者等组成的生产系统，降低系统安全生产风险。

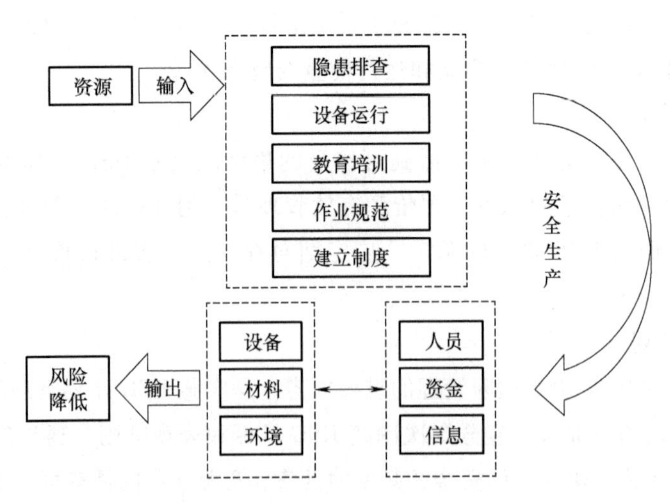

图 13-7 安全生产标准化建设内在要素关系

通常安全生产标准化的要素由八个大项构成。

（1）安全生产标准化的方针

安全生产标准化遵循“安全第一，预防为主，防治结合”的方针，落实企业主体责任。

（2）安全生产标准化的目标

安全生产标准化管理体系以安全风险管理、隐患排查治理、职业病危害防治为基础，以安全生产责任制为核心，标准化的建立是为了使生产经营单位能够更好地适应现代化安全生产，从企业内部、外部监管等多个方面进行综合提升，同时对于所有参与生产过程中的人员提出了新的学习要求，通过一系列的强制举措，实现企业安全生产，保护职工生命健康，从而促进安全管理水平进入新的发展阶段。

（3）安全生产标准化的运行原理

安全生产标准化管理体系采用的基本原理是“PDCA 原理”，分为“计划、行动、检查、改进”四个相互关联的环节，建立了一个动态循环的管理模式。安全生产标准化是以隐患排查为基础，以安全生产责任制、安全法律法规和作业规程、作业标准化为手段，使各生产环节符合有关法律和规范要求，人、机、物、环、管处于良好的运行状态，持续改进，不断加强企业规范化建设。

（4）企业安全生产标准化规范的具体要素（以《企业安全生产标准化基本规范》为例）

1）目标职责：企业根据自身实际情况，成立安全生产委员会，负责企业的安全生产与职业健康，明确全员参与是保证安全生产标准化体系执行的必要条件，同时强调最高安全管理者对安全生产和职业健康负有全面的职责和义务，各级管理人员负有相应的责任和义务。企业要创立安全投入保障机制，全面开展安全文化和信息化建设。

2）制度化管理：企业要根据现行的安全生产和职业健康法律法规制定相应的规范要求和制度规章，并且及时有效地随着法律法规的变化，做出相应的变化。企业在制定规章制度和操作规程时，要结合企业的管理目标要求和员工的建议要求，并根据生产工艺的特点，制定出与时俱进，符合生产要求的制度。

3）教育培训：企业的教育培训主要是面向三类人群，管理人员除了要具备本企业生产经营活动的知识和能力外，同时要能够对于各岗位工作的人员具有考察考核的能力；建立企业三级培训教育体制，当企业安全管理的政策、法律、生产工艺等发生变化时，要及时对从业人员进行培训教育；对于外来人员，在其进入企业生产前，预先做好相关的培训教育。

4）现场管理：现场管理是企业安全管理中最直接的一环。在设备管理中，从设备的建设、验收、运行、维修、检测检验到拆除报废，全过程要实施安全管理，缺失一环，都会造成管理缺失漏洞，产生事故隐患。在作业安全中，要事先对环境和工作条件进行了解，实施可靠的安全技术举措，生产现场要实行定置管理，作业环境要保持整洁卫生，加强对从业人员的作业行为的安全管理，明确岗位达标的内容和要求。相关方要建立严格的档案，使其满足标准要求。企业要为员工提供良好的符合条件的工作环境，提供职业病防护用品，做好职业病检测监测工作，保障员工的职业卫生权益，相关危险领域设置警示标志，并持续维护。

5）安全风险管控及隐患排查治理：安全风险管理包括风险的辨识、评估、控制及变更管理。生产经营单位要建立风险辨识管理制度，对涉及的指定危险因素全方位考虑，并统计、分析、整理、归档。企业要定期对安全风险进行审核，对异常情况要选择相应的控制措施；当发生变更时，要对变更全过程进行风险分析；对于重大的危险源要特殊管控。隐患排查治理包括隐患排查、治理，验收和评估，信息记录、通报和报送，预测预警。

6）应急管理：生产经营单位应当组建应急管理组织，由专人负责。提前根据风险评估和应急资源调集的情况，设立生产事故应急准备预案，并按期进行检查、维修和调养，建立应急救援信息系统，定期组织演练。应急处置是发生在事故后，企业根据预案，启动响应程序，同时通知相关部门和人员，研判事故危害及发展趋势，做好救援工作，事故发生后，要配合有关部门评估应急处置。

7）事故管理：事故管理做得好，可以为企业日后的安全管理提供宝贵的经验教训，企业应当建立事故报告程序，明确事故管理要求，保护事发现场和相关证据，在事故调查和处理过程中，应当将其全过程进行记录分析，事故要建档，妥善管存。

8）持续改进：生产经营单位应定期根据规范体系的要求进行自评，验证企业各项安全生产管理制度是否符合规范建设要求，检查自身指标完成情况。对于评定中出现的问题，要及时做出调整，持续改进，不断提升安全绩效。

2. 安全标准化的体系建设

企业可以通过熟悉安全生产标准化建设的实施方案和程序，促进企业将现行的安全管理体系改进，达到安全生产标准化的要求。交通运输部颁布的《关于印发交通运输企业安全生产标准化建设实施方案的通知》是交通运输企业安全标准化建设的纲领性文件，下面以交通运输企业安全标准化为例，说明安全标准化体系的建设。

（1）安全生产标准化体系建设的指导思想

以科学发展观为统领，坚持“安全第一、预防为主、综合治理”的方针，牢固树立以人为本、安全发展的理念，通过开展企业安全生产标准化建设，全面提升交通运输企业安全生产水平，为构建便捷、安全、经济、高效的综合运输体系，发展现代交通运输业提供可靠的安全保障。

（2）安全生产标准化体系建设的总体要求

通过落实岗位责任制，建立安全生产标准化，完善安全管理和培训机制，使员工素质、技术装备水平、事故防范和安全管理能力均有显著提高，确保企业提升安全生产管理水平。全面推进安全生产标准化建设的工作，促进企业安全生产制度化、规范化，从源头上强化企业安全管理意识，达到减少事故，保障人身安全，保证企业生产顺利进行的目的。

（3）交通运输企业安全生产标准化建设过程

交通运输企业安全生产标准化实施过程如图 13-8 所示。

1）策划准备及目标制定。在进行安全标准化建设前，企业领导必须高度重视安全生产标准化建设，并且在思想层面树立严格的标准化生产管理意识，形成专门机构负责研究安全生产标准化的工作体系，重点是梳理企业自身的安全管理模式及管理现状，根据本企业与安全生产标准化要求的差距，策划制定安全生产标准化建设的目标和计划。

2）教育培训。对全体从业人员进行安全生产标准化相关内容培训：首先，组织安全生产标准化工作小组成员进行“企业安全生产标准化基本规范”系统培训，掌握评审达标的考核内容、方法和要求；其次，对各部门管理人员进行“企业安全生产标准化基本规范”系统培训，理解安全生产标准化的考评要素内容和实施方法，明确安全标准化赋予本部门管理人员的职责；再次，针对员工进行“企业安全生产标准化基本规范”系统培训，着重理解安全生产标准化的意义，明确安全生产标准化赋予员工的职责，基本掌握本岗位不安全因素的识别和安全检查表的应用。

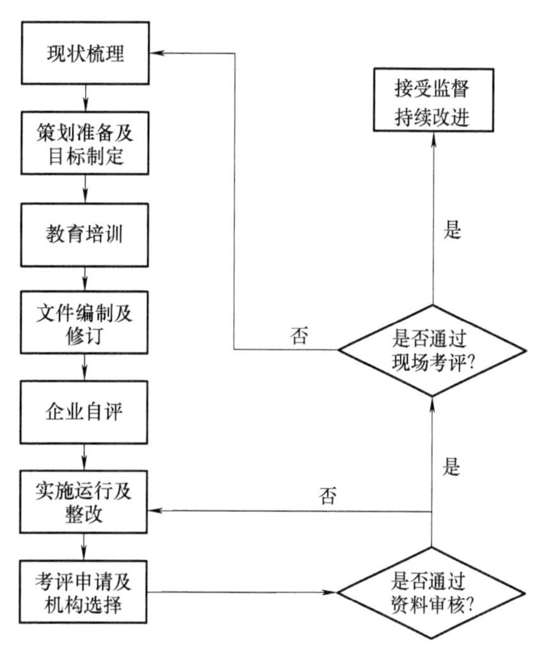

图 13-8 交通运输企业安全生产标准化实施过程

3）文件编制及修订。根据策划结果，编写适合于本企业的安全生产标准化手册、员工安全手册和相关的程序文件，制定和下达实施计划，在编写标准化手册和文件时应充分融合现行的企业安全管理体系的相关文件，而在计划执行过程中可能会存在一些问题，员工的理解也会存在偏差，因此可以采取一段时间试运行的方法，重点进行文件手册的学习和培训，使各部门员工明确自己岗位职责和安全操作要求，最后经过效果评价，改进和提高，进入实施运行阶段。

4）企业自评。由企业安全生产标准化工作小组制定自评计划，并依据相关的法律法规和有关安全生产标准化文件的精神制定考评检查项目表，安全生产标准化工作小组按照考评检查项目表内容进行自评，逐项给出自评分值，对存在的不符合项制定纠正措施，并编制自评报告。

5）实施运行及整改。根据自评结果、针对不符合项实施整改和提出预防措施，随后对发现的问题经过跟踪验证，确保这些存在或潜在缺陷得到纠正，从而改进安全生产标准化管理，不断提高安全生产标准化实施水平和安全绩效。根据 PDCA 管理循环，运行一个周期后进行企业自评，及时了解企业自身安全生产标准化达标情况。

6）考评申请及机构选择。企业具备具有独立法人资格，从事交通运输生产经营建设的企业或独立运营的实体；具有与其生产经营活动相适应的经营资质、安全生产管理机构和人员，并建立相应的安全生产管理制度；近 1 年内没有发生较大以上安全生产责任事故；已开展企业安全生产标准化建设自评，结论符合申请等级要求的交通运输企业可申请初次评价。交通运输企业应根据经营范围分别申请相应专业类别建设评价，属同一专业类型不同专业类别的，可合并评价，依照法律法规要求自主申请，自主选择相应等级的评价机构。

7）资料审核。评价机构接到交通运输企业评价申请后，应在 5 个工作日内完成申请材料完整性和符合性核查。核查不通过的，应及时告知企业，并说明原因。评价机构对申请材料核查后，认为自身能力不足或申请企业存在较大安全生产风险时，可拒绝受理申请，并向其说明，记录在案。企业可根据存在问题进行自我检查和整改，待达标后可再申请安全标准等级评价。

8）现场考评。企业申请资料核查通过后，评价机构应成立评价组，任命评价组长，制定评价方案，提前5个工作日告知当地主管机关后，满足下列条件，可启动现场评价。要求所成立的现场评价组评审员不少于3人，其中自有评审员不少于1人；评价组长原则上应为自有评审员，且具有2年和8家以上同等级别企业安全生产标准化建设评价经历，3年内没有不良信用记录，并经评价机构培训，具有较强的现场沟通协调和组织能力；评价组应熟悉企业评价现场安全应急要求和当地相关法律法规及标准规范要求。评价机构应在接受企业评价申请后30个工作日内完成对企业的现场评价工作，并提交评价报告。

现场评价工作完成后，评价组向企业反馈发现的事故隐患和问题、整改建议及现场评价结论，形成现场评价问题清单，问题清单应经企业和评价组签字确认。现场发现的重大事故隐患和问题应向负有直接安全生产监督管理职责的交通运输管理部门和相应的主管机关报告。

企业对评价发现的事故隐患和问题，在现场评价结束30日内按要求整改到位的，经申请，由评价机构确认整改合格，所完成的整改内容可视为达到相关要求；对于不影响评价结论的事故隐患和问题，企业应按评价机构有关建议积极组织整改，并在年度报告中予以说明。

13.3.3 安全风险分级管控和隐患排查治理双重预防机制

风险可以是某个危险源导致一种或几种事故伤害发生的可能性和后果的组合。风险在受控制状态下是安全的。当风险管控措施失效或弱化后，风险将演变成隐患。此时，如果不对隐患进行有效的管理和控制，随着时间推移，隐患完全失控，就可能直接导致事故的发生。要使得事故不发生，有两个关键性的环节，一是如何预防风险转化成隐患，二是如何防止隐患进一步发展为事故。换言之，如果风险的分级管控做到位，那么就不会形成事故隐患，如果隐患能在第一时间内发现并治理，就不会造成事故。因此企业的安全管理工作应做到“风险—隐患—事故”链的递进管理，只有将风险控制到位，隐患及时治理排查，事故才不会发生。安全风险分级管控和隐患排查治理双重预防机制即是集风险分析、风险管控、隐患排查和治理为一体的体系化系统控制措施。

1. 安全风险分级管控和隐患排查治理内在关系

（1）风险分级管控

企业制定安全风险分级管控相关制度，并按照有关制度和规范，针对本企业类型和特点，制定科学的安全风险辨识程序和方法，全面开展安全风险辨识，科学评定风险等级，并根据风险评估的结果，针对安全风险特点，从组织、制度、技术、应急等方面，对安全风险进行有效管控。在风险管控方式的选择上，应按照风险的不同级别、所需管控的资源、管控能力、管控措施复杂及难易程度等因素确定不同管控层级风险管控方式。风险越大，管控级别就越高；上级负责管控的风险，下级必须逐级落实具体措施。

（2）隐患排查治理

隐患排查治理是指将通过风险管控仍没有消除而转变成事故隐患的危险因素辨识出来，并采取有效措施予以消除。在隐患排查治理中，企业要建立完善隐患排查治理制度，制定符合企业实际的隐患排查治理清单，明确和细化隐患排查的事项、内容和频次，推动全员开展自主排查隐患，对于排查发现的重大事故隐患，应当在向负有安全生产监督管理职责的部门报告的同时，制定并实施严格的隐患治理方案，并实现隐患排查治理的闭环管理。

（3）风险分级管控与隐患排查治理关系

隐患排查治理和风险分级管理之间相互联系且又互相独立，虽然都是为了将事物的不安全因素消除掉，但是却有着不同的侧重点，前者对管控结果更为侧重一些，主要是基于风险的强制性思维；而后者则对过程更为侧重一些，主要是基于风险的非强制性思维。隐患排查治理的基础和前提就是风险分级管控。通过分级、辨识和评价危险源，对风险管控措施进行确定，将安全风险消灭在源头上，从而将事故发生的危害性和可能性降到最低。而隐患排查治理又是风险分级管控的深入和强化。利用隐患排查治理工作的开展，对已辨识的危险源进行评估和完善，对风险分级管控措施进行优化和完善，从而有效防止事故的发生。

2. 风险分级管控流程方法及应用

风险分级管控是双重预防机制的第一个环节，也是隐患治理的基础。风险分级管控建立和实施活动通常包括风险点划分、危险源辨识、危险源风险评估、风险分级管控策划与实施，风险分级管控流程如图 13-9 所示。

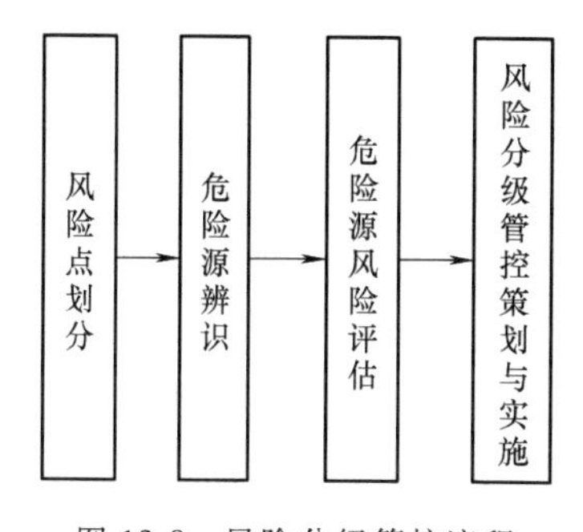

图 13-9　风险分级管控流程

（1）风险点划分

风险点的划分应当遵循“大小适中、便于分类、功能独立、易于管理、范围清晰”的原则，可按照不同的功能区域划分，但对于生产过程较复杂的企业而言，可根据企业实际按每一项工艺特点或工序进一步细分，为危险源辨识确定合适的范围。对操作及作业活动等风险点的划分，应当涵盖生产经营全过程所有常规和非常规状态的作业活动，风险等级高、可能导致严重后果的作业活动应作为风险点。

（2）危险源辨识

危险源的辨识要防止遗漏，本着系统、全面的要求开展辨识。辨识之前要对辨识范围如区域、部位、场所等进行明确。不仅分析常规和非常规生产、操作时的危险因素，更重要的是要充分考虑过去、现在、将来三种时态和正常、异常、紧急三种状态下潜在的各种危险，分析约束失效，设备、装置破坏及操作失误可能产生严重后果的危险因素。危险源辨识有多种方法，如事故树分析、事件树分析、失效模式与影响分析、危害与可操作性分析、安全检查表和工作危害分析等。

（3）危险源风险评估

在上述危险源的辨识和风险辨识环节结束后，企业应参考相关法律法规并组织对各种潜在风险进行评价，进而确定各风险等级，落实分级管控流程。选取适用于企业的定性和定量相结合的风险评价法，可对已经辨识出的各定性危害因素实施定量化的风险分析，进而判定风险等级。常用的定量分析方法有作业条件危险性分析法（LEC法）和风险矩阵法（LS法）。企业安全管理部门需将辨识的危险源加以汇总，列出风险评价与分级清单。

（4）风险分级管控策划与实施

根据风险分级管控的原则、理念，结合风险分级结果，企业可以按照公司级、部门级、班组级、岗位级等进行划分，同时采取教育控制、管理控制、工程控制等各项方案来实行分级管控。

在风险管控措施方面，可建立安全风险公告制度，在醒目位置和重点区域分别设置安全风险公告栏，制作岗位安全风险告知卡，标明主要安全风险、可能引发事故隐患类别、事故后果、管控措施、应急措施及报告方式等内容。对存在重大安全风险的工作场所和岗位，要设置明显警示标志，并强化危险源监测和预警。做好风险管控培训，根据风险分级管控清单将设备设施、作业活动及工艺操作过程中存在的风险及应采取的措施通过培训方式告知各岗位人员及相关方，使其掌握规避风险的措施并落实到位。做好安全预警（动态风险评价），将反映企业生产及事故特征影响的指标，运用安全系统工程中的控制图等统计图表法，通过数据统计、建模、计算、分析，定量化表示生产安全状态，反映企业某一时间的生产安全状态。在生产作业场所做到“实时预报”，做好隐患排查、全员参与，辨识警兆、探寻警源、报告警情；安全管理部门要做好“适时预警”，及时对收集的信息判定、预警管理、确定警级、发布警戒；各级风险管控部门要做好“及时预控”，落实主体责任、采取措施、排除警患。

3. 隐患排查治理

隐患排查治理是双重预防机制的重要一环。安全生产事故隐患是生产经营单位违反（不符合）安全生产法律、法规、规章、标准、规程和安全生产管理制度的规定，或者因其他因素在生产经营活动中存在可能导致事故发生的物的危险状态、人的不安全行为和管理上的缺陷。

隐患排查治理第一要获取和普及隐患排查与治理基础知识，让主要负责人、安全管理人员和企业所有一线工人了解隐患排查治理的重要性，掌握一定的隐患排查和治理的基础技能。第二，要形成专业的安全管理核心，以保证在隐患排查过程中引导安全管理整体方向，使企业安全管理水平持续改进，也在隐患排查过程中给予强有力的技术支持。第三，查找隐患排查的标准，制定隐患排查的相关制度，使隐患排查有依据更合理，同时促进全员参与隐患排查工作。第四，分部门、分层级实施隐患排查，做到横向到底、纵向到边，全员全覆盖。第五，及时统计与评估隐患排查结果，通过对企业现场的隐患排查，将各项隐患导致的事故按照严重程度与可能性进行组合，评价事故隐患等级，找到企业安全管理的短板和缺陷。第六，在事故隐患评价基础上制定对策措施的优先程度，制定出降低或者消除风险的安全措施，使系统持续改进，同时记录整体过程实施的结果。

隐患排查治理工作引用 PDCA 运行模式，旨在加强企业安全隐患排查、统计、分析、治理等工作，从而逐步掌握隐患的发生规律，建立隐患排查治理闭环体系，实现企业隐患闭环管理，工作流程通常包括编制完善的隐患排查制度，明确职责及要求等；收集、整理法律法规及标准规程，明确隐患排查依据；根据不同专业、层次、区域的特点，确定隐患排查方法；编制隐患信息统计表，在企业范围内实施隐患排查，对发现的一般隐患下发整改通知单，对于较大以上事故隐患整改，可编制专门的整改方案；隐患整改定人、定时间、定措施，整改完成后需复核，检验整改的效果；对完成整改的隐患进行销号，对整改效果不明显的隐患，继续增加措施，直至消除为止；将所有整改过程形成的档案整理归类，形成企业的隐患排查治理档案（图 13-10）。

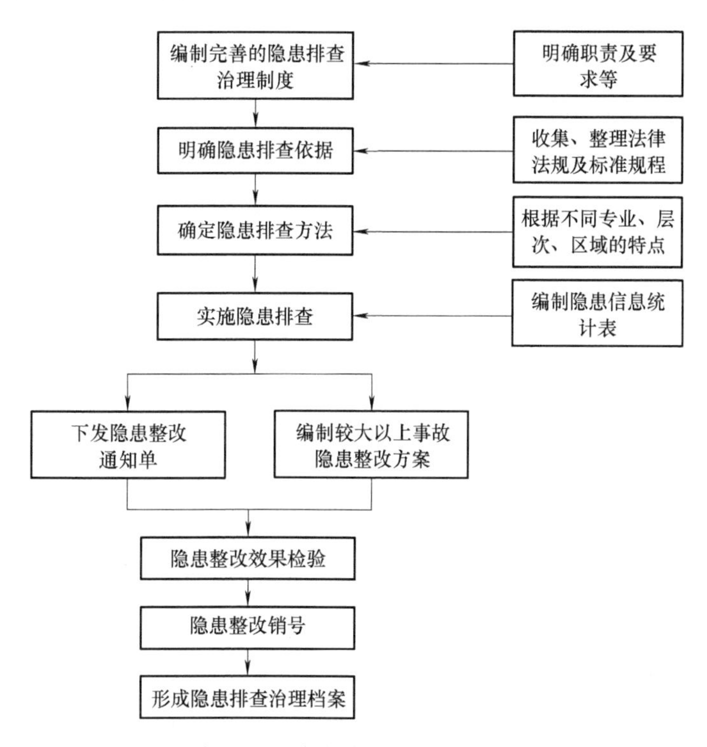

图 13-10 隐患排查治理工作流程

4. 双重预防机制建设流程

（1）双重预防机制建设的策划阶段

需要成立强有力的双重预防机制建设推贯组织机构。企业负责人、各部门负责人都加入到领导小组，按照双重预防机制建设目标倒排工作计划。企业负责人和各部门负责人牵头，按照双重预防机制建设要求完善基础工作。企业各部门密切合作及全体员工共同参与，结合现有的部门职能分工合理地分配双重预防机制具体任务的执行部门。邀请专业的辅导机构对企业员工进行不同层次的双重预防机制教育培训，并对培训效果进行考核。

编制易操作的双重预防机制执行文件。组织企业的专业骨干基于风险评估、合理分配有限资源、优化人机组合，制定适合企业的双重预防机制执行文件，不因机构变动、人员更换影响整个企业双重预防机制的运作。

(2) 双重预防机制建设的执行阶段

按照“写我所做，做我所写，记我所做”的原则，执行企业根据双重预防机制要求建立起来的相关标准、制度、规定和支持性记录、表格等文件，通过风险评估、工作标准、作业指导书等手段把双重预防机制的要求融入普通员工的日常工作中。

(3) 双重预防机制建设的检查阶段

依据年度工作计划，通过自查或邀请外部单位检查的方式，采取专业检查或综合检查的手段，对双重预防机制建设具体任务的依从性进行评估。总结具体任务执行依从性高的工作经验，提高工作效率。分析具体任务执行依从性低的原因，提出改进措施，明确整改负责人和整改时间，推动双重预防机制建设的整体提高。

(4) 双重预防机制建设的改进阶段

通过定期内部审核或外部审核，组织安全生产管理专家对企业双重预防机制建设的整体效能进行评估，发现双重预防机制建设的亮点和改进机会，推动双重预防机制建设水平不断提高。双重预防机制是一个闭环管理、持续改进的系统，每个具体任务和每项工作既相互独立，又互相联系，都是通过一个完整的 PDCA 循环来达到整体效能最大化的共同目标。

13.4 大数据安全控制

随着信息技术发展，大数据在生产生活中应用日益广泛。同样，大数据在安全系统工程中的应用也逐渐得到显现。目前，主要是政府安全生产监管部门、企业或者其他机构通过对生产经营活动中的海量、无序的安全大数据进行分析处理，从大数据中总结规律，从而为安全预测、风险评估等提供依据，以便采取针对性的安全控制措施。

13.4.1 数据、安全数据、大数据、安全大数据概念

数据是对客观事物、事件的记录和描述。安全数据则是对客观安全现象的记录与描述，是数值、文字、图形、图像、声音等符号的集合，如事故发生的原因、伤亡人数、安全监控视频等，安全数据可视为是安全现象的一种抽象表达方式。大数据，也称巨量数据，是指由数量巨大、结构复杂、类型众多的数据所构成的数据集合。安全大数据则是记录和描述客观安全现象的海量数据集合，它具有容量大、类型多等特征。安全大数据必须通过特殊化处理分析，才能形成有规律、可预测、可利用价值的信息服务能力。

13.4.2 安全大数据应用的原理

安全大数据有效应用主要依赖全样本原理、叠加原理、安全关联原理、外推原理、安全

预测原理、快速安全决策原理和安全价值原理。

1. 全样本原理

由统计学知识可知，基于全部样本才能找出最准确、最科学的规律。利用安全大数据，可以不再通过样本间接反映总体，而是能够做到直接对总体的全部安全数据进行分析处理，保证经过数据加工的安全大数据能够反映总体准确的安全信息，从而获得更具真实性的安全规律。

2. 叠加原理

叠加原理是指针对某一安全现象，将所有基于样本的零散的、分割的、碎片化的安全小数据聚集在一起，形成样本总体的安全数据来记录、描述这一安全现象，即用样本安全数据叠加的方式获得记录与描述某一安全现象的安全大数据，从而解决安全问题。

3. 安全关联原理

安全关联原理主要包括两种方式：一种是跨领域关联，即寻找非安全领域数据与安全问题间的相关性，尝试从非安全领域数据中发现与对应安全问题相关的数据；另一种是安全领域关联，即寻找安全问题与安全领域内部数据间的相关性，通过对安全领域内部数据的深挖来获取与对应安全问题相关的数据。

4. 外推原理

外推原理是指确定安全数据从过去到现在的变化规律，并将这种变化规律外推至将来，是利用大数据进行安全预测、控制的基础。

5. 安全预测原理

安全预测原理是指将数学算法运用至海量客观、实时安全数据，通过安全大数据直接预测事故发生的可能性与发展趋势或系统的安全状态变化趋势等，从而为精准事故预防与控制及安全管理服务。

6. 快速安全决策原理

大数据关注相关性而非因果关系，在快速的大数据分析技术下寻找到相关性安全信息，就可预测系统的安全状态变化，进而快速做出有效的安全决策，可以超前进行事故预防与控制。

7. 安全价值原理

是否能够通过数据分析形成安全价值是判断所采集安全大数据的有效性的重要判断标准，这也揭示了采集、分析、处理安全大数据的核心目的是实现安全大数据的安全价值，即用在安全大数据中获取安全价值，解决安全问题。

13.4.3　安全大数据应用实现途径

基于安全大数据的安全科学研究一般遵循如图 13-11 所示的途径。一级安全泛关联是指是否与安全有关；二级安全泛关联是指是否与安全现象有关；三级安全泛关联是指是否与安全问题有关；安全粗关联是指安全科学方法、原理、模型、技术等；安全细关联是指具体应用实践。

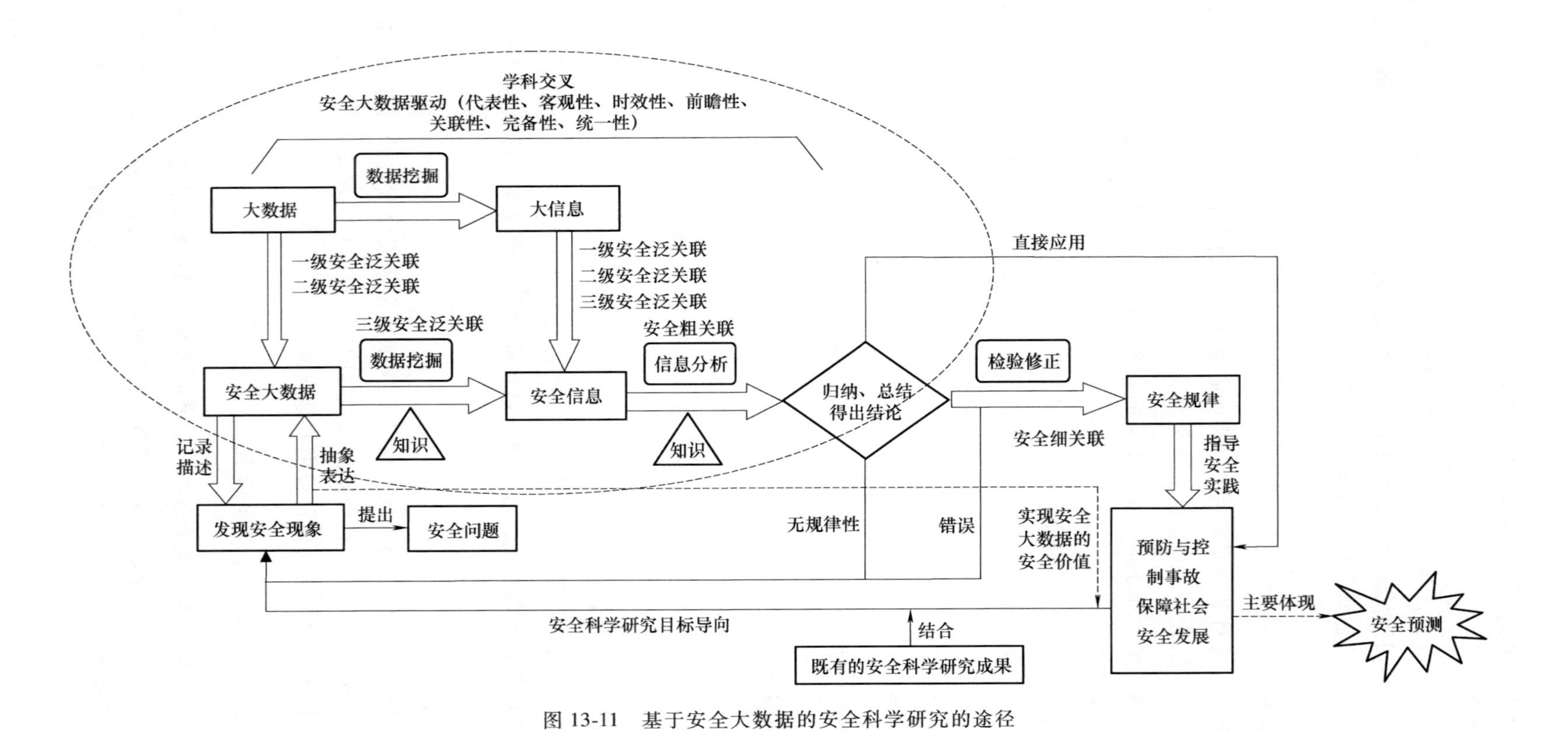

图 13-11　基于安全大数据的安全科学研究的途径

1. 大数据→安全大数据

面对海量数据，需要剔除非安全相关的数据，从两个层面考虑，即回答“是否与安全有关?”和“是否与该安全现象有关?”，从而得到描述、记录所研究安全现象的安全大数据。安全大数据应为大数据的子集。

2. 安全大数据→安全信息

安全信息是指为实现某种安全目的而经过加工处理的安全数据，如事故发生的高峰期、人的不安全行为主要类型等。该步骤主要是在安全大数据与安全问题之间建立相关性。从安全大数据到安全信息，是对安全大数据的再处理，需围绕“是否与该安全问题有关?”这一问题，确定所研究安全问题的安全数据集合，再经数据加工分析，得到安全信息。数据处理的方法主要有格式化、规范化、清洗、滤重与匹配等。

3. 安全信息→安全规律

安全规律是指隐藏在安全现象背后可重复的联系。运用安全科学方法、原理、模型和技术等分析安全信息归纳、总结，从而得到安全规律。

4. 安全规律→安全实践

根据具体的安全需要，将所得到的安全规律有针对性地应用于安全预测、安全评价等环节，进而可采取针对性的安全控制措施。这是大数据在安全中应用的具体体现。

此外，还可通过“大数据→大信息→安全信息”这条路径获得所研究安全问题的安全信息。

13.4.4 安全大数据应用举例

某市煤矿安全生产大数据管理平台是整合该地区煤矿监控系统的海量数据，充分利用现有煤矿采煤系统、掘进系统、机电系统、运输系统、通风系统、排水系统监测监控人员定位、紧急避险、压风自救、供水施救和通信联络等系统产生的煤矿监管数据，运用管理平台核心计算软件，实现煤矿监控、智能分析风险预警、智能决策下达整改指令、闭环监督等管理需求。

1. 煤矿安全生产大数据管理平台总体功能架构

煤矿安全生产大数据管理平台总体功能架构如图 13-12 所示，分为基础数据层、应用层、表现层和访问层四个部分。

（1）基础数据层

基础资源层是煤矿安全生产大数据管理平台的基础，按照数据采集范围与目标，收集监控系统产生的各类数据，为大数据分析提供支撑，包括 GIS 监测系统、矿压监测系统、机电设备监测系统、瓦斯监控系统、通风监测系统、供水施救系统等煤矿安全生产监控系统。对结构化数据、半结构化数据和非结构化数据进行读取、传输储存及预处理，主要包含机械设备运行原始数据、传感器数据、网页数据、动态视频图像数据等。

（2）应用层

应用层是煤矿安全生产大数据管理平台的核心层，主要是对基础数据层保存数据进行处

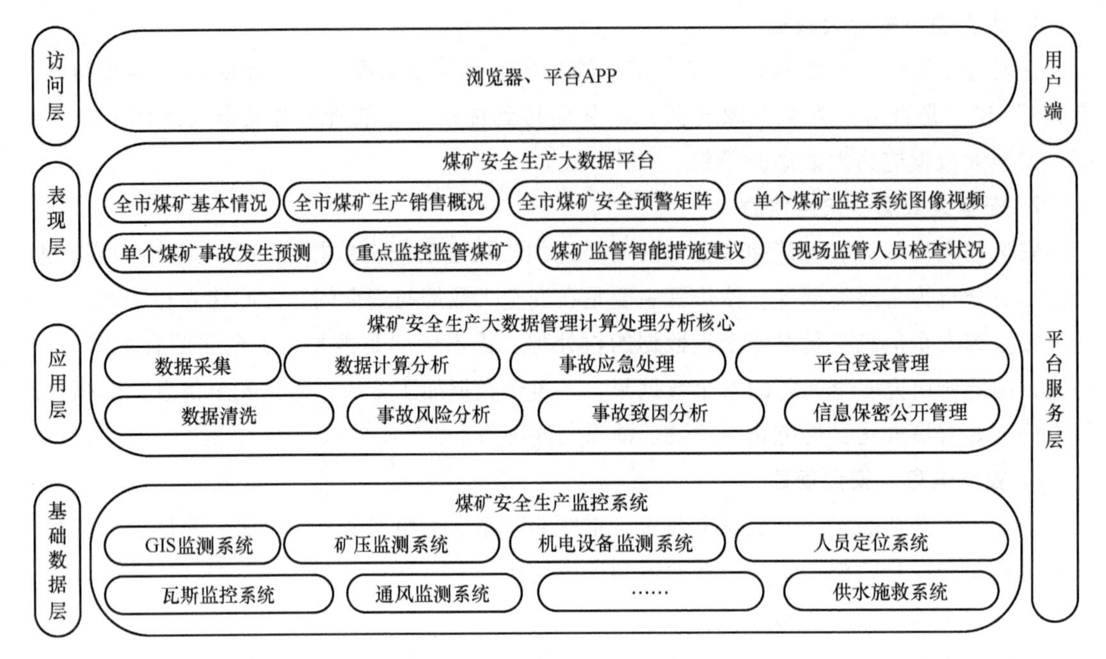

图 13-12 煤矿安全生产大数据管理平台总体功能架构

理，包括数据采集、数据清洗、数据计算分析、事故风险分析、事故应急处理、事故致因分析、平台登录管理、信息保密公开管理等核心版块，采用 Rapid Miner 软件对基础数据层进行处理，处理过程主要是将非结构化数据、半结构化数据转化整合为结构化数据，让监控数据以更好的姿态展示在监管平台中，搜索结果能良好地展示丰富网页摘要，能更方便搜索引擎识别分类、判断相关性，为监管人员的具体查询、风险分析、风险管控应急管理、决策措施等提供详细重要的监管信息，同时保障管理系统具有良好的计算能力、扩展性和数据视图化能力。

（3）表现层

表现层是煤矿安全生产大数据管理平台的显示窗口。它以统计基础数据的原始任务、数据处理、建立大数据为目的，包括全市煤矿基本情况、全市煤矿生产销售概况、全市煤矿安全预警矩阵等内容。显示窗口呈现表格、柱形图、折线图、风险矩阵图、风险等级排名图、各煤矿分布图、决策动画等，并实现对各个县（区）监控平台的视频监管。

（4）访问层

访问层是平台管理员对平台进行管理、实现数据传递的窗口，主要实现煤矿安全生产系统数据库的访问，基于授权或有权管理者对数据的查询、查收、删除、更新、信息发布、智能决策、应急处理、救援调度、日常监管系统维护等功能。访问层实行专人负责，通过密码验证和指纹识别登录管理平台，管理平台采用“外网+内网”实现信息交互，基于授权或有权管理者配备平台 APP，方便安全监管人员实现现场监管、数据传送等表层功能，外网对平台实行有限访问，内网与外网实现高级别防火墙，保障系统稳定、不泄密。

2. 煤矿安全生产大数据管理平台的应用

通过在煤矿监管过程中产生的检测监控数据、生产自动化数据、人员管理等数据采集基础上，对数据内容进行充分挖掘，基于统计学析因设计的特征算法（Full Factorial Design，FFD）从输入数据集中自动搜索析因设计，在实际数据集中能有效挖掘与目标变量相关的特征和交互作用，实现煤矿监控大数据深入挖掘，达到煤矿生产、安全、事故决策、整改措施等的视图一体化的目的。

复 习 题

1. 简述系统安全分析的目的。
2. 简述系统安全控制措施的指导思想。
3. 举例说明体系化安全管理。
4. 举例说明大数据在安全中的应用。

参考文献

[1] 沈斐敏. 安全系统工程基础与实践 [M]. 北京：煤炭工业出版社，1991.

[2] 沈斐敏. 安全系统工程理论与应用 [M]. 北京：煤炭工业出版社，2001.

[3] 沈斐敏. 安全评价 [M]. 徐州：中国矿业大学出版社，2009.

[4] 甘心孟，沈斐敏. 安全科学技术导论 [M]. 北京：气象出版社，2000.

[5] 林柏泉，张景林. 安全系统工程 [M]. 北京：中国劳动社会保障出版社，2007.

[6] 金龙哲，宋存义. 安全科学技术 [M]. 北京：化学工业出版社，2004.

[7] 徐志胜. 安全系统工程 [M]. 3 版. 北京：机械工业出版社，2016.

[8] 蒋荟. 基于信息融合的铁路行车安全监控体系及关键技术研究 [D]. 北京：中国铁道科学研究院，2013.

[9] 汪元辉. 安全系统工程 [M]. 天津：天津大学出版社，1999.

[10] 田宏. 安全系统工程 [M]. 北京：中国质检出版社，2014.

[11] 徐佳佳. 城市燃气管道剩余强度和剩余寿命评价 [D]. 武汉：华中科技大学，2006.

[12] 邱韶辉. 石化企业 HSE 管理体系实践性研究 [D]. 青岛：山东科技大学，2009.

[13] 冯肇瑞，崔国璋. 安全系统工程 [M]. 北京：冶金工业出版社，1987.

[14] 郭彬彬. 煤矿人的不安全行为的影响因素研究 [D]. 西安：西安科技大学，2011.

[15] 蒋军成，郭振龙. 安全系统工程 [M]. 北京：化学工业出版社，2004.

[16] 耿俊艳. 拆除爆破技术及其安全科学研究 [D]. 青岛：山东科技大学，2007.

[17] 贺兴容. 供电企业安全文化的构建及评价 [D]. 成都：西南交通大学，2006.

[18] 王虎奇. 机械产品安全设计方法的研究及其在磨床安全设计上的应用 [D]. 长沙：湖南大学，2002.

[19] 田水承，景国勋. 安全管理学 [M]. 2 版. 北京：机械工业出版社，2016.

[20] 王丰，张剑芳，卢宝亮. 仓库安全管理与技术 [M]. 北京：中国物资出版社，2004.

[21] 何学秋. 安全工程学 [M]. 徐州：中国矿业大学出版社，2000.

[22] 吴穹，许开立. 安全管理学 [M]. 北京：煤炭工业出版社，2002.

[23] 杨茂松. 冶金矿山矿井安全现状模糊综合评价研究 [D]. 长沙：中南大学，2008.

[24] 丁宝成. 煤矿安全预警模型及应用研究 [D]. 阜新：辽宁工程技术大学，2010.

[25] 李万帮，肖东生. 事故致因理论述评 [J]. 南华大学学报（社会科学版），2007（1）：57-61.

[26] 覃容，彭冬芝. 事故致因理论探讨 [J]. 华北科技学院学报，2005（3）：1-10.

[27] 韩斌君. 我国煤矿安全事故致因研究 [D]. 上海：同济大学，2007.

[28] 覃容. 水利水电工程施工伤亡事故致因模型构建及预防对策研究 [D]. 宜昌：三峡大学，2006.

[29] 杨茂松. 冶金矿山矿井安全现状模糊综合评价研究 [D]. 长沙：中南大学，2008.

[30] 张胜强. 我国煤矿事故致因理论及预防对策研究 [D]. 杭州：浙江大学，2004.

[31] 樊运晓，卢明，李智，等. 基于危险属性的事故致因理论综述 [J]. 中国安全科学学报，2014，24 (11)：139-145.

[32] 朱建锋. 整车制造企业易燃场所火灾风险评价及安全管理研究 [D]. 上海：上海交通大学，2008.

[33] 朱燕萍. 决策树法在企业决策中的应用 [J]. 企业导报，2009 (2)：78-79.

[34] 王薇. 土石坝安全风险分析方法研究 [D]. 天津：天津大学，2012.

[35] 王立春. 基于风险理论的关键保护评估 [D]. 北京：华北电力大学，2010.

[36] 周华. 铁路特别繁忙干线风险评估指标体系的研究 [D]. 北京：北京交通大学，2010.

[37] 罗志雄. 土坝工程风险决策分析研究 [D]. 扬州：扬州大学，2016.

[38] 吴铭. 模糊事故树分析及其在施工安全管理中的应用 [D]. 天津：天津大学，2004.

[39] 伍良. 城镇燃气事故风险评价研究 [D]. 福州：福州大学，2001.

[40] 苏义坤. 基于危险点分析的施工企业安全生产过程研究 [D]. 哈尔滨：哈尔滨工业大学，2006.

[41] 张守健. 工程建设安全生产行为研究 [D]. 上海：同济大学，2006.

[42] 边亦海. 基于风险分析的软土地区深基坑支护方案选择 [D]. 上海：同济大学，2006.

[43] 边亦海，黄宏伟. SMW 工法支护结构失效概率的模糊事故树分析 [J]. 岩土工程学，2006 (5)：664-668.

[44] 陈杨. 公路隧道围岩及支护结构失稳风险分析的研究 [D]. 重庆：重庆交通大学，2008.

[45] 李彦锋. 复杂系统动态故障树分析的新方法及其应用研究 [D]. 成都：电子科技大学，2013.

[46] 庄绪岩. 飞机航电系统故障分析方法与故障诊断系统研究 [D]. 广汉：中国民用航空飞行学院，2015.

[47] 潘瑜，范自盛. 加油站工作危害风险分级研究 [J]. 华北科技学院学报，2019，16 (5)：63-72.

[48] 国家安全生产监督管理总局. 安全评价：上 [M]. 3 版. 北京：煤炭工业出版社，2005.

[49] 国家安全生产监督管理总局. 安全评价：下 [M]. 3 版. 北京：煤炭工业出版社，2005.

[50] 赵铁锤. 安全评价 [M]. 北京：煤炭工业出版社，2004.

[51] 王起全. 我国冲压机械伤害风险评价分析及对策研究 [D]. 北京：首都经济贸易大学，2004.

[52] 黄斌. 油气初加工浅冷系统风险评价技术研究 [D]. 大庆：大庆石油学院，2009.

[53] 曹伟伟. 加油站安全现状评价：以泸州龙马潭迎宾大道加油站为例 [D]. 成都：西南交通大学，2016.

[54] 金鑫. 地质施工现场危险源管理模式研究 [D]. 成都：成都理工大学，2012.

[55] 刘铁民，张兴凯，刘功智. 安全评价方法应用指南 [M]. 北京：化学工业出版社，2005.

[56] 许贵贤. 液化石油气储配站预先危险性分析 [J]. 广州化工，2010，38 (12)：306-308.

[57] 刘远. 化肥企业事故隐患分析及重大危险源监控管理研究 [D]. 天津：天津理工大学，2009.

[58] 王志坤. 石化工业基于风险的设备检测管理研究 [D]. 天津：天津大学，2006.

[59] 翟成，林柏泉，周延. 控制图分析法在煤矿安全管理中的应用 [J]. 中国安全科学学报，2007 (4)：157-161.

[60] 曾忠禄，张冬梅. 不确定环境下解读未来的方法：情景分析法 [J]. 情报杂志，2005 (5)：14-16.

[61] 李健行，夏登友，武旭鹏. 非常规突发灾害事故的演化机理与演变路径分析 [J]. 安全与环境工程，2014，21 (6)：166-170.

[62] 马庆国，王小毅. 非常规突发事件中影响当事人状态的要素分析与数理描述 [J]. 管理工程学报，2009，23 (3)：126-130.

[63] 黄毅宇，李响. 基于情景分析的突发事件应急预案编制方法初探 [J]. 安全与环境工程，2011，18 (2)：56-59.

[64] 王颜新，李向阳，徐磊. 突发事件情境重构中的模糊规则推理方法 [J]. 系统工程理论与实践，2012，32 (5)：954-962.

[65] 娄伟. 情景分析方法研究 [J]. 未来与发展，2012，35 (9)：17-26.

[66] 姜卉，黄钧. 罕见重大突发事件应急实时决策中的情景演变 [J]. 华中科技大学学报 (社会科学版)，2009，23 (1)：104-108.

[67] 赵云锋. 非常规突发事件的应急管理研究 [D]. 上海：复旦大学，2009.

[68] 陈明仙，沈斐敏. 基于情景演变的海底隧道区域火灾应急交通分级 [J]. 安全与环境工程，2015，22 (4)：110-113.

[69] 陈明仙，许贵贤. 海底隧道火灾事故人群疏散优化方案研究 [J]. 华北科技学院学报，2017，14 (6)：59-64.

[70] 宗欣露. 多目标人车混合时空疏散模型研究 [D]. 武汉：武汉理工大学，2011.

[71] 娄伟. 情景分析理论研究 [J]. 未来与发展，2013，36 (8)：30-37.

[72] 龚铁强. 生产安全投资决策模型及在湖南煤矿企业应用的研究 [D]. 长沙：中南大学，2005.

[73] 赵铁锤，国家安全生产监督管理总局. 安全评价 [M]. 2 版. 北京：煤炭工业出版社，2004.

[74] 孟静华. BP 神经网络在安全阀失效评价中的应用 [D]. 兰州：兰州理工大学，2009.

[75] 吴宗之，高进东，魏利军. 危险评价方法及其应用 [M]. 北京：冶金工业出版社，2001.

[76] 张兰. 煤矿安全事故预测与风险性评价 [D]. 重庆：重庆大学，2005.

[77] 韩刚. 企业技术灾害的构成要素及管理模型研究 [D]. 唐山：河北理工大学，2005.

[78] 强鲁. 工业燃气应用系统的安全评价 [D]. 上海：同济大学，2007.

[79] 刘菊梅. 陆上油气钻井作业安全评价方法的研究 [D]. 重庆：重庆大学，2005.

[80] 李慕. HSE 标准化实施案例研究 [D]. 大连：大连理工大学，2018.

[81] 马凡懿. 新能源背景下火电检修运维企业 HSE 管理体系应用研究：以山东×公司为例 [D]. 济南：山东大学，2018.

[82] 杨胜来，刘铁民. 新型安全管理模式：HSE 管理体系的理念与模式研究 [J]. 中国安全科学学报，2002 (6)：69-71.

[83] 景国勋，施式亮. 系统安全评价与预测 [M]. 徐州：中国矿业大学出版社，2009.

[84] 王秉，吴超. 基于安全大数据的安全科学创新发展探讨 [J]. 科技管理研究，2017，37 (1)：37-43.

[85] 吕品，王洪德. 安全系统工程 [M]. 徐州：中国矿业大学出版社，2012.

[86] 欧阳秋梅，吴超，黄浪. 大数据应用于安全科学领域的基础原理研究 [J]. 中国安全科学学报，2016，26 (11)：13-18.

[87] 李红臣. 安全生产大数据应用 [J]. 劳动保护，2017 (1)：22-25.

[88] 李春香，蒋星星. 基于大数据的毕节市煤矿安全生产管理平台设计研究 [J]. 煤炭工程，2019，51 (10)：171-176.